U0358636

国家社科基金重大项目"中国古代环境美学史研究"（13&ZD072）最终成果

中国古代环境美学史

唐代卷

陈望衡 范明华 —— 主编

范明华 著

江苏人民出版社

图书在版编目(CIP)数据

中国古代环境美学史. 唐代卷 / 陈望衡, 范明华主
编; 范明华著. — 南京: 江苏人民出版社, 2024.1
ISBN 978-7-214-27205-8

Ⅰ. ①中… Ⅱ. ①陈… ②范… Ⅲ. ①环境科学—美
学史—中国—唐代 Ⅳ. ①X1-05

中国版本图书馆 CIP 数据核字(2022)第 082860 号

中国古代环境美学史

陈望衡　范明华　主编

唐代卷

范明华　著

项 目 统 筹	康海源　胡海弘	
责 任 编 辑	胡海弘	
装 帧 设 计	潇　枫	
责 任 监 制	王　娟	
出 版 发 行	江苏人民出版社	
地　　　址	南京市湖南路 1 号 A 楼,邮编:210009	
照　　　排	江苏凤凰制版有限公司	
印　　　刷	南京爱德印刷有限公司	
开　　　本	652 毫米×960 毫米　1/16	
印　　　张	172.75　插页 28	
字　　　数	2300 千字	
版　　　次	2024 年 1 月第 1 版	
印　　　次	2024 年 1 月第 1 次印刷	
标 准 书 号	ISBN 978-7-214-27205-8	
定　　　价	880.00 元(全七册)	

(江苏人民出版社图书凡印装错误可向承印厂调换)

总序:中国古代环境美学思想体系

中国古代有着丰富而又深刻的环境美学思想,这思想可以追溯到距今约七八千年的新石器时代,而其奠基则主要在距今 2 000 多年的先秦时代,其中春秋战国时代的"百家争鸣"对于中国古代环境美学思想的形成起了重要的作用。汉、唐、宋、明、清是中国历史上存在时间较长的朝代,它们于中国环境美学的建构与完善分别起着重要的作用。大体上,汉代主要体现在家国意识的建构上,唐代主要体现为山水审美意识的拓展与提升,宋代主要为新的城市观念的建构,明代主要为园林思想的成熟,清代主要为中国古代环境美学的总结以及向近代环境美学的过渡。探查中国古代环境美学的发展历程,我们认为中国古代有一个完整的环境美学思想体系。

一、汉语"环境"一词考辨

中国自远古起,就有环境思想,但"环境"这一概念产生得比较晚。构成环境一词的"环"与"境",其出现时间则要早得多。

"环"字最早出现于金文中,写法不一。① 《说文解字》把"环"归入

---

① 方述鑫等编:《甲骨金文字典》,成都:巴蜀书社 1993 年版,第 23 页。

"玉"部,称"环,璧也","从玉,瞏声",《绎史》将"环"图示为◎。可见,"环"是璧的一种,指圆形的、中间有圆孔的玉器,孔的直径和周边的宽度相等。环是古代一种重要礼器。《王度记》云:"大夫俟放于郊三年,得环乃还,得玦乃去。""环"和"玦"(环形有缺口的玉)成为大夫能否得恩宠的信号。周朝设官职"环人",《周礼·夏官司马》云:"环人,下士六人,史二人,徒十有二人。"

离开讲礼的场合,"环"则显出其他的含义。

第一,从"环"的圆形生发出"环形"(圆形及类圆形)、"环绕"之义。《庄子·齐物论》云:"枢始得其环中,以应无穷。"《庄子·大宗师》亦云:"其妻子环而泣之。"又,《汉书·高帝纪》有语:"章邯复振,守濮阳,环水。"

第二,与"环绕"相近,"环"有"包围"义。《吕氏春秋·仲秋纪·爱士》有"晋人已环缪公之车矣"语。

第三,"环"有"旋转"义。《茶经·五之煮》说:"以竹箸环激汤心。"

第四,"环"有起点与终点重合即无起点亦无终点义。《史记·田单列传》云:"奇正还相生,如环之无端。"《荀子·王制》云:"始则终,终则始,若环之无端也。"没有了起点与终点之别,"环"又发展出"连续不断"之义,如《阅微草堂笔记·如是我闻》有"奇计环生"语。

第五,从"环"外在形象的完满生发出"周全""遍通""周密"等义。《楚辞·天问》有"环理天下"语,此处的"环"有"周全"义;《文心雕龙·风骨》云"思不环周",又,《文心雕龙·明诗》云"六义环深",此两处的"环"均有"周密"义。

"环"与其他字组合,还会产生新义,如《韩非子·五蠹》"自环者谓之私",王先慎《诸子集成·韩非子集解》中引《说文解字》认为此"环"与"营"相通。

《说文解字》释"境"为"疆也。从土,竟声,经典通用竟"。何谓疆?界也。何谓界?画也。《后汉书·史弼传》云,古代先王"疆理天下,画界分境,水土异齐,风俗不同",可见"境"的意思是"划(画)出的边界"。围绕着边界，"境"生发出不同的意思。

第一，就边界本身而言，"境"释为"疆界"。《史记·晋世家》："（晋）秦接境。"《春秋繁露·玉英》："妇人无出境之事。"《韩非子·存韩》："窥兵于境上而未名所之。"《礼记·曲礼下》："大夫、士去国，逾竟（境），为坛位，乡（向）国而哭。"《史记·孝文本纪》："匈奴并暴边境，多杀吏民。"对"边境"，《国语》有一生动比喻，其《楚语》曰："夫边境者，国之尾也。""境"还可析出细貌，如《资治通鉴·梁纪五》云："魏敕怀朔都督简锐骑二千护送阿那瑰达境首。"境首，犹言边境也。

第二，把边界当作一条线，就相关话语者所持立场而论，边界的两边就有了不同的归属地，分出"境内"和"境外"。《礼记·祭统》云："诸侯之祭也，与竟内乐之。"《史记·卫青霍去病列传》云："以臣之尊宠而不敢自擅专诛于境外。""境"的"内""外"之别给人造成一种亲疏有别之感，边界成了时刻提醒人们危机将临的警戒线。

第三，不管"境内""境外"，都是指"地方"。《论衡·书虚》："共五千里之境，同四海之内。"《桃花源记》："率妻子邑人来此绝境，不复出焉。"这"地方"由东、西、南、北来圈定，称为"四境"。《淮南子·道应训》："诚有其志，则四境之内皆得其利矣。"

第四，"境"也与"环"一样，其义从有形的地方拓展到精神之域。《淮南子》有诸多这样的用法，如《原道训》："夫心者……驰骋于是非之境。"《俶真训》："定于死生之境，而通于荣辱之理"；"若夫无秋毫之微，芦苻之厚，四达无境"。《修务训》："观始卒之端，见无外之境。"

最早把"境"的概念引入艺术理论中的是东汉学者蔡邕。他的论书著作《九势》云："此名九势，得之虽无师授，亦能妙合古人，须翰墨功多，即造妙境耳。"

"境"与其他词义合作形成的语域，朝着诗学维度拓展，则产生了"意境"和"境界"。这两个语词不仅在诗论中，而且在画论、书论、文论中都成为评判作品是否达到最高水平的标准。"境界"还可指人生修炼达到精神通达的程度。

最早使用"意境"评诗的是唐代诗人王昌龄,传为其所作的《诗格》二卷中有"诗有三境"论,其中第三境即为"意境"。王昌龄还创"境象"概念,他在论第一境"物境"时说:"处身于境,视境于心,莹然掌中,然后用思,了然境象。"这"境象"与"意境"同义。

"境"从"身境"(物境)到"象境"(意境)的拓展,可以看作"境"在历史文化中,其精神因素不断增强的一个缩影。有学者认为,"境"从"实境"到"虚境",在精神审美因素上的提升与佛教有关。佛教著名的"六境"说根据不同的对象分出六种识境(色、声、香、味、触、法)。佛学意义上"境"更多地偏向"境界"的含义。

"境界",同样经过了从外在物理空间到内在精神空间的变化过程。汉代郑玄在《诗·大雅·江汉》"于疆于理"句下笺云:"正其境界,修其分理。"当中"境界"指"地方"。魏晋南北朝时期,佛学把"境界"引入精神领域,如《无量寿经》说"比丘白佛,斯义弘深,非我境界",此处"境界"指的就是内在修炼所达到的程度。

真正在审美意义上使用"境界"概念的是近代的王国维。他的《人间词话》试图以"境界"为核心概念来把握中国古代诗词的主要精神。"境界"成为艺术之本,亦成为艺术美乃至美之所在。

"环境"是晚出词,据资料库显示,先秦至民国的文献中,"环""境"组合使用大致有 200 多处。而在隋朝之前,"环境"用例至今没有发现。因此大致可以推断,"环境"最早可能出现在唐朝,进一步缩小范围,可认定在唐朝中后期。唐朝段文昌(773—835 年)《平淮西碑》有"王师获金爵之赏,环境蒙优复之恩"。又,《唐大诏令集》卷一一八《令镇州行营兵马各守疆界诏》(下诏时间为大和年间)有"今但环境设备,使之不能侵轶,须以岁月,自当诛除。此所谓不战之功,不劳而定也"。此处的"环境"亦须作动宾短语理解,有"环绕某处全境"之意,不是合成词。

由上可见,唐代"环境"作为"地区"的用例还不太固定。宋代"环境"概念使用要多一些,且趋向于表示某个地区或地带。如北宋《新唐书·王凝传》曰:"时江南环境为盗区,凝以强弩拒采石。"《新唐书》完成于嘉祐五年，即公元 1060 年。）与此差不多同时的《黄州重建门记》曰："环境之内，皆若家视。"（作者郑獬自叙本文完成于治平三年，即公元 1066 年。）吕南公（1047—1086 年）《上运使郎中书》曰："使环境之俗，欢荣戴赖，如倚父母。"上述"环境"都指环绕某处之全境。

康熙时的《佩文韵府》《骈字类编》中举"环境"这一条目时都有个例句："诸军环境，不得妄加杀戮。"引自《文苑英华·讨凤翔郑注德音》。《文苑英华》编纂于太平兴国七年至雍熙三年（982—986 年），其所撷取的《讨凤翔郑注德音》一文来自唐代的"德音"（诏书的一种）。这样一来，"环境"的出现似乎要推到唐代。但仔细推敲"诸军环境"这句话，如把"环境"当成"某地"看，与"诸军"意思搭配不上。那么"诸军环境"该作何解呢？直接查《唐大诏令集·讨凤翔郑注德音》，其文字却是"诸军还境，不得妄加杀戮"，显然意思就较为清楚，"诸军还境"意为"各路军队回到凤翔这个地方"。古汉语"环"与"还"意义相通，《文苑英华》的写法是允许的，而清代的字书在收集"环境"这一词条时有些草率。即使唐代的说法成立，所引的例子也可能是孤证，况且《文苑英华》以及《唐大诏令集》都编定于宋代，因此，可以推定，"环境"用以指称地区，应是从北宋开始的。

有了北宋的发端，南宋使用"环境"一词就较为便当。南宋熊克《中兴小纪》卷四云："时河东环境为盗区。"范浚《徐忠壮传》亦云："当是时，河东环境，为敌区独。"都用了"河东环境"，意思也一样。李曾伯《帅广条陈五事奏》有"蛮傜环境，动生猜疑"。"环境"也见于诗作，李纲《闻建寇逼境携家将由乐沙县以如剑浦》："纷然群盗起，环境暗锋镝。"刘克庄《送邹莆田》："租符环境少，花判入人深。"

此后，元、明、清的文献均有"环境"的用例。从以上考证大致可以看出，在古文文本中，"环境"的使用不是太普遍，严格地说，它还没有形成一个概念，其内涵与外延都不够确定。只有到了近代，"环境"才真正成为概念。

作为概念的"环境"，其意义已经远不止于"地区"义，具有一定的人文内涵,凸显了地区与人生存发展的某种关系。鲁迅在《孤独者》中说:"后来的坏,如你平日所攻击的坏,那是环境教坏的。"这"环境"的用法就与此前时代的用法完全不同。显然,将这里的"环境"解释成地区、地带就完全不妥。

到了当代,由于人与自然的关系成为生存的一大问题,人们的环境意识进一步加强:一是从自然科学的维度,创建了各种环境科学,如环境化学、环境物理学、环境生物学、环境土壤学、环境工程学等;二是开拓出"社会环境"概念,相应地创建了社会环境科学;三是从生态学维度,创建生态环境科学,生态问题不仅涉及自然问题,也涉及人文问题,因此,出现了诸多具有交叉性、边缘性的生态环境科学,如环境哲学、环境伦理学、环境美学等。

梳理中国文化视野下"环境"语词及概念的发生与发展过程,对于我们研究古代的环境美学思想是很有必要的:

第一,要区别"环境"语词与"环境思想"。虽然"环境"语词在中国文化视野中晚出,但不说明中国古代的环境思想晚出。中国古代的环境思想具有两种形态:一种是感性的物质的形态,另一种是概念形态。而概念是需要用语词来代表的。中国古代与环境相关的概念很多,主要有天、地、天地、自然、山水、山河、江山、田园、家园、国家等,这些概念各自指称古代环境思想中的某个部分。也就是说,中国古代的环境思想,包括环境美学思想,更多不是通过"环境"这一概念,而是通过天地、山水、家园等概念表达出来的。

第二,"环境"这一语词,作为概念来使用时,在中国古代更多指自然环境,而不是指社会环境。"社会"当然有"环境"义,但是,在中国传统文化中,"社会"主要是作为政治学—社会学的范畴来使用的。研究中国古代的环境思想,应该以自然环境为主要研究对象。更兼,虽然自然环境文化通常被视为物质文化,但是,中国文化中的物质文化均具有深厚的精神内涵。换句话说,中国文化中的自然均为文化的自然,因此,研究中国古代的自然环境,不仅不能忽视其文化内涵,而且需要将其作为自然环境的灵魂来看待。

第三,基于"环境"由"环"与"境"构成,这两个概念的含义均不同情况地渗入"环境"概念,成为"环境"概念的内涵成分。

"环"作为独立的概念,不仅重视范围与边界,而且重视中心。受此影响,中国环境思想的中心概念与边界概念都非常重要,中国古代有"大九州"之说,《史记·孟子荀卿列传》载:"(邹衍)以为儒者所谓中国者,于天下乃八十一分居其一分耳。中国名曰赤县神州。赤县神州内自有九州,禹之序九州是也,不得为州数。中国外如赤县神州者九,乃所谓九州也。于是,有裨海环之,人民禽兽莫能相通者,如一区中者,乃为一州。如此者九,乃有大瀛海环其外,天地之际焉。""大九州"说强调中国是九州之中心,另外也强调九州外有大瀛海包围着。

"境"为域,此域虽也有"地域"义,但自唐开始,"境"越来越多地指精神之域,因此,它主要是一个文化概念,包含丰富的哲学、宗教、美学内容。"境"成为"环境"一词的重要构成部分后,将它的这一特质也带入"环境"概念,因此,研究中国古代的环境思想,不能不注意它的文化内涵、精神内涵。

第四,"环境"概念具有时代的变异性、承续性和发展性。尽管中国古代的环境概念与现代的环境概念不同,这种不同显示出环境概念的变异性,但是,古今环境思想更具有承续性。我们今天在使用天地、山水等古代的环境概念时,是在一定程度上接受了它们的古义的。当然,这其中也渗入了新的时代内容。这说明"环境"概念具有时代的发展性。

二、中国古代的"环境"概念系统

中国古代虽然没有"环境"这一语词,但有环境思想,而且还有类似"环境"的概念。这些概念大致可以分为两类:居室环境概念和自然环境概念。基于人们对环境的认识主要是指对自然环境的认识,加之居室类环境如都市、宫殿等所涉及的问题远不止于环境,且那些问题似比环境问题更重要,因此,讨论环境问题,一般将重点放在自然环境上。中国古代有关自然环境的概念主要有天地（天）、山水、山河（河山、江山）、家国（社稷、家园）、仙境（桃花源、瀛壶）等。

（一）天地（天）

"天地"在古汉语中最初是分开来用的，出现很早。甲骨文中有"天"字，画作正面站立的人：🧍。人的头上有一四边形的圈，表示头顶的空间。已发现的甲骨文中没有"地"字，金文中有。《说文解字》释"天"："颠也，至高无上，从一大。"释"地"："元气初分，轻清阳为天，重浊阴为地，万物所陈列也。从土，也声。"最早将"天"与"地"合在一起且赋予其深刻哲学含义的是《周易》。《周易》的《经》部分，天、地是分用的；其《传》部分，既有分用，也有合用。分用的天有时相当于天地。合用的天、地则形成一个概念，相当于现今的"自然"。

作为宇宙的全称，"天地"概念更多用"天"来代替。这样做，是为了凸显天的至高性。

天地的性质有五：第一，天地是与人相对的，基本上属于物质的概念，但有精神性。第二，天地广大悉备。《中庸》认为天地无穷大，它说："今夫天，斯昭昭之多；及其无穷也，日月星辰系焉，万物覆焉。今夫地，一撮土之多；及其广厚，载华岳而不重，振河海而不泄，万物载焉。"（第二十六章）第三，天地是万物的母体。这句话一是指天地生万物。《周易·系辞下》云："天地之大德曰生。"二是指天地养万物。《周易·颐卦·象辞》云："天地养万物。"第四，宇宙运动的规律为天地之道。《庄子》将天地之道概括成"正"，说要"乘天地之正"（《逍遥游》）。《中庸》说："天地之道，博也，厚也，高也，明也，悠也，久也。"（第二十六章）第五，天地具有神性。

自古以来，中华民族给予天地以崇高的礼赞。这种礼赞大体上有两种情况：其一，赞美天地兼赞美天道。《庄子》云"天地有大美而不言"，此天地既是物质性的自然界，又是精神性的天道——自然规律。于是，"天地有大美"既说自然界有大美，又说自然规律有大美。其二，赞美天地兼赞美天工。如《淮南子·泰族训》云："天地所包，阴阳所呕，雨露所濡，化生万物。瑶碧玉珠,翡翠玳瑁,文采明朗,润泽若濡,摩而不玩,久而不渝,奚仲不能旅,鲁般不能造,此之谓大巧。"这种"大巧"即天工。

天地如此伟大如此美,就不仅成为人膜拜的对象,还成为人效法的对象,于是,就有了天人相合的理论。

《周易·乾卦·文言》云:"夫'大人'者,与天地合其德,与日月合其明,与四时合其序,与鬼神合其吉凶,先天而天弗违,后天而奉天时。"与天地相合,意义重大,不仅可以获得平安,获得成功,而且可以获得"大乐"。《乐记·乐论》云"大乐与天地同和",而与天地同和的快乐,《庄子》称之为"天乐",天乐为"至乐"。《庄子·至乐》云"至乐无乐"。之所以称之为无乐,是因为它是天之乐,天无所谓乐与不乐。人能达此境界必然"通于万物"(《庄子·天道》),而能通于万物,人真就与天地合一了。因此,人与天合,不仅具有实践上遵循规律的意义,而且还具有精神上通达天道的意义。

(二) 山水

"天地"主要是哲学概念,而"山水"则主要是美学概念。作为美学概念的"山水"发轫于先秦。孔子云"知者乐水,仁者乐山"(《论语·雍也》),这水与山成为乐的对象,说明它们已进入审美领域了。

山与水合成一个概念,应该是在魏晋。此时出现了以山水为题材的诗歌和画作,后人名之为山水诗、山水画,应该说,在这个时候,山水就成为一个美学概念,它不再指称自然形势,而专指自然美本体。东晋的谢灵运是中国第一位山水诗诗人。他的名篇《石壁精舍还湖中作》用到了"山水":"昏旦变气候,山水含清晖。"东晋另一位文学家左思的《招隐(其一)》亦用到了"山水",云:"非必丝与竹,山水有清音。"

"山水"与"天地"存在着内在联系。天地是宇宙概念,山水是宇宙的一部分,将山水归于天地,是不错的,但一般不这样做。在天地与山水这两个概念间,人们的关注点是它们不同的意义。从总体上来说,天地是哲学概念,而山水是美学概念。言天地,总离不开言本,人们认为天地是人之本,万物之本。言山水,总离不开言美,人们认为山水具有最大、最高的美,并且认为它是人工美之母、之师。天地虽然兼有物质与精神、具象与抽象两个方面的意义,但是由于它在时空上的无穷性,人们更多地从精神上、从抽象意义上去理解它。而山水则不是这样。虽然它也兼有物质与精神、具象与抽象两个方面的意义,但人们更看重的是它的物质的、具象的意义。相较于天地,山水具体得多,感性得多,亲和得多。如果说天地给予人的更多是理,是启示,那么,山水给予人的更多是美,是快乐。

"山水"与"自然"也存在着内在联系。自然,就其作为性质来说,它说的是性质中的一种——本性。凡物均有其本性,不只是自然物有本性,人也有本性。所以,自然不是自然物。自然,也作为物来理解。作为物,名之曰自然物,自然物的根本性质是非人工性。山水属于自然物。自然物的价值可以从两个方面来理解:一方面,自然物具有对自身及对整个自然界的价值,其中包括生态价值;另一方面,它也具有对人的价值,是这种价值让它接受人的评价、利用。山水的价值,也有这两个方面,但是,山水作为美学概念,凸显的是审美价值。因此,言及山水,我们几乎完全忽视其对自身的及对整个自然界的价值。

相较于"风景"概念,"山水"又抽象得多。可以这样说,山水,当其进入人的审美视界就成为风景。我们通常也将风景说为"景观",其实,风景只是景观中的一种——自然景观。

中国的自然环境审美早在先秦就有萌芽,但一直没有一个合适的概念来描述它。"山水"的出现,意味着自然环境审美独立了。

中国的山水意识,有一个发展的过程。大体上,先秦时注重以山水"比德",至魏晋南北朝注重山水"畅神",由"比德"到"畅神",明显体现出山水审美的自觉性的出现。郭熙在《林泉高致》中探寻君子爱山水的缘由,云:"君子之所以爱夫山水者,其旨安在?丘园养素,所常处也;泉石啸傲,所常乐也;渔樵隐逸,所常适也;猿鹤飞鸣,所常观也。"明确将山水与人的关系归于人之"常处""常乐""常适""常观"。如果说"常处""常适"涉及居住,那么,这"常乐""常观"就属于审美了。

关于山水画，郭熙说："世之笃论，谓山水有可行者，有可望者，有可游者，有可居者。画凡至此，皆入妙品。但可行可望，不如可居可游之为得。"（《林泉高致·山水训》）这说明，在中国人的心目中，山水，不管是现实山水还是画中山水，都具有家园感，山水是环境的概念。

（三）山河（河山、江山）

中国传统文化中，除了"山水"这样倾向于表达纯审美意象的概念，还有一些注重在审美中凸显国家意识的环境概念，主要有"山河""江山""河山"等。

南北朝的文学家庾信在《哀江南赋序》中用到"山河"概念，文云："孙策以天下为三分，众才一旅；项籍用江东之子弟，人惟八千，遂乃分裂山河，宰割天下。岂有百万义师，一朝卷甲，芟夷斩伐，如草木焉？"这里的"山河"指国土，也指国家。《世说新语·言语》也这样用"山河"概念，文曰："过江诸人，每至美日，辄相邀新亭，藉卉饮宴。周侯中坐而叹曰：'风景不殊，正自有山河之异！'皆相视流泪。"

与"山河"概念相类似的有"江山"。《世说新语·言语》中有一段文字："袁彦伯为谢安南司马，都下诸人送至濑乡。将别，既自凄惘，叹曰：'江山辽落，居然有万里之势！'"这里的"江山"从字面上看，似是赞美自然风景，但这不是一般意义上的自然风景，而是祖国、国家、国土等意义上的自然风景，江山成为祖国、国家、国土以及国家主权等意义的代名词。

"河山"原是黄河与华山的合称。《史记·天官书第五》："及秦并吞三晋、燕、代，自河山以南者中国。"这里的"河"指黄河，"山"指华山。但后来，河山用来指称祖国、国家、国土以及国家主权。《史记·赵世家》："燕、秦谋王之河山，间三百里而通矣。"这里的"河山"指国土。

山河、江山、河山等概念虽然能指称祖国、国家、国土、国家主权等，但一般不能在文中替换成这样的概念，主要是因为山河、江山、河山等概念除具有祖国、国家、国土、国家主权等意义外，还具有审美的意义，其审美特性为壮美、崇高。一般来说，在国家遭受外族入侵的形势下，人们多用山河、江山、河山来指称祖国、国家、国土及国家主权。南宋诗词用这类概念最多,显示出深厚的忧患意识和昂扬的爱国主义情感。

(四)家国(社稷、田园)

很难说"家国"是环境概念,但是在一定的语境下,可以将其看作环境概念。

"家国"是"家"与"国"的组合。分别开来,它们各是一种社会形态,将它们合为一体,意在强调它们的血缘关系,国是家的组合体,家是国的构成单元。家国既是实体存在,也是一种思想、情怀。"家国"概念系统主要有两个系列。

第一,由"地"到"社稷"等概念构成的"国家"系列。

《周易·乾卦·象辞》云:"大哉乾元,万物资始。"《坤卦·象辞》云:"至哉坤元,万物资生。""乾元"指天,"坤元"指地。这里,"始"是生命之始,"生"是生命之成。生命之成,重在养。坤,作为地,最为重要的功能是养育生命。《说卦》说:"坤也者,地也,万物皆致养焉。"养物的前提是载物。《周易·坤卦·象辞》说:"坤厚载物。"正是因为地能载物,故地"德合无疆。含弘光大,品物咸亨",如此,地就成为万物之母。

从这些表述来看,虽然是天与地共同作用生物,但地的作用更为人所看重。这种情况的出现,与农业社会有重要关系。农业社会虽然重视天象,但更重视大地。基于农业,让人顶礼膜拜的"大地"演化成了更让人感到亲和的"土地"。

大地是哲学化的概念,土地是功利化的概念。先秦古籍中,大地哲学主要集中在《周易》,土地功利则主要集中在《周礼》。《周礼·地官司徒第二》云"以土会之法,辨五地之物生","五地"指山林、川泽、丘陵、坟衍、原隰。土地功利,基础是农业,延伸则是政治,其中核心是国家、国土、国家主权。

正是因为土地有这样重要的功利,所以土地就成为祭祀的对象。于是,一个标志祭地的概念——"社"产生了。"社"与"稷"相联系,《孝经》云:"稷者,五谷之长。……故立稷而祭之。"社稷本来指两种祭礼,但此后引申出国家的意义,成为国家的另一称呼。

第二,由田园、园田、农家、田家等构成的"家园"系列。

这套概念系列衍生出了中国重要的诗歌流派——田园诗。田园诗产生的土壤是农业文明,浇灌它苗壮成长的雨露是环境审美。《诗经》中有诸多描绘农家生活的诗,应被视为田园诗的滥觞,但作为诗派,田园诗应该说是陶渊明开创的。田园诗在唐朝已相当兴盛,大诗人王维就写过诸多田园诗,如《山居秋暝》《桃源行》《辋川闲居赠裴秀才迪》《田园乐》《鸟鸣涧》《渭川田家》《田家》《新晴晚望》等。宋代田园诗写作蔚然成风。虽然田园诗也描写了农家生活的艰辛和官家对农民的压迫,具有揭示社会黑暗的价值,但是,田园诗的主体是展现田园风光之美,这无疑是最具农业文明特色的环境之美。

国家也好,家园也好,它们都由具有一定疆域的土地来承载。中华民族具有深刻的土地情结,这种情结与家国情怀复合在一起,具有极为丰富的文化内涵,成为中华民族的重要传统。

(五)仙境(桃花源、瀛壶)

中华民族理想的人物是神仙,神仙生活的地方为仙境。

神仙是自由的,可以说居无定所,但还是有相对比较固定的生活场所。神仙的居住场所大体上可以分为三类:一、天宫龙宫等;二、昆仑山、海上三神山等;三、桃花源之类。三类场所,第一类完全是虚幻的,人无法达到,值得我们重视的是二、三类,它们就在红尘中,诸多寻仙的人千方百计要寻找的就是这类仙境。

仙境中的风景极为优美,反映出中华民族崇尚自然美的传统。美好的自然风景总是以生态优良为首位的,因而所有的仙境中人与动物均和谐相处。

仙境常被人们用来作为园林建设的理想范式。最早将海上仙山引入园林的是秦始皇,据《元和郡县图志》卷一:"兰池陂,即秦之兰池也,在县东二十五里。初,始皇引渭水为池。东西二百丈,南北二十里,筑为蓬莱山。刻石为鲸鱼,长二百丈。"以后的各个朝代都情况不一地将各种仙境引入园林,"一池三神山"更是成为园林建设的一种范式,沿用至今。计成的《园冶》描绘了理想的园林。他认为理想的园林应具有仙境的品格:"莫言世上无仙,斯住世之瀛壶也。"(《卷三·掇山》)"漏层阴而藏阁,迎先月以登台。拍起云流,舫飞霞仞。何如缑岭,堪偕子晋吹箫。欲拟瑶池,若待穆王待宴。寻闲是福,知享既仙。"(《卷一·相地》)

仙境基本性质是在人间又超人间。在人间,指适合人居;超人间,指它具有人间不可能具有的优秀品质——快乐,长寿,没有苦难。

陶渊明的《桃花源记》描写的桃花源是仙境的典范。桃花源人本生活在世俗社会中,只是因为逃避战乱才迁到这里,与世隔绝,从而"不知有汉,无论魏晋"。他们的长相、穿着与世俗之人没有什么不同,"男女衣着,悉如外人",但他们"黄发垂髫,并怡然自乐"。桃花源与世俗社会也没有什么不同,"阡陌交通,鸡犬相闻"。如果要找出什么不同,那就是和谐,就是宁静,就是快乐,就是长寿。

仙境作为中华民族的环境理想,是中华民族建设现实生活环境的指导,具有重要的意义。

三、中国古代环境意识的基础:农业文明

中国古代有关环境问题的思考与实践由来已久,溯其源,可达史前。史前人类早期的生产方式是渔猎,基本上是在相对固定的地域或地区生活,或是依赖着一片草原,或是依赖着一片山林,或是依赖着一片水域。渔猎的地区能够让人对这片土地产生一定的亲和感、依赖感,但是不够稳定,因为渔猎生产受资源的影响,人们不得不经常性地迁徙。而农业则不同。农业需要固守一片田园,年复一年地耕作、经营。对这块土地每年都要有投入,只有这样,才能有所收获。与之相关,农业需要定居。除非有不可抗拒的原因,农民一般不会迁移。从事农业的人们在相对比较固定的土地上一代又一代地生产着,生活着,发展着。环境的意识,从本质上来说,就产生在农业这种生产方式之中。

考古发现,距今约 12 000 年前的湖南道县玉蟾岩遗址就有稻谷的遗

存,这属于旧石器时代向新石器时代过渡的时期。此外,在江西万年仙人洞遗址和湖南澧县彭头山遗址,也发现了史前人类种植水稻的证据,这两处遗址距今均约 9 000 年。在距今约 6 000 年(属新石器时代早期)的浙江余姚河姆渡遗址,考古学家发现了大量稻谷、谷壳、稻秆和稻叶堆积,最厚处达一米。在气候干燥的黄河地区,史前人类也早早进入了农耕时代。甘肃秦安大地湾遗址,就发现了炭化黍,距今约 8 000 年。这些史实证明中华民族很早就在创造着农业文明,而环境意识包括环境的审美意识就建构在农业文明的创造之中。

中国古代的环境意识,在农业文明的基础上,向着两个方面展开:

第一,家园意识。

谈环境经常要涉及的概念是自然。自然,只有当与人相关的时候,它才成为人的自然。人的自然首先是或者基本上是物质的自然。物质的自然,对于人的意义主要是两个,一是资源,二是环境。从理论与实践上来说,前者侧重于人的生产资料与生活资料的获取,后者则侧重于人身体上和心灵上的安顿。作为身体与心灵安顿之所的环境通常被称为"家园"。

农业生产的主要场所为田野,日出而作、日落而息的农业生产中,生产地与生活地一般不会分隔得太远,生产区与居住区总是挨着的,这两者共同构成了人们的家园。家园是环境问题的核心,环境审美的本质即是家园感。

农业生产是家庭产生的物质基础。渔猎生产中,人的合作不是生产必需的前提,即便有合作,这种合作也未必需要以家庭为单位。而农业生产是必须合作的,理想的生产单位是家庭。一般来说,男人从事较为繁重的田园劳作,女人则主要从事畜养和采集的劳动。有了孩子后,一般来说,男孩是父亲的帮手,女孩则是母亲的帮手。

在中华民族,一夫一妻的家庭究竟产生于何时,还是一个正在研究的课题,从理论上说,应该是农业社会。考古发现,西安半坡仰韶文化遗址存有大量房屋基址,房子分方形、圆形两类,面积不等,绝大多数屋子面积在 12—20 平方米。这正是对偶家庭所居住的屋子。严文明先生认为,半坡居民有 300—600 人,分为三级,最低级为对偶家庭,住 12 平方米左右的小屋子,数座小屋与中型屋子(面积 20—40 平方米)组成一个大家庭或家族,若干个大家庭组成氏族公社,三五个氏族公社组成胞族公社。[①] 考古发现,半坡人已经以农业为主要的生产方式了。可以说,中华民族最早的家庭就是应农业生产之需而建立的,并稳固地成为社会的基本单位。甲骨文中的"家",上为屋顶形,有覆盖的意义;下为豕,即猪。"家"字的创造明显表现出农业文明的影响。

中华民族最早的国家形态应是由氏族公社构成的胞族公社,胞族公社的首长就是族长,因此,以胞族公社为基本性质的国家实际上就是放大的家。炎帝部落与黄帝部落在实现合并之前都是胞族公社,其合并后,性质有了变化,成为胞族公社的联盟。

尽管由胞族公社联盟所构成的国在性质上与家有了区别,但社会的基本单位仍然是家。重要的还不是家这样的单位的存在,而是家观念一直是社会的主导观念,血缘关系一直被视为社会的基本关系,这和儒家学说有着重要关系。进入文明社会后,儒家试图为社会制定行事规则。儒家的基本立场是家观念。儒家建构的公民道德,其基础是正确处理家庭人员的关系。家庭人员之间的良性关系建立在等级和友爱两重原则的基础之上,而等级与友爱均以血缘亲疏为最高原则。儒家将这套家庭伦理观念推及社会,建立社会伦理,于是国就是放大的家,君主是全国人民共同的家长,而全国人民均是这个大家庭中的成员。

家意识的扩大即为国意识,国意识的缩小就是家意识。儒家经典《大学》云:"欲治其国者,先齐其家。""家齐而后国治。"齐家是治国之先,这"先"不仅具先后义,而且具习用义,就是说,齐家是治国的演习或者说练习,治国是齐家之后的大用。如此说来,治国与齐家在基本原则与方

[①] 参见严文明《仰韶房屋和聚落形态研究》,《仰韶文化研究》,北京:文物出版社 1989 年版,第 180—242 页。

式上是相通的。

中国文化中有两个重要概念——"国家"和"家国"。言"国家",实际上说的是"国",但要以"家"托着;言"家国",虽然是既说"家"又说"国",但是以"家"为先或者说为前的。不管是"国家"概念还是"家国"概念,"家"与"国"均密切联系,不可分割。

中华民族的环境意识具有强烈的家国情怀。这是中华民族环境意识包括环境审美意识的重要特质。这种特质的产生与中华民族以农为本的生产方式以及因此建构的家国意识有着重要关系。

第二,天人关系。

环境问题说到底还是天人关系问题。天人关系应该是人类共同的问题。天人关系中的"天"具有多义性,它可以理解成自然界,可以理解成上天的意旨、鬼神的意旨乃至不可知的命运等。从环境美学的维度来看,这"天",只能理解成自然,但不能把所有自然现象都理解成环境,只有与人的生存、生活相关的那部分自然,可以被看作环境。

中国文化的以农为本,在很大程度上影响着中国人的天人关系。农业的基本性质是代自然司职,基于此,农业文明中的天人关系有两种形态:

其一,人与第一自然的关系。第一自然是人还不能对它施加影响的自然,而它可以对人的生产、生活产生影响。以人代自然司职为基本性质的农业,本就融会在自然活动的体系中,比如,春天,是万物生长的时节,也是播种农作物的时节。可以说,农作物及畜养物,都与自然共生,既如此,农业全面地接受着大自然的影响,包括有利的影响和不利的影响。对于这种影响,人们非常敏感。从农业功利的维度,人们形成了对于自然现象相对固定的审美观念。就天象景观来说,风调雨顺的景观是美的,狂风暴雨的景观就被认为是丑的。杜甫诗云:"好雨知时节,当春乃发生。随风潜入夜,润物细无声。"(《春夜喜雨》)这"雨"好是因为"润物"。就大地景观来说,膏壤沃野、新绿满眼,是美的;不毛之地、荒寒之地,就是丑的。虽然在自然景观的审美过程中,人们不一定都会想到农业,但潜意识中,农业功利已成为衡量自然景观美丑的重要标尺。或者说,农业功利意识早就化为中华民族的集体无意识。

其二,人与第二自然的关系。第二自然是人工创造的自然。对于人工创造的自然,人类对它们具有极为真挚深厚的情感。农业文明中第二自然的整体形象为田园。田园中既有庄稼、牲畜等人造的自然物,也有人造的自然活动,它们共同构成一种田园景观。这种田园景观成为农业环境审美的重要对象。与之相关,田园诗以及田园散文在中国文学体系中占有重要地位。中华民族其乐融融的天伦之乐以及耕读传家的传统都建立在田园生活的基础上。正是因为如此,中国古代环境美学的一大特点就是重视田园环境的审美。

中国人的环境观念虽然在很大程度上受到以农为本的影响,但亦不受其约束。中国人的世界观既有务实的一面,又有务虚的一面;既有执着的一面,又有超越的一面。表现在环境审美上,则是既重功利——潜意识中的农业功利,又重超越——主要是对物质功利包括农业功利的超越。陶渊明在这方面很有代表性。他的《读山海经(其一)》云:

> 孟夏草木长,绕屋树扶疏。众鸟欣有托,吾亦爱吾庐。既耕亦已种,时还读我书。穷巷隔深辙,颇回故人车。欢然酌春酒,摘我园中蔬。微雨从东来,好风与之俱。泛览周王传,流观山海图。俯仰终宇宙,不乐复何如!

诗中的景观审美明显具有田园风味,功利性也是有的,如"欢然酌春酒,摘我园中蔬";但是,当说到"微雨从东来,好风与之俱"就已经实现超越了。诗人更多体会到的不是功利,而是自然风物与人身心合一的美妙,最后诗人上升到哲学的高度——"俯仰终宇宙,不乐复何如!"

陶渊明是一位具有多重身份的诗人。首先,他是农民,农作物长得好不好,直接关系着生存,因此,他在意"种豆南山下,草盛豆苗稀。晨兴理荒秽,带月荷锄归。道狭草木长,夕露沾我衣。衣沾不足惜,但使愿无违"[《归园田居(其三)》]。但是,他不只是农民,他还是诗人,因此,他能够说："翩翩飞鸟,息我庭柯。敛翮闲止,好声相和。"(《停云》)更重要的是,他是哲学家,他能超越一切功利,实现与自然之间心灵的对话："结庐在人境,而无车马喧。问君何能尔？心远地自偏。采菊东篱下,悠然见南山。山气日夕佳,飞鸟相与还。此还有真意,欲辩已忘言。"[《饮酒(其五)》]

以农为本,说的只是经济基础,审美与经济基础是存在联系的,但是这种联系更多是间接的、隐晦的、精神的、超越的。基于此,虽然中华民族对于自然环境的审美的根基是农业,但其表现方式是多元的、丰富多彩的。

四、中国古代环境美学理论体系(一)：天人关系

如从黄帝时代算起,中华民族拥有五千年的文明,这文明中包含对环境美学问题的深层思考,形成了相当完善的理论系统。环境理论体系首先是环境哲学,环境美学是环境哲学的组成部分。环境哲学的核心问题是人天关系论。

(一) 环境哲学中的天人关系

虽然人天关系不等于人与自然的关系,但人与自然的关系无疑是人天关系的主体。长期以来,中华民族对此问题有着诸多深刻的思考,大体上可以分为三个方面。

1. 天人合一论

张岱年先生说："中国哲学有一个根本思想,即'天人合一',认为天人本来合一,而人生最高理想,是自觉地达到天人合一之境界。"①天人合一,有诸多理论。首先它涉及"天"的概念,天有自然义、本性义、天道(理)义、造物神义、鬼魅义,还有不可知义。其次,"合"亦有多种含义,有唯物主义的解释,也有唯心主义的解释,比如董仲舒的天人感应论,完全是唯心主义的。最后,这"合一"的"一",究竟是天,还是人,并不定于一

---

① 张岱年:《中国哲学大纲——中国哲学问题史》,北京:昆仑出版社 2010 年版,第 6 页。

尊。为了强调天的权威性,天人合一,这"一"就是天;为了凸显人的主体性,天人合一,这"一"就是人。比如张载的"为天地立心"说,也是天人合一。在张载看来,天地只是物质,并无精神,而人有灵性、有心性。他的"为天地立心"说,实质是让自然为人造福,凸显的是人的主体性。他并不否定自然规律的客观性,也不反对遵循自然规律办事,只是在这一语境中他不强调这一点。

天人合一论的精华是自然的客观性与人的主体性的统一。《周易·革卦》说:"汤武革命,顺乎天而应乎人。"顺乎天,顺的是天理;应乎人,应的是人心。这句话也许是中国古代天人合一思想的最佳表达。

天人合一论最有思想性的观点,是老子的"道法自然"说。其全句为"人法地,地法天,天法道,道法自然"(《老子》第二十五章)。这种表述,是有深意的。"人法地"的"地",是指大地。人的确只能效法或师法自然——特别是与人共同生活在大地上的自然物——进行创造。"地法天"的"天"不是指与大地相对的天空,而是指整个宇宙。作为部分的地,理所当然应服从整体的天。"法天",服从天,遵循天。那么,"天"又应服从、遵循什么呢?老子说是"道"。道即规律。宇宙,即天,它的运行是有序的,有规律的。"道"从何来,又是什么?老子认为道就在事物本身,道不是别的,就是事物之本然/本质,也就是自然——自然而然。本然是外在形态,本质是内在核心,自然而然是存在方式。作为宇宙整体的"天",究其本,是道的存在。人生活在地上,法地而生;地作为天的一部分,法天而存;天作为宇宙整体,循道而行;而道不是别的,就是事物自身的存在,包括它的内在本质与外在形态。说到底,人作为宇宙的一部分,其存在也应"法自然"。"法自然",于人而言,即是尊重人自身的自然,同时也尊重人以外的他物的自然,包括环境的自然,实现两种自然的统一。只有这样,人才能生存,才能发展。老子的"道法自然"具有深刻的人与环境和谐论以及生态和谐论思想。

2. 天人相分论

与天人合一论相对立的是天人相分论。持此论者,最早是荀子。他说"天行有常，不为尧存，不为桀亡。应之以治则吉，应之以乱则凶"，强调要"明于天人之分"。(《荀子·天论》)庄子反对"以人灭天"，对于治马高手伯乐残害马的天性的种种作为予以猛烈抨击，他尖锐地嘲讽鲁侯"以己养养鸟"导致鸟"三日而死"的愚蠢做法(《庄子·至乐》)。高度重视民生的管子也谈天人相分，他的立论多侧重于生产与生活。管子认为"天不变其常，地不易其则，春秋冬夏不更其节，古今一也"(《管子·形势》)，强调"天"即自然规律是客观的、不变的，人必须法天、遵天，"凡有地牧民者，务在四时，守在仓廪"(《管子·牧民》)。管子还谈到环境建设，说要"因天材，就地利，故城郭不必中规矩，道路不必中准绳"(《管子·乘马》)，一切从实际出发，尊重自然。

天人相分是客观存在的，不需要人为，而天人合一，需要人为。只有承认天人相分，并且努力认识进而把握天地之道、实践天地之道，才能实现天人合一。天人相分的观点，中国历代均有人在谈，如唐代有刘禹锡的"天人交相胜"说、柳宗元的"天人不相预"说。宋明理学虽更多地谈天人合一，但首先肯定的还是天人相分，是在肯定天人相分的前提下强调天人合一。

3. 天人相参论

《周易》提出天人地"三才"说。"三才"说的伟大价值在于彰显人在宇宙中的地位。人不仅居于天地之中，而且参与天地的创造。《中庸》更是明确提出，人"可以赞天地之化育"，"与天地参"(第二十二章)。

人"与天地参"，有两种理解。按天人相分论，是天做天的事，人做人事，人不去干扰天地的运行。荀子说："天有其时，地有其财，人有其治，夫是之谓能参。"(《荀子·天论》)按天人合一论，则是人一方面尊重天，循天而行；另一方面运乎心，逐利而行。天理与人利实现统一，天理为真，人利为善，两者的统一为美。

(二)环境建设与环境审美中的天人关系

中国古代的天人关系哲学是中国人的思维法则，也是中国人环境建设的指导思想。

中国人的环境建设开始于筑巢而居。《韩非子》云："上古之世,人民少而禽兽众,人民不胜禽兽虫蛇。有圣人作,构木为巢以避群害,而民悦之,使王天下,号之曰有巢氏。"(《韩非子·五蠹》)有巢氏的时代是巢居开始的时代,这个时代对于初民审美意识的生发具有极其重要的意义。居,是生存第一义。动物的居住,大体上有两种:一种基本上是利用自然环境,将就一个居住场所;另一种则是利用自然物质,建设一个居住场所。前者的特点是"就",后者的特点是"建"。人类的居住场所,原来主要是"就",比如,住在山洞里,为穴居。当人类觉得这种居住场所不理想,想自己动手盖一个屋子的时候,建筑就产生了。

从目前的考古发现来看,在旧石器时代,人类居住在洞穴里。而到了新石器时代,人类才开始建造属于自己的屋子,这距今大约一万年。

有两类建筑是值得格外注意的。一类是部落举行祭祀或集会的大房子,在距今 7 000—5 000 年的仰韶文化时期已有。在仰韶村遗址,考古人员发现一座面积在 130 平方米以上的大屋子;在半坡遗址,发现一座面积近 160 平方米的大房子;又在西坡遗址,发现一座面积竟达 516 平方米的房子。这更大的房屋,结构复杂,四周设有回廊,为四阿式建筑。我们有理由猜想,这大房子是部落最高首领举行重大活动的地方,相当于故宫中的太和殿。这样的建筑发现让建筑与礼制结上了关系,意义巨大。

另一类建筑为园林。园林的出现比较晚,考古发现,夏代、商代是有园林的。据甲骨卜辞记载,这样的园林,其功能是多元的,包括狩猎功能、种植功能、豢养功能,还有休闲观景等功能。这最后一项功能,我们可以将它概括为审美功能。此后的发展中,园林的狩猎功能、种植功能、豢养功能消失,园林成为人们的另一住所,这另一住所的最大好处是景观美丽,人们在这里可以放松身心,尽情地欣赏美景、宴饮欢乐。园林的审美功能日益凸显,成为园林的主导功能。园林,本来不是艺术,但因为审美功能成为园林的主导功能,而跻身艺术。如果要说这艺术与其他艺术有什么不同,那就是这艺术还保留着物质功能——可居。于是,园林成为艺术中唯一兼有物质功能的特殊存在。

城市是人类居住相对集中的地方，是一定区域内的政治中心、经济中心、交通中心和文化中心。城市出现得很早，距今约 6 000 年的凌家滩遗址出土了许多精美的玉器，其中有玉龙、玉冠饰、玉鹰、玉钺等只有部落首领及贵族才能拥有的玉器，专家认为，这个地方很可能就是古代的一座城市。无疑，城市是当时当地最为优越的生活环境。优越的生活必然不只是物质上富足，还包括精神上富足，而精神上富足，其最高层次无疑是审美。

就是在建设优秀的生活环境的过程中，人们逐渐形成了一些环境审美意识。这些意识，一方面是环境哲学的具体展开，另一方面，又是环境建设的理论指导。在中华民族长达五千年的环境建设实践中，有一些环境审美意识是最值得重视的。

1. 人为主体

环境建设中，人为主体。环境与自然不一样。自然可以与人不相干，而环境则不能没有人。人于环境不是被动的，而是可以按自己的需要选择并建设环境。前文谈到，环境于人的第一要义是居住，不是所有的自然环境都适合人居住，就是适合人居住的环境，其品位也有高下之别。这里就有一个人选地的问题。柳宗元在他的散文中说起一件逸事：潭州地方官杨中丞为名士戴简选了一块风景不错的好地建造住宅。在柳宗元看来，戴氏算是找到一块与他的心志相符的好地了，而这块好地也算是找对了主人，两者可说是惺惺相惜。于是，他说："地虽胜，得人焉而居之，则山若增而高，水若辟而广，堂不待饰而已奂矣。"（《潭州杨中丞作东池戴氏堂记》）在审美关系中，物与人两个方面，柳宗元更看重的是人。在《邕州柳中丞作马退山茅亭记》中，他明确地说："美不自美，因人而彰。"

人的主体性是环境审美的第一原则。主体性原则既表现在对自然的尊重上，也表现在对人的需要（包括审美需要）的充分考虑上。

2. 观天法地

环境建设中人的主体性突出体现在观天法地上。

观天法地有两个方面的意义：一、自然基础。天指天气，地指地理，二者都关涉到人的生存与发展问题。《周礼·考工记》就记载了营建都城时匠人对地形与日影的测量情况："匠人建国，水地以县，置槷以县，视以景。为规，识日出之景与日入之景，昼参诸日中之景，夜考之极星，以正朝夕。"二、礼制需要。中国人的环境建设重视礼制。都城是皇帝所居的地方，对于天象的观察尤其重要。皇帝居住的正殿应对应天上的紫微星。长安正是这样的："正紫宫于未央，表崚阙于闾阖。疏龙首以抗殿，状巍峨以岌嶪。"按张衡《西京赋》的说法，西汉的都城长安与刘邦还有一种特殊的关系："自我高祖之始入也，五纬相汁以旅于东井。"这是说"五纬"即金木水火土五星"相汁"（和谐），并列于"东井"（即井宿）。

3. 重视因借

中国的环境建设强调尊重自然。计成提出园林建设"因借"说，"因"的、"借"的均是自然："因者：随基势之高下，体形之端正，碍木删桠，泉流石注，互相借资；宜亭斯亭，宜榭斯榭，不妨偏径，顿置婉转，斯谓'精而合宜'者也。借者：园虽别内外，得景则无拘远近，晴峦耸秀，绀宇凌空；极目所至，俗则屏之，嘉则收之，不分町疃，尽为烟景，斯所谓'巧而得体'者也。"（《园冶·兴造论》）"因借"理论不仅适用于园林，也适用于一切环境建设。

4. 宛自天开

虽然总体上中国的环境建设以老子的"道法自然"说为最高指导思想，强调尊重自然格局、以自然为师，但是，也不是一味拜倒在自然的脚下，毫无作为。如《周易》的"三才"说，《中庸》的"与天地参"说。特别是荀子，其建立在"天人相分"哲学基础上的"有物"说，更是宣扬人的主体精神，强调向自然索取："大天而思之，孰与物畜而制之？从天而颂之，孰与制天命而用之？望时而待之，孰与应时而使之？因物而多之，孰与骋能而化之？"（《荀子·天论》）荀子的"骋能而化之"是对"道法自然"说的重要补充。事实上，中国的环境建设所持的建设理念正是"道法自然"与"骋能而化之"的统一。计成说园林"虽由人作，宛自天开"，堪为对这统一的精彩表述。

"宛自天开"既是对天工最高的赞美，也是对人工最高的赞美。除此以外，中国人的园林学说中还有"与造化争妙"（李格非《洛阳名园记·李氏仁丰园》）的观念。这与中国绘画理论中"画如江山""江山如画"的说法完全一致。"画如江山"，江山至美；"江山如画"，画又成最高之美了。概括起来，我们可以这样表述：天工至尊，人工至贵。

5. 遵礼守制

中国文化的礼制精神可以追溯到史前，史前的彩陶、玉器就是礼器。进入文明时代后，夏、商两朝均有礼制的建构，只是不完善。到周朝，主政的周公花大气力构建礼制。从《周礼》一书，我们可以看出周朝的礼制是何等的完备！儒家知识分子极力鼓吹礼制。自汉代始，以礼治国成为中国数千年治国的基本方略。礼制对中国人生活的影响是广泛而又深刻的，不独在政治中，也在环境建设之中。《周礼·考工记》就明确地说匠人营建国都是有礼制规定的："匠人营国，方九里，旁三门。国中九经九纬，经涂九轨，左祖右社，面朝后市……"礼制虽然渐有变异，但基本上是有承传的，像宫殿建筑群的设置，"左祖右社，面朝后市"被一直贯彻下来，没有改变。

中国古代环境建设的礼制有一个核心的东西，就是等级制。这种等级制在统治者看来归属于天理，也就是说，人间的秩序是对应着天上的秩序的，因而它具有神圣性，不可违背。这种等级制好不好，不是我们在这里要讨论的问题。从审美的维度来看这种等级制，我们只能说，它营造了一种秩序，这种秩序经过礼制制定者或维护者的阐述，显出它的庄严与神圣。于是，中国的宫殿建筑因这种秩序表现出一种美——崇高之美。这种崇高感，恰如张衡《西京赋》所言："惟帝王之神丽，惧尊卑之不殊。"

中国礼制的等级制不仅表现为由百姓到天子的递升体系，也体现为天子居中、臣民拱卫的体系，因此，在中国古代的环境建设中，中轴线是非常重要的，因其体现了礼制的尊严。而于审美来说，中轴线的设置的确创造了一种美——"中"之美。审美意义上的"中",具有稳定感、平衡感。人体具有中轴线,脊柱就是中轴,大体上两边对称。在中国,中之美不仅具有人体学的依据,还具有文化意义:中国自称中国,认为自己居世界地理之中,同时也是世界文化之中心,因此,中之美在中国特别受到青睐。

6. 活用风水

风水分为阳宅风水与阴宅风水,阳宅风水讲如何选择居住地,阴宅风水讲如何选择墓地。两者其实相通之处很多,基本原理一样。认真地研究风水的内容,迷信与科学兼而有之。从科学角度言之,它是中国最古老的建筑环境学、环境美学的萌芽。从迷信角度言之,它是中国古老的巫术文化的遗绪。而在哲学思想上,它是中国古老的天人合一论在地理学上的集中体现。

中国最古老的诗歌总集《诗经》中有关于相地的记载。《诗经·大雅·公刘》详细地描述了周人的祖先公刘率众迁居豳地的过程。公刘择地,注意到了这样几个方面:一、根据地的向阳向阴,辨别地气的冷暖,选择温暖的地方居住;二、根据地势的高低,选择干燥平坦的地方居住;三、根据山林情况,选择靠山的地方居住。从此诗的描绘来看,公刘择地既考虑到了实用价值又考虑到了审美价值。这些考虑可以视为中国风水学的萌芽。

中国风水学中的择地,虽然看起来很神秘,但其实不外乎两个标准,一是实用,二是美观。二者在风水学上是统一的。只要到通常视为风水好的地方去看看,不难发现,所谓风水好,好就好在对人的生存有利,对事业的发展有利,对审美的观赏有利,这三者缺一不可。

中国风水学,其实质是生命哲学,好的风水主要在于它有生命的意味或者说"生气"。《黄帝宅经》云:"宅以形势为身体,以泉水为血脉,以土地为皮肉,以草木为毛发,以舍屋为衣服,以门户为冠带,若得如斯,是事严雅,乃为上吉。"在中国风水学看来,美与善是统一的,就是说,凡风水好的地方均是风景美好的地方。《黄帝宅经》云:"《三元经》云:地善即苗茂,宅吉即人荣。又云:人之福者,喻如美貌之人。宅之吉者,如丑陋之子得好衣裳,神彩尤添一半。若命薄宅恶,即如丑人更又衣弊,如何堪也。"

中国人的哲学是面向未来的。为了今后的幸福,也为了子孙后代的幸福,甚至为了那不可知的来世的幸福,中国人用了一切办法,甚至包括相地这样的办法,来为自己以及死去的亲人寻找一个合适的长眠之地。风水学从本质上来说,是中国人特有的未来学。

风水学存在着道与术两个方面的内容。它的道主要是中国古代以阴阳为核心的哲学思想、天人合一思想、礼制思想。它的术则有重地形的"峦头"说和重推算的"理气"说。

风水学内容丰富,合理的、不合理的,乃至迷信的东西都有。它也存在理解与运用上的问题。事实上,古人运用风水理论就存在着诸多差别,宜具体问题具体分析,不可笼统论之。自古以来,关于风水学的争议不断,但其一直拥有旺盛的生命力。不管到底应对风水学作何评价,它的影响是客观存在的。今天我们有责任对它做深入的研究与分析。当代,最重要的是领会它的精神,是活用。

五、中国古代环境美学理论体系(二):家国情怀

环境美学的本质为家园感。在中国,家园感分为两个层次:一是家居,二是国居。家居与国居具有一体性,从而显示出一种情怀——家国情怀。

(一)中国古代环境美学中的家园意识

家园感,集中体现在以"居"为基础的生活之中。《说文解字》释"家":"家,居也。"中国传统文化中的"居",根据居住场所可分为城居、乡居、园居、山居等,根据居住的质量则可分为安居、和居、雅居、乐居四个层次。对于环境美学来说,我们关注的主要是居住的质量。中国古代环境美学理论体系的核心是家居意识,具体来说,有以下五个方面。

1. 安居
先秦诸子对于"安居"都非常重视,儒家最为突出。安居主要指人的

生命财产的保全。安或不安,一是取决于自然,二是取决于社会。对于来自自然的原因,因为诸多因素不可知,所以,诸子谈得不多,谈得多的,主要是社会的平安。社会的平安首先是政治上的,其中最重要的是没有战乱。孔子于此深有体会,他说:"危邦不入,乱邦不居。天下有道则见,无道则隐。"(《论语·泰伯》)逃避战乱,固然不失为明智之举,但反对战乱,消弭战乱的根源,更是儒家积极去做的。老子也是主张"安其居"的,他坚决反对战争,义正词严地警告统治者:"民不畏死,奈何以死惧之?"(《老子》第七十四章)社会的动乱不仅来自国与国之间的争夺杀戮,也来自统治者对人民的严酷的压迫与剥削。儒家主张仁政,反对苛政,意在让人民安居。中国古人所有关于安居的言论闪耀着人道主义的光芒。

2. 和居

和居,同样是侧重于社会上人与人之间的和谐。儒家于这方面贡献尤其突出。儒家认为和居的根本是尊礼重道:"有子曰:礼之用,和为贵。先王之道,斯为美。"(《论语·学而》)墨子主张以爱治国,他说:"诸侯相爱,则不野战;家主相爱,则不相篡;人与人相爱,则不相贼;君臣相爱,则惠忠;父子相爱,则慈孝;兄弟相爱,则和调。天下之人皆相爱,强不执弱,众不劫寡,富不侮贫,贵不敖贱,诈不欺愚。凡天下祸篡怨恨,可使毋起者,以相爱生也。"(《墨子·兼爱中》)墨子与孔子的和居思想都具有乌托邦的色彩,但精神非常可贵。

3. 雅居

雅居,源推隐士生活。中国的隐士文化源远流长,可追溯到商代的叔齐伯夷,而真正成为一种文化可能是在汉代。南齐文人孔稚珪作《北山移文》揭露隐士周颙"假步于山扃""情投于魏阙"的虚伪,可见此时"隐"已经成为重要的社会现象了。隐士过着仙人般自由自在的生活,充分享受着山林泉石之乐。

欧阳修说"举天下之至美与其乐,有不得兼焉者多矣"(《有美堂记》),有两种乐——"富贵者之乐"和"山林者之乐"(《浮槎山水记》)难以兼得。这实际上说的是隐士生活与仕宦生活难以兼得。然而,就不能想办法吗? 办法是有的,那就是建别业。官员的正宅一般设在官衙的后部,由于与官衙相连,受到诸多限制,风景不佳是最大的缺点。别业一般建在郊外风景优美之处,官员于办公之余或退休之后在此生活,则可以尽享"山林者之乐"。另外,还可以在此读书、弹琴、会友、宴饮,尽享文人的生活。别业起于汉末,兴盛于唐,最著名的别业为王维的辋川别业。可以说,别业开私家园林的先河。

私家园林的生活是真正的雅居生活。《园冶》说园林中的生活"顿开尘外想,拟入画中行","尘外想"即隐士情怀,"画中行"即游山玩水,无疑,这就是雅居了。当然,雅居生活不只是"画中行",还有文人们醉心的其他生活,如弹琴吹箫、写诗作画等。文震亨的《长物志》描写园林中室庐、花木、水石、禽鱼、书画、几榻、器具、位置、衣饰、舟车、蔬果、香茗等种种设施,无不透出清雅高洁的情调。

雅居兼"山林者之乐"与"富贵者之乐"两种乐,又添加上文人情调,其环境之雅洁与人物之清高融为一体,如文震亨所说:"门庭雅洁,室庐清靓,亭台具旷士之怀,斋阁有幽人之致。"(《长物志·室庐》)雅居是中国知识分子理想的生活方式,与之相应,园林也就成为他们理想的生活环境。

4. 乐居

乐居,是中华民族最高的生活追求。它有两种哲学来源,一种是道家哲学。道家哲学认为,人生最大的问题是处理人与自然的关系,而处理好这一关系的关键,是"法自然"。这其中具有一定的生态和谐的意味,一是老子所说的"为无为",强调本色生存;二是为了保护资源,对动物要有一定的关爱,不可竭泽而渔;三是在审美层面,强调人与自然的和谐,如辛弃疾所说的"我见青山多妩媚,料青山、见我应如是。情与貌,略相似",又如计成所说的"鹤声送来枕上""鸥盟同结矶边"。

另一种是儒家哲学。儒家哲学认为,人生最大的快乐是仁爱相处,其中统治者与被统治者的仁爱相处最难,也最重要。为此,儒家提出礼乐治国,以礼区别等级,保证统治者的利益;以乐和同人心,削减阶级对立。孟子提出"与民同乐"论,他的"乐民之乐者,民亦乐其乐。忧民之忧者,民亦忧其忧"(《孟子·梁惠王下》)成为几千年来儒家津津乐道的经典。

理学是综合了儒道释三家思想而以儒学为主干的思想学说,对于乐居,亦有着诸多言论,这些言论相对集中在关于"颜子之乐"的讨论之中。《论语》中的颜子,生活极端贫困,然而,生活得很快乐。为什么能这样?显然是精神在起作用,也就是说,他生活在一种精神世界里,是这种精神让他快乐。这精神是什么? 有的说是"仁",有的说是"天地"。凡此等等,均说明,乐居最重要的是要具有一种高尚的精神境界,对于现实有一定的超越。回到环境问题,人能不能乐居,关键是能不能与环境建构起一种良性关系,人在这种关系中实现精神上的提升与超越。

5. 耕读传家

"耕读传家"是中国儒家知识分子重要的精神传统,此传统发源于先秦,成熟于清代中期。左宗棠、曾国藩堪谓此中代表,这两位清朝中兴大臣,均有过一段时间家乡务农、躬耕田野、课读子孙的经历。因为这样一种传统是在农村培养的,对于农村的建设具有重要的意义,所以我们才将它归入环境美学范围。笔者曾经在广西富川县农村做过调查,清朝时凡是大一点的村子均有自办的书院,书院遗址大多尚存。

"耕读传家"中"耕""读"二字是值得深究的。"耕",凸显中国文化以农为本的传统。治国以农为本,治家也以农为本,乃至立身也以农为本。"读"在中国有着独特的意义,读书不只是一般的学习知识,而是"学成文武艺,货与帝王家",即为国家效劳。

(二)中国古代环境美学中的国家意识

中国人的环境意识不仅具有浓郁的家园情怀,而且具有强烈的国家意识,特别是中国意识。其表现主要是:

1. 昆仑崇拜

中国人的环境观具有深厚的国家意识,这意识可以追溯到黄帝时代,突出体现是与黄帝相关的昆仑崇拜。昆仑在中国人的心目中,有着至高无上的地位。此山西起帕米尔高原,横贯新疆、西藏间,向东延伸到青海境内,全长 2 500 公里。被誉为中国母亲河的黄河、长江,其源头水系均可追溯到这里。从地理上讲,以它为主干的青藏高原是中国山河的脊梁,西高东低的格局对中国的气候乃至农业生产、中国人的生活、中国的城乡布局起着决定性的影响。因此,中国的风水学将昆仑看作中国龙脉之源。

尽管昆仑对于中华民族的生存具有重大的意义,但它成为中华民族的第一自然崇拜的根本原因还不在这里。昆仑之所以成为中华民族的第一自然崇拜,是因为昆仑是中华民族始祖黄帝最初生活的地方。《山海经·西山经》云:"西南四百里,曰昆仑之丘,是实惟帝之下都。"这段记载说昆仑之丘为"帝之下都","帝"指谁? 历史学家许顺湛说是黄帝:"帝之下都即黄帝宫,其地望在昆仑丘。"①

2. "中国"概念

战国时邹衍提出"大九州"说,将全世界分为八十一州,中国为其中一州,称赤县神州。于是,"中国"的概念就有了着落。司马迁接受此种说法。他在《史记·五帝本纪》中说:"尧崩,三年之丧毕……舜曰'天也',夫而后之中国践天子位焉。""中国"这一概念在中国古籍中多有出现,一般来说,它不指具体的朝代(政权),而指以汉族为主体的中华民族所生活的这块固有的土地,因此,它主要是国土概念,同时也指在这块土地上建立的国家。

"中国"这一概念中用了"中",体现出中华民族对于自己的国土、自己的国家的珍爱。在中华文化中,"中"不仅指空间意义上的居中,而且还有正确、恰当、核心、领导等多种美好的内涵。此外,按中国传统文化的理念,"中"就是"礼"。《周礼·疏》引云:'礼者,所以均中国也。'"《白虎通义·礼乐》云:"先王推行道德,调和阴阳,覆被夷狄,故夷狄安乐,来朝中国,于是作乐乐之。"可见,用今天的概念来解读,"礼"就是文明。

---

① 许顺湛:《五帝时代研究》,郑州:中州古籍出版社 2005 年版,第 60 页。

"中国"这一概念就是礼仪之邦、文明之邦。

3. "华夏"概念

中国又称夏、华、①华夏②、诸夏③。这跟中国古代部族三集团有关，三集团为华夏集团、苗蛮集团、东夷集团。华夏集团主要由炎帝部落与黄帝部落构成，两个部落之间曾发生过战争，后来实现了统一，建立了联盟。华夏集团与东夷集团、苗蛮集团也发生过战争，最后也实现了统一。按《山海经》中的说法，三大集团还存在着血缘关系，而且均可以追溯到黄帝，为黄帝的后人。虽然《山海经》具有神话色彩，不是信史，但其中透露的信息告诉我们，主要生活在昆仑山一带、黄河流域、长江流域的史前人类之间是有着各种联系的，考古发现也证明了这一点。历史学家徐旭生认为"到春秋时期，三族的同化已经快完全成功，原来的差别已经快完全忘掉"，由于华夏集团"是三集团中最重要的集团"，"所以它就此成了我们中国全族的代表"。④

中国大地上存在着诸多民族，大家之所以认同"中国"概念，不仅是因为上面所说的种族上具有一定的血缘关系，而且是因为在长期的相处之中，诸民族的文化相互交融，达到彼此认同，以儒家为主体的汉民族文化成为中华民族文化的核心。

"夏""华"均是美好的词。"中国有礼仪之大，故称夏；有服章之美，谓之华。"（孔颖达《春秋左传正义》）将中国称为华夏，是中华民族对自己民族、国家、国土的赞美。蔡邕《郭有道碑文》云："考览六经，探综图纬，周流华夏，随集帝学。"这"周流华夏"的意思是巡视中国美好的土地，因此，华夏不仅指中华民族、中国，还指中国的国土。

中国传统文化一方面讲"夷夏之辨"，坚持夏文化优秀论（这自然有大民族主义之嫌），另一方面也讲"夷夏一体"。孟子提出"用夏变夷"，主

---

① 《左传·定公十年》："裔不谋夏，夷不乱华。"

② 《左传·襄公二十六年》："楚失华夏。"

③ 《左传·僖公二十一年》："以服事诸夏。"

④ 徐旭生：《中国古史的传说时代》，北京：文物出版社 1985 年版，第 40 页。

张以先进的夏文化改变落后的夷文化。而实际上夏文化也不断地学习夷文化中先进的东西，战国时始于赵国的"胡服骑射"就是一例。唐代，胡文化源源不绝地进入中原地区，成就了唐文化的博大与丰富。宋、元、明、清，夏文化与夷文化基本上就没有差别了。

应该说，世界上不论哪一个民族，其环境美学观念中均有家情怀和国情怀，但是，可以说没有哪一个民族能像中华民族这样，家情怀与国情怀达到如此高度的融会：国是放大的家，家是微型的国；国之本在家，家之主在国；国存家可存，国破家必亡。中国五千年来，虽政权有更迭，但基本国土没有变过，因此，家园、国土、国家，在中国文化中，其意义具有最大的叠合性。按中国文化，爱家不爱国是不可想象的，爱家必爱国，而爱国必爱国土。

中国古代的环境美学具有浓重、深刻的家国情怀，这是中国古代环境美学的本质性特点。

六、中国古代环境美学理论体系（三）：准生态意识

科学的生态系统知识，中国古代应该是没有的，但这不等于说古人就没有生态意识。在长期与自然打交道的过程中，古人已经感到人与物之间存在着一种内在的联系，这种联系让人认识到，要想在这个世界上生活得好，就必须兼顾物的利益。人与物，不能是敌对的关系，而应该是友朋的关系。于是，准生态系统的意识产生了。这些意识大致可以归结为两个方面。

（一）中国古代环境美学中的物人共生观念

对于物与人的关系，中国古代有着极为可贵的物人共生观念。主要体现在如下一些命题上。

1. 尽物之性

中国文化中有着朴素的生态观念。《中庸》说："唯天下至诚，为能尽其性。能尽其性，则能尽人之性。能尽人之性，则能尽物之性。能尽物之性，则可以赞天地之化育。"（第二十二章）将人之性与物之性作为一个

系统来考虑,并且认为它们的利益是一致的,这种思想明显体现出原始的生态意识,难能可贵。

2. 民胞物与

"民胞物与"是北宋哲学家张载在《西铭》中提出来的。原话是:"民吾同胞,物吾与也。"前一句是说如何处理人与人之间的关系:应将民看作同胞兄弟,既是同胞兄弟,就具有血缘关系,需要彼此关照。后一句是说人与物的关系,强调人与物是朋友、同事的关系,不仅共存于世界,而且共同创造事业。

"物吾与也"中的"与"有两义:

一为"相与"义。"物吾与也"即是说物是人的朋友。将物看作人的朋友,以待友之道来处理人与物的关系,说明人与物是平等的,人要尊重物,包括尊重物的利益。计成的《园冶》,说到园林景物时,云:"好鸟要朋,群麋偕侣。槛逗几番花信,门湾一带溪流。竹里通幽,松寮隐僻。送涛声而郁郁,起鹤舞而翩翩。"(《相地》)这是一种人与物和谐相处的景观,非常动人。

二为"参与"义。"物吾与也"即是说物是人的同事。人与物共同生存在这个世界上,共同从事生命的创造。这意味着人与物存在着生态关系:人与物共处于生态系统之中,为命运共同体。

3. 公天下之物

"公天下之物"是《列子》提出来的。《列子·杨朱》云:"身固生之主,物亦养之主。虽全生,不可有其身;虽不去物,不可有其物。有其物,有其身,是横私天下之身,横私天下之物。不横私天下之身,不横私天下物者,其唯圣人乎!公天下之身,公天下之物,其唯至人矣!此之谓至人者也。"《列子》认为,人是生命,要发展;物"亦养之主",要滋养。人的发展,追求"全生";物的滋养,同样追求"全生"。人要"全生",会损害物的利益;同样,物要"全生",会损害人的利益。怎么办?《列子》提出既"不横私天下之身",也"不横私天下物",让人与物各自受到一定的利益限制,同时又各自能得到一定的发展。这就是"公天下之身""公天下之物",其实质是生态公正。

4. 天下为公

"天下"这一概念,在中国古籍中出现得很多。天下,既可以指国家的天下,也可以是社会的天下,还可以是人与物共同拥有的天下。上述《列子》所谈的"天下"是人与物共同拥有的天下,即宇宙。而儒家经典《礼记》侧重于从社会的维度来谈"天下",《礼记·礼运》说:"大道之行也,天下为公。选贤与能,讲信修睦。故人不独亲其亲,不独子其子,使老有所终,壮有所用,幼有所长,矜寡孤独废疾者皆有所养。男有分,女有归。货恶其弃于地也,不必藏于己;力恶其不出于身也,不必为己。"如果说《列子》谈天下,突出的是自然生态公正,那么,《礼记》谈天下突出的则是社会生态公正。社会生态公正的关键是人各在其位、各尽其职、各得其利,即"老有所终,壮有所用,幼有所长,矜寡孤独废疾者皆有所养。男有分,女有归"。

(二)中国古代环境美学中的资源保护意识

中国古代的环境保护意识与资源保护意识是合一的,主要表现为以下三种观念。

1. 网开一面

《周易·比卦》说:"王用三驱,失前禽,邑人不戒,吉。"朱熹对此的解释是:"天子不合围,开一面之网,来者不拒,去者不追。"周朝对于保护资源有着明确的规定:"凡田猎者受令焉。禁麛卵者,与其毒矢射者。""山虞掌山林之政令,物为之厉,而为之守禁。仲冬斩阳木,仲夏斩阴木。凡服耜,斩季材,以时入之。令万民时斩材,有期日。凡邦工入山林而抡材,不禁。春秋之斩木,不入禁。凡窃木者,有刑罚。"(《周礼·地官司徒第二》)当然,虽有这样的要求,是不是做到了,那是另一回事。事实上,在古代,对动物进行灭绝性屠杀的事时有发生。张衡在《西京赋》中就痛斥过这种行为:"泽虞是滥,何有春秋?摘澻濑,搜川渎。布九罭,设罜麗。操昆鲴,殄水族……上无逸飞,下无遗走。攫胎拾卵,蚳蝝尽取。取乐今日,遑恤我后!"中国古代对于生态的保护,虽然为的是人的利益,但实际上兼顾了生态的利益。有必要指出的是,这种保护,主要是出于对资源的爱惜,还不能说是为了生态环境,只是客观上起到了保护环境的作用。

2. 珍惜天物

中国的环境保护思想还体现在对物的珍惜上。古人将浪费资源和劳动成果的行为称为"暴殄天物"。唐代李绅的《悯农》诗云:"春种一粒粟,秋收万颗子。四海无闲田,农夫犹饿死。/锄禾日当午,汗滴禾下土。谁知盘中餐,粒粒皆辛苦。"这诗已经成为蒙学经典。珍惜天物,虽然目的不是保护生态,但起到了保护生态的作用。

3. 见素抱朴

崇尚朴素生活,在中国有两个源头。一是道家的道德哲学。老子主张"见素抱朴"。"素",没有染色的丝;"朴",没有雕琢的木。两者均用来借指本色。"见素抱朴",用来说做人,即要求人按照人性的基本需要来生活。这样做为的是养生,但反对奢华,有珍惜财物的意义,而珍惜财物的客观效果是保护生态。

另一源头是儒家的伦理学说——崇尚节俭。它的意义是多方面的,主要是政治方面。贞观元年,唐太宗想营造新的宫殿,但最后放弃了,他对臣下说:"自古帝王凡有兴造,必须贵顺物情。……朕今欲造一殿,材木已具,远想秦皇之事,遂不复作也。"不仅如此,他还说:"自王公以下,第宅、车服、婚娶、丧葬,准品秩不合服用者,宜一切禁断。"(《贞观政要·论俭约》)尽管唐太宗主要是从政治上考虑问题的,但不浪费、少奢华,对于资源和环境的保护还是很有意义的。

七、结 语

中国古代的环境美学是中国人在自己的生产实践与生活实践中创立的。这一历史可以追溯到史前。在进入文明时代之始,曾有过以大禹为首的华夏部落联盟与特大洪水斗争的伟大事迹。正是这场漫长的、最终以人类胜利告终的斗争,让"九州攸同,四奥既居,九山栞旅,九川涤原,九泽既陂,四海会同"(《史记·夏本纪》),中华民族美好的生活环境由此奠定,而治水的诸多经验也成为中华民族环境思想的重要组成部分。由于时代久远,我们只能凭现存的祖国山河,凭有限的文字记载,想象那场气壮山河的斗争如何再造山河。中华民族长期以农立国,以地为本,以水为命,以家国为据,以和谐为贵,以道德为理,以天地为尊,以动植物为友,以安居为福,以乐天为境。所有这些,是中国人基本的生活状态。中国古代的环境美学思想就寄寓在这种生活状态之中,并且是这种生活状态的经验总结。虽然由古到今,中国人的生活状况已经发生了巨大的变化,但是中国人的文化心理仍然保持着诸多传统的基因。更重要的是,中国人所面对的一些关涉环境的主要问题并没有发生根本性的变化,如何处理好人与自然的关系、文明与生态的关系、个人与社会的关系、家与国的关系、国与世界的关系,仍然困扰着当代的中国人。从中国古代环境思想中寻找美学智慧,以更好地处理当代环境问题,其意义之重大不言而喻。

值得特别提及的是,当代全球正在建设的生态文明与农业文明有着重要的血缘关系。如果说生态文明是工业文明批判性的发展,那么,可以说生态文明是农业文明蜕化性的回归。生态文明建设,核心是处理好环境问题,实现文明与生态的协调发展,共生共荣。这方面,农业文明会给我们诸多有益的启迪。有着五千年农业文明的中国,为我们准备了智慧的宝库,值得我们深入发掘、认真学习。

陈望衡

目　录

引　论　*1*

第一章　唐代城市建设中的环境美学思想　7

　　第一节　唐代的城市建设与破坏　7

　　　　一、都城建设　8

　　　　二、地方城市建设　17

　　　　三、城市的破坏　20

　　第二节　唐代的城市设计理念　23

　　　　一、意义与功能　23

　　　　二、规范与变化　28

　　　　三、宏大与幽邃　33

　　第三节　唐代的城市环境营造　36

　　　　一、外部自然环境　36

　　　　二、内部人造环境　39

　　　　三、城市生活景象　47

　　第四节　李世民等人的环境审美观　51

第二章　唐代园林营造中的环境美学思想　58

第一节　唐代园林的基本类型　58

一、唐代园林兴盛的原因　59

二、皇家园林　63

三、官府园林　68

四、公共园林　70

五、宗教园林　71

六、私家园林　73

第二节　唐代园林的景观构成　78

一、建筑景观　78

二、山石景观　80

三、水体景观　82

四、植物景观　87

第三节　唐代文人园的环境审美观　90

一、文人造园的兴起及动机　90

二、文人园的环境意象——"壶中境界"　96

三、文人园的环境设计思想　101

第三章　唐代道教的环境美学思想　112

第一节　唐人的道教信仰和神仙情结　113

一、唐代道教的兴盛　113

二、唐人心目中的神仙　118

第二节　唐人想象中的仙界景象　124

一、唐以前的仙境传说　124

二、唐人对仙境的描绘　127

第三节　人间天上：人居环境的仙境化　134

一、修道环境的仙境化　135

　　　　二、世俗环境的仙境化　140

　　第四节　唐代道教学者的环境审美观　143

　　　　一、人居环境的构成要素　143

　　　　二、人居环境的养生功能　147

第四章　唐代佛教的环境美学思想　152

　　第一节　唐代佛教的发展　153

　　第二节　"佛国"的想象及其环境美学意蕴　155

　　　　一、对"佛国"的想象　155

　　　　二、"佛国"的环境美学意蕴　166

　　第三节　禅宗思想的环境美学价值　168

　　第四节　"佛国"的现世再现：寺庙环境设计　173

　　　　一、唐代寺庙的布局和建筑特色　173

　　　　二、唐代寺庙的环境氛围　179

第五章　唐代田园诗中的环境美学思想　187

　　第一节　唐代田园诗的兴盛和文人的田园观　189

　　　　一、唐代田园诗的兴盛　190

　　　　二、唐代文人的田园观　195

　　第二节　唐代田园诗所表现的田园之美　199

　　　　一、田园之美的构成　199

　　　　二、田园之美的感受和体验　207

　　第三节　以"田园苦"为主题的田园诗及其意义　211

第六章　唐代山水画中的环境美学思想　216

　　第一节　唐代"山水之变"的表现及其意义　218

　　第二节　青绿山水与帝王贵族的环境审美观　223

第三节　水墨山水与文人隐士的环境审美观　229

第四节　唐代山水画对"仙境"的追求　238

第七章　柳宗元的环境美学思想　245

第一节　柳宗元环境美学思想的哲学基础　246

一、"惟元气存"的宇宙生成论　246

二、"天人不相预"的天人关系论　249

第二节　柳宗元对环境审美机制的探讨　252

一、"天人交相赞"——环境美的生成　253

二、"美不自美，因人而彰"——环境美的发现　258

三、"四谋"说——环境审美的层次结构　262

第三节　柳宗元对人居环境功能的诠释　266

一、"高明游息之道"——环境作为修身理政之具　267

二、"以暇以息，如在林壑"——环境作为隐居适志之所　270

三、"偶地即安居"——环境作为人生觉悟之境　272

四、"乐居夷而忘故土"——环境作为安身乐居之家　275

第四节　柳宗元的人居环境设计思想　280

一、旷奥兼宜的景观构成　280

二、因地合气的设计原则　285

三、借景有因的设计方法　288

第八章　白居易的环境美学思想　294

第一节　白居易的"中隐"思想和家园意识　294

一、"不如作中隐，隐在留司官"——白居易的"中隐"思想　295

二、"我身本无乡，心安是归处"——白居易的家园意识　305

第二节　白居易对唐代人居环境的批判　308

一、"人凶非宅凶"——反奢靡，崇简约　309

二、"不知谁是主人翁?"——轻外物,重内心　312

第三节　白居易的环境审美经验理论　315

一、"地有胜境,得人而后发"——环境美的发现　315

二、"外适内和"——环境美的体验　318

第四节　白居易的人居环境设计思想　321

一、"何必山中居""无妨喧处寂"——环境选择　321

二、"何须广居处""有意不在大"——空间营造　325

三、"种竹不依行""旷然宜真趣"——意境生成　334

参考文献　339

引　论

　　唐代,始于公元 618 年,终于公元 907 年,共历 290 年,是中国历史上存在时间较长的朝代之一,也是在经济、政治、军事、外交、文化等各个领域都取得过辉煌成就的朝代之一。

　　唐代经济、社会和文化等各方面的发展,毫无疑问带来了环境和环境思想的变迁。从环境美学的角度说,唐代有关人居环境的思考主要体现在两个方面:一是现实人居环境的设计与建设,二是对理想人居环境的描绘、构想或阐述。

　　在现实人居环境的设计与建设方面,唐代最突出的成就,一则体现在规模庞大的城市设计与建设上,二则体现在数量庞大的园林设计与建设上。唐代的城市建设继承了隋代的大量遗产,包括各种水利、交通设施、市政工程和城市建筑,同时又由于自身经济的繁荣和既偏于现实又耽于幻想、既崇尚法度又向往自然和自由的性格,以及中西南北兼容并包的文化心态、追逐现世享乐的生活取向,而有了更进一步的发展。唐代的城市环境,尤其是在其历史的前半段,普遍给人的是一种气象恢宏、富丽堂皇、莺歌燕舞的印象。唐代的城市设计在形式上继承了隋代的里坊制度,表现出规模宏大、秩序井然的特征,但由于其相对开明的政治制度和较为宽松的社会环境,以及城市园林的大量出现,也同时表现出更为自然、更为自由和

1

更富有生活情调的特征。在唐代,园林在整个社会,尤其是上层社会,得到迅速的普及,这种独特的生活空间不仅大大改变和美化了唐代的城市环境,也极大地丰富了唐人的生活内容。唐代的园林建设开始表现出向社会各阶层渗透并向山林和乡村发展的趋势,而在设计上,则既继承了先秦以来的造园观念和构景模式,又受到了来自当时盛行的道教和佛教的追求彼岸快乐、尊崇自然本性、注重内心感受等多种思想的影响。

在对理想人居环境的描绘、构想或阐述方面,唐代最突出的表现,首先是道教和佛教思想的广泛渗透。道教和佛教虽不是发源于唐代,但在唐代的发展达到了一个独步古今的巅峰状态。唐代道教、佛教与生活的融通,为唐人构建自身独特的理想人居环境提供了基本的蓝图和依据。一方面,道教所构想的"仙境"和佛教所构想的"佛国"成了唐人理想人居环境的样板;另一方面,道教和佛教崇尚自然和自由、强调心灵体验的思想,又为唐人诠释理想人居环境的精神内涵提供了取之不尽的思想资源。而且,在道教和佛教的影响之下,加上均田制、赐田制、科举制、休沐制度、贬谪制度等制度和政策的实行,以及文人隐逸传统的再度盛行,城市与乡村之间的互动得到了进一步的加强。田园、山林、江河湖海等开始大规模地进入唐代文人的视野和生活,并由此促成了唐代田园诗和山水画的兴盛与发展。而田园、山林、江河湖海等,一方面作为自然的存在物,另一方面作为生活和精神的存在物,成为唐代文人反复歌咏和描绘的对象。唐代的大量田园诗和山水画,比诸在道教和佛教的想象中,更为具体地寄寓了唐人有关人居环境的理想。它们一方面受到道教和佛教的影响,另一方面又比道教和佛教带有更多的人间情味,因此在环境美学的意义上具有更为实际也更为普遍的价值。在田园诗和山水画中,理想的人居环境不再是一种出离人间的宗教理想,而是一种可以神游于其中的人生理想。而这样的一种理想,实际上也就反映了唐人对环境审美价值的思考以及对环境审美价值的取舍。相比于之前与之后的朝代,唐人对于思想的表达,更多依赖文学和艺术作品,而不是抽象的哲学著作。唐是一个"诗的国度"和文风大变革的时代,诗和散文是唐人言说其思想的重要载体。在唐代灿若星辰的诗人和散文家群体中,事实上有相当多的人都在其诗歌和散文创作中表达了与其人生观念互为表里的环境美学观点,如王绩、卢照邻、王勃、宋之问、李白、杜甫、孟浩然、王维、储光羲、祖咏、李德裕、柳宗元、刘禹锡、白居易、元稹、韦庄、司空图等。其中,在思想的系统性上,最杰出的代表是柳宗元和白居易。他们不仅对人居环境的设计提出过具体的构想,还从哲学或人生哲学的角度探讨过人与天或人与环境之间的关系,以及环境对于人的作用和价值。他们的思想,尤其是白居易有关园林和园居生活的思想,对宋代以后的文人园林设计和文人园居生活的精神旨趣都有深远的影响。

总体上说,唐代的环境美学思想(或唐人有关人居环境的思考),主要有三个突出的特点:

一是在环境与生活的关系问题上,唐代更注重环境的生活功能。由于社会的安定和生活的富裕,唐人较少汉魏以来那种过于玄虚的想法,虽然他们沉迷于道教和佛教,但道教和佛教在唐代也已开始走向世俗化和生活化。他们甚至比前朝(即隋朝)更加务实,这一点可以在唐代对隋朝大兴、洛阳两都的改造上看出来。隋朝规划设计的两都规模庞大、整齐划一,不但人工痕迹非常明显,而且往往不切实用。而后来唐代的长安和洛阳,则要实际得多。其中长安大明宫的修筑,很大程度上是出于实用的考虑,其布局在保持中轴对称的大格局下,有许多依据龙首原地势变化的灵活处理。

二是在环境与自然及人为的关系问题上,唐代在强调自然与人为均衡的基础上更注重环境的自然特点。唐代由于尊崇道教,发展了道教以及自先秦道家到魏晋玄学以来顺应自然的思想。"自然"或"真"是唐代美学的基本范畴,也是唐代环境美学的基本范畴。但从环境美学的角度来说,道教和道家的"自然"都太抽象,《老子》中的"道法自然"、魏晋玄学中的"越名教而任自然"或陶渊明《归园田居》诗中的"久在樊笼里,复得返自然",都不是指客观的自然界。而在唐代城市、园林、田园诗、山水画中,"自然"被具体化为自然的山水和花草树木。在城市和园林中,引水入城、引水入园、广开沟渠水池、广种花草树木成为唐人营造城市山林景象的基本手法。在田园诗和山水画中,山川、动植物一并得到全面的展现。可以说,唐代在环境设计和文学艺术中对自然题材的广泛表现,更具体也更深刻地影响了五代、两宋以后的人居环境审美走向。

三是在环境与身体及心理的关系问题上,唐代在肯定身心平衡的基础上更重视环境的心理作用和精神价值。由于道教和佛教的影响,唐代尤其是唐代后期的学术思想有一种向"内"转的倾向。从环境美学的角度来说,即个体的心理感受成为环境设计的重要维度和衡量环境美丑的基本尺度。唐代的环境美学思想,在强调环境生活功能的基础上,进一步突出了环境的养生功能,而养生的核心是养性或养心。在唐人的诗文中,"闲""适""心闲""心适""适性""得性""适意""得意""养真""乐""心乐"等是频繁出现的概念,它们代表的是崇尚内心真实、追求个性自由、向往精神超越的人生理想。这一方面说明唐代更重视环境的精神价值,另一方面也说明唐代更重视人与环境之间的交流互动以及人对环境的内在体验。虽然,如前所说,唐人非常注重环境的生活功能,但这生活在唐人看来是多方面的,即环境要满足身体或日常生活的需要,也要满足精神或心理的需要,而且后者比前者更为重要。只有这样,环境才能成为真正的家园。在唐人看来,美的环境不只是纯粹的物理空间,而同时也是一个精神空间。家园,是这二者的叠合,是身心俱适的场所,其中最根本的是"心"或精神的安顿。

当然,在唐代近 300 年的历史当中,其环境美学思想并不是铁板一块的。从历时性的角度来说,唐代的历史一般以安史之乱(755—763 年)为界,分为前后两个时期。前后两个时期有着不同的特点和面目,著名历史学家陈寅恪说:"论唐史者必以玄宗之朝为时代划分界线。"①"唐代之史可分前后两期,前期结束南北朝相承之旧局面,后期开启赵宋以降

---

① 陈寅恪:《唐代政治史述论稿》(上篇),转引自李斌城等《隋唐五代社会生活史》,北京:中国社会科学出版社 1998 年版,第 2 页。

之新局面,关于政治社会经济者如此,关于文化学术者亦莫如此。"①

  按照历史的线索,以安史之乱为界,可以把唐代的环境美学思想大致分为两个大的发展阶段,即前期和后期。前期尚未形成系统的思想,其环境审美意识主要体现在人居环境的设计与建构之中,特点是重秩序、重规范、重气象,追求广大、崇高、壮丽之美,并在武则天当国到唐玄宗天宝年间的70多年达到鼎盛状态。后期开始发生转向,虽然有很多人试图"重温旧梦",至代宗、德宗、宪宗朝仍有不少极尽奢华的高门大宅,但毕竟时过境迁。这个时候,随着禅宗和隐逸之风的兴盛,文人园林和文人的居住生活理念开始抬头。其环境审美意识和思想的特点是重自然、重趣味、重意境,追求的是清新自然、曲折幽深之美,羡慕的是"穷居野处"(韩愈)或"心静无妨喧处寂"(白居易)、"野居"或"幽居"、"篱落隔烟火,农谈四邻夕"的"田家"(柳宗元)或"谈笑有鸿儒,往来无白丁"的"陋室"(刘禹锡),崇尚的是"心凝形释,与万化冥合"(柳宗元)或"外适内和""体宁心恬"(白居易)。这种思想,盛唐的杜甫、王维、孟浩然已开其端绪,至中晚唐的韩愈、柳宗元、刘禹锡、白居易等人则逐渐演变为一种普遍共识。其中最明显的、有别于前代或唐代前期的思想倾向是:在环境的设计与建构上,不拘泥于外在的形式,而更重视内在的精神;在环境的审美感受与经验上,不局限于身体性的感官享受,而更重视主体的参与和介入,或更重视身心的调协以及精神的快适与自由。

  从社会政治和伦理的角度来说,前者也可以说是追求奢靡和浮华,更多表达的是贵族的想法;后者则是崇尚节俭和简约,更多表达的是文人的趣味。事实上,在唐代,抑或在任何时代,都存在这样两种互相对立的生活观念。在唐代,前后两期形成明显的反差:前期社会安定,经济繁荣,一派举国狂欢的景象;后期受安史之乱、藩镇割据、宦官擅权的影响,社会日益动荡,经济渐趋萧条,又是一副民不聊生的惨状。因此,这两种观念的冲突也变得尤为明显。在中晚唐时期,就有很多人(如白居易)把

---

① 陈寅恪:《论韩愈》,转引自李斌城等《隋唐五代社会生活史》,第2页。

安史之乱以及之后所发生的种种社会乱象归咎于奢靡之风的盛行。

　　而从美学的角度来说，则这两个时期的思想，也可以看成是两种不同的环境审美取向：一种是宏壮、富丽，一种是质朴、自然。这两种取向，类似于宗白华先生所概括的中国历史上最经典的两种审美形态："错彩镂金"之美与"芙蓉出水"之美。同时，从中国古代环境美学思想史的角度来看，我们也可以说，唐代的环境美学思想是上接两汉、六朝而来的。其追求宏壮和富丽，与两汉遥相呼应；而追求质朴和自然，则与六朝同志。在这两个方面，唐代都有所发展，尤其是后一方面的思想，对后世有更大的影响。

第一章 唐代城市建设中的环境美学思想

"环境美学"中的"环境",是属人的存在。它指的是人的生存、生活环境,简而言之,就是"人居环境"。这种环境,虽然包含着自然的因素,但在本质上是人的创造,或者说是人适应、协调、平衡、改造自然的结果。因此,会因为生存、生活或居住于其中的主体不同而表现出不同的类型、属性、功能和意义。就中国古代来说,我们可以把城市和乡村理解为两个不同人群居住的典型环境。相比之下,城市由于更集中或更充分地体现了人的意志、观念和趣味,而具有更为重要的研究价值。

因此,唐代的环境美学思想,首先即体现在其城市设计和建造上。唐代的城市设计和建造,也可以安史之乱为界分为前后两期。就城市建设的速度和规模而言,唐代的城市,其建设速度和规模均超越前代,特别是在安史之乱之前。其中,在隋代大兴城、洛阳城基础上进一步完善的唐代长安城、洛阳城,以及在手工业、商业和贸易刺激下日益繁荣的扬州城,便是最典型的代表。

第一节 唐代的城市建设与破坏

从唐高祖李渊立国(618年)到唐玄宗开元年间(713—741年),是大唐帝国的上升时期。这100多年里,由于社会的稳定和经济的繁荣,唐代的城市建设在继承隋代遗产的基础上有了更进一步的发展。在当时的长安城和洛阳城,相继新修或扩建了许多规模宏大的宫殿、衙署、苑囿、寺观和宅第;同时在全国范围内,也出现了一大批以经济繁荣和文化发达著称的城市,其中最具典型意义的是作为唐代经济重镇的扬州城。

一、都城建设

唐代的都城设置沿用汉、隋旧制,设东、西两个都城,西为长安,也称为西京或京城;东为洛阳,也称为东都。两个都城有类似的中央政府机构和城市布局,但在建设规模和具体功能上则有一定差别。①

(一)长安城的建设

长安城是唐代的第一大城市,也是当时世界上最大的城市,鼎盛时期城市人口达到100万以上(其中还有几十万流动人口,包括起码10万以上的外国侨民)。它始建于隋代,在隋代称为大兴城,是隋文帝时期选址和规划设计建造的城市。其营造总监是开国元勋、左仆射高颎,具体规划设计的负责人则是当时著名的工官宇文恺。隋大兴城选址于汉长安故城之南地势开阔、山川秀丽、物候和地质条件都非常好的龙首原一带。

隋大兴城在空间结构上分为宫城、皇城(子城)、郭城(外郭城或京城)三个组成部分。宫城包括大兴宫(唐时称为太极宫)、掖庭宫和东宫三个宫殿群,皇城包括文武官署、宗庙、社稷坛、服务宫廷的官营手工作坊、保卫京师安全的军队驻地等,郭城包括东、西两市(商业中心)和108坊(居住小区)。整座城市自北向南排列,中间以道路和围墙分隔成许多小的片区,总体呈规则的长方形。同时,因为建筑在东西走向的六条土

---

① 在名义上,唐代曾有过东、西、南、北"四都"之说,即除长安和洛阳之外,还有太原和益州(成都)。太原是李氏王朝发迹的地方,称为北都;益州(成都)是玄宗、僖宗两代皇帝避难的地方,称为南都或南京。

岗上,靠南地势偏高、靠北地势偏低,故在城市形态上表现出高低起伏、错落有序的格局。

隋代建设的大兴城为唐代所继承。唐朝建立之初,大兴城改称长安城,基本上保留了原有的城市格局和主要的城市建筑,只增修了少量宫室(如武德五年即 622 年修筑的弘义宫①),并对部分城市设施如道路、水渠等进行了维护。但是,随着唐代政治结构的变化、城市人口的增加以及社会、经济和文化的发展,原有的城市格局也出现了许多问题。因此,在往后的发展中,原先隋大兴城那种理想化的都城平面布局也因为不断的增修和改造而被打破了。其中最主要的改变,就是唐代两大宫殿群的兴建以及由此带来的整个城市环境的变化。

一是大明宫宫殿群的兴建。大明宫初名永安宫,始建于唐太宗贞观八年(634 年)十月。当时的建造动机是为了供太上皇李渊避暑,实际上也是因为隋代所建的宫城正宫——太极宫,地势偏低、通风条件差、天气炎热、不利于皇帝日常生活。大明宫的兴建曾于贞观九年(635 年)五月因李渊死于大安宫而中止,至唐高宗龙朔二年(662 年),因皇帝李治患风痹、太极宫阴冷潮湿不利于养病而再次启动,命司农少卿梁孝仁主持修建,并改名为蓬莱宫。② 经过这次营造,大明宫基本建成。此后又进行了多次较大规模的增修和改造[如在唐玄宗开元元年(713 年)和唐宪宗元和十二年至十三年(817—818 年)],尤其是唐宪宗时期的两次增修,变动比较大,在原有的基础上,新建了承晖殿等宫殿和太液池(也称为蓬莱池)周围的 400 余间廊庑,并疏浚了大明宫东侧、东内苑北面的龙首池。

大明宫是唐代最著名也最能代表唐代建设成就的宫殿,在当时称为"东内",是唐朝三大内("大内"太极宫、"东内"大明宫、"南内"兴庆宫)中规模最大的。它位于宫城太极宫的东北侧、郭城的北墙外,坐落在地势高爽、视野开阔且气候宜人的龙首原之上,平面呈梯形,前宽后窄,周围

---

① 弘义宫,也称为宏义宫,后改为大安宫,建于太极宫西侧。
② 参见〔清〕徐松撰,李健超增订《增订唐两京城坊考(修订版)》,西安:三秦出版社 2006 年版,第 18 页。

环筑有城墙。

　　大明宫的建筑基本采用对称布局,以丹凤门、三大殿(含元殿、宣政殿、紫宸殿)、玄武门为纵贯南北的中轴线,东西两侧分布有三四十所官厅、别殿、亭阁、楼观等建筑物。丹凤门是大明宫的正门,也是其南面5门和全部24门中最大的门,门上建有门楼(丹凤楼)。韦应物《观早朝》诗云:"丹殿据龙首,崔嵬对南山。"①站在丹凤门前,可以俯瞰长安城,远眺终南山。② 大明宫的南半部分为朝政建筑区,地势最高,包括以三大殿为中心、以墙垣分隔和以宫门连通的前、中、后三个相对独立的空间:前即"大朝",以气势雄伟的含元殿为主体,以翔鸾阁、栖凤阁为两翼,面朝宽阔的、用于举行国家盛大庆典的丹凤门广场,殿前有高出地面40余丈的砖砌台阶——龙尾道;中即"中朝",以宣政殿为主体,左右两侧设置中书省、弘文馆、史馆、殿中内省、御史台等政府机构,是皇帝上朝和百官当值、办事的行政中心;后即"内朝",以紧连后宫的便殿——紫宸殿为主体,是皇帝召见属下官员的场所。大明宫的西部区域以麟德殿、还周殿、长安殿、金銮殿、仙居殿、翰林院等为主体,是皇帝在内廷召见臣僚、举行宴会或观舞赏乐的处所。其中麟德殿最大,分为三面,东南、西南有阁,东、西有楼(郁仪楼、结邻楼),楼前有东亭、西亭。大明宫的北部地势较低,水流充沛,植被丰茂,是宫内的日常生活区,以太液池为界分为东、西两大活动区,四周环绕着富丽堂皇的宫殿建筑,如东部的蓬莱阁、绫绮殿、浴堂殿等。太液池位于大明宫北面的中部、龙首山下的低洼处,开凿于唐太宗贞观时期和唐高宗龙朔时期。据考古实测,太液池的西池位于宫城北部中间,东西长500米、南北宽320余米;东池略小于西池,南北长220米、东西宽150余米。太液池中垒土成山,称为蓬莱山。池中广植莲花,盛产鱼类。整个太液池加上周围的各种建筑和植被,共同构成了一个规模庞大的宫苑风景区。

---

① 孙望编著:《韦应物诗集系年校笺》,北京:中华书局2002年版,第83页。
② 韦述的《两京新记》也说,大明宫"北据高冈,南望爽垲,视终南如指掌,坊市俯而可窥"。见〔唐〕韦述撰,辛德勇辑校《两京新记辑校》,西安:三秦出版社2006年版,第6页。

大明宫由于在空间和环境感觉上弥补了太极宫所处地势低下的缺憾，在唐高宗晚年时已成为当时最主要的政治活动中心。此后的唐代帝王也有不少是长期居住、生活在大明宫的，只是在举行某些重大典礼时，才偶尔回到原来的政治中心——太极宫。因为大明宫的修建，长安城的城市格局和风貌也有所改变。由于大明宫在长安郭城以北，它的正门丹凤门就开在原外郭城的北墙位置，南面正对着翊善坊，而翊善坊的坊墙阻碍了宫门，因此，为了修建丹凤门街，于是新辟出翊善、永昌两坊，并增设光宅、来庭两坊。四坊中间开通了一条直通皇城延喜门和郭城通化门之间的南北向大道，因此，在长安城正中南北向的朱雀大街的东面，又比原来多出了两个里坊。

另一是兴庆宫宫殿群的兴建。兴庆宫是唐玄宗李隆基登基前的藩邸，位于长安城的东门即春明门内，所处位置原属于长安外郭城的隆庆坊。开元二年（714 年），为避唐玄宗李隆基的名讳，隆庆坊更名为兴庆坊，并随之营建兴庆宫。八年（720 年），在兴庆宫的西南部，修建了花萼相辉楼和勤政务本楼。十四年（726 年），增建了朝堂并扩大了占地范围，把北侧永嘉坊的南半部和西侧胜业坊的东半部划归兴庆宫的范围。如此一来，不仅侵占了永嘉坊的半坊之地，而且西侧胜业坊的东墙也因为兴庆门外街道的拓宽而向西退缩。这使原来那种"畦分棋布"的街坊面貌发生了不小的变化。同时，因为这些变化均集中在街东，朱雀大街两侧东西对称的形制也发生了相应的变化。经过开元十六年（728 年）的扩建后，兴庆宫正式成为唐玄宗李隆基的听政之所。二十年（732 年），又在外郭城东垣增加了一道夹城，使得兴庆宫与北边的大明宫和南边的曲江池可以直接相通。后来，又在兴庆宫的南侧加筑了一道夹城。二十年至二十四年（732—736 年），向兴庆宫的西部扩建花萼相辉楼。天宝十载（751 年），在兴庆殿的后面增建了交泰殿。十二载（753 年），对宫垣进行了维修。在唐玄宗当政时期，经过多次扩建，兴庆宫的占地面积越来越大，据考古实测，其宫城南北长 1 250 米、东西宽 1 080 米，总占地面积达到 2 016 亩。

兴庆宫的总平面呈长方形。它的布局一反过去宫城布局中宫殿居前、园林居后的老例，将朝廷与御苑的位置对调，用一道东西墙分隔成北部宫殿区和南部园林区。它的四周共设六个城门，宫城垣东侧有一条夹墙复道与大明宫和芙蓉园直接相通。朝会正殿即兴庆殿建筑群位于正门兴庆门内以北，整个建筑群坐北朝南，前部有大同门（门内左右侧有钟楼和鼓楼），其后是大同殿，再后是正殿兴庆殿，最后是交泰殿。在北门跃龙门内的中轴线上，布置有正殿南薰殿，宫城东北部则布置有新射殿、金花落等建筑。兴庆宫的南部园林区以呈椭圆形的龙池为中心，龙池东西长 915 米、南北宽 214 米，池东北岸兴建了沉香亭和百花园，南岸建有五龙坛、龙堂，西南建有花萼相辉楼和勤政务本楼等。据史料记载，龙池中有荷花、菱角和各种藻类植物。

兴庆宫是唐玄宗当政时期的政治活动中心，当时称为"南内"。由于兴庆宫所处的位置不在都城的中轴线上，而且规模也相对小一些，因此它在空间布局上要比太极宫和大明宫显得更为灵活一些，其主要建筑不仅更加小巧和精致，而且政治象征意义、建筑形式和布局的仪式感也要弱一些。与太极宫和大明宫相比，兴庆宫看起来更像是一个供皇帝休闲娱乐的离宫，[1]其园林空间在整个建筑空间中占很大比重，整个环境氛围也显得更为优雅、轻松和活泼。

（二）洛阳城的建设

洛阳城是唐代的第二大城市，唐高宗显庆二年（657 年）被确定为东都，武则天统治时期则跃升为首都，改称神都，其规模略小于长安城，常住人口为 50 万左右。唐代的洛阳城也是在隋代洛阳城的基础上发展起来的。它始建于隋炀帝大业元年（605 年），由杨素担任营造总监，宇文恺担任总设计师。《隋书·宇文恺传》中说：

> 炀帝即位，迁都洛阳，以恺为营东都副监，寻迁将作大匠。恺揣

---

[1] 宋人程大昌说："兴庆宫者，虽有夹城可以潜达大明，要之隔越衢路，亦当名为离宫而已。"见〔宋〕程大昌撰，黄永年点校《雍录》，北京：中华书局 2002 年版，第 53 页。

帝心在宏侈,于是东京制度穷极壮丽。帝大悦之,进位开府,拜工部
尚书。①

这段文字交待了洛阳城的基本建设理念,即隋炀帝迁都洛阳、"心在宏
侈"的建造动机和洛阳城规划设计意在"穷极壮丽"的价值取向。据史料
记载,在洛阳城建成之时,隋炀帝还下诏从全国各地采集大量珍禽异兽
和花卉草木充实西苑,并迁入大量人口尤其是富商巨贾于城内,人为地
营造出一派繁荣昌盛的景象。②

　　洛阳城南对伊阙和龙门山,北据邙山,西南邻周山,中有洛水和伊水
等水系贯穿,自然环境比诸长安更胜一筹。关于洛阳城的内外环境和城
市建设情况,唐代杜宝《大业杂记·东都》中有如下描述:

　　　　东都大城周回七十三里一百五十步,西拒王城,东越瀍涧,南跨
　　洛川,北逾谷水。宫城东西五里二百步,南北七里。城南、东、西各
　　两重,北三重,南临洛水。开大道对端门,名端门街,一名天津街,阔
　　一百步。道旁植樱桃、石榴两行。自端门至建国门,南北九里,四望
　　成行,人由其下,中为御道,通泉流渠,映带其间。端门即宫城正门,
　　重楼,楼上重名太微观,临大街。直南二十里,正当龙门。出端门百
　　步,有黄道渠,渠阔二十步,上有黄道桥三道。过渠二百步至洛水,
　　有天津浮桥跨水,长一百三十步。桥南北有重楼四所,各高百余尺。
　　过洛二百步,又疏洛水为重津渠,阔四十步,上有浮桥。津有时开
　　阖,以通楼船入苑。重津南百余步,有大堤。③

可知,洛阳城的范围和面积虽小于长安,但整个城市氛围不一样。由于
跨越瀍涧、洛川、谷水三条河流而建,洛阳城内有许多水渠、堤岸和桥梁

---

①〔唐〕魏徵、令狐德棻:《隋书》,北京:中华书局 1973 年版,第 1588 页。
② 清代学者顾炎武说,隋大业元年,"诏尚书令杨素、纳言杨达、将作大匠宇文恺营建东京,徙
　　豫州郭下居民以实之。又于皇涧营显仁宫,采海内奇禽异兽草木之类,以实园苑。徙天下
　　富商大贾数万家于东京"。见〔清〕顾炎武《历代宅京记》,北京:中华书局 1984 年版,第
　　148 页。
③〔唐〕杜宝撰,辛德勇辑校:《大业杂记辑校》,西安:三秦出版社 2006 年版,第 3 页。

（包括浮桥），水上有楼船穿行其上，道路两旁种植有花卉，其环境给人的感觉是比长安更加优美。而从相关史料和文学作品的描写来看，洛阳比长安的气候更温和，雨量更充沛，城内外水网密布，植被丰富，园林众多，风景宜人，整个城市绿化比长安更好，商业和娱乐设施更多，是一个更适合居住、生活和游玩的城市。

洛阳城从唐高宗显庆二年（657年）被确立为东都之后，一直到安史之乱发生（755年）之前的约一百年间，都既是唐代著名的政治中心，也是唐代著名的经济中心。除了它得天独厚的自然环境和居于帝国中部的地理位置，最主要的一个原因就是以洛阳为中心、辐射国内国际的交通网络的形成。洛阳城的水陆交通十分发达。在陆路方面，由长安向东的大道，出潼关后即可直达洛阳，再由洛阳分路，转往东方各处；在水路方面，隋炀帝时期开凿的通济渠以洛阳为起点，凡经由通济渠前往长安的船只都必须经过洛阳。由于交通——特别是水上交通——的便利，洛阳城的商业气息也比长安要浓厚得多。洛阳城沿河渠设置了三个市（商业中心），即北市（通远市）、南市和西市，其中南市最大，面积占据两个坊（一说占据四个坊）。市内道路纵横，店铺林立，包含货栈、客栈、酒馆、寺庙等各种建筑设施。三市之外，武则天大足元年（701年），又在立德坊南修建了可以停靠上万艘货船的超级码头和交易中心——新潭（类似长安的广运潭）。此外，由于城内河渠纵横（人工开凿的重津渠甚至可直通皇宫内苑），加上水陆交通枢纽的地位，因此洛阳也成为当时南北货物的储备、转运中心。如洛阳的含嘉仓城，就是唐代最大的漕运转接中心，也是名副其实的"天下第一粮仓"，其中分布着许多粮窖，用于存储来自河北、河南诸道的官粮。与此同时，水陆交通的便利，加上优越的地理位置，也使得洛阳成为当时最著名的对外贸易中心。许多外国客商云集在南市周围开展贸易，市周围的里坊内住着大量外国人，还建有祆寺之类宗教设施。由此可知，洛阳城的规划设计在功能定位上是与长安城不同的，即它更多地考虑到了工商业发展的需要。

陪都的地位和商业的发展，必然带来文化的繁荣。在唐代，洛阳是仅次于长安的另一个重要的文化中心。洛阳城内建有包括寺观、园林等在内的大量文化、休闲设施,还设置了太学和国子监,开辟了科举考场,从而吸引了大批文人和赶考的士子汇聚于此,甚至长期居住于此。

从城市规划布局上看,洛阳的城市面积虽然小于长安(长安城不含大明宫和禁苑约 84 平方公里,洛阳城约 52 平方公里),整体布局却显得更加紧凑、合理。

首先,长安城的规划过分注重政治象征意义,由于范围太大,以致大量土地荒废。据《长安志》记载,长安城南整整三列里坊人迹罕至,里坊内没有建筑,而种植了大量庄稼:"自朱雀门南第六横街以南,率无居人第宅。"其注云:"自兴善寺以南四坊,东西尽郭,虽有居者,烟火不接,耕垦种植,阡陌相连。"①有鉴于此,隋代宇文恺在规划洛阳城时就调整了思路,按照之前北魏洛阳城的里坊制度,缩小了占地面积,降低了里坊墙体,虽然里坊面积显得比较小,却更便于管理,土地也得到了有效的利用,使整个城市呈现出一派人烟稠密、热闹繁华的景象。

其次,长安城的规划过于注重中轴对称的布局,受到这种思想的局限,宫城被安置在并不适合居住的地势低凹之处。而洛阳城的规划则不同,它虽然也是由宫城、皇城、郭城三个部分组成,却没有采取将这三个部分放在一条中轴线上、各自做左右对称布局的做法,而是充分结合地势,以龙门伊阙(以像天阙)到邙山上清宫为中轴线,将皇城和宫城布置在都城西北部的高地上。这一方面是为了在布局上有别于京城长安,突出洛阳城作为陪都的地位,另一方面也是特殊的地势及居住、防卫的需要使然。在洛阳城内,西北角是地势最高的地方,因此在这里建造了宫城和皇城,并形成夹城。宫城除南面的皇城外,北面建筑有重城,东面隔东城,西面连接御苑。皇城的南边界以洛河(洛河将城市分隔为南、北两个部分,中间由四座桥梁连通),宫城后面是曜仪城和圆璧城,又修建了东、西两个隔城。皇城东面

① 〔宋〕宋敏求、〔元〕李好文撰,辛德勇、郎洁点校:《长安志·长安志图》,西安:三秦出版社 2013 年版,第 260 页。

是东城,东城北建有含嘉仓城。外郭城的东北部及洛水南岸是里坊区,共开辟八个城门。城内街道纵横相交,呈棋盘式布局,与长安城的布局类似。城内共有103坊(一说120坊),四周筑有坊墙,墙的正中开门,坊内正中铺设十字街。大部分里坊沿袭北魏洛阳城的坊制,面积基本上一致,为0.5平方公里左右。这种坊制对其他城市影响很大,当时许多地方州县城内的里坊取法洛阳。

总的来说,洛阳城的形制基本上是在隋炀帝时期奠定的,但在唐高宗、武则天和唐玄宗时进行过多次整修和增修,其中,唐高宗和武则天两朝因政治、经济中心的转移而进行了大规模的增修扩建,如唐高宗龙朔年间,曾派司农少卿韦机对残破的宫城和皇城进行修复,并开始营建上阳宫。武则天垂拱三年至四年(687—688年),在太初宫宫城核心区的中轴线上,拆除了唐高宗麟德二年(665年)复建的正殿乾元殿,在原址上修建了90米左右的三层高楼——万象神宫(也称为明堂)。整个建筑宏伟壮丽,气象非凡。诗人李白在《明堂赋并序》中赞曰:"巧夺神鬼,高穷昊苍。……观夫明堂之宏壮也,则突兀瞳眬,乍明乍蒙,若太古元气之结空;巃嵸颓沓,若嵬若嶪,似天阖地门之开阖。……势拔五岳,形张四维。"[1]五年(689年),又在万象神宫北面修筑了体量更大的天堂(又名通天浮屠、天之圣堂)。天堂高150米左右,分为五层,仅到第三层就能把洛阳全城景色尽收眼底。这是洛阳城中轴线上著名的"七天建筑"中最高的建筑,也是武则天专用的礼佛场所,内供巨大佛像,据说仅佛像的小指就能容纳数十人。除了作为洛阳城视觉中心的这两座高大无比的单体建筑之外,武则天时期至唐玄宗时期还有一些增建工程,如武则天长寿二年(693年),曾命宰相李昭德主持增修外郭城,称为神都罗郭城,唐玄宗天宝二年(743年),再次修缮、扩建,改名为金城。

在唐代对洛阳城所作的大规模修复、扩建工程中,最大、最辉煌的当属唐高宗上元年间(674—676年)由司农少卿韦机主持修建的上阳宫。

---

[1] 〔清〕董诰等编:《全唐文》(四),北京:中华书局1983年版,第3519页。

上阳宫是唐代洛阳城最主要的宫殿区。它西邻禁苑(神都苑或西苑),南临洛水,东接皇城西南隅,四周为洛水和谷水环绕,中间以水分为东、西两宫,两宫之间架设虹桥,以通往来。上阳宫是唐代帝王平日居住、生活和听政的处所。与长安城的大明宫一样,上阳宫也是修建在原来的城垣之外。它的修建,改变了洛阳城原来的宫城、皇城和外城布局。它的选址依傍皇城,开门多朝东面,有意与皇城连为一体,目的是保留和继续使用原有皇城中的设施。上阳宫沿洛水建有雕饰华丽的长廊,里边有观风殿、仙居殿、麟趾殿、甘露殿、丽春殿、芬芳殿、上阳殿、洞元堂、上清观、翰林院、化成院、甘汤院、客省院、飞龙廊、欲日楼、七宝阁、九洲亭、神和亭、芙蓉亭、含莲亭、露菊亭等大量建筑物。因修建在洛水边的高地上,有登临远眺之美,加上周围又有良好的植被和水体,故上阳宫不但环境十分清幽,景观也比原来的宫城更胜一筹。唐代诗人王建曾写下著名的《上阳宫》诗,云:"上阳花木不曾秋,洛水穿宫处处流。画阁红楼宫女笑,玉箫金管路人愁。幔城入涧橙花发,玉辇登山桂叶稠。曾读列仙王母传,九天未胜此中游。"①在王建的笔下,上阳宫被描写成比仙境还美的所在。

上阳宫的鼎盛期是在唐高宗至唐玄宗的时代。安史之乱时,上阳宫遭到严重的破坏,此后渐趋荒废,到唐德宗时便被完全废弃了。

二、地方城市建设

除长安和洛阳两都之外,唐代还有许多作为地方治所的城市,如汴州、宋州、益州、楚州、扬州、苏州、杭州、台州、明州、泗州、泉州、广州等。还有一些边疆城市或少数民族地区的城市,如高昌、交河、统万等。这些城市的发展,除了政治和军事的原因,也与当时发达的交通和频繁的商业往来有着密切的关系,如运河的开通和陆上及海上丝绸之路的内外贸易,都极大地推动了城市人口的增加和城市规模及面貌的改变。在这些城市中,就建设规模和繁华程度而言,当属扬州最为著名,它的城市人口

---

① 《全唐诗》(九),北京:中华书局 1960 年版,第 3416 页。

在鼎盛时期约有 50 万,仅次于长安和洛阳,位居全国第三。

扬州的建城历史十分悠久,隋唐以前的城址都是在扬州北部的蜀岗之上。后来随着人口的增长和经济的繁荣,扬州的城市规模不断扩大,约在盛唐或稍后,在蜀岗之下的平原上增建了罗城。因此,唐代的扬州城城市范围包括子城和罗城两个部分,总面积大约 20 平方公里。北部为子城,当时又称为衙城,是衙署集中的区域,建在蜀岗之上,沿用吴、楚、汉、晋、隋故城而建,平面呈不规则多边形,可以控制罗城;南部为罗城,当时也称大城,建在蜀岗之下的平原上,修建于唐代中期,平面呈长方形,南北长约 4 300 米、东西宽约 3 100 米,城内构筑有四通八达的水陆交通系统,是人口稠密的居住区、商业区和手工业区。

扬州是地方城市,它与作为都城的长安和洛阳有很大区别:第一,扬州的政治地位和城市等级要比长安和洛阳低很多。它没有长安和洛阳那样的宫城、坛庙和苑囿之类专门服务于皇家的建筑物,只有作为城市布局核心的地方官署衙门。同时,它的里坊、街道等设施在尺度上也比长安和洛阳小很多。但换一个角度来说,也许正是因为这种政治地位上的差别,才使得扬州在规划设计上显得比长安和洛阳更为灵活。扬州的里坊面积比较小,每坊在平面上呈长方形,东西长约 600 米、南北宽约330 米,这与长安和洛阳的标准坊制是不同的。而且它在罗城之外,也设有里坊,这与《唐六典》所说"两京及州县之郭内分为坊,郊外为村"的唐代城市制度也不尽相同。第二,扬州地处东南丘陵水网地带,在地质、水文、气候等方面都与长安和洛阳有很大差异。因此,扬州城无论是从城市的平面布局形态上看,还是从建筑物所使用的材料上看,都与北方城市有很大的不同。第三,扬州在建城之初的城市定位主要是军事要塞,但到了隋唐时期,便逐渐发展成为一个以手工业和商业贸易为经济支柱的繁华大都市,这不是因为军事方面的原因,而是由于隋唐时期运河的开凿、航运业的发达以及由此带来的商业繁荣。扬州的城市发展是先有子城、后有罗城,从子城到罗城,中间经过了很长一段时间。这样的城市发展模式,与扬州商业经济的发达直接相关。其中,以街市为中心修筑的罗城,便是经济发展和人口剧增的必然结果。自隋炀帝大力经营江淮地区以来,扬州在政治和经济上的地位便日益突出,尤其是大运河的凿通,使扬州成为大运河江北段的起点、连接江南运河及长江入海口的重要枢纽。这对扬州经济的发展无疑产生了直接的影响。第四,作为商业型城市,扬州在规划和管理上也与作为政治型城市的长安和洛阳有着明显的不同。长安和洛阳的城市规划体现的是"筑城以卫君,造郭以守民"的原则,因此在修筑宫城的同时就考虑了郭城的规划和布局,同时加强了对城市居民的控制和管理,如在郭城内实行严格的封闭式里坊制度和入夜时关闭坊门的宵禁制度。据文献记载,扬州的里坊制度主要模仿洛阳,但面积较小,而且似乎也没有严格的宵禁制度,尤其在唐代后期,很多里坊围墙被拆除,改为临街的店面。而且,因为偏居江南物产丰富之地的地理优势,扬州相对较少受到北方各种动乱的影响,其商业仍然维持着繁华的局面,许多店铺生意兴旺,甚至通宵达旦经营。

从唐初蜀岗之上的子城到唐中期以后蜀岗之下的罗城,唐代的扬州城不仅在城市规模上扩大了,而且更为关键的是,它的城市性质也发生了变化,即由一个地方行政区域,逐渐发展成为一个人口密集的、重要的商贸城市和对外港口。入唐以后,随着江淮一带经济的发展,扬州成为中国东南地区最重要的商品集散地之一,国内外的商品大都由水路经扬州源源不断转输长安、洛阳两京。正如《唐会要》卷八六"关市"条所说:"广陵当南北大冲,百货所集。"①加上"江淮俗尚商贾,不事农业",百姓经商之风更趋盛行。这无疑对扬州的经济发展起到了推动作用,使它成为商贾云集、热闹繁华的经济大都会。南宋洪迈在《容斋随笔》卷九"唐扬州之盛"条中说:"唐世盐铁转运使在扬州,尽斡利权,判官多至数十人,商贾如织。故谚称'扬一益二',谓天下之盛,扬为一而蜀次之也。杜牧之有'春风十里珠帘'之句,张祜诗云:'十里长街市井连,月明桥上看神仙。人生只合扬州死,禅智山光好墓田。'王建诗云:'夜市千灯照碧云,

---

① 〔宋〕王溥撰,牛继清校证:《唐会要校证》(下),西安:三秦出版社 2010 年版,第 1353 页。

高楼红袖客纷纷。如今不似时平日,犹自笙歌彻晓闻。'徐凝诗云:'天下三分明月夜,二分无赖是扬州。'其盛可知矣。"①

据相关史料记载,唐代的扬州城已经有了很多繁华的长街和夜市,如上述洪迈所引张祜《纵游淮南》诗中提到的"十里长街②市井连"和王建《夜看扬州市》诗中提到的"夜市千灯照碧云"。这说明晚唐时期的扬州,已在一定程度上突破了严格的里坊制度和宵禁制度的束缚,其临街开设的店铺和丰富多彩的夜市生活,已经有了宋以后城市的一些特点和气质了。

此外,在唐代,随着国际间经济文化交往日益频繁,泛海而来的日本、朝鲜、波斯、大食等国使臣、商人、求法僧侣等,也大都沿长江航道进入扬州再转赴两京。因之,扬州城逐渐成为当时对外交流和贸易的重要港埠之一。据文献记载,侨居扬州从事经商活动的胡商数以千计。《新唐书》卷三六记载:唐天宝十载(751 年),"广陵大风驾海潮,沉江口船数千艘"③。《资治通鉴》卷二二一记载:唐肃宗上元元年(760 年)广陵之乱时,平庐兵马使田神功率兵"入广陵及楚州,大掠,杀商胡以千数,城中地穿掘略遍"④。扬州商业之盛可见一斑。史称"扬州富庶甲天下",这是扬州经济繁荣的真实写照。而且,为了便于交通运输,商贸活动往往选择在运河两岸,由此形成了以运河为中心的街市,如唐代扬州著名的小市桥。

三、城市的破坏

唐代后期,即安史之乱以后,唐代的城市建设在总体上转入衰退。虽然也有一些建设项目,如上面提到的唐宪宗时期对大明宫的增修,以

---

① 〔宋〕洪迈著,夏祖尧、周洪武校点:《容斋随笔》,长沙:岳麓书社 1994 年版,第 78 页。
② 这里的"十里长街"是指运河两岸南北纵向的街道。这条街道上市井相连,店肆沿街而设,可能已经是开放式的街道布局。
③ 〔宋〕欧阳修、宋祁撰,陈焕良、文华点校:《新唐书》(一),长沙:岳麓书社 1997 年版,第 565 页。
④ 〔宋〕司马光编著:《资治通鉴》(三),北京:中华书局 2007 年版,第 2732 页。

及一些豪门或权贵仍在大修府第,但由于国力日趋衰微,城市建设在总体上远不如唐代前期。

与治乱循环的宿命一样,中国古代的城市建设似乎也难逃建设—破坏—再建设的厄运。

安史之乱(755—763年)时,两都沦陷,长安、洛阳及其他州府城市的建筑、园林(如曲江苑)、道路、绿化等都遭到了不同程度的破坏。当时的京城长安一片狼藉,已成为一个伤心之地。王维诗云:"万户伤心生野烟,百僚何日更朝天。秋槐落叶空宫里,凝碧池头奏管弦。"①安史之乱刚过不久,代宗广德元年(763年),河北副元帅仆固怀恩反,引吐蕃军队攻陷长安,大肆烧杀抢掠。但相对来说大规模的城市破坏在唐代后期尤其是唐末更为严重。如长安城在唐僖宗以后就遭到了多次破坏。从僖宗中和三年(883年)到昭宗天祐元年(904年)的20年间,军阀一次又一次地进行大规模烧杀抢掠,使长安城遭到了毁灭性的破坏。如僖宗中和三年(883年),黄巢起义军被迫离开长安时,其他诸道兵马突入长安,"争货相攻,纵火焚剽,宫室居市闾里,十焚六七"②,致使长安宫室及民居所剩无几。随后,李克用等诸藩镇兵马再次进入长安,"互入掳掠,火大内[大明宫——引注],惟含元殿仅存,火所不及者,止西内、南内及光启宫[在禁苑内——引注]而已"③;与李克用在沙苑交战失败的田令孜因李克用逼近京城,下令"焚坊市,劫帝夜启开远门出奔",又焚烧宫城,"唯昭阳、蓬莱三宫仅存"。④ 昭宗乾宁三年(896年),邠宁节度使王行瑜、凤翔节度使李茂贞等起兵作乱,相继进入长安,在京城到处放火,致使"宫室廛间,鞠为灰烬,自中和以来葺构之功,扫地尽矣"⑤。天复元年(901年),

① 〔唐〕王维:《菩提寺禁,裴迪来相看说逆贼等凝碧池上作音乐,供奉人等举声便一时泪下,私成口号诵示裴迪》,见《全唐诗》(四),第1308页。
② 〔五代〕刘昫等撰,陈焕良、文华点校:《旧唐书》(一),长沙:岳麓书社1997年版,第446页。
③ 〔宋〕欧阳修、宋祁撰,陈焕良、文华点校:《新唐书》(四),第4066页。
④ 〔宋〕欧阳修、宋祁撰,陈焕良、文华点校:《新唐书》(四),第3686页。
⑤ 〔五代〕刘昫等撰,陈焕良、文华点校:《旧唐书》(一),第468页。

宦官韩全诲勾结李茂贞劫持昭宗,为逼昭宗出走凤翔,"遂火宫城"①。天祐元年(904 年),朱温迫昭宗从长安迁都洛阳,拆除了皇家宫殿、百司衙署和大部分民间庐舍,将拆下来的木头顺渭水、黄河转运到洛阳,对长安进行了更加彻底的、毁灭性的破坏,使之沦为一个单纯的军事性城池,面积缩减到原来的 6.3%。《新五代史·职方考》说:"雍州,唐故上都。昭宗迁洛,废为佑国军。"②

洛阳城的破坏也很严重。如唐德宗贞元年间(785—805 年),李希烈叛乱之时,火烧洛阳皇宫,致使居民流离失所。张籍《董逃行》诗云:"洛阳城头火曈曈,乱兵烧我天子宫。宫城南面有深山,尽将老幼藏其间。重岩为屋橡为食,丁男夜行候消息。闻道官军犹掠人,旧里如今归未得。董逃行,汉家几时重太平。"③至"唐末兵乱,摧垲殆尽"④,仅就其园林的破坏即可见一斑。北宋李格非《洛阳名园记》说:"洛阳处天下之中,挟崤、渑之阻,当秦、陇之襟喉,而赵、魏之走集,盖四方必争之地也。天下当无事则已,有事则洛阳先受兵。予故尝曰:洛阳之盛衰,天下治乱之候也。方唐贞观、开元之间,公卿贵戚,开馆列第于东都者,号千有余邸,及其乱离,继以五季之酷,其池塘竹树,兵车蹂践,废而为丘墟,高亭大榭,烟火焚燎,化而为灰烬,与唐共灭而亡者,无余处矣。"⑤

至于扬州,虽然保持了长时间的繁华,但其最终的结局也与长安、洛阳差不多。前引洪迈《容斋随笔》卷九"唐扬州之盛"条末说:"自毕师铎、孙儒之乱,荡为丘墟。杨行密复葺之,稍成壮藩,又毁于显德。本朝承平百七十年,尚不能及唐之什一,今日真可酸鼻也!"⑥毕师铎、孙儒、杨行密是唐末割据地方的军阀,"显德"为后周太祖郭威的年号。据洪迈的说

---

① 〔宋〕欧阳修、宋祁撰,陈焕良、文华点校:《新唐书》(四),第 3693 页。
② 〔宋〕欧阳修撰,〔宋〕徐无党注:《新五代史》(三),北京:中华书局 1974 年版,第 737 页。
③ 〔唐〕张籍撰,徐礼节、余恕诚校注:《张籍集系年校注》(下),北京:中华书局 2011 年版,第 813 页。
④ 〔清〕徐松辑,高敏点校:《河南志》,北京:中华书局 1994 年版,第 1 页。
⑤ 傅璇琮等主编:《全宋笔记(第三编 一)》,郑州:大象出版社 2008 年版,第 172—173 页。
⑥ 〔宋〕洪迈著,夏祖尧、周洪武校点:《容斋随笔》,第 78 页。

法,扬州在唐末因遭战火洗劫而沦为废墟,期间复建,但很快又在后周时毁掉。一直到宋朝建立之后,经过 170 年的发展,它的规模和繁荣程度也仍不及唐代的十分之一。

第二节　唐代的城市设计理念

所谓城市设计理念,也就是城市设计的依据、原则和指导思想。唐代的城市设计,一方面直接沿袭了隋代的设计理念,另一方面也继承了自西周以来的城市设计传统。但由于经济的繁荣、人口的增长、社会文化及心理的变迁,其中也出现了一些新的思路,并为此后的城市建设开辟了道路。

一、意义与功能

中国文化极为注重各种事物的象征意义。同样,中国古代的城市和建筑设计,包括对其所处地理环境的选择,也都非常注重其象征意义的表达,如西晋张华在谈到都城设计时说的"山川位象,吉凶有征"[①],明代计成在谈到堂、斋等建筑物的设计时说的"堂者,当也。谓当正阳之屋,以取堂堂高显之义""斋……有使人肃然斋敬之义"[②]等等,都是明证。这种把意义的考虑纳入城市和建筑设计的思想,与现代的城市和建筑设计偏重于功能的思想是不一样的。因为意义与功能是两个不同的范畴,功能针对的是特定的生活需要,而意义针对的是特定的心理诉求。或者说,功能是身体性的,而意义是精神性的。在这个意义上说,中国古代的城市和建筑设计是一种象征艺术,注重意义的表达——包括注重暗示、隐喻和象征等手法的运用——是它的一个显著特点。而它的具体的意

---

① 〔西晋〕张华:《博物志序》,见〔清〕严可均辑,陈延嘉等校点《全上古三代秦汉三国六朝文　四》,石家庄:河北教育出版社 1997 年版,第 602 页。
② 〔明〕计成原著,陈植注释,杨伯超校订,陈从周校阅:《园冶注释(第二版)》,北京:中国建筑工业出版社 1988 年版,第 83 页。

义生成，则与中国特有的文化传统和文化心理有着密不可分的关联。

中国古代的城市大多为政治性的城市，因此它们在规划设计上特别重视选址、布局、建筑、设施乃至所有构筑物名称的宗教、政治、伦理寓意和心理暗示，以表达统治者企望国泰民安、江山永固的心理诉求，彰显皇权的神圣性与统治的合法性、严肃性。英国学者崔瑞德说，中国古代的都城设计，尤其是国都的设计，都有意识形态的考虑在内，"国都的位置和设计不但必须符合历史先例，而且必须符合中国人用来适应上天和自然意志的各种象征性的制度"①。

这种设计思想在西周时期，或许在更早的城市规划设计中就有非常明确的体现。但由于中国古人认为世俗统治的真正依据是"天"或"天地"，因此，城市规划设计中所要表达的不是世俗统治者的、某个具体的治国理念，而是带有宗教和政治色彩的、有关"天"或"天地"的观念与信仰（天学、地学以及由此衍生的阴阳、星象、历法、卜筮、风水等观念与信仰）。尤其是在都城的规划设计中，这种以效法天地为主旨的象征手法，从西周以来就得到了广泛的认同与运用。到隋唐时期，由宇文恺主导规划设计的大兴城和洛阳城，均体现了这种设计思路。其中，尤以大兴城的规划设计最为典型。

首先，从选址上看，大兴城选址于汉长安故城之南的东西走向的六条土岗之上，这六条土岗在形态上类似于《周易》乾卦的六个爻画。② 在《周易》中，乾卦有生生不已、自强不息之意，其性为阳，为刚，或为健，其象为天，为日，为龙，为君，为父，为首，或为圆，本身即有多种象征意义。乾卦在数字上称为九，故六个爻画自下而上依次称为初九、九二、九三、九四、九五、上九。大兴城的六条土岗在高度上是从南到北渐次降低，结

---

① ［英］崔瑞德编，中国社会科学院历史研究所西方汉学研究课题组译：《剑桥中国隋唐史：589—906 年》，北京：中国社会科学出版社 1990 年版，第 71 页。
② 周密《癸辛杂识·别集下·咸阳六冈》说："咸阳有六冈，如乾之六爻，故曰咸阳。唐时宫殿皆在九冈上，而作太清宫于九五冈上，百官府皆在九四冈上。"见〔宋〕周密撰，王根林校点《癸辛杂识》，上海：上海古籍出版社 2012 年版，第 146 页。

合《周易》自下而上排列爻位的惯例和"南面而王"的传统观念，①则从最北的第一条土岗到最南的第六条土岗依次对应于乾卦的初九爻、九二爻、九三爻、九四爻、九五爻和上九爻。由于选址上的这种特殊地理位置，因此大兴城的建筑布局也被赋予了某种象征意义，如在第一条土岗即乾卦初九的位置上，按《易·乾》的意思是"潜龙勿用"，因此在规划设计时没有在这里布置相应的宫殿建筑；第二条土岗位于乾卦九二的位置，意为"见（现）龙在田"，因此置宫室，以当帝王之居；第三条土岗对应于乾卦九三爻，意为"君子终日乾乾，夕惕若厉，无咎"，故把百官衙署放在这里，以体现百官居安思危、自强不息、勤勉于政的理念。从整个大兴城的布局来看，作为国家权力中心的宫城和皇城即分别布置在象征乾卦九二爻和九三爻的坡地上。②而象征乾卦九五爻的土岗，在《周易》中意为"飞龙在天"，其所处位置至尊至贵，被认为是非常人所能居住的所在，所以在设计时，就在这条高岗的中轴线部位，东西对称地安排了两座规模宏伟的寺观，即东面的兴善寺和西面的玄都观，是希望借助佛道两教神灵的力量来镇压住这个地方的帝王之气。在唐代，这个地方一直被认为是不宜居住的，也是不敢居住的。但也有一些人，如中唐宰相裴度就把宅子建在这条象征乾卦九五爻的高岗上，结果被人诬为有谋反之心。

其次，从整体布局上看，大兴城的空间分割也因依据传统的天学而具有不同的象征意义。大兴城由宫城、皇城和外郭城三个城组成，它们从北向南平行排列，其象征意义是以宫城象征天之中枢——北极、以皇城象征环绕北极星的紫微垣、以外郭城象征向北环拱的群星。而且，据

① 大兴城的宫殿建筑均采用坐北朝南的布局形式。"坐北朝南"既是一种政治观念，也是一种风水观念，因为按照传统风水理论的说法，建筑一般应按子午向即坐北朝南的方向布置，这一说法也为历代帝王所尊崇。
② 由于从南到北渐次降低的地势，宫城所处的位置相对要低一些。但把宫城放置在较低的位置上，在当时并不被认为有什么不妥，因为根据天上星宿的位置，最为尊贵的紫微宫居于北天中央，以北极为中枢，东、西两藩共有15颗星环绕。皇帝贵为天子，地上的君主和天上的星宿应该相对应，因此，只能把皇宫安排在北边中央的位置。而且北边有渭河相倚，从防卫的角度看，也比较安全。

宋敏求《长安志》所引《隋三礼图》的记载,大兴城的里坊数目设计也与此布局一样具有明确的象征意义。[①] 大兴城由东西、南北交错的 25 条大街分成两市 108 坊(含东部一市 53 坊、西部一市 55 坊),这 108 坊象征 108 颗星曜或 108 位星官(星神)。各街区的里坊数目和排列也有象征意义,如:皇城以南,东、西各 4 坊,象征一年四季;皇城以南,南、北各 9 坊,取法《周礼》的"九逵"之制,同时象征《周易》所说的天数"九";皇城两侧外郭城,南、北各 13 坊,象征一年有闰;等等。

再其次,城市和建筑的朝向均具有一定的象征意义。唐代的城市多采用坐北朝南的布局形式,尤其是都城,它象征的是"南面而王"的政治理念,故城市正门都开在南墙的正中位置。也有个别建筑坐南朝北的,如:"御史台门北开,盖取肃杀就阴之义,故京台门北开矣。"[②]御史台是唐帝国的最高监察机构,负责纠察官员行为,弹劾不法官员,肃清吏治和整肃朝纲。御史台朝北开门,"取肃杀就阴之义",是为了突出它的威严,让出入其中的官员有一种如履薄冰的感觉。

最后,大兴城及此后长安城的城市、建筑、街道、里坊等的命名也都具有一定的象征意义,如隋代的"太极宫""太极殿""两仪殿"和唐代的"大明宫"等,均出自《周易》;而"朱雀门"(宫城太极宫的南门)、"朱雀大街"、"玄武门"(宫城太极宫的北门)等,则符合后天八卦方位中的"离南坎北"之说,也与传统风水理论中的"左青龙,右白虎,前朱雀,后玄武"的地理格局相对应。

总之,隋代大兴城及唐代长安城的规划设计,是很看重象征意义的。这种赋予城市规划设计以象征意义的想法和制度,是中国古代城市规划设计中的一个普遍现象,也是最基本的规划设计理念。而这种象征意义本身,即是构成其城市意象的一个不可分割的组成部分。而且,由于被人为地赋予了各种象征意义,因此城市及其建筑物给人的就不单单只是

---

① 〔宋〕宋敏求、〔元〕李好文撰,辛德勇、郎洁点校:《长安志·长安志图》,第 256 页。
② 〔唐〕韩琬:《御史台笔记》,见陶敏主编《全唐五代笔记》(一),西安:三秦出版社 2012 年版,第 90 页。

外观或形式上的感觉,而同时具有可供联想或想象的审美价值。

与长安城一样,洛阳城的规划设计也非常注重象征意义的表达。如洛河横贯东西,象征银河;宫城坐落在西北的高地之上,象征帝星;城市中轴线上从南到北依次排列着著名的"七天建筑"——天阙(伊阙)、天街、天津(天津桥)、天枢、天门(应天门)、天宫(明堂)、天堂,象征天上的七个星座;城市中的许多建筑皆以行星或天象为名,如"紫微宫""太初宫""端门""应天门""黄道桥""左掖"等,更使得整座城市的规划设计图看起来就像是一幅以紫微垣为中心的天象图。

但另一方面也应该看到,对象征意义的强调是出于抽象的观念或精神上的考虑,它与城市的实际使用功能和城市所处的外部环境并不一定能完全吻合。

事实上,在城市的使用与发展过程中,意义优先的原则常常不得不让位于功能优先的原则。隋代规划设计的大兴城和洛阳城,以及由此辐射开来的其他城市的规划设计,都包含着宣示国家一统、彰显大国地位和复兴汉民族文化传统的政治考量。但从实际生活的角度来看,这种注重象征意义的、过于理想化的城市规划设计并不能完全适应日常生活和社会发展的需要。如大兴城的宫城选址和布置,依据的是"见(现)龙在田""众星拱辰""南面而王"之类的抽象观念,以暗示宫城(尤其是太极宫)作为国家权力中心的政治地位,但宫城由于所处地势偏低,视野受到局限,反而难以给人留下城市中心的印象。而且,也由于地势偏低,宫城内部的小气候不能得到有效的调节,雨季空气潮湿,夏季酷暑难当。所以,到唐代时,便不得不另建帝王的居所和政治中心——大明宫。大明宫由于所处地势高爽,视野非常开阔,置身于其中不仅可以俯瞰全城,而且可以远望城南的终南山,因此更能彰显出国家权力中心的地位和气象恢宏的城市意象。同时,也由于地势高爽,大明宫不再有潮湿或炎热的弊端,比原宫城更适宜居住和生活。

从唐代的城市建设上看,城市功能的考虑得到了进一步的强化。唐代对原有隋代城市的改建和扩建,如增修的长安大明宫、兴庆宫及城东夹城,增修的洛阳上阳宫和金城,增修的扬州罗城,以及在长安、洛阳、扬州等地疏浚、开挖的池沼、沟渠和修筑的桥梁、码头等,基本上都是出于功能的考虑或经济发展、人口增长和生活便利的需要。

二、规范与变化

从隋代到唐代的城市和建筑,相比于前代而言,更注重规范和秩序。就城市的规划设计而言,注重规范和秩序其实也是出于群体生活的需要,因为城市是一个公共空间,而非私人领地,它所要体现的是群体意志乃至国家意志,而非个人的意志或喜好。

此外,就中国古代的城市规划设计而言,规范和秩序的表达既具有军事防卫和城市管理上的意义,同时也与政治和礼制有关。如上所述,中国古代的城市大多为政治性的城市,因此古代城市的规划设计理念也必定包括特定的政治诉求和礼制要求在内(这也是城市规划设计中象征意义的来源之一)。在中国古代,君权至上、家国天下、以礼治国、尊卑有序等观念事实上一直在主导着城市特别是都城的规划设计(包括建筑设计),并由此形成了一系列特殊的城市制度。在隋唐两代,由于国家的统一,这种制度化的城市规划设计得到了进一步的强化。从视觉感受上看,隋唐两代的城市继承并发展了自西周以来的城市规划设计手法,从外部地理环境到城市内部空间布局,从每一个街区到每一个宅院,统统被纳入一个完整而有序的空间体系之中去,并因此给人留下规范严谨、秩序井然的强烈印象,可以称之为"理性美"的典范。

隋唐城市的规范和秩序主要体现在城市布局(包括功能分区)、建筑布局和建筑等级等方面。

首先,从城市总体布局上看,唐代城市大多具有规范有序的特点。这又体现在三个方面:

一是分区明确、功能清楚。唐代的城市规划设计吸收了前代的历史教训,强化了城市的功能分区和"官民不相参"的规划设计思想,使城市中的不同片区分隔开来,互不干扰。其中,首都长安城的规划设计是最突出的例子。从长安城的前身即隋代大兴城的总体布局来看,它的三个组成部分即宫城、皇城和外郭城是相对分开的,其中界线分明,显得既安全,又实用,全城以对准宫城、皇城及外郭城正南门的朱雀大街为中轴线。在外郭城范围内,以 25 条纵横交错的大街将全城划分为 108 坊和东、西两市。这种方格网式的规划,使整个城市的平面如同棋盘一样规整。在唐代,都城长安城和洛阳城,都是由宫城、皇城和外郭城组成的三套重城。三个城由街道和围墙分隔而形成三个大的片区。其中,宫城是皇帝处理朝政和居住、生活的地方,皇城是中央衙署的所在地,外郭城是贵族、官僚和百姓的住宅区。加上设置在外郭城的市和城市内外的皇家园囿,整个城市也可以说包括五个相对独立的功能区,即帝王生活区、行政办公区、市民生活区、商业贸易区和休闲游乐区。

二是主次分明、中轴对称。唐代的城市或以皇家宫苑为中心,或以官署建筑为中心,从北向南延伸形成城市主轴线,主轴线两边分列里坊,包括民居、市场、寺庙等建筑物,由此形成一个完整统一的空间体系。在规划设计上,通过这条主轴线,将每一户宅院、每一条街道与整个城市统一起来,再通过这条轴线将城市纳入人们心中的天地秩序之中。最为典型的是长安城的城市总体布局,由遥遥相对的明德门、承天门、朱雀门等城门和宽达 155 米的朱雀大街、宫殿建筑群等形成一条南北向轴线,将全城分为东、西两大部分,城门、坊里、市、街道和其他重要建筑物作对称布局。同时,城门和宫门多设置三门或五门,三门或五门中有一个中门是最主要的,这也进一步强化了对称分布的城市格局。唐代城市的这种布局,加上尺度恢宏的建筑、笔直宽阔的街道、简洁明快的两侧门墙,使整个城市给人以单纯有序、气势恢宏的印象。

三是经纬分明、畦分棋布。宋人吕大防《长安志图》中说:"隋氏设都,虽不能尽循先王之法,然畦分棋布,闾巷皆中绳墨,坊有墉,墉有门,通亡奸伪,无所容足,而朝廷、宫寺、门居、市区,不复相参,亦一代之精制。"[①]隋代

---

① 转引自岑仲勉《隋唐史》,石家庄:河北教育出版社 2000 版,第 30 页。

大兴城的棋盘式格局为唐代所继承。唐代城市的规划设计一般也是采用以里坊为单位的布局方式,而且各个里坊相对独立,中间界以街道和围墙。唐代城市之所以给人以单纯有序、气势恢宏的印象,除了明确的功能区划、中轴线的设置和各种大体量建筑物的修筑,同这种规范的里坊划分和里坊间笔直的道路设置也是有很大关系的。白居易在《登观音台望城》一诗中,曾这样描写长安城的布局:"百千家似围棋局,十二街如种菜畦。遥认微微入朝火,一条星宿五门西。"①

隋唐两代的城市格局之所以选择自西周以来就存在的里坊制,有政治、军事及城市供应、治安、给水、排水、消防、环卫、防疫等多方面的考虑。所谓里坊制,就是将居民区划分为一个个一里见方的区域,以坊墙围合,四面开设坊门。里坊是当时城市中最基本的居住单元,也是城市区划中的最小单位,类似于今天的居民小区。里坊主要是居民住宅区域,但有时也布置有部分官署、佛寺和道观等公共建筑物。隋唐时期的里坊是用夯土板筑墙围合而成的、一个个彼此分隔开来的封闭式长方形空间。里坊之外是经纬分明、笔直宽敞的作为城市主干道的街道。这些街道的两边是里坊或市的坊墙和坊门,其中看不到街房和店铺。街道两旁设有排水沟,并种植有槐树、榆树、柳树等行道树。宽敞的街道和列植的树木,使整个街区景象显得十分壮观。

其次,唐代城市规范有序的特点,也体现在城市内不同区域的建筑布局上。这可以制度化的宫殿布局为例。如长安城太极宫的宫内布局,主体建筑基本上采用"前朝后寝"的制度,以朱明门、肃章门、虔化门等宫门为界,把宫内划分为"前朝"和"内廷"两个部分。朱明门、虔化门以外属于"前朝",以内则为"内廷"。"前朝"又按照《周礼》中的"三朝"制度进行布局,即以宫门承天门及东西两殿为外朝,这是朝廷举行重大典礼的地方;以太极殿为中朝,这是皇帝上朝听政的地方;以内廷地区的两仪殿为内朝,这是皇帝与宗人集议及接见官员的地方。"内廷"也就是"后

① 顾学颉校点:《白居易集》(二),北京:中华书局 1979 年版,第 560 页。

寝"，在唐代也称为"宫内"，其中有两仪殿、甘露殿等殿院及山水池、四海池，为皇帝的日常活动区及其与后妃的居住、生活区。全宫的建筑布局仍然与整个长安城的总体布局一致，以中轴部位突出主要建筑，承天门、太极殿、两仪殿南北排列，处于全宫的中部，其他殿院与阁门分布于两侧，左右对称。其建筑布局手法，重点在于突出这些象征封建皇权统治的殿门的核心地位。

再其次，唐代城市规范有序的特点，还体现在城市内不同住宅建筑的等级秩序上。中国古代非常注重对建筑尤其是居住建筑等级的规定，唐代也不例外。唐代的住宅，根据主人等级的不同，其门厅的大小，住宅的间数、架数、高度，屋宇的装饰、色彩等，都有严格的规定，如唐高宗时期完成的《唐律疏议》和唐玄宗时期完成的《唐六典》规定：三品以上官员的堂舍不得超过五间九架，厅厦两头的门屋不得超过五间五架；五品以上官员的堂舍不得超过五间七架，厅厦两头的门屋不得超过三间两架；六品、七品以下官员的堂舍不得超过三间五架，厅厦两头的门屋不得超过一间两架。在内外装饰方面，只有天子才可以使用重拱和藻井，五品以上的官员才可以使用乌头门；非常参官（不在京的三品以上官员）不得造轴心舍①，不能用悬鱼、对凤、瓦兽、通栿、乳梁等作为装饰。还有，一切士庶公私第宅，一概不得建造楼阁，以防窥探邻居隐私，等等。②

城市设计的规范化确保了整个居住区乃至整个城市在总体效果上的协调一致，突出了城市空间的核心和视觉中心。在这样的制度下，城市以宫殿、官署、寺庙作为视觉上的主、次重点，在大片的尺度不一、装饰繁简不同的居住建筑的烘托下，形成一个主题鲜明、层次丰富、节奏清晰的城市空间体系。

---

① 轴心舍是唐代官署常用的平面形制，即在前堂与后室之间，沿中轴线贯以连廊，形成工字形的平面布局。

② 这些规定有时也被一些有权势的人突破，特别是在安史之乱以后，宅舍逾制的情况很常见。如元载，史称其"城中开南北二甲第，室宇宏丽，冠绝当时。又于近郊起亭榭……城南膏腴别墅，连疆接轸，凡数十所，婢仆曳罗绮者一百余人，恣为不法，侈越无度"。见〔五代〕刘昫等撰、陈焕良、文华点校《旧唐书》（三），第2132页。

但是另一方面也应该看到,唐代的城市布局、建筑布局和建筑设计,虽然在总体上给人以秩序井然、中规中矩的感觉,但因时代的变化及城市经济与文化的发展,也表现出了许多变化。

其实,在中国古代的城市设计中,本来就有注重规矩与注重自然两种不同的看法。如《管子·乘马第五》中说:"凡立国都,非于太山之下,必于广川之上。高毋近旱而水用足,下毋近水而沟防省,因天材,就地利,故城郭不必中规矩,道路不必中准绳。"①这种看法与《周礼》是不一样的。

同样,唐代的城市规划设计,也没有片面地强调空间的秩序化,它在保证严整秩序的同时也有其灵活、自由和顺应自然的一面。

首先是因为增修和扩建,打破了原有的城市格局。如唐太宗时期修建的大明宫和唐玄宗时期修建的兴庆宫均出于因地制宜或功能需要的考虑,集中布置于作为主轴线的朱雀街以东,并因此从整体上改变了长安城原来左右对称、形如棋盘的城市格局。又如曲江池、芙蓉园的修筑,也打破了原有主轴线的一致性,使长安城东南部的景观和面貌发生了很大的变化。此外,地方城市,特别是南方山区或水网地带的城市,就更注重因地制宜。像扬州城那样的江南城市甚至于没有严格的里坊制度。

其次,虽然唐代城市的整体布局秩序井然、中规中矩,其立体呈现却是复杂多变的。如长安城六条冈阜的地势变化、从北到南高低起伏的城市天际线、位置高爽而能俯瞰全城的大明宫、形态不规则的皇家园囿、屈曲变化的人工水渠、分散于全城的寺观和园林等,均使整个城市呈现出变化多端的形态和面貌。

再其次,唐代城市设计理念中包含着明显的推崇顺应自然的观念。如唐代营造的长安大明宫和洛阳上阳宫,都是结合特定的自然环境而修建的大型宫殿群,其内部建筑的布置,除用于国家政治活动的建筑是按照中轴对称布置外,其他建筑大多是因应地形、地势、地貌的变化而自由

---

① 〔唐〕房玄龄注,〔明〕刘绩补注,刘晓艺校点:《管子》,上海:上海古籍出版社 2015 年版,第 22 页。

排列。至于曲江池、芙蓉园之类御苑的营造,则更是带有因循自然的倾向。

最后,中唐以后,在城市管理制度上也出现了一些变化。随着社会的变迁和商业的发展,里坊制开始走向瓦解。与此同时,一方面是由于商业发展的需要,另一方面也是由于政府管束的松弛,过去那种严格的里坊制、宵禁制开始有所松动,并最终被完全抛弃,整个城市格局发生了明显的变化,并开启了宋以后的新的城市格局。

三、宏大与幽邃

唐代(包括隋代)的城市设计总体上具有规模庞大、结构严谨、气势恢宏的美感特点。尤其是都城设计,它所表现出来的宏大气象代表着至高无上的皇权的威严,正如骆宾王《帝京篇》所说:"山河千里国,城阙九重门。不睹皇居壮,安知天子尊。"[1]唐代城市的"壮"或"大",与其象征意义及明贵贱、别内外的布局方式一样,都首先是为了突出皇权和神权的地位。

从有关历史记载来看,唐代城市在总体上给人的感觉就是气象恢宏。清代学者顾炎武说:"予见天下州之为唐旧治者,其城郭必皆宽广,街道必皆正直;廨舍之为唐旧创者,其基址必皆弘敞。宋以下所置,时弥近者制弥陋。"[2]宽广、正直、宏敞,是唐代城市最显著、最直观的特点。

顾炎武所说的这种特点在唐代的两京城市建设中表露无遗。对于长安城宏大的气势与精神风貌,唐代诗人有过很多描述。如初唐诗人袁朗所作的《和洗掾登城南坂望京邑》中说:"二华连陌塞,九陇统金方。奥区称富贵,重险擅雄强。龙飞灞水上,凤集岐山阳。……宸居法太微,建国资天府。……帝城何郁郁,佳气乃葱葱。金凤凌绮观,璇题敞兰宫。

---

① 《全唐诗》(三),第 834 页。
② 〔清〕顾炎武著,黄汝成集释,栾保群、吕宗力校点:《日知录集释》(上),上海:上海古籍出版社 2014 年版,第 281 页。

复道东西合,交衢南北通。万国朝前殿,群公议宣室。鸣珮含早风,华蝉曜朝日。……端拱肃岩廊,思贤听琴瑟。逶迤万雉列,隐轸千闾布。……处处歌钟鸣,喧阗车马度。日落长楸间,含情两相顾。"①开篇借关中的雄强形胜称誉此地帝业隆兴,进而形容宫城佳气葱茏。从"万国朝前殿"开始,全诗重心由宫城推向皇城,渲染君臣议政的端庄肃穆。"逶迤万雉列"以下数句,则从皇城推向外郭城,展开生气勃勃的市井生活画卷。类似审美境界的诗还有不少,如沈佺期的"秦地平如掌,层城出云汉。楼阁九衢春,车马千门旦"②。这些诗的共同点就在于,由宫城高峻的龙首地势,到皇居帝宅的壮美,再由皇城推及辽远的外郭城与郊野,由此形成一个开阔而整饬的审美空间——雄阔的地貌、错落的层城、尊贵的君臣、欢乐的百姓,它们表现出唐朝政治的和谐秩序和长安城建筑上的和谐壮丽之美。这样一种气象,也令当时的城市居民和游客流连忘返,歌咏赞叹。如卢照邻的《长安古意》中说:"长安大道连狭邪,青牛白马七香车。玉辇纵横过主第,金鞭络绎向侯家。"③韦应物的《酒肆行》中说:"豪家沽酒长安陌,一旦起楼高百尺。碧疏玲珑含春风,银题彩帜邀上客。"④

我们通常所说的"盛唐气象"或"大唐气象",就城市建设的意义上说,正与其庞大的规模分不开。18世纪德国美学家康德在对"崇高"进行分析的时候,将"崇高"区分为"力量的崇高"与"数量的崇高"两种。可以说,唐代城市给人的感觉首先即是一种"数量的崇高"。其崇高之美表现在诸多方面:

首先是城市占地面积庞大。唐长安城北临渭水,东依灞水,东西长9 721米、南北宽8 651.7米,面积达84.10平方公里(不包括禁苑和大明宫),是当时世界上人口最多、面积最大的城市。

① 《全唐诗》(二),第432页。
② 〔唐〕沈佺期:《长安道》,见《全唐诗》(三),第1020页。
③ 《全唐诗》(二),第518页。
④ 《全唐诗》(六),第1999页。

　　其次是建筑规模和体量庞大。如大明宫,它是唐长安城规模最大的一处宫殿区,据考古实测,周长 7 628 米,面积达 3.3 平方公里。宫殿区内最宏伟的建筑是位于丹凤门正北的含元殿,它是大明宫第一大殿,也是当时整个长安城中最宏伟的宫殿,修建在龙首原地势最高的位置上,殿基高达四丈多。站在含元殿前,终南山清晰可见,长安城的街道和屋宇尽收眼底。殿前东西两侧建有向外延伸的阁楼,东名翔鸾阁,西名栖凤阁。殿阁之间以回廊相互连接。殿前正南方向是丹凤门,两者之间形成了一个南北宽 400 余步(约 588 米)、东西长 500 步(约 735 米)的殿庭(广场)。同时,由于它高耸于龙首原的南沿之上,殿基高出地面 40 余尺,为了百官朝见的方便,又在殿前修建了两条平行的、总长 70 余米的斜坡砖石阶道。这两条阶道由丹凤门北望,宛如龙尾,极为壮观,故称为龙尾道。龙尾道的修筑更加映衬出含元殿的雄伟高大。同样,在东都洛阳,也有许多规模庞大的建筑或建筑群。如洛阳宫(隋时称紫微宫,唐太宗时称洛阳宫,武则天时称太初宫),总面积约 4.09 平方公里,相当于约六个故宫的大小(故宫总面积为 0.72 平方公里)。洛阳宫的明堂和天堂是唐代最高的宫殿建筑,通高分别为 90 米和 150 米,是古代罕见的摩天大楼。

　　再其次是城市街道笔直宽广。由于采用里坊制,唐代多数城市均具有状如棋盘的布局特征,城市内的各个区域由笔直的街道分隔开来。这些街道的宽度大体上与城市的面积和建筑的大小相适应,其主要街道大多表现出惊人的尺度。如长安和洛阳的街道,其宽度可谓空前绝后。据考古发掘的情况看,长安城的街道最窄的也有 50 米,最宽的是宫城与皇城之间的横街,宽度达到 220 米——这是名副其实的"天下第一街"。比横街稍窄的是贯穿南北的中央大街——朱雀大街,宽约 150 米、长约 5 000 米。这样的宽度和长度,加上笔直的形态和它所处的中轴线位置,其气势之非凡,以及给人的空间感觉之强烈,可谓绝无仅有了。与长安城相比,洛阳城的街道要窄一些,但以现在的眼光看,也还是相当宽阔,如其主干道定鼎门大街残留遗迹的宽度也达到了 121 米。

最后是城市墙体巍峨壮观。高大的城墙是城市与郊区的分界线,同时也构成城市形象的一个组成部分。唐代城市的城墙是用夯土版筑而成的构筑物,城墙四周开门,门上建有门楼。墙体厚实高耸,如太极宫宫城城墙,墙壁高三丈五尺(合 10.3 米),墙基宽 14—18 米;外郭城高一丈八尺(合 5.3 米),墙基宽 9—12 米。城墙上的门洞、门楼与城墙相适应,尺度一样很大,如用于举行外朝大典和欢宴群臣的太极宫,其南墙正中的承天门,据考古实测,东西残存部分尚长 41.7 米,已发现三段门道,中间门道宽 8.5 米、西侧门道宽 6.4 米、东侧门道宽 6.4 米,门道的进深为 19 米;门址底下铺有石条和石板,门上有高大的楼观,门外左右有东西朝堂,门前有广三百步的宫廷广场。

总体上说,唐代的城市规划设计是以"宏大"为审美价值取向的,但其内部构成又复杂多变,同时表现曲折深邃的艺术特征。以两京为例,在规整的城垣和街道之内,高低错落地分布有许多宫殿、衙署、寺观、祠堂、酒馆、饼店、饭店(如专卖手抓饭的毕罗店)、茶肆、旅舍、教坊、妓院、店铺、亭台、楼阁、池沼、绿地、林带、药圃、鞠场、仓库、桥梁甚至田园、荒地,以及官办的果园、竹园、药园之类产业园。天然的河流和人工开凿的水渠贯穿城市内外,曲折流入城市的各个区域或空间,进一步削弱了规整、封闭、刻板的城市印象,使整座城市看起来更像是一座庞大的、变化莫测的迷宫。

第三节　唐代的城市环境营造

城市环境实际上是一个围绕居住和生活的目标而人为地建构起来的系统。大体上说,它可以分为外部自然环境、内部人造环境和城市生活景象三个组成部分。

一、外部自然环境

美国学者马立博说:"一般来说城市——长安也不例外——代表了一种脱离自然的状态,一种新型的、塑造出来的环境。长安城通过城墙与周边乡野隔离开来,城门在夜晚也是关闭的。"①在汉语中,"城市"一词是由"城"和"市"组成的,而"城"的本义是指用夯土筑成的、高大的城墙。自先秦至清朝,中国的城市都是带有城墙的,城墙内外仿佛是两个世界,在空间感知和景观构成上都有很大的不同。这种高大而坚固的城墙,是一种人造的防护屏障,同时也是一种人为的空间分界线。它的存在,常造成一种心理上的封闭的感觉,同时也加剧了"人工"与"自然"的分立和对抗。

但是另一方面也应该注意到,在中国古代,虽然城市本身是一个庞大的人工构筑体系,但这个体系通常又是以一个更大的自然背景作为支撑的。因此,城市的选址非常重要。选址不仅影响到一个城市的布局和形态,而且也造就了特殊的城市风貌。选址所框定的自然环境同时也就构成了一个城市的外部自然景观。在这个意义上说,城市或人工环境的"自然化",即一方面将城市置入自然,另一方面又将自然引入城市,也是中国古代城市、包括唐代城市的一个显著特点。

中国古代的城市大多是建筑在由山水组成的自然环境之中的,山水是构成城市外围屏障和景观的必要条件。而且相比之下,水似乎比山更早出现在城市建设中。按照历史学家吕思勉先生的说法,"中国民族,最初大约是湖居的",其证据有三:"(一)水中可居之处称洲,人所聚居之地称州,州洲虽然异文,实为一语,显而易见。……(二)古代有所谓明堂,其性质极为神秘。一切政令,都自此而出。……《史记·封禅书》载公玉带上《明堂图》,水环宫垣,上有楼,从西南入,名为昆仑,正是岛居的遗像。明堂即是大学,亦称辟雍。辟壁同字,正谓水环宫垣。雍即今之壅字,壅塞、培壅,都指土之增高而言,正像湖中岛屿。(三)《易经》泰卦上六爻辞,'城复于隍'。《尔雅·释言》:'隍,壑也。'壑乃无水的低地。意思还和环水是一样的。然则不但最初的建筑如明堂者,取法于湖居,即

---

① 〔美〕马立博著,关永强、高丽洁译:《中国环境史:从史前到现代》,北京:中国人民大学出版社2015年版,第209页。

后来的造城,必环绕之以壕沟,还是从湖居的遗制,蜕化而出的。"吕思勉认为,靠水而居是最古老的居住理想:"文化进步以后,不借水为防卫,则能居于大陆之上。斯时借山以为险阻。……再进步,则城须造在较平坦之地,而借其四周的山水以为卫,四周的山水,是不会周匝无缺的,乃用人工造成土墙,于其平夷无险之处,加以补足,是之谓郭。"①

中国古代城市的选址,往往依托的就是特殊的自然环境或山水环境。首先有所谓风水的考虑在内。风水、山水或外部自然环境本来是客观的存在,但在中国古代存在与价值合一的宇宙观念影响之下,又往往被赋予了吉凶、祸福、妖祥、贵贱等价值属性。如汉代青乌先生的《相地骨经》中说:"厚福之地,雍容不迫。……山欲其凝,水欲其澄。山来水回,逼贵丰财。……山顿水曲,子孙千亿。……水过东西,财宝无穷。"晚唐著名风水师杨筠松的《撼龙经》说:"黄河九曲是大肠,川江屈曲为膀胱。分肢擘脉纵横出,气血勾连逢水住。大为都邑帝王州,小为郡县君公侯。其次偏方小城镇,亦有富贵居其中。……两水夹处是真龙……外山百里作罗城。"又,其《疑龙经》说:"凡山大曲水大转,必有王侯居其间。……两山之间必有水,山水相夹是机源。……古人建都与城邑,先寻顿伏识龙关。"②这些看法,总的来说是强调城市选址要以大山大水环绕的平坦之地作为首选。就唐代的情况来看,城市选址也基本上遵循的是这样的原则。长安和洛阳两都,都是山环水抱、植被丰茂、土地肥沃之地,它们不但有广阔的原野和充分的建设空间,还有由终南山、嵩山、渭水、泾水、洛水、伊水等形成的山水环境。

其次,中国古代城市的选址,实际上更多考虑的是实用——防卫、安

---

① 吕思勉:《中国通史》,南昌:江西人民出版社 2011 年版,第 198—199 页。民国常乃惪认为:"就古史及一般文字的记载研究起来,中国史前人民的生活大约有山居、水居两种。山居者,中国古代称人民为'丘民',称群众为'林蒸',都可证明人类系属山居;水居者,中国的古代货币名都从'贝'字,可证明系水旁民族的生活。"见常乃惪《中国的文化与思想》,北京:中华书局 2012 年版,第 16—17 页。

② 吴龙辉主编:《中华杂经集成》(第二卷),北京:中国社会科学出版社 1994 年版,第 641、650—651、673—674 页。

全、经济、政治等方面的需要。如长安城的选址，汉代班固《两都赋》中说："汉之西都，在于雍州，实曰长安。左据函谷、二崤之阻（东），表以太华、终南之山（南）。右界褒斜、陇首之险（西），带以洪河、泾、渭之川（北）。众流之隈，汧涌其西。华实之毛，则九州之上腴焉。防御之阻，则天下之陕区焉。"①又，骆天骧《类编长安志》中说："长安厥壤肥饶，四面险固，被山带河，外有洪河之险，西有汉中、巴、蜀，北有代马之利，所谓天府陆海之地。"②洛阳城的选址也大有讲究。古洛阳"居天下之中"，素有"九州腹地"之称。胡交《修洛阳宫记》云："考极相方，实处天下之中。风雨所会，阴阳所和，而冲气钟焉。其川河洛，图书之渊，珍符是兴。其镇嵩高，孕秀生贤，神灵是宅。其浸瀍涧，伊水之利，环流灌溉。壤沃物丰，其地广衍。平夷洞达，万方辐凑。朝觐贡赋，道里均焉。奠位宅中，兹实帝王之居也。"③又，韦述说：洛阳"洛水贯都，有河汉之象。然其地北据山麓，南望天阙，水木滋茂。川原形胜，自古都邑莫有比也"④。顾炎武说："洛邑自古之都，王畿之内，天地之所合，阴阳之所和。控以三河，固以四塞，水陆通，贡赋等。"⑤

从以上论述可以看出，唐代的西京和东都，都具有当时看来非常理想的自然环境。这种环境的选择既是出于实用的目的，同时也包括审美的考虑。

二、内部人造环境

城市的内部环境主要由各种人造事物组成，包括建筑、道路、水体和绿化。水体和绿化虽然属于自然的因素，但也是人为改造和利用之后的结果，因此仍然可以看作一种人造环境。

---

① 〔梁〕萧统编，海荣、秦克标校：《文选》，上海：上海古籍出版社1998年版，第2页。
② 〔元〕骆天骧撰，黄永年点校：《类编长安志》，西安：三秦出版社2006年版，第1页。
③ 〔清〕董诰等编：《全唐文》（四），第3564页。
④ 〔唐〕韦述撰，辛德勇辑校：《两京新记辑校》，第72页。
⑤ 〔清〕顾炎武：《历代宅京记》，第148页。

（一）建筑和道路

1. 建筑

唐代的城市建筑,从功能上说,有礼制类建筑(宫殿、衙署、寺观、祠庙)、居住类建筑(府第、民居、别墅)、商业类建筑(旅馆、驿站、酒肆、饭店、茶楼、市场、仓库)、文化体育类建筑(梨园、教坊、鞠场、教弩场)等不同的类型;从形制上说,有宫、殿、楼、阁、斋、堂、馆、亭、台、宅、坛、阙、观、塔、桥等分别。

唐代城市建筑的布局总体上看是比较注重规范和秩序,城市中的宫殿、衙署、寺观等建筑的平面布置与整个城市的规范化设计是一致的。这类建筑强调纵深层次,沿轴线依次布置有门、堂、室等建筑空间,与我们今天所说的四合院类似。唐代城市中的住宅建筑也是以四合院式建筑为主,通常为南北向,入口有门屋,门内设有影壁。前院正北面是堂,院落两侧有两厢及廊庑,堂后为室。从部分壁画资料来看,唐代的堂屋建筑有带楼层的,明清四合院中已没有这样的建筑形式。这种一楼为堂、二楼为室的做法似乎是早期建筑遗风。不少壁画中描绘的正堂建筑还是二阶堂形式,这种两阶的布置最早出现在二里头遗址所属的夏代后期,与周礼提倡的礼仪行为规范相适应,是一种古老传统的体现。唐代住宅建筑入口常用乌头门,这种门直到宋代仍然流行,但在唐代,乌头门的等级较高,一般五品以上官员才可使用。

唐代城市建筑无论是宫殿、衙署、寺观、祠庙还是住宅,都有一种园林化的倾向。园与居,休闲、游憩与居住,往往是结合在一起的。由于城市面积大而人口少,可利用的土地相对较多,唐代的各类建筑物周围大多有一定的、可用于建造园林的空地。而唐代城市私家园林的普及,也在美化了城市环境的同时,进一步改变了城市环境构造过于刻板的印象,并为城市居民的生活注入了新的活力。

唐代城市建筑的风格总体上看是趋于简洁明了而又不失宏大和庄重。中国建筑发展至魏晋时期仍然给人以夸张和神秘的印象,直到唐代才表现得真实、理性、自然。可以说,唐代建筑是中国古代建筑"回归人间"的开始。相对于秦汉时期,唐代建筑体积逐渐缩小了,那种虚张声势、炫耀技术和财富的造型和繁琐的装饰减少了。建筑的风格经历了绚烂之极而逐渐归于平淡,而内外空间和那些感人的细节却日渐完美和丰富。

从总体上看,唐代城市建筑给后人留下的最深刻的印象就是"真"。在唐代建筑中,几乎找不到一种没有结构或构造意义的单纯装饰物。其灰、白、红等简单的建筑色彩,暴露的结构构架,粗犷而飘逸的线条,构成了优雅、灵动的空间体系,并产生一种直击人心的艺术感染力。而且,唐代建筑也高度注重建筑的精神功能,善于营造宏伟壮丽的环境氛围,或善于借助周边层次丰富的自然环境将建筑的气势映衬和凸显出来。在注重精神功能的同时,唐代建筑也注重生活需求和生活情趣,善于将园林引入城市民居,使得民居建筑的空间细节更加丰富细腻、体贴入微,同时也更贴近普通人的生活。唐代建筑的艺术效果不依赖于夸张的尺度和繁复华丽的装饰,其美感由建筑空间形态和工艺技术表现出来,所体现的是建筑本身原真的美感。

但从时间上看,唐代城市建筑的风格也呈现出多样的变化。初唐时期,除宫殿建筑外,其他建筑物一般比较简朴,而自高宗、武则天朝以后,则逐渐转向宏大壮丽(建筑崇高、制作宏丽,主要指代表皇权的皇家殿堂建筑、代表神权的寺观建筑和代表政治特权的权贵元勋家的宅第)。安史之乱以后,文人和有识之士又开始倡导一种简朴的或者说更加自然、合宜的居住方式。因此,在审美上,唐代的建筑设计有两种不同的格调:一种是气势恢宏、富丽堂皇,一种是质朴自然、清幽雅致;前者规模比较大,如帝王的宫殿、佛道两教的庙宇、贵胄和权臣的府第等,后者规模比较小,如多数文人和百姓的私宅。

2. 道路

唐代的城市道路规划与城市布局相适应,其尺度也与建筑尺度相配合,具有笔直、宽广、宏壮的特点。城市内的道路主次分明且多呈纵横分布,其中的主干道直通四周城门,门上建有高大巍峨的城楼。道路、沿街建筑立面、道路两侧的行道树和道路末端的门楼、门道等,一同构成了一种独特的城市沿街景观。

　　除了城市内的道路,城市之间的道路有的也非常宽广,如西京到东都的御道。据史书记载,唐玄宗时这条御道的两侧建有许多行宫,殿舍上千间,可知在当时,这是一条多么热闹繁华的通衢大道。杜佑《通典》卷七也记载了长安和洛阳通往全国各地的驿道景象:"东至宋、汴,西至岐州,夹路列店肆待客,酒馔丰溢。每店皆有驴赁客乘,倏忽数十里,谓之驿驴。南诣荆、襄,北至太原、范阳,西至蜀川、凉府,皆有店肆,以供商旅。"①城市之间的各种驿道和驿站形成了整个大唐帝国的道路交通景象。著名隋唐史学家岑仲勉先生说:"唐代全国官驿之交通网,已无全文可考,大致三十里一驿,全国驿计一千六百三十九。"②

　　(二)水体和绿化

　　1. 水体

　　唐代的城市可以说是名副其实的生态良好的山水园林城市。由于水资源丰富,城市内外园林密布,植被丰茂,鸟兽成群。

　　由于古代中国是农业社会,兴修水利是发展农业的头等大事。在唐代之前,隋代留下的最大遗产实际上是连通南北的运河。隋代开凿了广通渠、通济渠、永济渠、广济渠。广通渠利用汉代运河故道,开凿于584—589年建立大兴城之时,从长安东流至渭水与黄河交汇处附近的潼关,主要是为了解决粮食的运输和枯水季节渭水的缺水问题;通济渠开凿于隋炀帝时期,从洛阳附近洛水与黄河的交汇处不远处经汴州到淮河畔的泗水,并与从杭州经扬州到楚州的古运河连通(即延伸至杭州,洛阳经汴州、楚州、扬州至杭州的水陆全线贯通);永济渠开凿于隋炀帝时期,从洛阳附近洛水与黄河的交汇处不远处到河北(有战略目的,如运送兵员);广济渠连接通济渠与楚州古运河。唐代继承和改善了这些运河,它们为

---

① 转引自〔清〕顾炎武《历代宅京记》,第101页。
② 岑仲勉:《隋唐史》,第572页。

唐代水环境的改造和国家经济的繁荣奠定了基础。有唐一代,又兴修了160 多项各种大大小小的水利工程。这些水利工程不仅起到了农业灌溉的作用,也改善了城市周边的环境,并为城市内部的水景营造创造了条件。

唐代的城市大多有密布的水网。如京城长安,外有渭、泾、涝、沣、滈、潏、灞、浐八水环绕,内有龙首、清明、永安、黄、漕、广运、兴城、富民、升原九渠贯通。九渠中,广运渠、兴城渠、富民渠、升原渠、南山漕炭渠为漕渠,用于运送货物;其他四渠用于饮用、灌溉。其中,龙首渠亦名浐水渠,开凿于隋开皇三年(583 年),引浐水自东南向西北流入东市、兴庆宫、大明宫和禁苑;清明渠开凿于隋开皇初年,引潏水从西北流入城内,最后进入皇城和宫城;永安渠开凿于隋开皇三年,引交水(潏水与滈水合流为交水)从西北流入城内,经过六坊后流入芳林园,再北流入禁苑。除黄渠(通曲江和芙蓉苑)外,其他各渠都是相互连通的。又如东都洛阳,也是水网纵横、四通八达,有洛水、伊水、瀍水、谷水等天然水系和通济渠、通津渠、运渠、漕渠、泄城渠等人工水系连通城内外。同时由于洛水横穿城市中部、伊水流经城市东南部,又进一步增加了水路交通的便利,并强化了临水而居的城市印象。①

除了这些大的河流和水渠,长安城和洛阳城内还有许多小的通往城市各个角落的给排水沟渠,它们与上述河流水渠共同构成了整个城市的水网。可以说,围堰开渠、引水入城(通过构筑围堰、开挖水渠、将天然水系改道或分流),是自隋到唐的城市建设中的一件大事,既解决了生活用水、货物运送、田园灌溉、城市绿化和城市小气候改善的问题,也为城市景观的营造奠定了基础。

① 唐代水运交通之发达并不限于两京,也不以两京为最。唐代崔融说:"天下诸津,舟航所聚,旁通巴、汉,前指闽、越,七泽十数,三江五湖,控引河洛,兼包淮海。弘舸巨舰,千舳万艘,交贸往来,昧旦永日。"见〔五代〕刘昫等撰、陈文焕、文华点校《旧唐书》(三),第 1862 页。又,《唐语林补遗》说:"凡东南都邑,无不通水。故天下货利,舟楫居多。舟船之盛,尽于江西。"转引自吕思勉《中国通史》,第 208 页。

此外，唐代城市内还有许多井泉，地下水资源非常丰富，尤其是西京长安，井泉密布。[①] 据史料记载，长安城内的很多宫苑（如兴庆宫）、里坊（如醴泉坊）和寺观（如景公寺、妙胜尼寺、昊天观）都有泉水涌出，有的甚至与地下暗河相通，出水量非常大。这些井泉，加上屈曲交错的河流沟渠，在城市内外形成了许多面积不等的沼泽和池沼（如兴庆宫龙池的形成，起因是隆庆坊居民家有井水溢出，渐积为周广数十丈的水池，导致里坊居民外迁，后经人工开挖，再引龙首渠渠水注入，形成数十顷的大水池），这也为城市景观的营造提供了极大的便利。

唐代城市内外的河流水渠大多可以通船，两岸遍植花卉林木，由此形成了风景优美的景观廊道。城市内外的各种大大小小的、或天然形成或人工开凿的池沼也被当作建造园林的基本素材而得到利用，成为城市园林中最核心的景观元素。在唐代，园林也称为山池、亭池、亭沼等，从这些名称也可以看出水在其中的关键作用。长安的太液池（蓬莱池）、九曲池、未央池、洁绿池、鱼藻池、龙首池（后填为鞠场）、兴庆池（龙池）、曲江池、昆明池、定昆池和洛阳的九洲池、积翠池等大型水面，就构成了当时修建皇家园林最基本的自然条件。如长安大明宫玄武门北，"引水为洁绿池，树白杨槐柳，与阴相接，以涤炎暑焉"[②]；洛阳宫城内有九洲池，其池屈曲像东海九洲，居地十顷，水深丈余，鸟鱼翔泳，花卉罗植，池中有洲，洲中有隋代建造的瑶光殿；等等。[③] 不但皇家园林是这样，私家园林也大多拥有一定规模的水池，如长安大通坊的汾阳王郭子仪园（原为唐宪宗之女岐阳公主别馆），就是引永安渠水为池，然后以池为中心布置景物、结构亭台楼阁。

此外，城内水系纵横，也造就了一种以桥梁、码头为中心的独特景观。如洛阳的天津桥、中桥、利涉桥、望仙桥等。其中，天津桥是中国历

---

① 洛阳城内的地下水资源也有记载，如洛阳惠和坊"内道东南醴泉涌出，水面阔数尺，煖而甘，泉上常有气如雾，疾病者取饮之，多效"。见〔清〕徐松辑，高敏点校《河南志》，第12页。

② 〔清〕顾炎武：《历代宅京记》，第96页。

③ 参见〔唐〕韦述撰，辛德勇辑校《两京新记辑校》，第74页。

史上第一座开合桥,初为浮桥,后改为石柱桥。桥下有船只往来,桥头南北建有朝宗亭和就日亭,并各建有两座高百余尺的重楼。天津桥在当时是著名的景点,"洛阳八景"之中就有"天津晓月"的名目。这也可以说是一种因水而成就的城市景观。

2. 绿化

唐代非常注重城市绿化,设置有专门负责城市园囿及绿化的机构(司农寺上林署)、官员(司农寺上林署令、上林署丞及下属官员司竹监、京都苑总监、京都苑四面监等)和官办苗圃(司农园)。

唐代的城市绿化主要包括城区、道路和水岸绿化。其中,归政府管辖的绿化范围包括皇宫御苑、城市内的街道两侧、城市之间的驿道两侧、城市内的水渠两侧及公共园林中的水体周围等。都城的绿化由皇帝直接下达命令、交由具体部门执行,其他各州县的绿化则由地方长官负责。对于各州府来说,绿化不仅是一种政府行为,也是官员政绩的一种表现,如白居易在杭州刺史任内就种植了大量树木,并在西湖筑起一道长堤,种植了许多柳树,人称"白堤",被当成是造福一方的政绩。

首先是城区绿化。唐代的都城有各种御苑、庭院和别业(其他城市虽没有御苑,但也有大量园林存在),其中即包括大面积的绿化。当时的城区绿化,以槐、榆、杨、柳、松、柏、桂、竹、樱桃、牡丹、芍药等植物为主。但选择什么样的绿化树种,则大有讲究,不仅要考虑不同树种的绿化效果,还要考虑这些树种的象征、寓意。如刘餗《隋唐嘉话》中说:"司稼卿梁孝仁,高宗时造蓬莱宫,诸庭院列树白杨。将军契苾何力,铁勒之渠率也,于宫中纵观。孝仁指白杨曰:'此木易长,三数年间宫中可得阴映。'何力一无所应,但诵古诗云:'白杨多悲风,萧萧愁杀人。'意谓此是塚墓间木,非宫中所宜植。孝仁遽令拔去,更树梧桐也。"[1]

其次是道路和水岸绿化。中国自古就有种植行道树的传统,清代学者顾炎武《日知录》卷一二引《释名》的话说:"古者列树以表道,道有夹沟

---

[1] 〔唐〕刘餗撰,程毅中点校:《隋唐嘉话》,北京:中华书局1979年版,第29—30页。

以通水潦。"①古人于城市街道和城外官道之旁必种树,以表路程,以荫行旅。唐人继承了这种传统,对道路的绿化特别重视。有关道路绿化的命令多次由皇宫发出,如玄宗开元二十八年(740 年)正月,敕令"于两京路及城中苑内种果树"②;代宗永泰二年(766 年)正月,敕令"种城内六街树,禁侵街筑垣舍者"③;德宗贞元九年(793 年)八月,敕令"诸街添补树,并委左右街史栽种"④;等等。唐代北方城市,街道宽广笔直,两侧又多是坊墙和坊门,其建筑景观变化不多,不免显得有些单调,但由于在街道两侧种植了槐树、柳树、樱桃、石榴等城市绿化树种而变得丰富多彩。这些树种不仅可以冬蔽风雪、夏遮骄阳,也可以让人在不同季节有花卉观赏。它们都是当地土生土长的本土植物,无须太多照料即可生长茂盛。

唐代的城市沿主要街道都以明渠排水,这些渠道很宽,有些甚至可以行船。水渠两侧坡地则种植树木。据有关史料记载,长安城的行道树有槐树、柳树和梧桐等树种,其中,十二街种植的多为槐树。白居易《寄张十八》诗云:"迢迢青槐街,相去八九坊。"⑤又,《登乐游园望》诗云:"下视十二街,绿槐间红尘。"⑥这些诗句就非常清楚地描绘了唐长安十二街槐树成行的景象。朱雀大街(天街)因为种植槐树很多,在当时被称为"槐街";城东南的曲江池畔则多种植柳树,故也被称为"柳街"。与长安城相比,洛阳城的绿化树种似乎更为丰富一些。洛阳城南北向中轴线上的御道——定鼎门大街,两侧各种有四行樱桃、石榴、榆树、柳树、槐树,路旁有河渠,临街建筑一律为重檐格局且饰以丹粉。宽阔的道路两侧,沿途花木、水景、建筑交相辉映,整个街景显得既庄严隆重又不失清新自然的美感。

唐代北方城市尤其西京和东都喜欢种植槐树和柳树,这其实还有意

---

① 〔清〕顾炎武著,黄汝成集释,栾保群、吕宗力校点:《日知录集释》(上),第 282 页。
② 〔清〕顾炎武:《历代宅京记》,第 101 页。
③ 〔清〕顾炎武:《历代宅京记》,第 102 页。
④ 〔宋〕王溥撰,牛继清校证:《唐会要校证》(下),第 1349 页。
⑤ 顾学颉校点:《白居易集》(一),第 126 页。
⑥ 顾学颉校点:《白居易集》(一),第 12 页。

义上的讲究。槐，音同"怀"，有怀念之意。顾炎武《日知录》卷一二引《旧唐书·吴凑传》的话说："官街树缺，所司植榆以补之。凑曰：'榆非九衢之玩。'命易之以槐。及槐阴成而凑卒，人指槐而怀之。"又引《周礼·朝士》注云："槐之言怀也，怀来人于此。"①柳，音同"留"，有留客和依依不舍的意思。李白《忆秦娥》中有句云："箫声咽，秦娥梦断秦楼月。秦楼月，年年柳色，灞陵伤别。"②又，王维《渭城曲》中有句云："渭城朝雨浥轻尘，客舍青青柳色新。"③灞陵、渭城（咸阳），都是唐人送别的地方。灞陵东距长安 30 里，其中有座古桥，即灞桥；渭城，即咸阳，西距长安 40 里。从李白和王维的诗可以看出，这两个地方都种满了柳树。

此外，唐代对道路的保护也很重视。据《唐会要》载，玄宗开元十九年（731 年）六月，敕令"京、洛两都，是惟帝宅，街衢坊市，固须修筑，城内不得穿掘为窑，烧造砖瓦。其有公私修造，不得于街巷穿坑取土"。代宗广德元年（763 年）九月，敕令"城内诸街衢，勿令诸使及百姓辄有种植"。同年八月，敕令"如闻诸军及诸府皆于道路开凿营种，衢路隘窄，行李有妨……宜令诸道、诸使及州府长吏，即差官巡检，各依旧路，不得辄有耕种。并在所桥路，亦令随要修葺"。又，大历八年（773 年）七月，敕令"诸道官路，不得令有耕种及砍伐树木，其有官处，勾当填补"。④

三、城市生活景象

唐代以前，中国古代的城市，尤其是都城，大多为政治性的、军事堡垒式的城市。其设计，首先要考虑的，一是如何在精神和心理上——通过城市规模、布局、建筑和道路尺度等——彰显皇权（包括作为其统治合法性的神权）的至高无上，二是如何在功能上——通过空间分割、组织、门墙和水渠等城防设施——强化其军事防卫与安全保障的能力。在这

---

① 〔清〕顾炎武著，黄汝成集释，栾保群、吕宗力校点：《日知录集释》（上），第 283 页。
② 〔唐〕李白撰，杨镰校点：《李太白集》（二），沈阳：辽宁教育出版社 1997 年版，第 307 页。
③ 《全唐诗》（四），第 1306—1307 页。
④ 〔宋〕王溥撰，牛继清校证：《唐会要校证》（下），第 1346—1347 页。

一点上,唐代的城市设计与之前的城市设计是一样的。但相对来说,唐代的城市由于普遍采用坊市制,并且充分考虑到了城市经济的繁荣,所以开始出现商业与政治分离的趋势。在这个意义上说,唐代的城市,包括都城,其军事堡垒功能均已相对退化了。而与此同时,商业、居住、宗教、文化、娱乐等功能则得到了进一步的强化。虽然唐代的城市还算不上是现代意义上的城市,但与同期的欧洲城市相比,其在各个方面都发育得更加成熟,也即更加接近于现代城市。

首先,一个值得注意的现象是,唐代的城市——无论是都城还是地方城市,都由于水陆交通的发达和城市中市的设置而出现了繁荣的城市手工业和商业。唐代的城市中,存在着大量商业性建筑。唐代商业建筑的最大特点是里坊式的市场与商业街并存,如唐长安城的东、西两市。东市和西市是唐长安城的经济活动中心,也是当时全国的工商业贸易中心。东市占两坊之地,面积约为 0.92 平方公里,由于靠近三大内(太极宫、大明宫、兴庆宫),周围里坊也多皇室贵族和达官显贵第宅,主要经营各种奢侈品。西市也占两坊之地,面积约为 0.96 平方公里,由于地处皇城外的西南部,周围多平民百姓住宅,主要经营衣、烛、饼、药等日常生活用品。两市相比,西市的商业氛围尤为浓厚,它是长安城主要的工商业区和经济活动中心,故也被称为"金市"。此外,西市由于距丝绸之路的起点——开远门比较近,周围里坊居住有不少外商,从而变成了一个国际性的贸易市场。这里有来自中亚、南亚、东南亚及高丽、百济、新罗、日本等各国各地区的商人,其中尤以中亚与波斯(今伊朗)、大食(今阿拉伯)的"胡商"最多,他们多侨居于西市或西市附近的一些里坊。因此,西市中有许多外国商人开设的店铺,如波斯邸、珠宝店、货栈、酒肆等。其中有很多有西域女子歌舞侍酒的胡姬酒肆,吸引了不少少年光顾,李白《少年行》中就有"五陵少年金市东……笑入胡姬酒肆中"①之句。

早期,唐代的市场管理非常严格,一律实行严格的定时、定点贸易和

---

① 〔唐〕李白撰,杨镰校点:《李太白集》(一),第43页。

宵禁制度。但这种严格的、封闭的市场管理自中唐以后就开始走向松懈和废弛。中唐以后，除了东、西两市，长安的宫城内经常出现"宫市"，外郭城内各坊则逐渐出现了许多专业性市场、店铺和作坊，如安善坊和大业坊的牛马驴市、永昌坊的茶肆、延寿坊的金银珠宝店、宣阳坊的丝绸染店、长兴坊的毕罗店（即抓饭店）、辅兴坊的胡麻饼店、崇仁坊的乐器店、宣平坊的油坊等等。这说明坊与市截然分开的城市规划制度已不能适应商业经济的发展和市民生活的需要。到了中晚唐，长安城内出现了冲破禁令的夜市，以及供人短期休憩的类似旅店的场所，以至"昼夜喧呼，灯火不绝"[1]。而且，长安之外，各地方城市也出现了许多街市。中唐时期，扬州这类地方商业城市在南方逐渐兴起。由商业行为推动的更加灵活多样的商业街区开始出现，其内店铺鳞次栉比，商品琳琅满目，昼夜灯火通明。如扬州城的十里长街，它不但深受一般百姓的欢迎，也使得一大批文人雅士深受感染，从而逐渐被社会各阶层普遍接受，成为之后的主要市场模式。

城市商业和经济的繁荣，加上唐帝国开放的国策，使唐代的城市生活充满了活力，形成一道道独特的城市生活风景线。比如长安太极宫的北门玄武门，地居龙首原余坡，地势较高，俯视宫城，具有重要的政治、军事地位，是宫城北面的重要门户。但与此同时，它在和平时期，也是皇帝举行盛宴、营造歌舞升平景象的重要场所。如贞观十四年（640年），唐太宗曾在玄武门宴群臣及河源王诺曷钵，"奏倡优百戏之乐"；景龙三年（709年），唐中宗曾登玄武门楼观宫女分组拔河为戏，并"遣宫女为市肆，鬻卖众物，令宰臣及公卿为商贾，与之交易，因为忿争，言辞猥亵。上与后观之，以为笑乐"[2]。

从诸多历史文献和唐人诗文作品中可以看出，从立国到唐玄宗当政时期，唐代的城市生活总的来说呈现的是一种繁荣昌盛的景象。游春、

---

① 〔宋〕宋敏求、〔元〕李好文撰，辛德勇、郎洁点校：《长安志·长安志图》，第275页。
② 〔五代〕刘昫等撰，陈焕良、文华点校：《旧唐书》（一），第85页。

登高、修道、习禅、蹴鞠、宴饮等，均可在唐人诗文中找到大量生动的描绘。尤其是宴饮，更是唐代城市生活中的独特风景。李白《将进酒》中有句云："古来圣贤皆寂寞，惟有饮者留其名。"①宴饮是最能反映唐人生活态度的一种生活景象。宴会中有歌舞、流饮、行令、赋诗等名目繁多的活动，有的还有女性参加，气氛非常热闹。尤其是在唐玄宗天宝年间，"风俗奢靡，宴处群饮……公私相效，渐以成俗"②。唐代的宴会名目繁多，大体上包括宫廷宴会（如皇家园林中的各种节庆赐宴）、文人宴会（包括一般的"文会"或"文酒之宴"，以及特为新科进士在曲江池杏园举行的"杏宴""关宴""樱桃宴""闻喜宴""离宴"等）、仕女宴会（在户外举行的野宴，如立春和谷雨之间举行的探春宴、上巳节前后举行的裙帷宴）和各种私人宴会四种类型。有的宴会规模很大，甚至可以说是盛况空前，如皇帝在中和、上巳、重阳等节庆日于曲江池芙蓉园紫云楼亲自主持的曲江宴，参加者多达万人，包括皇亲国戚、各级官吏和他们的妻妾。诗人丘丹《忆长安》云："忆长安，四月时，南郊[即芙蓉园——引注]万乘旌旗。尝酎玉卮更献，含桃丝笼交驰。芳草落花无限，金张许史相随。"③此外，唐代的宴会有很多是在夜间举行的。夜宴的盛行，说明唐代虽然在城市中实行宵禁制度，却并没有禁止夜生活。非但没有禁止，其夜生活还相当丰富。除了大规模的宫廷夜宴，文人的夜宴更加频繁。孟浩然《寒夜张明府宅宴》中说："瑞雪初盈尺，寒宵始半更。列筵邀酒伴，刻烛限诗成。香炭金炉暖，娇弦玉指清。醉来方欲卧，不觉晓鸡鸣。"④说明文人夜宴有时是通宵达旦地畅饮。

最后，唐代城市生活一个更具时代色彩的特色是它独一无二的异国情调。当时的长安、洛阳、扬州、杭州、楚州、密州、海州、泗州、登州、青州、汴州、泉州、广州等城市都有外国人（胡人、高丽人、新罗人、日本人

---

① 〔唐〕李白撰，杨镰校点：《李太白集》（一），第 14 页。
② 〔宋〕王溥撰，牛继清校证：《唐会要校证》（下），第 802 页。
③ 《全唐诗》（十），第 3480 页。
④ 《全唐诗》（五），第 1644 页。

等)居住。大量外国人的涌入,造就了唐代独具特色的异域风尚,尤其是
"胡风"。元稹《和李校书新题乐府十二首·法曲》云:"女为胡妇学胡妆,
伎进胡音务胡乐。火凤声沉多咽绝,春莺啭罢长萧索。胡音胡骑与胡
妆,五十年来竞纷泊。"①从立国之初到开元天宝时,整个唐代的城市生活
似乎都染上了一层"胡"的色彩,同时形成了唐帝国开放的国家形象。

第四节　李世民等人的环境审美观

城市是人口大量集聚的地方,也是欲望、权力和社会资源集中的地
方。经济的繁荣和物质的丰裕,必定带来城市的迅速发展,并使城市的
内质和外观为之一变。但若不加以节制,则很有可能适得其反,最终导
致城市的衰败和城市生活环境的破坏。特别是在中国古代,专制制度和
特权阶层的存在,以及阶级矛盾或权力斗争所引发的动乱、战争和朝代
更迭,使得几乎所有城市的发展都难逃由兴起到衰败或由简朴到奢华、
再由奢华转入萧条和荒废的循环。

唐代的城市发展基本上走的也是这样一条注定衰败、湮灭的老路。
关于它的衰败和湮灭,多见于晚唐五代以后的历史记载和文学描写,而
关于它的繁华和奢靡,则在晚唐五代以前就有很多记载和描写。这些记
载和描写有的是歌颂和赞美,而有的则是讽刺和批判。如唐人封演在
《封氏闻见记》中说:"太宗朝,天下新承隋氏丧乱之后,人尚俭素。……
则天以后,王侯妃主,京城第宅,日加崇丽。至天宝中,御史大夫王鉷,有
罪赐死,县官簿录太平坊宅,数日不能遍,宅内有自雨亭,从檐上飞流四
注,当夏处之,凛若高秋,又有宝钿井栏,不知其价,他物称是。安禄山初
承宠遇,竞为宏壮,曾不十年,皆相次覆灭。肃宗时,京都第宅,屡经残
毁。代宗即位,宰辅及朝士当权者,争修第舍,颇为烦弊,议者以为土木
之妖,无何皆易其主矣。中书令郭子仪,勋伐盖代,所居宅内,诸院往来

---

① 〔唐〕元稹撰,冀勤点校:《元稹集》(上),北京:中华书局1982年版,第282页。

乘车马,僮客于大门出入各不相识。"①

唐代城市尤其是都城的繁荣,大约是在开国之后的五六十年到灭国之前的七八十年之间这段时间。这个时期的城市建设,从肯定的方面来说,是取得了辉煌的成就,彰显了为历代文人学者所赞美的"盛唐气象";而从否定的方面来说,则也可以说是激化了社会矛盾,加速了国家衰亡,恶化了生存环境。城市中不断增饰的宫殿、寺观、宅第、别业等构筑物,不仅滋生了腐败(侵占土地、掠夺资源、贪污受贿)和浪费,而且造成了对自然生态的破坏。据唐代文学家李华《含元殿赋》一文的记述,大明宫含元殿中使用的建筑木材,是从江南山林中精选运来的号称"择一干于千木"的荆杨之材。而且为了砍伐这些木料,动用了大量人力物力,"操斧斤者万人",然后"朝泛江汉,夕出河渭",运至长安,"拥栋为山"。② 在唐代,由于对建筑材料的大量需求以及城市中对燃料的需求,导致大量树木被砍伐。至玄宗时,长安周边的终南山、太行山已无大木可伐,不得不从南方转运。

在唐代,有关城市发展和人居环境建设的讨论,实际上存在着两种不同的声音,一是"崇丽"(以宏大、富丽为美),一是"尚俭"(以实用、简约为美)。这构成了唐代环境美学思想中一对突出的矛盾。

唐代一直有很多人提倡节俭,反对城市建设中的奢靡与浪费,如唐太宗、张说、辛替否、白居易等人。

立国之初,唐太宗鉴于前朝的教训而力主节俭。其《帝京篇十首并序》说:

> 余以万几[同"机"——引注]之暇,游息艺文,观列圣之皇王,考当时之行事,轩昊舜禹之上,信无间然矣。至于秦皇周穆,汉武魏明,峻宇雕墙,穷奢极丽。征税惮于宇宙,辙迹遍于天下。九州无以称其求,江海不能瞻其欲,覆亡颠沛,不亦宜乎? 予追踪百王之末,

---

① 〔唐〕封演撰,李成甲校点:《封氏闻见记》,沈阳:辽宁教育出版社1998年版,第25页。
② 〔清〕董诰等编:《全唐文》(四),第3184页。

驰心千载之下；慷慨怀古，想彼哲人。庶以尧舜之风，荡秦汉之弊；用咸英之曲，变烂漫之音。求之人情，不为难矣。故观文教于六经，阅武功于七德。台榭取其避燥湿，金石尚其谐神人。皆节之于中和，不系之于淫放。故沟洫可悦，何必江海之滨乎！麟阁可玩，何必两［一作"山"——引注］陵之间乎！忠良可接，何必海上神仙乎！丰镐可游，何必瑶池之上乎！释实求华，以人纵欲，乱于大道，君子耻之。故述帝京篇，以明雅志云尔。①

在这篇序中，唐太宗批评了自秦始皇以来"峻宇雕墙，穷奢极丽"的都城建设，认为这是劳民伤财、君王无德、自取灭亡的表现，是"释实求华，以人纵欲，乱于大道"。在此基础上，他提出了自己注重节俭和简约的城市发展观：

> 望古茅茨约，瞻今兰殿广。人道恶高危，虚心戒盈荡。奉天竭诚敬，临民思惠养。纳善察忠谏，明科慎刑赏。②

唐太宗写的《帝京篇》，主要思想是主张节制财用，与民休息，反对"淫放"或铺张浪费。唐代初期的城市建设也可以说基本上贯彻了唐太宗的这种思想：初唐时期直接接受了隋代的城市遗产，甚至拆掉了一些过于奢华的建筑；其间，新的建筑并不多。虽然，唐太宗时期已开始了大明宫的修筑，但这在当时是完全出于实用的考虑，因为太极宫地势太低，潮湿闷热，完全不适合居住。与此同时，当时的城市住宅也大多比较简陋。

唐太宗的上述思想在《贞观政要》中也有非常详细的记载。如：

> 为君之道，必须先存百姓。若损百姓以奉其身，犹割股以啖腹，腹饱而身毙。
>
> 自古帝王兴造，必须贵物顺情［即以百姓的需要为需要——引

---

① 《全唐诗》（一），第 1 页。
② 《全唐诗》（一），第 2—3 页。

注]。……至如雕镂器物,珠玉服玩,若恣其骄奢,则危亡之期可立待也。自王公以下,第宅、车服、婚嫁、丧葬,准品秩不合服用者,宜一切禁断。

崇饰宫宇,游赏池台,帝王之所欲,百姓之所不欲。帝王所欲者放逸,百姓所不欲者劳弊。……劳弊之事,诚不可施于百姓。朕尊为帝王,富有四海,每事由己,诚能自节,若百姓不欲,必能顺其情也。

隋炀帝广造宫室,以肆行幸。自西京至东都,离宫别馆,相望道次,乃至并州、涿郡,无不悉然。驰道皆广数百步,种树以饰其旁。人力不堪,相聚为贼。逮至末年,尺土一人,非复己有。以此观之,广宫室,好行幸,竟有何益?①

在这些谈话中,唐太宗反复强调的是奢靡败国,有害无益,为人君者必须正身节欲,志尚清净,以百姓之心为心,一切建设都必须以制欲节用、不损百姓为准则。

贞观二年(628年),有臣僚因太极宫卑湿,上疏请求营建新宫,太宗以"靡费良多"、不合"为人父母之道"驳回。随后,又多次发布诏书,倡导节约,如:

洛阳宫室,创自有隋,朕因其成功,无所改作。今屋宇湮坏者,宜量加修葺,使才充居处。自外材木,宜分洛州郭内贫民因水损居宅者。(《量修洛阳宫诏》)②

朕闻上代无为,檐茅而砌土。中季华用,厄玉而台琼。燥湿之致虽同,奢俭之情则异。……南营翠微,本绝丹青之工,才假林泉之势。……爰制玉华,故遵意朴淳,本无情于壮丽。(《建玉华宫手诏》)③

从现有的记载来看,唐太宗对于城市建设的一贯主张是"遵意朴

---

① 〔唐〕吴兢编著,王贵标点:《贞观政要》,长沙:岳麓书社1994年版,第2、213、214—215、333页。
② 〔清〕董诰等编:《全唐文》(一),第73页。
③ 〔清〕董诰等编:《全唐文》(一),第100页。

淳","无情于壮丽";在他当政的时期,城市建筑很少,社会上普遍崇尚简朴,"二十年间,风俗简朴,衣无锦绣,财帛富饶,无饥寒之弊"。[①]在他的影响之下,当时许多大臣的家宅都极其简朴,甚至可以说是简陋不堪,如:"岑文本为中书令,宅卑湿,无帷帐之饰。有劝其营产业者,文本叹曰:'吾本为汉南一布衣,竟无汗马之劳,徒以文墨致位中书令,斯亦极矣。荷俸禄之重,为惧已多,更得言产业乎?'言者叹息而退。"[②]又如户部尚书戴胄卒,居宅弊陋,连祭奠的地方都没有,太宗命有司特造一庙。尚书右仆射温彦博逝时,因家中没有正寝,只能殡于旁室,太宗又命有司兴造。魏徵家中也无正堂,他生病的时候,太宗把自己准备建造小殿的木材给他营造正堂,并送上被褥。

但是很可惜的是,唐高宗、武则天执政之后,唐代的城市建设并没有按照唐太宗的预想去发展。由于国家的日益强大,城市建设包括宫苑、寺观、住宅等建筑开始朝着宏大、壮丽、奢华的方向发展。吕思勉说:"隋、唐两代,于宫室颇侈。以隋文之恭俭,犹营仁寿宫以劳民,而隋炀帝无论矣。窦琎营洛阳宫,失之壮丽,唐太宗毁之,而阎立德为营玉华、翠微二宫,徐惠不以为俭。此所谓作法于贪。至武后,遂大纵恣。中宗集群臣于梨园毬场,令其分组拔河,武崇训、杨慎交注膏作场,以利其泽。此真匪夷所思。至睿宗,又为金仙、玉真二主作观。中叶后,则穆宗于禁中造百尺楼,敬宗以钜金饰清思院。其仍世侈靡,不亦甚乎?"[③]

很多有识之士对这种日益奢靡的风尚提出批评。如武则天在洛阳大营宫室,并于久视元年(700年)在嵩山行宫三阳宫避暑,至秋不还。张说上疏进谏说:"造设奇巧,诱掖上心。凿山疏观,竭流涨海,俯穷地脉,仰出云端,易山川之气,夺农桑之土。延木石,运斧斤,山谷连声,春夏不辍。劝陛下作此者,岂正人哉?"[④]唐中宗当政时,宠爱其女安乐公主,任

---

① 〔唐〕吴兢编著,王贵标点:《贞观政要》,第213页。
② 〔唐〕吴兢编著,王贵标点:《贞观政要》,第218页。
③ 吕思勉:《隋唐五代史》(下),上海:上海古籍出版社2005年版,第829页。
④ 〔唐〕张说:《谏避暑三阳宫疏》,见〔清〕董诰等编《全唐文》(三),第2256页。

其强占民宅大造府第,又迷信佛教,致使寺庙林立,靡费过度,左拾遗辛替否就上疏进谏说:"当今疆场惊骇,仓廪空虚,揭竿守御之士赏不及,肝脑涂地之卒输不充,野多食草,人不识谷,而方大起寺舍,广营第宅。伐木空山,不足充栋梁;运土塞路,不足充墙壁。夸古耀今,逾章越制,百僚钳口,四海伤心。臣闻释教者,以清净为基,慈悲为主。故常体道以济物,不为利欲以损人;故常去己以全真,不为荣身以害教。三时之月,掘山穿地,损命也;殚府虚帑,损人也;广殿长廊,荣身也。损命则不慈悲,损人则不济物,荣身则不清净,岂大圣大神之心乎?臣以为非真教,非佛意,违时行,违人欲。"①唐睿宗当朝时,崇信道教,花费大量钱物为其女金仙公主、玉真公主建造金仙观、玉真观,辛替否又以左补阙的身份上疏规劝睿宗皇帝沿用"贞观故事",停止建造宫观,把节约的财物周济贫穷、充实国库,并且说:"臣闻出家修道者,不干预于人事,专清其身心,以虚泊为高,以无为为妙,依两卷《老子》,视一躯天尊,无欲无营,不损不害。何必璇台玉榭,宝像珍龛,使人困穷,然后为道哉!"②

张说和辛替否的批评,基本上沿袭的是唐太宗的思路,即主要是从政治的角度或从国家安危及民生的角度出发。可惜在当时奢靡成风的大环境下,这是一种相当微弱的声音,并未能让统治者回心转意,回到倡导简约和简朴的传统上去。而且,即便是在安史之乱之后帝国经济受到严重破坏的情况下,奢靡之风也仍在当时的上层社会继续蔓延。对此,诗人白居易在早年写的讽谕诗中也有很多描写和批判。如:

> 谁家起甲第,朱门大道边?丰屋中栉比,高墙外回环。累累六七堂,栋宇相连延。一堂费百万,郁郁起青烟。洞房温且清,寒暑不能干。高堂虚且迥,坐卧见南山。绕廊紫藤架,夹砌红药栏。攀枝摘樱桃,带花移牡丹。主人此中坐,十载为大官。厨有臭败肉,库有贯朽钱。谁能将我语,问尔骨肉间。岂无穷贱者,忍不救饥寒?如

---

① 〔唐〕辛替否:《陈时政疏》,见〔清〕董诰等编《全唐文》(三),第 2761 页。
② 〔唐〕辛替否:《谏造金仙玉真两观疏》,见〔清〕董诰等编《全唐文》(三),第 3763 页。

何奉一身,直欲保千年? 不见马家宅,今作奉诚园!(《伤宅》)①

　　右为梁,桂为柱,何人堂室李开府。碧砌红轩色未干,去年身殁今移主。高其墙,大其门,谁家第宅卢将军。素泥朱版光未灭,今日官收别赐人。开府之堂将军宅,造未成时头已白。逆旅重居逆旅中,心是主人身是客。更有愚夫念身后,心虽甚长计非久。穷奢极丽越规模,付子传孙令保守。莫教门外过客闻,抚掌回头笑杀君。君不见马家宅,尚犹存,宅门题作奉诚园。君不见魏家宅,属他人,诏赎赐还五代孙。俭存奢失今在目,安用高墙围大屋。(《杏为梁·刺居处僭也》)②

与唐太宗、辛替否和张说等人一样,白居易的批评也带有浓厚的政治和伦理色彩,但由于受到佛道思想的影响,他的批评又超越了一般的政治和伦理或社会批评的范围,而直接上升到了对人生意义的拷问,即:生命是有限的,人生是短暂的,花费大量人力、物力、精力去营造富丽奢华的宅第既是巨大的浪费,也没有任何意义,甚至是一场人生悲剧,因为没有人可以永远占有这些东西,"不见马家宅,今作奉诚园",甚至在有生之年也未必能够占有这些东西,"碧砌红轩色未干,去年身殁今移主。……素泥朱版光未灭,今日官收别赐人。开府之堂将军宅,造未成时头已白",到头来还是竹篮打水一场空。他认为,人能占有的只是自己的内心,"逆旅重居逆旅中,心是主人身是客",除了"心",没有什么可以长存不朽,因此,对于人居环境的经营,当以"俭"为贵,"俭存奢失今在目,安用高墙围大屋"。在此,"俭"成了一种因抑制欲望膨胀而使内心安定、调适和满足的精神境界。

---

① 顾学颉校点:《白居易集》(一),第31—32页。
② 顾学颉校点:《白居易集》(一),第84页。

第二章　唐代园林营造中的环境美学思想

园林是一个特定的居住、生活、游憩空间。但它在功能上与范围更大的城市空间是不一样的,因为城市所要应对的首先是群体的或大规模人群的现实生活,而园林所要考虑的则主要是个体的或少数人群的闲暇生活。中国古代的城市基本上是军事堡垒式的政治性城市,所体现的更多是国家的意志。其中,军事防卫、政治统治、社会稳定及群体生活组织等功能性的要求是放在第一位的。而园林所体现的则更多是居住者个人的喜好,即便是皇家园林、官府园林、公共园林、宗教园林等带有某种"国有"性质或"公共"性质的园林,也多少带有园林居住者——皇帝、官吏或僧侣个人的趣味在内,并且也因为它所具有的游憩性质而带有更多非实用的、审美的或精神的考虑在内。因此,与城市相比,园林在规划设计上,包括在选址、布局、空间组织和景物安排等方面,都要自由得多。从这个意义上说,唐代的园林建设,比诸城市建设更能反映出唐人对人居环境的审美要求。

第一节　唐代园林的基本类型

中国古代的园林发源于先秦时期,到唐代已经非常发达。可以说,有唐一代,尤其是在唐代前期,上自王公贵族、下至文人士子,无不以拥有自己的园林为荣。从留存下来的大量唐代园林诗可以看出,对园林的喜好,包括在园林中读书、吟诗、宴饮、观舞、赏乐、游玩等,是当时有钱有闲者日常生活中一个重要的组成部分。

一、唐代园林兴盛的原因

唐代园林的兴盛有许多原因。地理区位、人口密度、交通状况、政治环境、经济水平、自然条件和历史传统等,都对园林建设的具体走向有着直接的影响。如洛阳,在当时就以园林数量多、建造质量高闻名海内外。这与洛阳所处的交通枢纽位置、所拥有的 50 万左右人口体量、作为陪都的政治地位、漕运和商业的发达、周边山水形胜的自然环境、自北朝以来的大量园林遗存等都有着不可分割的关系。

除此之外,从主观上说,唐代园林的兴盛还与当时普遍的社会心理包括社会风尚、宗教信仰、审美习惯等密切相关。

一是普遍的游赏、宴集之风。唐人好游赏,尤其是春游和秋游。这样的游赏风气到盛唐时变得尤为炽热,杜甫《丽人行》中那句脍炙人口的"三月三日天气新,长安水边多丽人"[1],就足以让人想象出当时长安曲江池一带人头攒动、熙熙攘攘的春游景象。据宋人程大昌《雍录》记载:"正月晦日,三月三日,九月九日,京城士女咸即此(曲江园)祓禊,帷幕云布,车马填塞,词人乐饮歌诗。"[2]曲江园相当于京城长安的城市中心公园,在当时是以游人多而著称的。祓禊是一种在水边举行祭礼、洗濯去垢的民俗活动,旨在消除一年中可能遭遇的不祥,于每年春季上巳日(三月三日)举行。这实际上也是一种户外春游活动。据有关文献记载,唐代城市居民的游赏活动一般在市内外的园林中进行,如五代王仁裕《开元天宝遗事》卷上说:"长安春时盛于游赏,园林树木无闲地";"贵家子弟,每

---

① 《全唐诗》(七),第 2260 页。
② 〔宋〕程大昌撰,黄永年点校:《雍录》,第 132—133 页。

至春时,游宴供帐于园圃中";"杨国忠子弟恃后族之贵,极欲奢侈,每春游之际,以大车结彩帛为楼,载女乐数十人,自私第声乐前引,出游园苑中,长安豪民贵族皆效之"。① 又记载:"长安进士郑愚、刘参、郭宝衡、张道隐等十数辈,不拘礼节,旁若无人。每春时,选妖妓三五人,乘小犊车,指名园曲沼,籍草裸形,去其巾帽,叫笑喧呼,自谓之'颠饮'。"②

长安之外,风景更美、园林更多的洛阳也是当时城市居民游乐赏玩的中心城市。著名诗人陈子昂在《晦日宴高氏林亭》一诗的序文中说:

> 夫天下良辰美景,园林池观,古来游宴欢娱众矣。然而地域幽偏,未睹皇居之盛;……发挥形胜,出风台而啸侣;幽赞芳辰,指鸡川而留宴。列珍馐于绮席,珠翠琅轩;奏丝管于芳园,秦筝赵瑟。冠缨济济,多延戚里之宾;鸾凤锵锵,自有文雄之客。总都畿而写望,通汉苑之楼台;控伊洛而斜□,临神仙之浦溆。则有都人士女,侠客游童。出金市而连鹰,入铜街而结驷。香车绣毂,罗绮生风;宝盖珊鞍,珠玑耀日。于是律穷太簇,气淑中京。山河春而霁景华,城阙丽而年光满。淹留自乐,玩花鸟以忘归;欢赏不疲,对林泉而独得。伟矣! 信皇州之盛观也。③

陈子昂用华丽的辞藻描写了当时洛阳的"都人士女"到"园林池观"中"游宴欢娱"的盛况。

除了游玩,宴集也是促成园林兴盛的重要原因。从唐人留下的许多以宴会为主题的诗来看,唐人喜欢社交,而且不时举行各种宴会。这些宴会有不少是在园林中举行的,如新科进士在曲江池杏园举行的关宴。

唐代的游赏和宴集之风之所以如此之盛,就文人士大夫来说,也与唐代的休沐制度及国家的鼓励政策有关。宋代张舜民《画墁录》中说:

---

① 〔五代〕王仁裕撰,曾贻芬点校:《开元天宝遗事》,北京:中华书局 2006 年版,第 44、49、53 页。
② 〔五代〕王仁裕撰,曾贻芬点校:《开元天宝遗事》,第 27 页。
③ 〔唐〕陈子昂撰,徐鹏校点:《陈子昂集(修订本)》,上海:上海古籍出版社 2013 年版,第 276—277 页。

"唐京省入伏假,三日一开印[指办公——引注],公卿近郭皆有园池。以致樊、杜数十里间,泉石占胜,布满川陆,至今基地尚在。省寺皆有山池,曲江各暑船舫,以拟岁时游赏。"①唐代的官员有固定的休假制度,唐玄宗时期,还曾发布过鼓励百官节假日外出游乐并给予一定经济补贴的政策。开元十八年(730年)二月,唐玄宗发布诏令,鼓励"百官于春月旬休,选胜行乐,自宰相至员外郎,凡十一筵,各赐钱五千缗;上或御花萼楼邀其归骑留饮,迭使起舞,尽欢而去"②。天宝八载(749年),又"赐京官绢,备春时游赏"③。唐德宗时期,甚至还将这种鼓励、补贴百官旅游的政策制度化。贞元四年(788年),唐德宗发布诏令说:"比者卿士内外,左右朕躬,朝夕公门,勤劳庶务。今方隅无事,丞庶小康,其正月晦日、三月三日、九月九日三节日,宜任文武百僚选胜地追赏为乐。每节宰相及常参官共赐钱五百贯文,翰林学士一百贯文,左右神威、神策等军每厢共赐钱五百贯文,金吾、英武、威远诸卫将军共赐钱二百贯文,客省奏事共赐钱一百贯文,委度支每节前五日支付,永为常式。"④

二是普遍的隐逸之风或隐逸心态。这种风气和心态推动了私家园林特别是文人园林在唐代的成熟。唐代私家园林,有的远离闹市、地处偏僻,有的虽处闹市,但由于有围墙和景物遮挡而能自成一独立的生活小世界。祖咏《苏氏别业》有云:"别业居幽处,到来生隐心。南山[即终南山——引注]当户牖,沣水映园林。竹覆经冬雪,庭昏未夕阴。寥寥人境外,闲坐听春禽。"⑤这首诗虽然没有直接说园林是用来隐居的,却说,远离闹市且风景优美的园林,能够唤起文人的隐逸之心("隐心"),这实际上也就等于说,园林是适合隐居的。

自古以来,仕进与隐退就是中国文人士大夫内心深处根深蒂固、难

---

① 〔宋〕张舜民:《画墁录》,见〔宋〕欧阳修等撰,韩谷等校点《归田录(外五种)》,上海:上海古籍出版社2012年版,第70页。
② 〔宋〕司马光编著:《资治通鉴》(三),第2621页。
③ 〔五代〕刘昫等撰,陈焕良、文华点校:《旧唐书》(一),第130页。
④ 〔五代〕刘昫等撰,陈焕良、文华点校:《旧唐书》(一),第219页。
⑤ 《全唐诗》(四),第1333—1334页。

以开解的矛盾。在社会动荡、政治腐败或仕进不利的情况下,退隐的思想往往会自觉或不自觉地占据上风。与其他许多朝代一样,唐代的隐逸之风也非常盛行。初唐时期已经有不少隐士,如王绩、卢照邻等,盛唐的高适、岑参、孟浩然、李白、王维等也时有"相约林泉"的想法。至安史之乱之后,隐居的文人更多。可以说,唐代的文人,几乎个个都有隐居的生活经历,有的是一辈子隐居,有的是短暂隐居。

唐代文人隐逸的动机多种多样。其中之一是"乐乡土",即生性不愿做官而喜欢自然的乡村生活,如封演《封氏闻见记》卷三所说:"贞观中,天下丰饶,士子皆乐乡土,不窥仕进。"①但相对来说,唐代文人的隐逸,更主要是由于仕进无望、仕途失意或年老体衰而无意于仕途。如孟浩然"隐鹿门山,以诗自适。年四十来游京师。应进士不第,还襄阳"②,这是仕进无望,故而归隐。又如白居易于元和十年(815 年)被贬为江州司马,筑草堂于庐山香炉峰,专心向道士郭虚舟学习炼丹,这是仕途失意,转向归隐。再如贺知章"晚节尤诞放,遨嬉里巷,自号'四明狂客'及'秘书外监'。……乃请为道士,还乡里,诏许之,以宅为千秋观而居"③,这是年老体衰,或所谓功成身退而隐。此外,还有一些人是为了仕进而隐,即这些人是以"隐"为名、以"隐"自高,目的仍在于求取功名。最典型的是被道士司马承祯嘲笑的"随驾隐士"卢藏用。《旧唐书》本传谓:"藏用少以辞学著称,初举进士,选不调,乃著《芳草赋》以见意,寻隐居终南山,学辟谷、练气之术。长安中,征拜左拾遗。"④卢藏用以"高士"之名得到朝廷重用,官拜左拾遗,累迁吏部侍郎、黄门侍郎等要职。他这种以"隐"得官的方式,被当时人讥为"终南捷径"。

但不管是真隐还是假隐,文人隐居的地方一般都是环境优美的所在,除了当时隐士众多的终南山、中条山、王屋山、嵩山、商山、天台山、庐

---

① 〔唐〕封演撰,李成甲校点:《封氏闻见记》,第 11 页。
② 〔五代〕刘昫等撰,陈焕良、文华点校:《旧唐书》(四),第 3190 页。
③ 〔宋〕欧阳修、宋祁撰,陈焕良、文华点校:《新唐书》(四),第 3503 页。
④ 〔五代〕刘昫等撰,陈焕良、文华点校:《旧唐书》(三),第 1864 页。

山、惠山、会稽山、青城山等名山，就是文人自己建造的别墅，如王维的辋川别墅、李德裕的平泉山庄、杜牧的樊川别业、司空图的中条山王官谷别墅等。因此可以说，隐逸之风和庞大的隐逸队伍在客观上也推动了唐代的园林建设。

三是普遍的佛道信仰。唐代文人的隐逸，就其生活内容而言，主要是读书和修道（包括修佛和修仙），其中，修道，尤其是修仙，占有很重要的地位。在唐代，佛教和道教是普遍的信仰，这二者不仅推动了唐人对自然的向往，也在环境选择上对唐代园林建设产生了深远的影响。

四是山水诗画的大量出现。大唐是诗的国度，有许多优秀的田园诗、山水诗和园林别业诗。唐代也是山水画走向独立发展的时代，出现了李思训、李昭道、王维、张璪等一批彪炳史册的山水画家。田园诗、山水诗、园林别业诗和山水画等，为园林意境的营造提供了强有力的艺术素材支撑。同时，由于大批文人介入唐代的造园队伍，其诗画创作的美学追求也影响到当时和后来的园林设计与欣赏。在唐代，私家园林——"别业""别墅""林亭""园池""山池"等——已开始引起诗人们的审美关注，一大批诗人，特别是大诗人王维、杜甫、白居易等，都创作了许多专咏园林的诗篇，这说明园林在审美活动中的地位进一步提高了。这个时期也出现了许多文人园林，如宋之问的蓝田别墅、王维的辋川别墅、裴度的午桥庄、李德裕的平泉庄、白居易的庐山草堂等，这些园林开启了宋代以后文人写意园的先河。

二、皇家园林

唐代园林中占地面积最大且建筑规模也最大的是皇家园林。唐代的皇家园林有大内御苑、行宫御苑和离宫御苑三种类型，主要分布在西京长安和东都洛阳的城内及周边。

唐代的大内御苑继承了秦汉时期皇家园林的特点，是宫与苑的结合，主要有长安的禁苑、太极宫御苑、大明宫御苑、兴庆宫御苑、芙蓉苑和洛阳的神都苑（隋时称西苑）、洛阳宫御苑、上阳宫御苑等。

在首都长安,禁苑是最大的大内御苑。禁苑位于长安宫城北面,置于唐高宗龙朔(661—663年)以后,是在隋代大兴苑的基础上扩建而来的。禁苑一方面是皇帝、贵族和近臣休闲的地方,另一方面也是拱卫宫城、保卫皇室安全的军事缓冲地带。唐代的帝王常在此举行祭天、迎春、祓禊、狩猎、誓师、劳师等活动。禁苑东西宽27里、南北长33里,周长120里,面积远大于其前身——大兴苑。它北枕渭水,南接樊川,东临浐水,西界阿房宫故址,包括了汉代长安城的全部及其以东的广大地区。禁苑四周有围墙围合,苑内有九曲池、未央池、洁绿池、鱼藻池等水面,其中鱼藻池靠近大明宫北侧位置,水深一丈,清澈见底,水面可赛龙舟,池中垒土成山,山上建有鱼藻宫。除鱼藻宫之外,禁苑之内还有望春宫(望春楼)、咸宜宫(汉代旧宫)、未央宫(汉代旧宫)、南昌国亭、北昌国亭、流杯亭、真兴亭、鞠场亭等建筑24所,另有樱桃园、葡萄园、柳园、教习乐舞的梨园和专供皇帝、贵族打马球的鞠场等设施。主体建筑望春楼位于龙首原之上,东临浐水,其下是停泊货运船只的广运潭。望春楼楼后是长乐坡。长乐坡是长安城东北的一个高地,位于万年县东北12里。长乐坡附近建有驿站——长乐驿,这是唐人送别亲友的地方。由浐水引出的浐水渠(又称龙首渠)北流到长乐坡西北,再分为东、西二渠,其中东渠经长安外郭城东北隅外,折而西流,进入禁苑之中。禁苑中不仅有大量建筑,还有大量动植物,是一个庞大的动植物园,其中有外国进贡的各种珍稀动植物如驯象、白象、战象、狮、虎、豹、熊、骆驼、犀牛、羚羊、宝马、名犬、鹰、鹘、鹦鹉、鸵鸟、金桃、银桃、郁金香、佛土叶、菩提树、马乳葡萄等。据顾炎武《历代宅京记》的说法,禁苑中可以狩猎、采摘,当时在禁苑举行的各种祭祀所需的牺牲或宴会所需的食材,均出自禁苑之内。

在围绕长安三大内(太极宫、大明宫、兴庆宫)修筑的御苑中,太极宫御苑是隋代的遗构,大明宫御苑和兴庆宫御苑则是唐代的新创。

大明宫御苑主要指大明宫后宫部分围绕太液池(即蓬莱池)修筑的园林区,包括太液池及太液池四周的绿地和建筑。太液池是一个人工湖,位于大明宫北部的地势低洼处,分为东、西两池,总面积大约为290

亩(西池略大于东池)。池中盛植莲花,养殖鱼类,并垒土成山,名为蓬莱山,山上建有亭台楼阁。池边种满柳树,树丛之中楼阁、殿堂皆以回廊相连。据《旧唐书·地理志》记载,大明宫御苑内有"别殿、亭、观三十余所"[①],其中最主要的建筑物有紫宸殿、蓬莱殿、还周殿、金銮殿、仙居殿、麟德殿、大福殿、拾翠殿、走马楼、拾翠楼等。

兴庆宫御苑是兴庆宫南部以龙池为中心修筑的园林区。它在布局上与大明宫御苑的不同是它们所处的位置,前者在宫殿的南边,而后者在宫殿的北边;但它基本的设计思路仍然是大明宫太液池那种"神仙海岛"模式,即以龙池(也叫九龙池、兴庆池)为中心布置整个园林的建筑和景物,池中垒土成山,拟象海外仙山。龙池的北边是兴庆殿、南薰殿、大同殿、新射殿等殿堂建筑,西南方是唐玄宗处理朝政的勤政务本楼和花萼相辉楼,东北角则有休闲观景的沉香亭等建筑物。据宋人钱易《南部新书》卷庚记载,龙池水面宽广,风景优美,"西对瀛洲门,周环数顷,水极深广,北望渺然。东西微狭,中有龙潭,泉源不竭,虽历冬夏,未尝减耗。池四岸植嘉木,垂柳先之,槐次之,榆又次之"[②]。

在陪都洛阳,规模最大的大内御苑是神都苑。神都苑也称禁苑或东都苑,原为修建于隋炀帝时期的西苑(也叫会通苑、芳华苑)。隋代的西苑周回200里,苑内丘陵起伏、水流纵横,内设延光、明彩、含香、承华、凝晖、丽景、飞英、流芳、曜仪、结绮、百福、万善、长春、永乐、清暑、明德16院。各院内遍植名花,并别置一屯,屯内穿池养鱼,种植果蔬,兼养猪、羊等牲畜。院外凿龙鳞渠屈曲环绕,渠面阔20步,上架飞桥,过桥百步(即渠水与院墙之间)广种"杨柳修竹,四面郁茂,名花美草,隐映轩陛","中有逍遥亭,八面合成,结构之丽,冠绝古今"[③]。各院面向龙鳞渠开设东、西、南三门。除16院之外,还有数十处供游玩的地方,如泛舟、采莲、春游、祓禊、登高、望月、纳凉、听乐、观舞,并有曲水宫、冷泉宫、积翠宫、显

---

① 〔五代〕刘昫等撰,陈焕良、文华点校:《旧唐书》(二),第862页。
② 〔宋〕钱易撰,尚成校点:《南部新书》,上海:上海古籍出版社2012年版,第55页。
③ 〔唐〕杜宝撰,辛德勇辑校:《大业杂记辑校》,第14页。

仁宫、凌波宫(一作陵波宫)、阜涧宫、朝阳宫、栖云宫、亭子宫、青城宫等宫殿建筑群。其中,最主要的一处是仿神仙海岛建造的山水景观,"海"水与龙鳞渠相通,周回十余里,水深数丈,周围水殿百余、浮桥多座,中有蓬莱、方丈、瀛洲三山,相去各300步,高出水面百余尺,三山上分置通真观、集灵台、总仙宫等建筑。入唐以后,在唐高祖和唐太宗两朝,西苑多用作操练兵卒的场所,又因战争毁坏或初唐两帝嫌其过于奢华,故原来的大部分建筑物被毁弃了,"广袤大损于隋"①,即面积也大为缩减了。但唐高宗显庆二年(657年)以后,又修复了其中的一些建筑。整个苑以围墙围合,开有东面四门、南面三门、西面四门、北面四门共15门,除保留或修复了隋代原有的冷泉宫、积翠宫、凌波宫、明德宫(显仁宫)、青城宫等建筑物之外,又新修了合璧宫(初名八关宫)、连璧殿、齐圣殿、龙鳞宫、高山宫、宿羽宫、翠微宫、望春宫、黄女宫、芳树宫、金谷亭、凝碧亭、射堂、观马坊等建筑,苑中水面比之前小,原隋代西苑北海改为凝碧池,龙鳞渠改称九曲池。

神都苑之外,洛阳城中建于唐代且最具特色的是上阳宫御苑。上阳宫虽然也是唐代帝王唐高宗和武则天的听政之所,但它采用的是非对称的组团式园林布局,实际上带有离宫性质,其建筑自由分列、隐藏在由水石和树木组成的园林空间之中。因此,除了高大华丽的观风殿、仙居殿等建筑,上阳宫中还有着非常优美的游憩环境。宫苑内水量充沛,被引入的谷水环绕其中,贯穿各个宫殿区,然后再出宫注入洛河。同时,宫苑内植被丰茂,有常青的松、柏、桂、橙、竹等树种,而且据元稹《上阳白发人》中"上阳花草青苔地……秋池暗渡风荷气"②的说法,宫苑内还有大面积的花圃、绿地和水生植物。虽然就面积来说,上阳宫御苑比神都苑小,但它的绿化更好,景观更丰富。宫内引谷、洛二水为池沼、沟渠,其间流水萦回,竹木森然。

---

① 〔清〕徐松辑,高敏点校:《河南志》,第219页。另据韦述记载,唐代的神都苑即隋代的西苑,"周回一百二十六里",比隋代的周回200里要小。见〔唐〕韦述撰,辛德勇辑校《两京新记辑校》,第77页。
② 〔唐〕元稹撰,冀勤点校:《元稹集》(上),第278页。

沿洛水之滨的曲折长廊,可凭栏远眺。白居易的《洛川晴望赋》赞叹道:"野水含碧,群山结青。山水隐映,花气氲冥。瞻上阳之宫阙兮,胜仙家之福庭。望中岳之林岭兮,似天台之翠屏。"[①]

除了两京的御苑,唐代用于避暑、游玩的离宫御苑也很多,如隋代开皇十三年(593 年)在麟游县天台山修建的九成宫(高宗永徽二年即 651 年改为万年宫)、武德八年(625 年)在终南山修建的太和宫(贞观二十年即 646 年改为翠微宫,后废)、贞观十四年(640 年)在汝州西山修建的襄城宫、贞观二十一年(647 年)在宜君县凤凰谷修建的玉华宫(高宗永徽二年废为佛寺)、仪凤三年(678 年)在蓝田县修建的万全宫、开耀二年(682 年)在蓝田县修建的万全宫(后废)、永淳二年(683 年)在嵩山之南修建的奉天宫、久视元年(700 年)在嵩阳县修建的三阳宫、开元十一年(723 年)在骊山修建的华清宫(原名温泉宫)、开元二十五年(737 年)在渭南县修建的游龙宫等。其中,骊山华清宫最为有名。[②]

骊山华清宫实际上是一个由骊山、渭水、温泉和众多宫殿楼阁、贵族别墅融合而成的巨大温泉风景园林区(它的外围还有天宝六载即 747 年修建的包括各政府办事机构在内的会昌罗城)。华清宫山水俊美,内部泉池众多,其中温泉用于洗浴,冷泉遍植莲花,各殿堂前后有石榴、荔枝、松、柏、竹、莲花、兰花、牡丹等花木环绕,各殿堂、楼阁建筑和装饰精美。皇甫冉《华清宫》诗云:"骊岫接新丰,岩峣驾翠空。凿山开秘殿,隐雾闭仙宫。绛阙犹栖凤,雕梁尚带虹。温泉曾浴日,华馆旧迎风。肃穆瞻云辇,沈深闭绮栊。东郊倚望处,瑞气霭濛濛。"[③]又,据唐人郑处诲《明皇杂录》卷下记载:"玄宗幸华清宫,新广汤池,制作宏丽。安禄山于范阳以白玉石为鱼龙凫雁,仍为石梁及石莲花以献,雕镌巧妙,殆非人工。"[④]华清

---

① 顾学颉校点:《白居易集》(四),第 1538 页。
② 宋人程大昌说:"华清宫在骊山,最为奢盛,百司皆有邸第,玄宗常以十月往幸,岁竟乃归,与汉甘泉略同,则又离宫之大者也。"见〔宋〕程大昌撰,黄永年点校《雍录》,第 53 页。
③ 转引自〔元〕骆天骧撰,黄永年点校《类编长安志》,第 274 页。
④ 〔唐〕郑处诲撰,田廷柱点校:《明皇杂录》,北京:中华书局 1994 年版,第 28 页。

宫在安史之乱后逐渐废弃,到宋代时只剩下少量遗迹。宋人钱易《南部新书》卷己说:"骊山华清宫毁废已久,今所存者,唯缭垣耳。天宝所植松柏遍满岩谷,望之郁然……朝元阁在山岭之上,柱础尚有存者。山腹即长生殿,殿东西盘石道。自山麓而上,道侧有饮酒亭子。明皇吹笛楼、宫人走马楼故基犹存。缭垣之内,汤泉凡八九所。有御汤周环数丈,悉砌以白石,莹彻如玉,石面皆隐起鱼龙花鸟之状。"①

三、官府园林

唐代还有许多归不同国家机构管辖的官府园林,主要包括衙署园林、驿站园林两种类型。

衙署园林即附属于各级政府机关的园林,相当于是各级政府机关的后花园。这又包括几种不同的情况。一是都城中的衙署园林。如王维《和尹谏议史官山池》所云:"云馆接天居,霓裳侍玉除。春池百子外,芳树万年余。洞有仙人篆,山藏太史书。君恩深汉帝,且莫上空虚。"②又,杜颐《集贤院山池赋》中说:"郁乎群贤之林,有山其秀,有池而深。幽流澹泞,苍翠嵚崟。"③王维诗中的"史官山池"和杜颐赋中的"集贤院山池",均为京城长安的衙署园林。二是官办的果园、竹园、药园之类产业园。如长安昌乐坊有负责提供梨花蜜的梨园,光宅坊有官办的葡萄园,升平坊有官办的药园,修德坊有官办的果园和可供市民观赏荷花的藕花池;洛阳长乐坊有司农寺园(后改建为兴唐观),敦行坊有司农寺的司竹园,宜人坊有太常寺的药园,静仁坊有官办的药园。三是地方城市中的衙署园林。一般来说,州的衙署包括数重门、正厅堂、内厅寝室、诸曹司的若干院落、厩库、鞠场、传舍等。各地方州府的衙署内除去众多房间,还建有亭榭、池塘,种植有花木。如白居易任苏州刺史时,曾写下大量吟咏苏

① 〔宋〕钱易撰,尚成校点:《南部新书》,第51页。
② 〔唐〕王维著,曹中孚标点:《王维全集》,上海:上海古籍出版社1997年版,第33页。
③ 〔清〕董诰等编:《全唐文》(八),第7863页。

州官衙生活的诗篇,从其中的《郡中西园》二诗,可知当时州衙之内的西园既有松、竹等植物,又有水池、桥梁等设施,其中可闲游,也可泛舟,面积相当大。白居易曾感叹:"谁知郡府内,景物闲如此。"①类似的例子是杜牧的《齐安郡后池绝句》:"菱透浮萍绿锦池,夏莺千啭弄蔷薇。尽日无人看微雨,鸳鸯相对浴红衣。"②这是杜牧任齐安刺史时所写的齐安郡(即湖北黄州)府衙的园林。又如宋代王谠《唐语林》卷五记载:"杭州方珪为盐官令,于县内凿池构亭,曰'房公亭'。"又说唐懿宗时(859—873年)淮南节度使李蔚"以其郡无胜游之地","命于戏马亭西连玉钩斜道,开辟池沼,构葺亭台……都人士女得以游观"。③ 这是晚唐扬州府所建的供人游览的、带有公园性质的官府园林。宋代宋敏求《春明退朝录》卷下也记载:"唐成都府有散花楼,河中有薰风楼、绿莎厅,扬州有赏心亭,郑州有夕阳楼,润州有千岩楼。今皆其名,或不复见。"④可知唐代各州府的园林相当多。而且不但各州府有园林,小县城衙门也有园林。如钱起《县中池竹言怀》诗中说:"官小志已足,时清免负薪。卑栖且得地,荣耀不关身。自爱赏心处,丛篁流水滨。荷香度高枕,山色满南邻。道在即为乐,机忘宁厌贫。却愁丹凤诏,来访漆园人。"⑤又,刘禹锡《答冬阳于令涵碧图诗并引》的序文中说:"冬阳令于兴宗……于县五里得奇境,埋没于翳荟中。……开抉泉石,去萝茑,斧凡材,畚息壤,而清溪翠岩森立坌来。因构亭其端,题曰涵碧。碧流贯于庭中,如青龙蜿蜒,冰澈射人。树石云霞列于前,昏旦万状。"⑥

　　唐代各州县官府内的园林是专供官员悠游遣兴的地方,一般不允许庶民擅入,但也有一些例外,如上述淮南节度使李蔚在扬州所建的园林。

　　驿站园林。唐代有发达的驿道,驿道上设置有供官员和士子换乘驴

① 〔唐〕白居易:《郡中西园》,见顾学颉校点《白居易集》(二),第455页。
② 〔唐〕杜牧著,陈允吉校点:《樊川文集》,上海:上海古籍出版社2007年版,第47页。
③ 〔宋〕王谠撰,周勋初校证:《唐语林校证》(下),北京:中华书局1987年版,第487页。
④ 〔宋〕宋敏求撰,尚成校点:《春明退朝录》,上海:上海古籍出版社2012年版,第27页。
⑤ 《全唐诗》(八),第2652页。
⑥ 〔唐〕刘禹锡撰,卞孝萱校订:《刘禹锡集》(下),北京:中华书局1990年版,第331页。

马、住宿和吃饭的驿站。这些驿站一般规模很大,其中有驿楼、驿厅、驿库(酒库、茶库、咸菜库)、驿厩等设施。此外,清代顾炎武《日知录集释》卷一二"馆舍"条记载:"读孙樵《书褒城驿壁》,乃知其有沼、有鱼、有舟。读杜子美《秦州杂诗》,又知其驿之有池、有林、有竹。"[①]由此可知,唐代官道上的许多驿站还配备有供休息、游玩的园林。

四、公共园林

唐代出现了中国历史上第一座带有公共游览性质的大型园林,即位于长安城东南隅的曲江苑。唐代的曲江苑是由秦代的离宫宜春苑、汉代的宜春后苑和乐游苑、隋代的芙蓉池和芙蓉园发展而来的。

曲江苑实际上是由曲江池、芙蓉园、杏园等组成的一个以水景为主体的大型公园,其中曲江池、杏园等对公众开放,芙蓉园则是帝王贵胄专享的行宫御苑。唐代的曲江池是唐玄宗时期重新修筑的,它是引浐河水经黄渠从城外南来注入曲江而形成的一个岸线曲折的带状水面,面积大约为 0.7 平方公里,游人可以在水上泛舟观览沿岸风光。曲江池的池边种植柳树,池中种植荷花、菖蒲、菱芰等水生植物,四周建有观榭、紫云楼(唐文宗时修建)、采霞亭、曲江亭、龙华尼寺等建筑。曲江池伸向城内的部分约占两坊之地,以都市景观为主;突出城外的部分则包括芙蓉、宁安、洪固、高平、义善等乡,以田园风光为主。芙蓉园在曲江池的东边,是曲江苑的一个独立空间,占据长安城东南角一坊之地,并突出城外,周围有围墙,园内总面积约 2.4 平方公里。杏园在曲江池的西边,与大慈恩寺大雁塔南北相望,位置在长安东南角上的通善坊。这一区域以杏为主题,种植杏树数百亩。姚合的《杏园》诗描述:"江头数顷杏花开,车马争先尽此来。欲诗无人连夜看,黄昏树树满尘埃。"[②]唐代,在科举考试后,新科进士们都要到杏园举行"探花宴",称为"杏园雅集"。

---

① 〔清〕顾炎武著,黄汝成集释,栾保群、吕宗力校点:《日知录集释》(上),第 281 页。
② 《全唐诗》(十五),第 5715 页。

曲江池和芙蓉园东北边的升平坊内还有乐游原(乐游苑),位于长安城的最高处,地势高而开敞,与南面的曲江池、芙蓉园和西南的大雁塔相距不远,是当时贵族士女祓禊(三月三上巳)、登高(九月九重阳)、围幕宴饮、观览京城景色和远眺终南山风光的地方。张九龄《登乐游原春望抒怀》云:"城隅有乐游,表里见皇州。策马既长远,云山亦悠悠。万壑清光满,千门喜气浮。花间直城路,草际曲江流。凭眺兹为美,离居方独愁。已惊玄发换,空度绿荑柔。奋翼笼中鸟,归心海上鸥。既伤日月逝,且欲桑榆收。豹变焉能及,莺鸣非可求。愿言从所好,初服返林丘。"①

曲江苑在安史之乱之前是西京长安最繁华的休闲胜地,安史之乱时破坏严重并趋于萧条。唐文宗太和元年(827年)时虽对原有的主体建筑紫云楼、彩霞亭等有过修复,并将部分闲置土地开放给有能力营造亭馆的人,但其繁华景象已大不如从前。

不过,在唐代文人士大夫的心目中,"曲江"不只是一处园林,也是触发诗思的环境源泉。唐代著名诗家几乎都在此留下了脍炙人口的名篇佳句,如宋之问、李峤、李白、王维、韩愈、白居易、杜牧、李商隐等。如李峤的《春日侍宴芙蓉园应制》:

> 年光竹里遍,春色杏间遥。烟气笼青阁,流文荡画桥。飞花随蝶舞,艳曲伴莺娇。今日陪欢豫,还疑陟紫霄。②

这是一首描述曲江景色的应制诗。诗中有青阁、画桥等精美建筑,有竹、杏、花、蝶、莺等花鸟树木,烟云缥缈之间,恍若置身仙界。这也说明曲江的造园硬件要素虽然并不奢华,却可以做到意境幽远、引人遐思,这正是中国传统园林设计所追求的最高境界。

五、宗教园林

唐代寺观建筑极多,尤其是在都城长安和洛阳。汉传佛教八大宗派

①《全唐诗》(二),第603页。
②《全唐诗》(三),第692页。

中,除禅宗和天台宗之外,另六宗的祖庭都在长安城内外(三论宗:终南山圭峰山下的草堂寺;华严宗:樊川的华严寺;唯识宗:大慈恩寺;律宗:樊川的静业寺;净土宗:长安城南神禾原西的香积寺;密宗:大兴善寺)。

唐代寺观一般以大殿为中心,采用院落式的组群布局。大的寺观规模很大,如长安的大兴善寺(始建于隋)、昊天观(始建于隋)等都占有一坊之地。大慈恩寺(建于贞观年间)有十余个院落、房间1 897间,又有可以远眺终南山和大明宫、俯瞰曲江池的大雁塔;章敬寺(建于德宗时期)更有48个院落、房间4 130间。寺观的大殿或廊院的墙上常画有宗教和世俗等题材的壁画。由于唐代寺观规模庞大,其园林也十分有名,有时甚至连朝廷宫苑需要的花木,也要从寺院移植。

寺观不仅是僧道们居住生活的空间,与世俗社会的生活也有着许多联系。这种联系大致可以分为两类:其一,寺观特别是寺院是当时主要的城市休闲娱乐中心之一,是许多市民游园、看戏、观画、赏灯、听俗讲的地方。而且,寺院的塔,可以供士庶登高远眺,寺院的楼阁,可以供进士或文人学子摆酒设宴。其二,寺观可以作为旅舍为世俗之人提供住处。到寺院居住的人或者是为读书,或者是暂时寄宿,如唐人小说《莺莺传》描写了张生与崔氏女的一段爱情故事,当时张生与崔氏母女就都是在前往长安的途中借宿于山西永济县的名刹普救寺。

唐代的寺观大多以寺观建筑为框架,在其中点缀花草树木,布置园林,形成园在寺中、寺在园中、寺园结合、各具特色的格局。如长安大慈恩寺"寺南临黄渠,水竹森邃,为京都之最"①。大荐福寺以塔(小雁塔)、池(周回200步的放生池)、花(牡丹花)闻名于当时。大兴善寺规模庞大,以花木繁盛为人称赞,段成式《酉阳杂俎·寺塔记上》记载:"靖善坊大兴善寺……不空三藏塔塔前多老松,岁旱则官伐其枝为龙骨以祈雨。……寺后先有曲池……白莲藻自生。……东廊之南素和尚院,庭有青桐

---

① 〔元〕骆天骧撰,黄永年点校:《类编长安志》,第125页。

四株。"①又，"光明寺……山庭院，古木崇阜，幽如山谷，当时辇土营之。上座璘公院，有穗柏一株，衢柯偃覆，下坐十余人"②。此外，唐德宗李适《七月十五日题章敬寺》云："招提迩皇邑，复道连重城。法筵会早秋，驾言访禅扃。……金风扇微凉，远烟凝翠晶。松院静苔色，竹房深磬声。境幽真虑恬，道胜外物轻。意适本非说，含毫空复情。"③从这些诗文的描述可以看出，园林在当时的寺观中是一种必不可少的设施。

六、私家园林

在秦、汉时期，带有观赏、游憩性质的园林一般尺度都非常大（当时称为"苑"或"囿"），除了帝王贵胄，一般人是没有园林的。

中国古代的私园大约出现在东汉。从东汉到唐代，可以看到不少关于私人园林的记载。但这个时候的私人园林多属于高官或富商，总的数量并不多。从数量上看，唐代私人园林之多是前所未有的。因此可以说，园林的推广普及是始于唐代。

唐代的私家园林遍及城市、郊野、山林和村庄，其称谓也有"园林""林园""别业""别墅""别馆""山池""池亭""林亭""亭子"等三四十种之多。从其所处的位置上看，我们大致可以把唐代的私家园林分成两个类型：一类是城市内的宅园或庭园，即建在城内、与住宅连在一起的园林（山池院）；另一类是建在城外的别墅或庄园（别业园）。

（一）城市宅园

唐代造园成风，单就数量上说，私家园林远比皇家园林多得多。唐代很多贵族和官僚都在住宅之内穿池堆山，树花置石。据今人考证，唐代长安和洛阳城内均有宅园 100 多座，如长安外郭城的 108 个坊中，就有 140 余处私家园林分布在 58 个坊内，说明半数以上的坊内都有园林

---

① 陶敏主编：《全唐五代笔记》（二），第 1718—1719 页。
② 陶敏主编：《全唐五代笔记》（二），第 1720—1721 页。
③《全唐诗》（一），第 47 页。

存在。

唐代的宅园是与宅第连在一起的，宅第内外都有许多园林景观的布置。如长安延福坊的琼山县主宅，"宅内有山池院，溪磴自然，林木葱郁，京城称之"①。又如初唐时期洛阳城内的安德山池，因景物殊胜而成为达官贵人和文人雅士经常光顾的宴集之所。《全唐诗》中有不少吟咏安德山池的篇章，对之进行了细致生动的描绘。据当时参加宴集的岑文本、杨续、许敬宗等人的诗所说，安德山池范围很大，其中有楼阁、台榭、书斋、桥梁、假山、水池等构筑物，又有莲花、桂花、杜若花、木槿花等四季花卉，整个园林看起来就像是人间仙境。②

在唐代的城市宅园中，规模最大的首先是诸王、公主、驸马等身份显赫、财力雄厚者的私人宅园或山池院。这些人的宅园和府第大多占地面积大，建筑宏伟，装饰奢华。如洛阳的魏王李泰宅（后归长宁公主），规模庞大，"东西尽一坊，潴沼三百亩"。长宁公主与驸马杨慎交宅，奢华至极，"造第东都……第成，府财几竭……又取西京高士廉第、左金吾卫故营合为宅，右属都城，左颊大道，作三重楼凭观，筑山浚池。帝及后数临幸，置酒赋诗。又并坊西隙地广鞠场。"③

其次是那些与帝王后妃沾亲带故的皇亲国戚、位极人臣的权贵、雄霸一方的军阀和受到恩宠的宦官、宫廷乐师等。他们的私家园林同样是面积大、装饰奢华，如宗楚客、杨国忠、李林甫、李龟年、安禄山、郭子仪、元载、程恭执等人的私家园林。宗楚客是初唐宰相，武后从姊之子，后因与韦后、安乐公主勾结而被赐死。张鷟《朝野佥载》卷三记载："宗楚客造一新宅成，皆是文柏为梁，沉香和红粉以泥壁，开门则香气蓬勃。磨文石为阶砌及地，着吉莫靴者，行则仰仆……太平公主就其宅看，叹曰：'看他

---

① 《长安志》注，转引自杨鸿年《隋唐两京里坊谱》，上海：上海古籍出版社 1999 年版，第 131 页。
   按：县主为亲王女儿的称谓。
② 参见《全唐诗》（二），第 452—467 页。
③ 〔宋〕欧阳修、宋祁撰，陈焕良、文华点校：《新唐书》（三），第 2233 页。

行坐处,我等虚生浪死。'"①杨国忠是杨贵妃族兄,唐代著名奸臣,曾任宰相,生活极其奢靡,为方便与杨贵妃姐姐虢国夫人私通,"于宣义里构连甲第,土木被绨绣,栋宇之盛,两都莫比"②。五代王仁裕《开元天宝遗事》卷下记载:"国忠又用沉香为阁,檀香为栏,以麝香、乳香筛土和为泥饰壁。每于春时木芍药盛开之际,聚宾友于此阁上赏花焉。禁中沉香之亭远不侔此壮丽也。"③李林甫是唐朝宗室,位至宰相,《旧唐书》记载:"林甫京城邸第,田园水硙,利尽上腴。城东有薛王别墅,林亭幽邃,甲于都邑,特以赐之,及女乐二部,天下珍玩,前后赐与,不可胜纪。"④李龟年是唐玄宗时期的著名乐师,因善歌得遇恩宠,《明皇杂录》记载其"于东都大起第宅,僭侈之制,逾于公侯。宅在东都通远里,中堂制度甲于天下"⑤。安禄山是范阳、平卢、河东三镇节度使,安史之乱的主角,唐玄宗当政时备受荣宠,姚汝能《安禄山事迹》卷上记载,天宝九载(750年),"令于温泉为安禄山宅。又赐永宁园充使院"⑥。郭子仪是盛唐名将,平定安史之乱的功臣,他在长安亲仁里的住宅,居其里四分之一,占地14万多平方米。元载是唐代宗时期的宰相,因贪贿被杀,他曾在长安"城中开南北二甲第,又于近郊起亭榭,帷帐、什器,皆如宿设,城南别墅凡数十所,奴仆曳罗绮三百余人"⑦。程执恭为中唐藩镇横海郡(今河北沧州)节度使、尚书左仆射,因他扩建居室,唐宪宗赐他20亩地,合今天的一万多平方米。

唐代的城市宅园(山池院),尤其是贵族和权臣的宅园,规模都比较大,而且作为早期的人工营造的城市园林,在基本手法上仍然保留了一些皇家苑园的东西,如引水入园、凿池垒山、拟象神仙海岛。

---

① 〔唐〕张𬸦撰,赵守俨点校:《朝野佥载》,北京:中华书局1979年版,第70页。
② 〔五代〕刘昫等撰,陈焕良、文华点校:《旧唐书》(三),第2026页。
③ 〔五代〕王仁裕撰,曾贻芬点校:《开元天宝遗事》,第58页。按:沉香亭在兴庆宫御苑内。
④ 〔五代〕刘昫等撰,陈焕良、文华点校:《旧唐书》(三),第2021页。
⑤ 〔唐〕郑处诲撰,田廷柱点校:《明皇杂录》,第27页。
⑥ 〔唐〕姚汝能撰,曾贻芬点校:《安禄山事迹》,北京:中华书局2006年版,第80页。
⑦《类编长安志》引《谭宾录》语,见〔元〕骆天骧撰,黄永年点校《类编长安志》,第106页。

（二）郊野别墅

郊野别墅是建筑在城外的园林。根据离城的远近，又可分为近郊和远郊两种类型。建筑在远郊的园林，多为归隐林泉的文人的别墅或退休家居的官员的庄园，规模虽大但建筑相对简单。若以规模、建筑、环境三者而论，则当时最著名的园林，当属建筑在近郊的别墅，尤其是长安、洛阳两都近郊的别墅。当时在长安和洛阳城外，如长安城南的终南山、樊川（包括杜曲、韦曲等）、御宿川一带，长安城东的灞川、骊山一带，长安城西的昆明池一带，洛阳城南的伊阙山及伊川一带，都有许多别墅、村舍、寺观。

在这些别墅中，规模最大且建筑最奢华的当然还是诸王、公主、驸马和权臣的别墅。如《新唐书》记载，唐高宗和武则天之女太平公主曾"作观池乐游原，以为盛集"①。太平公主在乐游原上的别墅称为"南庄"，是当时许多朝廷高官的游宴、赋诗、集会之所，《全唐诗》中保存了数十首赞美南庄的应制诗。如唐代宰相苏颋的《奉和初春幸太平公主南庄应制》："主第山门起灞川，宸游风景入初年。凤凰楼下交天仗，乌鹊桥头敞御筵。往往花间逢彩石，时时竹里见红泉。今朝扈跸平阳馆，不羡乘槎云汉边。"②据诗中的描写，南庄内景物殊胜，堪比仙境。中唐的韩愈曾有《游太平公主山庄》诗："公主当年欲占春，故将台榭押城堙。欲知前面花多少，直到南山不属人。"③这首诗描写南庄建筑宏伟且规模庞大，同时也隐射太平公主谋反一事。公元713年，太平公主因谋反被赐死，南庄被唐玄宗没收分赐给宁、申、歧、薛四王。比南庄有过之而无不及的是安乐公主的定昆池。安乐公主是唐中宗李显与第二任皇后韦后之女，公元710年与韦后一同被唐玄宗诛杀，并追废为悖逆庶人。关于安乐公主于景龙二年（708年）在长安城西南郊修建的定昆池，《新唐书》、刘餗《隋唐嘉话》和王谠《唐语林》皆有记载。据记载，安乐公主贪得无厌，竟想把汉

---

① 〔宋〕欧阳修、宋祁撰，陈焕良、文华点校：《新唐书》（三），第2232页。

② 《全唐诗》（三），第804页。

③ 〔唐〕韩愈著，钱仲联、马茂元校点：《韩愈全集》，上海：上海古籍出版社1997年版，第75页。

武帝时开凿的昆明池占为己有。占有不成，遂以其西庄之地为根基，广夺周围民田，动用库银数百万两别开池沼，名为"定昆池"，取胜过昆明池之意。

相比于城市宅园（山池园），郊野别墅（别业园）在自然环境方面更具有无可比拟的优势。这些地方一般都是山水形胜、植被丰茂之处，并因兼有市居的便利与乡居的野趣而成为贵族和士绅置办产业、休闲娱乐或短暂隐居的首选之地。如樊川盆地面临潏水，北倚少陵原，南望终南山，西南有神禾原，"山水之清，松竹之秀，花芳草绿，云烟披靡，晴楼巍巍，倚空而瞰山，洒然有江湖之趣"①，其间不但有牛头寺、华严寺、静业寺、兴教寺、兴国寺、龙泉寺、云栖寺、禅定寺、洪福寺、观音寺、香积寺等著名寺庙（当时的译经场和佛教中心），而且有一大批贵族和士绅的楼台馆舍。蔡希寂《同家兄题渭南王公别墅》有云：

> 好闲知在家，退迹何必深。不出人境外，萧条江海心。轩车自来往，空名对清阴。川浼将钓玉，乡亭期散金。素晖射流濑，翠色绵森林。曾为诗书癖，宁惟耕稼任。吾兄许微尚，枉道来相寻。朝庆老莱服，夕闲安道琴。文章遥颂美，癯瘵增所钦。既郁苍生望，明时岂陆沉。②

当时有很多环境清幽、风景优美、让人产生"不出人境外，萧条江海心"的感觉的著名别墅，如长安的韦嗣立山庄、韦安石韦曲别业和杜佑瓜州别业。韦嗣立担任过武则天、唐中宗时期的兵部尚书和宰相，后因参与韦后干政而被唐玄宗赐死。他自称"逍遥公"，在长安南郊韦曲和东郊骊山凤凰鹦鹉谷均建有规模庞大的别墅[韦曲别业和骊山别业（逍遥山庄）]。宋之问《春游宴兵部韦员外韦曲庄序》中说："长安城南有韦曲庄，京郊之形胜也，却倚城阙，朱雀起而为门；斜枕冈峦，黑龙卧而周宅。贤臣作相，旧号儒宗；圣后配元，今为戚里。……观其奥区一曲，甲第千甍，

---

① 〔元〕骆天骧撰，黄永年点校：《类编长安志》，第 257 页。
② 《全唐诗》（四），第 1158 页。

冠盖列东西之居,公侯开南北之巷。……万株果树,色杂云霞;千亩竹林,气含烟雾。激樊川而萦碧濑,浸以成陂,望太乙而邻少微,森然逼座。"①同时期另一位韦姓高官韦安石的韦曲别业也有"林石花竹之胜境",诗人韦庄有诗赞曰:"满眼莺声满眼花,布衣藜杖是生涯。时人若要知名姓,韦曲西头第一家。"②杜佑是著名历史学家,也曾担任唐德宗时期的宰相,他的杜曲瓜洲别业在当时也号称长安"城南之最",据说园中有千回九折的九曲池、别具一格的玉钩亭、每朵七叶的七叶树等景观。

第二节 唐代园林的景观构成

唐代兴起造园之风,园居生活构成了当时从皇帝、诸王、公主到宦官、外戚、官员、商人、隐士、道士和僧人等人日常生活的一部分。唐代园林的生产功能(包括渔猎功能)减弱了,③而避暑、游春、观鸟、赏花、雅集之类休闲与审美功能强化了,山石、水池、花木、亭台等观赏元素也进一步增加了。

一、建筑景观

唐代园林有不同的建筑。皇家、官府和寺观园林,建筑比较复杂,有殿、堂、斋、楼、阁、亭、轩、廊、塔、台、水榭、桥梁(拱桥、平桥、曲桥、踏步桥)、石磴等不同类型的建筑物或构筑物,以及鞠场、骑射场、钓鱼台、楼船等休闲娱乐设施;而私家园林则相对简单一些,一般没有大体量的建筑物或构筑物。这一方面是因为个人财力不足,另一方面也是受制于唐代不允许私人建造高楼广厦的制度规定。但因为社会身份和经济实力的不同,其中也有繁简的差别。皇亲国戚和豪门勋贵的园林,比如上一

---

① 〔清〕董诰等编:《全唐文》(三),第2437页。
② 〔唐〕韦庄:《韦曲》,转引自〔元〕骆天骧撰,黄永年点校《类编长安志》,第258页。
③ 唐代园林,尤其是皇家园林,有的也种植蔬果或者饲养动物(如鱼、鹰、鹤、鹦鹉、麋鹿,甚至马、狮、虎、象等)。但多半是用于观赏,只有少量供食用。

节提到的诸王、公主及韦嗣立、韦安石、杨国忠、李林甫、安禄山、郭子仪等权臣的园林，其建筑除没有宫殿之外堪比皇宫；一般文人和普通人家的园林，则除住宅（称为"堂"或"屋"）之外，一般只有书斋（书楼）、亭子、桥梁、石磴之类建筑物或构筑物。

在唐代园林的建筑景观中，有一种建筑物是最不可少并且也是引人注目的，那就是亭子。在唐代，园林也叫"林亭""亭子""山亭""水亭""池亭"，由此也可知唐人对亭的喜爱。从有关文献记载来看，唐代各种不同类型的园林，虽然大小繁简不一，但亭子是其中必不可少的建筑物。如长安，禁苑中有南昌国亭、北昌国亭、望云亭、青门亭、临渭亭、永泰亭、桃园亭、柳园亭、坡头亭、春坛亭、流杯亭、真兴亭、神皋亭、鞠场亭等十几个亭子，永达坊有新科进士举行牡丹宴的永达亭子，还有王龟宅园中的半隐亭，居德坊有刘祥宅园中建在汉代圆丘旧址之上的亭子，等等。这些都是城市园林中的亭子。至于郊外的园林，也有很多是以亭子为主要景观建筑的，如司空图在中条山王官谷的园林，就有证因亭、拟纶亭、修史亭、濯缨亭（后改为休休亭）、览昭（照）亭、莹心亭等六个亭子。

唐人诗文也喜欢写亭。如白居易写过《冷泉亭记》和《白蘋洲五亭记》等，柳宗元写过《邕州柳中丞作马退山茅亭记》《永州崔中丞万石亭记》《零陵三亭记》《永州法华寺新作西亭记》和《柳州东亭记》等，刘禹锡写过《汴州郑门新亭记》《武陵北亭记》和《洗心亭记》等。

唐代的亭子既是园林中的点景，又兼有不同的用途。它一方面是休息、纳凉和朋友聚会的场所，具有服务于日常生活的实际用途；另一方面又是瞭望、观景的平台或观赏园区内外景物的主要视点，具有"聚景"、观景的审美作用或抒发胸怀的精神作用。关于亭的作用，明代的文震亨说："亭台具旷士之怀。"[1]唐人符载的《钟陵东湖亭记》则说："雷霆风雨，荡阳之积也；河海川谷，泄阴之凝也；楼观台榭，宣人之滞也。天气郁则两曜不明，地气塞则万物不生，人气壅则百神不灵。我常侍李公，架崇

---

[1] 〔明〕文震亨撰，陈剑点校：《长物志》，杭州：浙江人民美术出版社 2011 年版，第 23 页。

冈,作新亭,导百骸,理七情,用斯义也。"①符载的"导百骸,理七情",与后来文震亨的说法类似,都是强调亭这种园林建筑物的精神价值。可以说,在园林中引入亭子这种建筑物,在主观感受上,不仅密切了人与园林的关系,更进一步增加了园林作为观赏对象的审美意趣。

二、山石景观

假山、石头在园林中的作用一方面是可以分隔空间,另一方面是可以丰富景观的层次、形态及光影变化。

在园林中兴造假山的历史非常悠久。如西汉"梁孝王……筑兔园。园上有百灵山,山有肤寸石、落猿岩、栖龙岫"②;北魏司农少卿张伦造景阳山"有若自然。其中重岩复岭,欹崿相属,深蹊洞壑,逦递连接,高树巨林,足使日月蔽亏,悬葛垂萝,能令风烟出入。崎岖石路,似壅而通;峥嵘涧道,盘行复直"③。

在唐代的园林修筑中,堆山也很普遍。如白居易《累土山》诗中说,元宗简在蓝田的宅院中有一座土筑的假山:"堆土渐高山意出,终南移入户庭间。玉峰蓝水应惆怅,恐见新山望旧山。"④

除了堆山,叠石或在园林中设置独石的造园手法,也已在唐代的园林修筑中出现。从有关记载来看,唐代园林的用石虽不如北宋以后那样普遍,但也有不少园林中有石头构成的特殊景观。如长安义宁坊化度寺内"有僵石,径二尺余,孔穴通达,若栏绮楼台之状,号曰蚁宫"⑤,这是一块形状奇特的独石。

相对来说,唐代园林中的石头景观与文人的关系更为密切。中晚唐时,文人开始对石头——尤其是奇石——表现出浓厚的兴趣。唐代著名

---

① 〔清〕董诰等编:《全唐文》(七),第 7061 页。
② 〔晋〕葛洪集,成林、程章灿译注:《西京杂记全译》,贵阳:贵州人民出版社 1993 年版,第 82 页。按:兔园,故址在今商丘市。
③ 〔北魏〕杨衒之著,周振甫译注:《〈洛阳伽蓝记〉译注》,南京:江苏教育出版社 2006 年版,第 76 页。
④ 顾学颉校点:《白居易集》(二),第 305 页。
⑤ 〔唐〕韦述撰,辛德勇辑校:《两京新记辑校》,第 57 页。

画家、诗人刘商《画石》一诗有云："苍藓千年粉绘传,坚贞一片色犹全。那知忽遇非常用,不把分铢补上天。"①这诗即可作为文人爱石的一个佐证。

在园林营造中,中唐牛李党争的两个主角牛僧孺和李德裕,都以酷嗜奇石著称。他们两人在政治观点上针锋相对,而在园林趣赏上却表现出惊人的一致。据记载,牛僧孺好石,故其私园中多太湖石叠构,白居易称其下属"多镇守江湖,知公之心,惟石是好,乃钩深致远,献瑰纳奇,四五年间,累累而至。公于此物,独不廉让,东第南墅,列而置之"②。李德裕也好石,据北宋张洎《贾氏谭录》载:"李德裕平泉庄怪石名品甚众……石上皆刻'有道'二字。"③李德裕在洛阳的园林叫作平泉庄,是当时乃至历史上非常著名的私家园林,据唐人康骈《剧谈录》卷下的记载,平泉庄"去洛城三十里,卉木台榭,若造仙府。有虚栏,前引泉水,萦回穿凿,像巴峡洞庭十二峰九派,迄于海门,江山景物之状。竹间行径有平石,以手摩之,皆隐隐见云霞龙凤草木之形"④。又,宋人王谠《唐语林》中说:"平泉庄周围十余里,台榭百余所,四方异草与松石,靡不置其后。……怪石品名甚众……有礼星石、狮子石,好事者传玩之。"⑤李德裕的平泉庄可以说是一个带有收藏性质的园林,里面有各种各样的奇花、异草、珍木、怪石,据说还有一条巨鱼骨头。因为李德裕爱好这些东西,所以他的下属及地方官为了逢迎他,也以这些东西相送,使得园林之内无奇不有,充满了各种来自异域他乡的稀有之物。李德裕本人也引以为豪,自称其平泉庄内,"江南珍木奇石,列于庭际,平生素怀,于此足矣",并告诫后人说:"留此林居,贻厥后代。鬻吾平泉者,非吾子孙也。以平泉一树一石与人者,非佳子弟也。"⑥可惜他这种愿望,不久便落空了。

① 《全唐诗》(十),第 3464 页。
② 〔唐〕白居易:《太湖石记》,见顾学颉校点《白居易集》(四),第 1544 页。
③ 〔宋〕张洎:《贾氏谭录》,守山阁丛书本。
④ 陶敏主编:《全唐五代笔记》(三),第 2509 页。
⑤ 〔宋〕王谠撰,周勋初校证:《唐语林校证》(下),第 618 页。
⑥ 《李卫公会昌一品集·别集·外集·补遗》(四),北京:中华书局 1985 年版,第 231 页。

牛僧孺、李德裕以及唐代的很多文人都有"好奇"的性格,牛僧孺写过《玄怪录》,李德裕写过《次柳氏旧闻》之类的传奇小说,所以他们的爱好奇石,当也是其"好奇"性格的一种表现。

与牛僧孺、李德裕同时而年龄略长的诗人白居易也爱好奇石。白居易从江南北归时,别无长物,只带了二石一鹤,并有诗专记其事:"归来未及问生涯,先问江南物在耶?引手摩挲青石笋,回头点检白莲花。"①可见他对此石的重视程度。他又在《双石》一诗中说:

> 苍然两片石,厥状怪且丑。俗用无所堪,时人嫌不取。结从胚浑始,得自洞庭口。万古遗水滨,一朝入吾手。担舁来郡内,洗刷去泥垢。孔黑烟痕深,罅青苔色厚。老蛟蟠作足,古剑插为首。忽疑天上落,不似人间有。一可支吾琴,一可贮吾酒。峭绝高数尺,坳泓容一斗。五弦倚其左,一杯置其右。洼樽酌未空,玉山颓已久。人皆有所好,物各求其偶。渐恐少年场,不容垂白叟。回头问双石,能伴老夫否。石虽不能言,许我为三友。②

这首诗中的"厥状怪且丑",可以说奠定了中国此后以丑怪为美的赏石传统。而在这种奇特反常的审美趣味中,石头也逐渐成了文人远离世俗、遗世而独立的个性表达与精神象征。

三、水体景观

中国园林中经人工开挖而形成的水体景观,可以上溯至周文王的灵沼。据《诗经》《孟子》等文献记载,周文王建有灵囿,灵囿之内有灵台和灵沼;至后世文献如《三辅黄图》,还明确指出其具体位置在"在长安县西四十二里"③。

在中国古代的造园艺术中,山、水是两种最基本的构园要素。就形

---

① 〔唐〕白居易:《问江南物》,见顾学颉校点《白居易集》(二),第 610 页。
② 顾学颉校点:《白居易集》(二),第 461—462 页。
③ 何清谷:《三辅黄图校释》,北京:中华书局 2005 年版,第 229 页。

态的变化和空间的广袤而言,水景更甚于山景。在早期的园林(皇家园林)中,像西周灵囿这样规模庞大的水景营造应该很多。《淮南子·本经训》中说,国家的动乱源于欲望的放纵,而欲望的放纵涉及金、木、水、火、土五个方面。其中水的方面是:"凿污池之深,肆畛崖之远;来溪谷之流,饰曲岸之际;积牒旋石,以纯修碕;抑减怒濑,以扬激波;曲拂遭回,以像渭、涝;益树莲菱,以食鳖鱼;鸿鹄鹔鹴,稻粱饶余;龙舟鹢首,浮吹以娱。"①这段话的大意是说,昏聩的君王常纵欲于"水",开挖深广的水池和连通山谷溪流的水沟,装饰曲折的堤岸,沿线堆叠美玉一样的石头;池内波浪起伏,沟内流水漭洄,像传说中江湖环绕的渭(番隅)、涝(苍梧);水池之中种植莲藕和菱角,用以喂养水中的鱼鳖;水池之上飞来天鹅和鹔鹴,水池之外是丰产的水稻和高粱;船身刻有龙纹、船头画有鹢头的游船浮行在宽广无边的水面上,船舱内是籁、竽齐鸣的欢乐场面。《淮南子》中的这段话,本意是批判享乐,但也间接地描述了当时园囿中的水景情况。这样的水景,实际存在于汉代的皇家园林和私家园林之中,如汉武帝的昆明池和汉武帝时期的袁广汉园。《西京杂记》中说:"武帝作昆明池,欲伐昆明夷,教习水战。因而于上游戏养鱼,鱼给诸陵庙祭祀,余付长安市卖之。池周回四十里。"又说:"茂陵富人袁广汉……于北邙山下筑园,东西四里,南北五里,激流水注其内。构石为山,高十余丈,连延数里。养白鹦鹉、紫鸳鸯、牦牛、青兕,奇兽怪禽,委积其间。积沙为洲屿,激水为波潮,其中致江鸥海鹤,孕雏产鷇,延漫林池。奇树异草,靡不具植。屋皆徘徊连属,重阁修廊,行之,移晷不能遍也。"②袁广汉园是迄今所知中国历史上最早的一个私家园林,从上文的描述来看,规模也不小,而且有相当宽阔的水面。

　　汉代以后,水景的营造成为园林营造中必不可少的项目。如西晋潘岳《闲居赋并序》中说:"爰定我居,筑室穿池。长杨映沼,芳枳树篱。游

①　杨坚点校:《淮南子》,长沙:岳麓书社 1988 年版,第 82 页。
②　〔晋〕葛洪集,成林、程章灿译注:《西京杂记全译》,第 3、100 页。

鳞瀺灂，菡萏敷披。竹木蓊蔼，灵果参差。"①或如西晋石崇《思归引序》所说："笃好林薮，遂肥遁于河阳别业。……流水周于舍下。有观阁池沼，多养鱼鸟。"②又，《南史·茹法亮传》中说，南朝齐代大司农茹法亮"广开宅宇，盛起土山，奇禽怪树，皆聚其中。……宅后为鱼池钓台、土山楼馆，长廊将一里，竹林花药之美，公家苑囿所不能及"③。

从以上文献的描述来看，自西周到魏晋南北朝时期，都有园林水景营造。唐代园林中的水景营造不过是此前一千多年园林水景营造的延续和发展。

唐代园林中的水体，包括流动的水溪、瀑布、井泉和静止的池沼。其中，最主要的是池沼。④ 从有关记载和描述来看，唐人对水池表现出特殊的爱好，引水为池是唐代造园的基本方法。从当时对于园林的一些称谓如"园池""池亭""池台""台沼""山池""水亭"等也可以看出，"池""池沼"在唐代园林中具有非常重要的景观价值。

隋唐时期的皇家园林，有很多是以丰富的水景和水法取胜的。如隋炀帝的西苑，园中湖面周长十余里，象征蓬莱、方丈、瀛洲的山景浮现于烟波浩渺之中，山上的台观楼阁依稀可辨。在唐代，以水为首要造景元素的最著名的皇家园林是长安的曲江苑。曲江苑既不是纯粹的自然风景区，也不同于其他人工雕琢痕迹比较明显的皇家园林。同时它的尺度非常大，有别于一般的私家园林。

与此相应，曲江苑的水体景观（曲江池）也独具特色。唐人欧阳詹曾在《曲江池记》中谈及曲江水面的特点，他说：

> 水不注川者，在薮泽则曰陂曰湖，在苑囿则为池为沼。苑之沼，囿

① 〔梁〕萧统编，海荣、秦克标校：《文选》，第107—109页。
② 〔梁〕萧统编，海荣、秦克标校：《文选》，第384页。
③ 〔唐〕李延寿撰，周国林、高华平、谭汉生校点：《南史》，长沙：岳麓书社1998年版，第1112—1113页。
④ 池即圆形的或岸线曲折的水池，也叫"曲池"。如卢照邻《宴梓州南亭得池字》："亭阁分危岫，楼台绕曲池。"见《全唐诗》（二），第528页。沼即方形的水池，也叫"方塘"。如李百药《安德山池宴集》："朝宰论思暇，高宴临方塘。"见《全唐诗》（二），第535页。

之池,力垦而成则多,天然而有则寡。兹池者,其天然欤? 循原北峙,
回冈旁转,圆环四匝,中成窅坎,寄窔港洞,生泉嚖源。东西三里而近,
南北三里而近。当天邑别卜,缭垣未绕,乃空山之汧,旷野之湫。①

文中说,野外自然积聚的水面,在水草丰茂的沼泽湖泊地带有的叫"陂",
有的叫"湖";园囿中开挖形成的水面,有的叫"池",有的叫"沼"。园囿中
的池沼多属人工开凿,很少是自然形成的。而曲江池虽属于园囿中的水
面,却好像是自然形成的。它顺着高地,环绕山岗,回环转折形成四道水
弯,其中有平缓的港湾,也有陡峭的驳岸,水波荡漾,仿佛能感觉到源泉
涌流不绝。水面空阔,东西南北各有三里之远,简直像是上天的巧妙安
排,如同深山里的河流滩涂,或是旷野中的湖泊水际。这说明曲江池虽
然属于人工营造的产物,却有着宛自天开的自然特点。

他又说:

> 夫物苟相表里,制必同象,泄夫外则廓以灵海,导夫内则融乎此
> 湫。历代帝王,未得而有。……字曰曲江,仪形也。观夫妙用在人,
> 丰功及物。

这意思是说,任何人工的造作,其形制都必须取法自然之物。曲江池的
形式将大海的神韵融汇于其中,正是体现了这种原则。这样的池沼,在
历代帝王的园囿中是没有的。它以"曲江"为名,是与它本身的自然曲折
的形态相符合的。这样的形态,既体现了营造者别出心裁的匠心,同时
也与天地造化万物同功。这说明,唐代在造园手法上,已经开始朝着因
地制宜、顺其自然的方向发展。

皇家园林之外,唐代的私家园林也有不少是以水景和水法取胜的。
如长安外郭城南面偏西的安化门内一带,就有很多带有水池的私家园
林。因为在这里,有清明渠(引自潏水)和永安渠(引自泬水)两条渠水从
安化门西侧穿城而入,从南向北贯穿全城(在城中西市附近与漕渠汇合,

---

① 本段与下一段之《曲江池记》引自〔清〕董诰等编《全唐文》(六),第 6033—6034 页。

其中永安渠流入城北的禁苑,清明渠流入皇城和宫城太极宫),故安化门内的富贵之家,大多引两渠之水入宅凿池,形成水景园。其中,门内西侧大安坊有西平郡王李晟的大安园,园中种植大片竹林,据说可以伏兵;大安坊北的大通坊有汾阳郡王郭子仪的山池院,引永安渠水为池,池连大通、大安两坊,水上可以泛舟,池边筑有大安亭。又如,王锳宅在太平坊,引清明渠为池,又在宅园内造"自雨亭子,从檐上飞流四注,当夏处之,凛若高秋"[1];王昕园在昭行坊,引永安渠为池,"弥亘顷亩,竹林环布,荷荇丛秀"[2];安禄山宅在宣义坊,引清明渠水为池,有池岛菰蒲竹鹤之胜。此外,长安城中除清明渠、永安渠之外,在龙首渠附近,也有引水为池的便利,如唐宪宗女儿岐阳公主在崇仁坊的宅园,就是引龙首渠为池。宁王李宪(睿宗长子、玄宗长兄)山池院,"引兴庆池水西流,疏凿屈曲连环,为九曲池。筑土为基,叠石为山,上植松柏,有落猿岩、栖龙岫,奇石异木、珍禽怪兽毕有。又有鹤洲、仝渚,殿宇相连。前列二亭,左沧浪,右临漪。王与宾客,宴饮、游弋钓其中。安禄山乱后,有人题诗曰:'数座假山侵殿宇,九池春水浸楼台,群花不识兴亡事,犹倚朱栏取次开'"[3]。

在唐代的私家园林水池中,贵族园林中的水面一般很大。如长安城西安乐公主的定昆池,《朝野佥载》卷三说她"夺百姓庄园,造定昆池四十九里,直抵南山,拟昆明池"[4]。洛阳道术坊魏王李泰家里的水池,"弥广数顷,号'魏王池',泰死,复立为道术坊,分给居人。神龙中并入道训坊,尽为长宁公主第"[5]。

除了城市园林中有大量营造水景的事例,唐代的郊野别墅也同样注重水景的营造。如杜佑《杜城郊居王处士凿山引泉记》中所描述的:

佑此庄,贞元中置。杜曲之右,朱陂之阳,路无崎岖,地复密迩,

---

① 〔唐〕封演:《封氏闻见记》,见陶敏主编《全唐五代笔记》(一),第 622 页。
② 《长安志》注,转引自杨鸿年《隋唐两京里坊谱》,第 195 页。
③ 〔元〕骆天骧撰,黄永年点校:《类编长安志》,第 84 页。
④ 〔唐〕张鷟撰,赵守俨点校:《朝野佥载》,第 70 页。
⑤ 〔清〕徐松辑,高敏点校:《河南志》,第 9 页。

开池水,积川流,其草树蒙茏,冈阜拥抱,在形胜信美,而跻攀莫由。爰有处士琅邪王易简……诚士林之逸人,衣冠之良士。佑景行仰止,邀屈再三,惠然肯来。披榛周览,因发叹曰:'懿兹佳景,未成具美,蒙泉可导,绝顶宜临,而面势小差,朝晡难审,庸费不广,日月非延。'……于是薙丛莽,呈修篁,级诘屈,步逶迤,竹迳窈窕,藤阴玲珑,胜概益佳,应接不足。登陟忘倦,达于高隅,若处烟霄,顿觉神王。终南之峻岭,青翠可掬;樊川之清流,逶迤如带。……开双洞于岩腹,当郁燠于生寒;交清泉于巘上,遭旱暵而涼注。止则澄澈,动则溅溅,宛如天然。莫辨所洩,悬布垂练,摇曳晴空,定东西之方隅,正子午之晷度,境象一变。宾侣咸惊,矧其流触湾环,曲池蘥沦,美景良辰,贤英迭臻,泛方舟而骋怀,听清商而怡神。[1]

这一段简直可以说是一个完整的园林设计方案。水景在此占有突出的位置,它不仅改变了园林的自然景象,而且营造出了富有诗情画意和音乐感的意境。

四、植物景观

据唐代的各种史书和诗文记载,唐代的园林中有大量花草树木,而且很多是从别处移栽的。如中唐宰相李德裕对花木非常喜好,他的平泉庄遍植嘉木异卉,名目繁多,其中很多都是从全国各地搜求而来的:"天下奇花异草,珍松怪石,靡不毕具。"[2]这在他的《平泉山居草木记》《思平泉树石杂咏》等诗文中都有具体记载。

唐代还有很发达的园艺,并且出现了靠种植花木(园艺)谋生的人。晚唐司空图的《与台丞书》中就曾提到一个住在"都邑之鄙"即都城郊外的"善艺卉木者"。这是一位老者,常带着花卉树木"鬻于都下",而且经营有道,说"鬻植之道,虽本于天时,亦且诊于人情",即根据购买者的喜

---

① 〔清〕董诰等编:《全唐文》(五),第 4878 页。
② 《李卫公会昌一品集·别集·外集·补遗》(四),第 232 页。

好、愿望和志向贩卖不同的花木,所以从来没有"曝滞之患"。①

唐代园林中的植物品种难以胜计。以长安和洛阳为例,主要有槐、柳、杨、杏、松、柏、榆、楮、杉、竹、桂、樱、桃、梨、枳、葡萄、石榴、芭蕉、莲花、兰花、白芷、菊花、牡丹、芍药、冬青、木槿、杜若、蜀葵、薜荔、女萝、莎草、菖蒲等。如长安宣平坊的顾况宅"嘉木垂阴,疏篁孕清"②,"唐裴明礼……缮甲第,周院置蜂房以营蜜,广栽蜀葵杂花果"③,等等。

在唐代园林种植的树木中,无论南北,竹子都是最流行且最受文人雅士喜爱的。如长安崇让坊有苏颋竹园,《河南志》引韦述《两京新记》说:"此坊出大竹及桃。"④崔玄亮在依仁坊的亭台,其中有竹有池,白居易有诗赞曰:"新昌七株松,依仁万茎竹。松前月台白,竹下风池绿。"⑤唐代文人的园林中多喜种竹。如王维的《辋川集·竹里馆》说:"独坐幽篁里,弹琴复长啸。深林人不知,明月来相照。"⑥竹里馆是王维辋川别墅的一景,以多竹为特点。竹林、明月,琴声、啸声,在此烘托出一个清冷、孤寂的意境。当时有关园林的称谓中有"水竹居"一说,可见竹与水是唐代园林设计,尤其是文人园林设计中一种常见的景物搭配。如杜甫《营屋》一诗中说:"我有阴江竹,能令朱夏寒。阴通积水内,高入浮云端。"⑦竹和水给人的第一感觉是凉爽。同时,竹与水,一为清,一为虚,与文人追求的"清虚""幽深"的审美境界尤为契合。这种审美境界,在魏晋时期曾有过大量论述。如王羲之《〈三月三日兰亭诗〉序》(或称《〈兰亭集〉序》)中说:"会稽山阴之兰亭……有崇山峻岭,茂林修竹,又有清流激湍,映带左右。"⑧

① 〔唐〕司空图著,祖保泉、陶礼天笺校:《司空表圣诗文集笺校》,合肥:安徽大学出版社 2002 年版,第 218 页。

② 〔唐〕刘太真:《顾著作宣平里赋诗序》,转引自杨鸿年《隋唐两京里坊谱》,第 177 页。

③ 陶敏主编:《全唐五代笔记》(一),第 92 页。

④ 〔清〕徐松辑,高敏点校:《河南志》,第 19 页。

⑤ 〔唐〕白居易:《闻崔十八宿予新昌弊宅,时予亦宿崔家依仁新亭,一宵偶同,两兴暗合,因而成咏,聊以写怀》,见顾学颉校点《白居易集》(二),第 494 页。

⑥ 〔唐〕王维著,曹中孚标点:《王维全集》,第 73 页。

⑦ 《全唐诗》(七),第 2328 页。

⑧ 〔清〕严可均辑,陈延嘉等校点:《全上古三代秦汉三国六朝文　四》,第 273 页。

又,谢灵运的东庄别墅(始宁别墅),"从北直南,悉是竹园",其《山居赋有序并自注》对竹林景象和竹子的种类及特点都有很多描写,如:"竹缘浦以被绿,石照涧而映红。……水竹,依水生,甚细密,吴中以为宅援。石竹,本科丛大,以充屋檐。巨者竿挺之属,细者无箐之流也。修竦、便娟、萧森、翁蔚,皆竹貌也。"①

唐代文人的诗文中,有关竹子的描写很多。如:

> 野客思茅宇,山人爱竹林。琴尊唯待处,风月自相寻。(王勃《赠李十四四首》之一)②

> 竹似贤,何哉? 竹本固,固以树德;君子见其本,则思善建不拔者。竹性直,直以立身;君子见其性,则思中立不倚者。竹心空,空似体道;君子见其心,则思应用虚者。竹节贞,贞以立志;君子见其节,则思砥砺名行夷险一致者。夫如是,故君子人多树之,为庭实焉。……于是日出有清阴,风来有清声。依依然,欣欣然,若有情于感遇也。(白居易《养竹记》)③

在唐代文人的笔下,竹子不但是园林中的植物,而且是士人、君子的人格象征或涵养其内在人格与精神的手段。

除了树木,唐代园林中的花卉也是很多的。唐代园林中种植的花卉,以牡丹、芍药、荷花为最盛。其中,牡丹堪称唐代的国花。康骈《剧谈录》卷下谓:"京国花卉之最,尤以牡丹为上。至于佛宇道观,禁之不止。游览者罕不经历。慈恩浴室院有花两丛,每开及五六百朵,繁艳芬馥,近少比伦。"④长安之外,洛阳也有很多观赏牡丹的去处,如洛阳安国寺的牡丹,名满洛阳。又如洛阳宣风坊内的牡丹在中唐以后即为东都一胜景,尊贤坊田弘宅"中门外有紫牡丹成树,发花千余朵"⑤。刘禹锡《赏牡丹》

① 〔南朝宋〕谢灵运著,曹明纲标点:《谢灵运集》,上海:上海古籍出版社1998年版,第46—49页。
② 《全唐诗》(三),第682页。
③ 〔清〕董诰等编:《全唐文》(七),第6901页。
④ 陶敏主编:《全唐五代笔记》(三),第2510页。
⑤ 〔清〕徐松辑,高敏点校:《河南志》,第16页。

诗赞云:"庭前芍药妖无格,池上芙蕖净少情。唯有牡丹真国色,花开时节动京城。"①

第三节　唐代文人园的环境审美观

唐代的私家园林,若按经济投入、营建规模和审美趣味来划分,则可以分为贵族园林和文人园林两大类型。文人园林也称为"士人园林",即文人士大夫所建的园林。早在汉代,就有文人士大夫营造别业宅园的记载。到魏晋南北朝时期,文人士大夫营造私家园林的活动已经相当普遍。而到了唐代,则可以说是开始走向鼎盛。这一方面与文人生活条件的改善有着密切的关系,即唐代科举取士制度的实行,进一步提高了文人的社会、经济地位,为其造园活动提供了相对充裕的物质条件;另一方面与整个唐代社会比较耽于享乐、比较感性的生活取向和文人普遍沉迷于佛道思想的精神状态有着密切的关系。这种生活取向和精神状态不仅丰富了园林的生活内涵,使之体现出更为考究的景观布置;也丰富了园林的精神内涵,使其成为寄寓内心思想情感的一种手段。

一、文人造园的兴起及动机

在唐代,园林业已构成文人生活的一个重要组成部分,大多数文人都有自己的宅园或别墅(当时称为"别业"),如长安城外南郊杜曲有杜佑的瓜洲别业(后为杜佑之孙杜牧所继承,改称樊川别业)、牛僧孺的郊居、岑参的杜陵别业、高冠草堂、石鳖谷,韦曲有郑虔的郑谷庄、韩愈的韩氏庄,终南山有王维的终南别业(辋川别业)、岑参的双峰草堂、储光羲的终南幽居、钱起的终南别业;洛阳有李德裕的伊阙山平泉庄、令狐楚的平泉东庄、王龟的龙门西谷松斋;嵩山有岑参的少室草堂、卢鸿

---

① 〔唐〕刘禹锡撰,卞孝萱校订:《刘禹锡集》(下),第 335 页。

一的嵩山草堂;陆浑山有宋之问的陆浑山庄、岑参的陆浑别业、祖咏的陆浑水亭;庐山有白居易的遗爱草堂;中条山有司空图的王官谷山庄、王龟的郎君谷草堂;阳羡山有刘长卿的阳羡别业;王屋山有胡象的王屋别业、岑参的王屋青萝居;灞水有刘长卿的灞上别业、王昌龄的灞上闲居;沣水有韦应物的沣上幽居;汝水有祖咏的汝坟别业;淇水有高适的淇上别业;汉水有孟浩然的涧南园;浙江苕溪有皎然的苕溪草堂;江苏震泽有陆龟蒙的震泽别业;等等。

　　唐代文人之所以如此热衷于建造园林,首要的动机是休闲。对于担任一定官职的文人来说,园林首先是工作之外休养身心或舒缓其身心紧张的休闲场所。唐代实行的官员休沐制度,也在客观上为文人建造或观赏园林提供了时间上的便利。如诗人储光羲《同张侍御鼎和京兆萧兵曹华岁晚南园》云:

　　　　公府传休沐,私庭效陆沉。方知从大隐,非复在幽林。阙下忠贞志,人间孝友心。既将冠盖雅,仍与薜萝深。寒变中园柳,春归上苑禽。池涵青草色,山带白云阴。潘岳闲居赋,钟期流水琴。一经当自足,何用遗黄金。①

　　除了一般的休闲,唐代文人建造园林的动机也包括退休或养老的考虑。这可以晚唐诗人司空图在中条山王官谷的园林为例。这座园林,实际上是一个带有私人田产的山间庄园。宋人钱易《南部新书》卷辛说:"司空图侍郎旧隐三峰[即华山莲花、毛女、松桧三座山峰,此处代指华山——引注],天祐末移居中条山王官谷,周回十余里,泉石之美,冠于一山。北岩之上有瀑泉流注谷中,灌溉良田数十顷。至今子孙犹存,为司空之庄耳。"②另据司空图《山居记》记载,王官谷周围有五峰,谷中有溪有瀑,草木丰茂,是难得的"涤烦清赏之境"。其园为先人所居,后为佛寺,毁于"会昌法难",他于光启三年(887年)在佛寺的原址上修建了三诏堂

---

① 《全唐诗》(四),第 1415—1416 页。
② 〔宋〕钱易撰,尚成校点:《南部新书》,第 70 页。

(取东汉隐士"三诏不起"的典故,有不愿同流合污的意思)和九龠室(九龠即九籥,本义指道家藏经书的器具,此处借指藏书室),堂室之内图绘唐朝开国以来志行高洁的文人形象以"耸激",又修建了各有"所警"的证因亭、拟纶亭、修史亭、濯缨亭、览昭(照)亭、莹心亭等六个亭子。其中,证因亭建在园的西北隅,中刻大悲观音像;拟纶亭建在证因亭的右侧;修史亭建在拟纶亭的左侧;濯缨亭建在园的西南隅;览昭(照)亭建在园的"上方"即地势最高的地方;莹心亭建在靠近瀑布的地方。[①] 大约在该园建成后不久,司空图就因躲避黄巢之乱而流寓他乡,十多年后才回去。这时园墙已损坏,濯缨亭为乱军所焚,不复存在,他重新修葺,更名为休休亭,并作《休休亭记》表达不复出仕、彻底归隐的想法,说:"休休也,美也,既休而具美在焉。……量其材,一宜休也;揣其分,二宜休也;且耄而聩,三宜休也。而又少而惰,长而率,老而迂,是三者,皆非救时之用,又宜休也。"[②]司空图所说之"休",固然有退隐的意思,但也包括退休、养老的考虑在内。

　　唐代文人热衷于建造园林的更深层动机是隐逸。隐逸是中国文人的传统,它是一种生活状态,也是一种精神状态,有"大隐""中隐""小隐"之分。对于现实、感性和有浓厚生活热情的唐代文人来说,他们最向往的是介于庙堂与江湖、入世与出世之间的"中隐"或"吏隐"。最能表达和体现这种生活和精神要求的,就是既建筑于尘世之中又与尘世生活相对隔离开来的园林。特别是中晚唐,以李德裕、裴度、白居易、杜牧、司空图等为代表的许多文人都醉心于园林的构建,以此作为远离政治旋涡的避风港。

　　隐逸是唐代文人造园的基本动机和文人园林的思想主题,这可以从许多描写园林的唐人诗歌和文章中看出来。如李峤的《和同府李祭酒休沐田居》:

---

① 〔清〕董诰等编:《全唐文》(九),第 8490 页。
② 〔清〕董诰等编:《全唐文》(九),第 8489—8490 页。

列位簪缨序,隐居林野蹰。徇物爽全直,栖真昧均俗。若人兼吏隐,率性夷荣辱。地藉朱邸基,家在青山足。暂弭西园盖,言事东皋粟。筑室俯涧滨,开扉面岩曲。庭幽引夕雾,檐迥通晨旭。迎秋谷黍黄,含露园葵绿。胜情狎兰杜,雅韵锵金玉。伊我怀丘园,愿心从所欲。①

另,吴融《赠方干处士歌》也说:"不识朝,不识市,旷逍遥,闲徙倚。一杯酒,无万事,一叶舟,无千里。衣裳白云,坐卧流水。霜落风高忽相忆,惠然见过留一夕。一夕听吟十数篇,水榭林萝为岑寂。拂旦舍我亦不辞,携筇径去随所适。随所适,无处觅。云半片,鹤一只。"在这首诗中,吴融对著名诗人、隐士方干简单而充实的生活作了不遗余力的赞美,而其赞美的主题就是逍遥自适的生活情态。

这一类高唱隐逸之乐的诗歌或文章,在唐代可以说是俯拾即是。如王勃的《秋日宴季处士宅序》说:

若夫争名于朝廷者,则冠盖相趋;遁迹于邱园者,则林泉见托。虽语默非一,物我不同,而逍遥皆得性之场,动息匪自然之地。故有季处士者,远辞濠上,来游境中,披白云以开筵,俯青溪而命酌。昔时西北,则我地之琳琅;今日东南,乃他乡之竹箭。又此夜乘槎之客,犹对仙家;坐菊之宾,尚临清赏。既而依稀旧识,欢吴郑之班荆;乐莫新交,申孔程之倾盖;向时朱夏,俄涉素秋。金风生而景物清,白露下而光阴晚。庭前柳叶,才听蝉鸣;野外芦花,行看鸥上;数人之内,几度琴樽? 百年之中,少时风月。兰亭有昔时之会,竹林无今日之欢。丈夫不纵志于生平,何屈节于名利? 人之情矣,岂曰不然?②

在这篇文章中,王勃对文人建造园林的动机交代得很清楚,那就是遁迹

---

① 《全唐诗》(三),第 686 页。
② 〔清〕董诰等编:《全唐文》(二),第 1843 页。

丘园,以缓解世俗或仕途的压力,消除名利带来的烦恼和苦闷,借此获得精神上的自由和人格上的完满自足。

又如元结在《述居》一文中说:

> 天宝庚寅,元子得商余之山。山东有谷,曰余中谷。东有山曰少余山。谷中有田,可耕艺者三数夫(一夫百亩),有泉停浸,可畦稻者数十亩。泉东南合肥溪,溪源在少余山下。溪流出谷,与漺水合汇于淯。将成所居。故人李才闻而来会……乃相与占山泉,辟榛莽,依山腹,近泉源,始为亭庑,始作堂宇,因而习静,适自休闲。夫人生于世,如行长道,所行有极,而道无穷,奔走不停,夫然何适?予当乘时和,望年丰,耕艺山田,兼备药石,与兄弟承欢于膝下,与朋友和乐于琴酒,寥然顺命,不为物累,亦自得之。①

元结生活在安史之乱前后,此时正是唐帝国盛极而衰的开始。这篇文章写于他32岁时。在这篇文章中,他先是描述其父辈生活过的商余山(今属河南平顶山市鲁山县)的美景,继而感叹人生的短暂,最后表达"耕艺山田"即隐居山野以度余生的想法。

最后,与休闲和隐逸密切相关,同时又与文人身份、修养相匹配的是雅集。对于唐代文人来说,园林是包括修道、习禅、纳凉、疗疾、观鸟、赏花、读书、会友、饮酒、品茗、弈棋、抚琴、吟诗、作赋、泛舟、垂钓等活动在内的生活、休憩场所。他们的园居生活,包括他们从园林中感受到的快乐,不只有孤身独处时的生活和快乐,也有与人共处的生活和快乐。与人共处,在文人而言,最快乐的就是以诗酒唱和、交流情感为主题的雅集(有时也称为"宴集")。这种雅集源于魏晋时期,著名的如西晋石崇的金谷园雅集和东晋王羲之的兰亭雅集,在历史上都有很大、很深远的影响。在唐代,由于诗歌的发展,加上文人爱酒的风气,在园林中举行雅集更成了一种普遍的风尚,褚遂良、许敬宗、上官仪、张九龄、宋之问、李峤、陈子

---

① 〔清〕董诰等编:《全唐文》(四),第3896页。

昂、张说、卢藏用、沈佺期、白居易、元稹、刘禹锡、崔玄亮、李德裕、裴度、令狐楚等著名文人,都曾频繁地参与这种活动。这种风尚,也可以说间接地推动了唐代文人园林的发展。

唐代的一些著名文人园林,实际上既是个人逃离纷争、隐居避祸的空间,也是文人之间诗酒唱和、以文会友的"私人会所"。如中唐宰相裴度的园林。裴度的园林有两处,一是建在洛阳城内的集贤园(或集贤里宅),一是建在洛阳城外的午桥庄(或午桥别业)。集贤园是一个水景园。园中有池,名为平津池;池中有岛,名为百花洲;又有水榭、风亭、楼阁、桥梁、假山、竹树等,环境幽深清雅。这个宅园在宋代也称为"湖园",宋代李格非在《洛阳名园记·湖园》中说:"洛人云:'园圃之胜,不能相兼者六,务宏大者少幽邃,人力胜者少苍古,多水泉者艰眺望。兼此六者,惟湖园而已。'"[1]据李格非的说法,湖园是唐代洛阳在空间规划和景物设计上最好的园林之一。午桥庄建在洛阳定鼎门外二里的甘泉渠午桥附近,[2]以花木繁盛、气候凉爽见长。它引甘泉渠水分灌园中,人工栽种花木万株,包括裴度亲手种植的上百株文杏。园内最著名的建筑是一座用于歇凉避暑的亭阁,名叫绿野堂,还有裴度亲自修筑的、用于赏花的碎锦坊和可以牧羊的小儿坂,以及在他生前尚未完工的松云岭和软碧池等景观。白居易曾有《奉和裴令公新成午桥庄绿野堂即事》一诗,对该园的整体环境进行了描述:

> 旧径开桃李,新池凿凤凰。只添丞相阁,不改午桥庄。远处尘埃少,闲中日月长。青山为外屏,绿野是前堂。引水多随势,栽松不趁行。年花玩风景,春事看农桑。花妒谢家妓,兰偷荀令香。游丝飘酒席,瀑布溅琴床。巢许终身隐,萧曹到老忙。千年落公便,进退处中央。[3]

---

① 傅璇琮等主编:《全宋笔记(第三编　一)》,第 171 页。
② 甘泉渠是连通伊水和洛水的人工水道。午桥,也称为通仙桥。
③ 顾学颉校点:《白居易集》(二),第 736 页。

据《旧唐书》说,裴度建造这两处园林,是由于"中官用事,衣冠道丧。度以年及悬舆,王纲版荡,不复以出处为意。东都立第于集贤里,筑山穿池,竹木丛萃,有风亭水榭,梯桥架阁,岛屿回环,极都城之胜概。又于午桥创别墅,花木万株,中起凉台暑馆,名曰绿野堂。引甘水贯其中,酾引脉分,映带左右。度视事之隙,与诗人白居易、刘禹锡酣宴终日,高歌放言,以诗酒琴书自乐,当时名士,皆从之游"①。又,《新唐书》也记载:"时阉竖擅威,天子拥虚器,搢绅道丧,度不复有经济意,乃治第东都集贤里,沼石林丛,岑缭幽胜。午桥作别墅,具燠馆凉台,号绿野堂,激波其下。度野服萧散,与白居易、刘禹锡为文章、把酒,穷昼夜相欢,不问人间事。"②

二、文人园的环境意象——"壶中境界"

在唐代的造园史上,有两种不同的价值取向。一是偏重人工,追求广大、崇高、壮丽之美;一是偏重自然,追求清新自然、曲折幽深之美。相对而言,文人,尤其是唐代后期的文人更倾向于后者。

唐代园林的这两种不同的思想或价值取向,分别来源于不同的传统。务宏大壮美者,主要继承的是秦汉以来的以神仙信仰和皇权政治为基础的皇家园囿设计传统;务清新自然、曲折幽深之美者,则主要继承的是西汉以来以道家思想和隐逸风尚为基础的私家园林(尤其是文人园林)设计传统。在环境构成——包括园林布局、景观构成和意境表现上,前者突出的是"神仙海岛"的结构模式,后者突出的是"壶中境界"的造园意象。

我们可以在唐代文人有关园林的一些诗文中看到,他们经常提到"子云居""习家池""仲长园""诸葛庐""季伦园""逸少亭""元亮宅""桃源""庾信小园"之类的名称。这些名称有的是指唐以前的私人住宅或园

---

① 〔五代〕刘昫等撰,陈焕良、文华点校:《旧唐书》(四),第2792页。
② 〔宋〕欧阳修、宋祁撰,陈焕良、文华点校:《新唐书》(四),第3253页。

林,有的则是指唐以前文人所描写的理想生活环境,如:

> 路通元亮宅,门对子云居。(牟融《题朱庆馀闲居四首》之三)①
>
> 南阳诸葛庐,西蜀子云亭。(刘禹锡《陋室铭》)②
>
> 此时高宴所,讵减习家池。(陈子昂《晦日宴高氏林亭》)③
>
> 季伦园里,逸少亭前。(高球《三月三日宴王明府山亭》)④
>
> 风烟彭泽里,山水仲长园。(卢照邻《三月曲水宴得尊字》)⑤
>
> 寂寂孤莺啼杏园,寥寥一犬吠桃源。(刘长卿《过郑山人所居》)⑥
>
> 却寻庾信小园中,闲对数竿心自足。(张南史《竹》)⑦

“子云居”指的是西汉哲学家、文学家扬雄的住宅,以简陋而富有诗书为特点;“习家池”是东汉初年襄阳侯习郁在襄阳南郊修筑的别墅,以风景洵美取胜;“仲长园”是东汉末年名士仲长统《乐志论》中所描写的田园生活理想;“诸葛庐”是三国时期蜀国丞相诸葛亮出仕之前隐居隆中的草堂;“季伦园”是西晋富豪、文学家石崇修筑于洛阳郊外的别墅(金谷园);“逸少亭”是东晋书法家王羲之位于绍兴兰渚山下的园林——兰亭;“元亮宅”是陶渊明隐居浔阳柴桑的田园村舍;“桃源”是陶渊明《桃花源记》中所描写的理想社会(桃花源);“庾信小园”是南北朝时期文学家庾信《小园赋》中所描写的私家园林。这些名称所指代的园林无论是实有还是虚构,在唐代文人的心目中都是一种理想的生活处所。其中,除了“习家池”和“季伦园”规模较大且建筑相对奢华,其他都具有自然、简朴(甚至简陋)的特点。不过,唐代文人看重“习家池”的,不是它的规模和建筑,而是它背山(白马山)临水(汉水)、可以登临远眺的自然环境,以及可

---

① 《全唐诗》(十四),第 5318 页。
② 〔唐〕刘禹锡撰,卞孝萱校订:《刘禹锡集》(下),第 628 页。
③ 《全唐诗》(三),第 910 页。
④ 《全唐诗》(三),第 787 页。
⑤ 《全唐诗》(二),第 514 页。
⑥ 《全唐诗》(五),第 1558 页。
⑦ 《全唐诗》(九),第 3361 页。

以观鱼赏荷的悠闲和临风把盏的放达（习家池也叫高阳池馆，因西晋时"竹林七贤"中的山涛之子、人称"高阳酒徒"的镇南将军山简在此宴饮醉酒而得名）。同样，唐代文人之所以推崇"季伦园"，也不在于它的建筑和设施有多么奢华，而在于它曾经是许多文人雅集和诗酒唱和的场所。金谷园的主人石崇虽然是一个骄奢淫逸的权贵和富豪，但也是一个享有盛名的文学家，著有《思归叹》《思归吟》《琵琶引序》《金谷诗序》《王明君辞》等文学名篇，且经常与潘岳、刘琨、左思、陆机、陆云、挚虞、欧阳建等著名文人一起在园中谈论诗文、吟诗作赋，号称"金谷二十四友"。而且，相对来说，"习家池"和"季伦园"这两处园林，一般很少用来比喻唐代的文人园林。"习家池"多见于隐居襄阳的文人如孟浩然、皮日休等人的笔下，主要描写它的风光和掌故，"季伦园"多见于唐代前期有关贵族或宠臣家园林集会的描写，如《全唐诗》中收录的一些描写初唐高正臣洛阳园林（即高氏林亭）宴会的诗。

在唐代文人的诗文中，出现更多的是"子云居""仲长园""诸葛庐""逸少亭""元亮宅""桃源""庾信小园"这样一些名称。这些名称实际上代表了唐代文人一种普遍的、远离城市和世俗、回归自然和本性的人居理想。

这种理想，常被称为"壶中境界"（简称"壶中"），也叫作"壶天境界""壶中仙境""壶中天地""壶中日月""壶中乾坤"等，本来指的是道教中的仙境，出自有关道教人物壶公的传说。壶公传说有两种不同的说法。一说他是《后汉书》中的东汉方士费长房。该书记载："费长房者，汝南人也。曾为市掾。市中有老翁卖药，悬一壶［葫芦——引注］于肆头，及市罢，辄跳入壶中。市人莫之见，唯长房于楼上睹之，异焉，因往再拜奉酒脯。翁知长房之意其神也。谓之曰：'子可明日来。'长房旦日复诣翁，翁乃与俱入壶中。唯见玉堂严丽，旨酒有肴，盈衍其中，共饮毕而出。"[1]二说他是春秋时的孔子弟子施存。《云笈七签·二十四治·云台山治》中

① 〔宋〕范晔、〔晋〕司马彪撰，陈焕良、李传书标点：《后汉书》（下），长沙：岳麓书社1994年版，第1197页。

说:"施存,鲁人。夫子弟子,学大丹之道……常悬一壶如五升器大,变化为天地,中有日月,如世间,夜宿其内,自号'壶天',人谓曰'壶公'。"①这两种说法中的"壶公"是两个不同时期的人,但它们所构想的仙境则基本上是一样的,即都是一个表面空间很小而内涵空间无限且独立自足、自由自在、充满神奇变化的虚拟世界。这样的世界,虽出于道教中人的虚构,但其所具有的超世间的空间特点,正好投合了文人出离世俗、遁迹山林、寻求精神自由的想法。因此,"壶中境界"便逐渐转变为一种对现实生活环境的精神诉求,如庾信《小园赋》中说:"若夫一枝之上,巢父得安巢之所;一壶之中,壶公有容身之地。"②

壶公传说在魏晋南北朝时期即已流行开来,并被用来形容文人隐士的居住环境。到唐代,有关壶公的传说和信仰也很普遍,如杜甫《寄司马山人十二韵》中说:"家家迎蓟子,处处识壶公。"③"壶中"一词也多用来指称文人的住宅、园林或隐居之所。如陈子昂《感遇诗三十八首》之五:"曷见玄真子,观世玉壶中。窅然遗天地,乘化入无穷。"④李白《下途归石门旧居》:"余尝学道穷冥筌,梦中往往游仙山。何当脱屣谢时去,壶中别有日月天。"⑤元稹《幽栖》:"野人自爱幽栖所,近对长松远是山。……壶中天地乾坤外,梦里身名旦暮间。"⑥陆龟蒙《和袭美江南道中怀茅山广文南阳博士三首次韵》:"壶中行坐可携天,何况林间息万缘。"⑦

就文人园林或文人的人居环境理想来说,"壶中境界"包括形式与表现两个方面:从形式构成上说,它注重以小见大、以少胜多、以俭为饰、以拙为巧、以无为有,即强调以最简单、最经济的办法和手段表现出最丰富

---

① 汤一介主编:《道学精华》(下),北京:北京出版社1996年版,第1879—1880页。
② 〔清〕严可均辑,陈延嘉等校点:《全上古三代秦汉三国六朝文 九》,第183页。
③ 《全唐诗》(七),第2481页。按:蓟子,即蓟子训,汉末名士,相传其身怀异术,为道教仙人铁拐李弟子。
④ 〔唐〕陈子昂撰,徐鹏校点:《陈子昂集(修订本)》,第4页。
⑤ 〔唐〕李白撰,杨镰校点:《李太白集》(二),第196页。
⑥ 〔唐〕元稹撰,冀勤点校:《元稹集》(上),第181页。
⑦ 《全唐诗》(十八),第7174页。

的生活意趣以及宇宙空间（此谓"壶中"）；从内容表现上说，它注重以园为寄、以园为乐，即强调"意"——包括以文人的生活态度（超功利）、生活情调（闲适）、生活追求（自由）为基础的画意和诗意等等的表现。这个"意"，是与文人所追求的"道"相关的。它的表现，一方面是突出园林与世俗社会的分隔而强调园林与外部自然（宇宙之道）的联系，所以有画意；另一方面是突出园林与个人物质生活的分隔而强调园林与个人精神生活（心灵之道）的联系，所以有诗意（此谓"境界"）。

"壶中境界"，包括唐代文人向往的"子云居""仲长园""诸葛庐""逸少亭""元亮宅""桃源""庾信小园"等，虽然看起来像是一种乌托邦式的幻想，但它所代表的思想，即不再幻想肉体上的长生不老，而是追求自然淳朴的现世生活，却反映了中国古代环境美学思想的一个重大突破，即它彻底打破了"神仙海岛"模式对中国环境艺术设计构思的束缚，让环境艺术设计获得了更大的自由想象的空间。而在这种思想影响下的唐代文人园林（别业园和山池院），也因此在承前启后的历史进程中为中国传统园林开辟了一种全新的境界和气象。具体来说，就是在园林环境营造上，不再局限于千篇一律的"神仙海岛"模式，而可以因地制宜地自由创造；在园林景观构成上，不局限于人工的建筑和设施，而可以采用借景、对景、分景、隔景、倒景、点景等多种人工痕迹很少的手法；在建筑环境的处理上，可以不择场地、不限题材、不计较尺度大小、不在乎材料精粗和工艺繁简（在唐代，文人园林也称为"幽居""隐居""山亭""茅斋""小园"等，即是明证），做到以小尺度、低成本达到最大的感受和体验效果。

唐代文人继承了魏晋以来对自然之美的热爱，认识到了园林与自然环境的亲密关系。同时，唐代文人诗歌和绘画的大发展，也为唐代文人园林的发展提供了丰富的艺术灵感。唐代文人园林强调移山缩地、以小为贵、以俭（耗费小）为饰、不避简陋、以地偏为胜，同时强调小中见大、以少胜多，所有这些，都成为此后中国园林环境审美的基本原则，并为后世所继承和发展。

三、文人园的环境设计思想

园林是有钱有闲者的事业。建造园林,必须拥有土地资源,并且具备一定经济条件。一般来说,园林越大,耗费的资源和财力也就越多。唐代皇家园林的规模多在一平方公里以上,许多权贵豪宅和大型皇家寺观均占有相当的土地面积。而一般文人通常没有这样的条件。再加上社会的变化和文人政治地位的不稳固等原因,所以文人园林在设计思想、建设风格和审美旨趣上,总的来说都与贵族园林、皇家园林有很大区别。

唐代文人园的总体倾向是崇尚清静、自然、朴素、野逸,更重视宜居、安居和乐居的理念,强调清静、闲适、优雅的意境,重视画的景象和诗的意趣,强调以园为寄(类似于文人画的以画为寄)。在唐代文人看来,园林不是用来炫耀的,而是用来安顿身心的。

我们在这里所说的"文人园林",既是对园主身份的界定,更是对园林表现出来的精神旨趣或价值取向的界定。唐代文人园林的精神旨趣或价值取向,主要表现在以下几个方面:

1. 以小为贵,小中见大。"小"是文人园林一个非常直观的特点,它与皇家园林、官府园林、宗教园林和贵族园林的"大"形成鲜明的对照。"小"在这里指的是园林的空间尺度或物理尺度小,包括占地面积小、建筑体量小、人工景物(如水池、假山等)规模小等。

尚"小"在唐以前的文人园林中是有传统的。最早提到"小园"的是南北朝时期的诗人庾信,他在《小园赋》中说:

> 夫一枝之上,巢父得安巢之所;一壶之中,壶公有容身之地。况乎管宁藜床,虽穿而可坐;嵇康锻灶,既暖而堪眠。岂必连闼洞房,南阳樊重之第;绿墀青锁,西汉王根之宅。余有数亩敝庐,寂寞人外,聊以拟伏腊,聊以避风霜。虽复晏婴近市,不求朝夕之利;潘岳面城,且适闲居之乐。况乃黄鹤戒露,非有意于轮轩;爱居避风,本

无情于钟鼓。陆机则兄弟同居,韩康则舅甥不别,蜗角蚁睫,又足相容者也。

......

一寸二寸之鱼,三竿两竿之竹。云气荫于丛著,金精养于秋菊。枣酸梨酢,桃榹李薁。落叶半床,狂花满屋。名为野人之家,是谓愚公之谷。试偃息于茂林,乃久羡于抽簪。虽有门而长闭,实无水而恒沉。三春负锄相识,五月披裘见寻。问葛洪之药性,访京房之卜林。草无忘忧之意,花无长乐之心。鸟何事而逐酒,鱼何情而听琴。[1]

文人园林尚"小",有客观的原因,也有主观的原因。从客观上说,主要是经济问题,即没有可用于建造园林的充足的物质条件,包括私有的土地和资金。从主观上说,则主要与文人偏重精神享受和心理满足的人生态度有关。如庾信《小园赋》所说,园虽然小一点,但不妨碍居住、生活(容身),而且能够躲避自然的风霜和世俗的累赘,以闲适的心态更充分地感受到劳作和休息(炼药、占卜、饮酒、弹琴等)的生活乐趣。

这种以小为贵的思想在唐代文人中得到了响应。钱起《尺波赋》中说:"谓小为贵也。"[2]独孤及《琅琊溪述》也说:"知足造适,境不在大。"[3]到中唐时,由于社会的变乱和民生的凋敝,这种思想在文人圈子中逐渐成为一种主流。最能代表这种思想主张的人物是白居易,他在《自题小园》中说:

不斗门馆华,不斗林园大。但斗为主人,一坐十余载。回看甲乙第,列在都城内。素垣夹朱门,蔼蔼遥相对。主人安在哉,富贵去不回。池乃为鱼凿,林乃为禽栽。何如小园主,拄杖闲即来。亲宾

---

[1]〔清〕严可均辑,陈延嘉等校点:《全上古三代秦汉三国六朝文 九》,第183页。
[2]〔清〕董诰等编:《全唐文》(四),第3855页。
[3]〔清〕董诰等编:《全唐文》(四),第3961页。

有时会,琴酒连夜开。以此聊自足,不羡大池台。①

又,其《重戏答》中说:

> 小水低亭自可亲,大池高馆不关身。林园莫妒裴家好,憎故怜新岂是人?②

白居易认为,园大不见得好,也不值得羡慕。园林的价值,取决于园林主人是否能在实际生活中和心理感受上现实地拥有它。园大者多为富贵之家,富贵之家由于穷奢极欲而往往不能长久,所以反不如知足常乐的小园主人,能够既在生活中又在精神上现实地占有一座园林,并充分地享受到园居生活的快乐。

到晚唐时,社会日渐衰微,文人追求和爱好的东西也变得越来越小巧,并将这些小巧的东西放到诗中反复地加以表现。其中,即包括对园林和园林中各种小的事物或景物的描绘。如郑谷《七祖院小山》中描写的一座小巧玲珑的假山:"小巧功成雨藓斑,轩车日日扣松关。峨嵋咫尺无人去,却向僧窗看假山。"③又如方干《于秀才小池》中描写的一个妙趣横生的小池:"一泓潋滟复澄明,半日功夫剧小庭。占地未过四五尺,浸天唯入两三星。鸂舟草际浮霜叶,渔火沙边驻小萤。才见规模识方寸,知君立意象沧溟。"④

如上所述,唐代文人园林的"小",在形式上是指园林的占地面积小和其中的景物(如建筑、假山、水池等)体量、规模小。但它在主观感受或造园意趣上并不小。非但不小,在唐代文人看来,它还是"大"甚至无穷大。这种主观感受和造园要求,正是唐代文人所称"壶中境界"的基本要义,在造园手法上通称为"小中见大"或"以小见大"。

唐代文人园林中的这种"小中见大",即园虽小而韵味无穷的效果,

---

① 顾学颉校点:《白居易集》(三),第818页。
② 顾学颉校点:《白居易集》(二),第722页。
③ 《全唐诗》(二十),第7732页。
④ 《全唐诗》(十九),第7479页。

主要得力于两种造园手法——"幽深"和"借景"。"幽深"是通过丰富园林内部的构成元素（主要是自然元素）和空间层次，让人产生幽静、深远的感觉，或者说是用连续曲折、富于开阖变化的一系列空间，使人们产生无穷无尽、应接不暇的感觉；"借景"是指能从尺度较小的园林中看到尺度很大甚至无穷大的自然环境。从借景方面来说，"小中见大"，就是让自然连贯的园林空间结构与自然环境产生某种连贯性，将自然环境纳入园林空间或者将园林空间延伸到自然环境中去，借用大自然的宏伟尺度和丰富变化将园林空间（在视觉和心理感受上）无限地拓展开去。

其中，借景是文人园林最常用的造园手法。在唐代文人园林中，借景有不同的方式，特别是在别业园中，主要是远借，也就是为四周的远景创造一个比较好的观赏角度，如设计门窗的朝向，控制围墙的高度，设置观景的亭子、回廊和平台等，以此来扩大和丰富对园林空间的审美感受。还有其他借景方式，如镜借。唐代文人园林中经常有一种构筑物即小池，也具有借景的功能。如初唐许敬宗家的小池，唐太宗李世民在《小池赋并序》中说：

> 许敬宗家有小池，作赋赐之。
>
> 若夫素秋开律，碧沼凝光，引泾渭之余润，萦咫尺之方塘。竹分丛而合响，草异色而同芳。徘徊踯躅，淹留自足。叠风纹兮连复连，折回流兮曲复曲。映垂兰而转翠，翻轻苔而动绿，牵狭镜兮数寻，泛芥舟而已沉。涌菱花于岸腹，擘莲影于波心。灭微涓而顿浅，足一滴而还深。于时景落池滨，雾暗疏筠，舒卷澄霞彩，高低碎月轮。露宿鸟之全翮，隐游鱼之半麟。岸随年而或故，流与日而终新。虽有惭于溟渤，亦足莹乎心神。[1]

在李世民的描述中，许敬宗家的小池面积不大，但水面周围的景物和水面倒映的景物非常多，而且其水从外引入，也可让人产生辽远无尽的感觉。这种感觉或造园方法，正如清人黄图珌所说："凿土为池，引源头活水，不觉

---

[1] 〔清〕董诰等编：《全唐文》（一），第48页。

溶漾纡回,一清到底。其天光云影,禽舞花飞,以及炎寒之升降、景物之盈虚,莫不熙熙然咸会于一镜之中,以供清鉴也。"①小池是唐代文人园林中最常见的造景元素,也是最能反映其"壶中境界"的一种构筑物。

2. 以简为贵,以俭为饰。从有关记载来看,唐代文人园林中亦不乏奢侈崇丽者,如崔宽"有别墅在皇城之南,池馆台榭,当时第一"②;元载在"城中开南北二甲第,室宇宏丽,冠绝当时。又于近郊起亭榭,所至之处,帷帐什器,皆如宿设,储不改供"③。但在唐代文人中,比较普遍的想法是反对以"丽"作为造园标准,如张九龄《林亭咏》中说:"穿筑非求丽,幽闲欲寄情。偶怀因壤石,真意在蓬瀛。苔益山文古,池添竹气清。从兹果萧散,无事亦无营。"④在张九龄看来,造园并不是为了取悦感官,而是为了表达幽闲、萧散的情怀,因此即便没有富丽堂皇的构筑物,那苍古的石头和清新的水竹,也同样可以让人得到身处蓬莱仙境一样的精神享受。

这种看法,在安史之乱之后得到了大多数文人的认同。安史之乱之后的唐代文人园林,总体上是以简为贵的。这可以生活在安史之乱前后的散文家独孤及的观点作为代表,他在《卢郎中浔阳竹亭记》中说:

> 古者半夏生,木槿荣,君子居高明,处台榭。后代作者,或用山林水泽鱼鸟草木以博其趣。而佳景有大小,道机有广狭,必以寓目放神,为性情筌蹄,则不俟沧洲而闲,不出户庭而适。前尚书右司郎中卢公,地甚贵,心甚远,欲卑其制而高其兴,故因数仞之丘,伐竹为亭,其高出于林表,可用远望。工不过凿户牖,费不过剪茅茨,以俭为饰,以静为师,辰之良,景之美,必作于是。凭南轩以瞰原隰,冲然不知锦帐粉闱之贵于此亭也。亭前有香草怪石,杉松罗生,密篠翠竿,腊月碧鲜,风动雨下,声比箫籁。亭外有山围溢城,峰名香炉,归云轮囷,片片可数。天香天鼓,若在耳鼻。是其所以夸逋客而傲汉貂也。……

①〔清〕黄图珌著,袁啸波校注:《看山阁闲笔》,上海:上海古籍出版社2013年版,第152页。
②〔五代〕刘昫等撰,陈焕良、文华点校:《旧唐书》(三),第2149页。
③〔五代〕刘昫等撰,陈焕良、文华点校:《旧唐书》(三),第2132页。
④〔唐〕张九龄撰,熊飞校注:《张九龄集校注》(上),北京:中华书局2008年版,第151页。

> 于是竹亭构而天机畅。尝试论亭之趣：夫物不感则性不动，故景对而心驰也；欲不足则患不至，故意惬而神完也；耳目之用系于物，得丧之源牵乎事，哀乐之柄成乎心。心和于内，事物应于外，则登临殊途，其适一也。何必嬉东山，禊兰亭，爽志荡目，然后称赏。①

在这篇文章中，独孤及记述了他在浔阳溢城（今属江西九江市）看到的卢郎中的一个亭子，实际上是一个小型的园林。这个园林可以看作唐代文人园林的一个典型。它利用自然的地势、环境和材料结构而成，占地不大，耗费不多，建筑简单（一亭一轩），但景观元素极其多样。登上此亭，可以观景，可以听声，可以闻香，可以静心，可以畅神，感受和体验也非常丰富。而且，独孤及还在这篇文章中提出了一个重要的看法："以俭为饰，以静为师"。俭，指的是耗费少，表现在形式上就是简单或者简洁；静，指的是环境安静，更主要指内心的安静，即文章中所说的"心和于内"。这种看法所反映的正是文人以舒心、静意、得性、畅神、悟道等为宗旨的造园动机和理想。

以简为贵，是对上古文人尤其隐士"尚简"传统的继承。历史上的隐士居处（隐士居），基本上都非常简单，甚至可以说是非常简陋和原始的，如《高士传》中记载的巢父"以树为巢，而寝其上，故时人号之曰巢父"，老莱子"莞葭为墙，蓬蒿为室"，台佟"凿穴而居"，②等等。

以简为贵，在思想上也可以说与中国固有的儒道两家思想有关。儒家的"安贫乐道"（孔子、颜回）和道家的"返璞归真"（老子、庄子），其主旨都通向"简"。尤其是道家，由于崇尚自然而更加反对过多的人工造作。在道教盛行的唐代，崇尚自然的道家思想对文人有着更为深刻的影响，因而其在造园上多以"简"为尚。

尚"简"，同时也包括尚"俭"。如权德舆《许氏吴兴溪亭记》中说：

---

① 〔清〕董诰等编：《全唐文》（四），第 3953 页。
② 〔晋〕皇甫谧原著、〔清〕任渭长、沙英绘、刘晓艺撰文：《高士传》，上海：上海古籍出版社 2014年版，第 40、83、243 页。

溪亭者何？在吴兴东部，主人许氏所由作也。亭制约而雅，溪流安以清，是二者相为用。……夸目侈心者，或大其闳闳，文其节棁，俭士耻之。绝世离俗者，或梯构岩巘，纽结萝薜，世教鄙之。曷若此亭，与人寰不相远，而胜境自至。①

唐代文人园林尚俭的价值取向，始于初唐时期的魏徵、许敬宗等人，在后来的发展中，也可以说是文人们的一贯论调。如杜甫《营屋》中说：

度堂匪华丽，养拙异考槃。草茅虽薙葺，衰疾方少宽。洗然顺所适，此足代加餐。寂无斤斧响，庶遂憩息欢。②

与"简"相关的概念，除了"俭"，还有"野"和"陋"。在唐代，有很多文人的园林或居所是以"野"或"陋"自诩的，如王维的《偶然作六首》之二：

得意苟为乐，野田安足鄙。且当放怀去，行行没余齿。③

又如刘禹锡的散文名篇《陋室铭》：

山不在高，有仙则名。水不在深，有龙则灵。斯是陋室，惟吾德馨。苔痕上阶绿，草色入帘青。谈笑有鸿儒，往来无白丁。可以调素琴，阅金经。无丝竹之乱耳，无案牍之劳形。南阳诸葛庐，西蜀子云亭，孔子云：何陋之有？④

由上述这些诗文作品可以看出，唐代文人园林的追求"简""俭""野""陋"，其实是以自然环境的优美和内心生活的充实为前提的。故其造园意趣实在不是形式上的"简""俭""野""陋"所能概括的。此处的"简""俭""野""陋"，在内涵上反映出来的其实是文人们向往的丰富、充实、高雅且完满自足的精神世界。

3. 以远为贵，以闲为乐。"远"是唐代文人园林追求的基本境界。它

---

① 〔清〕董诰等编：《全唐文》（五），第 5043 页。
② 《全唐诗》（七），第 2328 页。
③ 〔唐〕王维著，曹中孚标点：《王维全集》，第 22 页。
④ 〔唐〕刘禹锡撰，卞孝萱校订：《刘禹锡集》（下），第 628 页。

在园林中有两层含义,一是空间上的,一是心理上的,且后者更为唐代文人所推崇。

空间上的"远",指选址偏僻、人迹罕至、远离城市,以门墙为隔,自成一个独立的小世界,如祖咏在《苏氏别业》中所描写的:

> 别业居幽处,到来生隐心。南山当户牖,沣水映园林。屋覆经冬雪,庭昏未夕阴。寥寥人境外,闲坐听春禽。[①]

心理上的"远",是指远离世俗,远离一切利害算计,无俗世交接应酬之累,如杨炯《李舍人山亭诗序》所说:

> 永嘉有高阳公山亭者,今为李舍人别墅也。廊宇重复,楼台左右,烟霞栖梁栋之间,竹树在汀洲之外。……大隐朝市,本无车马之喧;不出户庭,坐得云霄之致。[②]

或如元稹《靖安穷居》所云:

> 喧静不由居远近,大都车马就权门。野人住处无名利,草满空阶树满园。[③]

杨炯文中的"大隐朝市,本无车马之喧;不出户庭,坐得云霄之致",以及元稹诗中的"喧静不由居远近",所要表达的意思是一样的,即物理意义上的远近在园林中并不重要,重要的是心理意义上的远近。而心理意义上的远近,是与能否超脱"名利"或功利有关的。在他们看来,只有远名利、内心清静且常怀隐居山林的想法,才能做到真正的"远"。这个"远",是一种超然物外的人生态度和精神境界。而从园林营造的角度来说,则只有能够唤起这种"远"的感觉的园林,才是最好的园林。

这种心理意义上的"远",实际上也就是自庄子和陶渊明以来中国古代文人所倡导和追求的"闲"或"闲适"。在唐代文人的园林诗中,"闲"或

---

① 《全唐诗》(四),第1333页。
② 〔清〕董诰等编:《全唐文》(二),第1926页。
③ 〔唐〕元稹撰,冀勤点校:《元稹集》(上),第193页。

"闲适"是一个主要的,并且与其隐逸思想密切相关的主题。如:

> 终南有茅屋,前对终南山。终年无客长闭关,终日无心长自闲。不妨饮酒复垂钓,君但能来相往还。(王维《答张五弟》)①

> 人幽想灵山,意惬怜远水。习静务为适,所居还复尔。汲流涨华池,开酌宴君子。苔径试窥践,石屏可攀倚。入门见中峰,携手如万里。横琴了无事,垂钓应有以。高馆何沉沉,飒然凉风起。(高适《宴韦司户山亭院》)②

以上两诗的主调只有一个,就是"闲",不仅是时间和空间意义上的"闲",更是心理意义上的"闲"。因"闲"而"静"、而"适",便是文人对园林和园居生活的最基本的审美体验。

4. 以自然为贵,注重对自然环境的身心体验。在中国,园林是一个与自然环境契合的空间体系,而不是一个与自然环境隔绝的观察对象,对园林审美价值的判断,既来源于对各种人工构筑物的欣赏,也来源于对四时变化、风雨明晦、花开花谢等自然现象的感知和体验。其设计和营造,更注重整体环境和氛围的烘托、内外空间的融通以及对各种自然条件的充分利用。

唐代文人园林中的房屋、桥梁、山石等实体部分或人工建造的东西往往都比较简单和低调。比如白居易在洛阳履道里的宅园,据他本人在《池上篇并序》中的描述是:"地方十七亩,居室三之一,水五之一,竹九之一,而岛树桥道间之。"③在整个园林布局中,生活建筑空间只占其中的三分之一,其他三分之二都作为休息、游憩空间。它在整体感觉上是自然的成分较多,而人工的成分较少。

白居易的履道里宅园是在城内,在用地和空间上都有较多限制。而

---

① 〔唐〕王维著,曹中孚标点:《王维全集》,第 31 页。
② 〔唐〕王昌龄、〔唐〕高适、〔唐〕岑参著,曾亚兰编校:《王昌龄集・高适集・岑参集》,长沙:岳麓书社 2000 年版,第 95 页。
③ 顾学颉校点:《白居易集》(四),第 1450 页。

当时的一些城外别墅,其自然条件就要优越得多,同时园林与自然的关联程度也越高,比如王维的辋川别业。据有关记载,辋川别业的规模相当大,简直可以说是一个风景区。唐人冯贽《云仙杂记》引《洛都要记》的话说:"王维居辋川,宅宇既广,山林亦远,而性好净洁,地不容浮尘。日有十数扫饰者,使两童专掌缚帚而有时不给。"[1]辋川别业位于今陕西蓝田南约20公里处,原属于初唐宋之问,王维购得之后又刻意经营,成为一个可居、可游、可耕、可牧、可渔、可樵的综合性园林。他在《辋川集并序》中说:"余别业在辋川山谷,其游止有孟城坳、华子冈、文杏馆、斤竹岭、鹿柴、木兰柴、茱萸泮、宫槐陌、临湖亭、南垞、欹湖、柳浪、栾家濑、金屑泉、白石滩、北垞、竹里馆、辛夷坞、漆园、椒园等,与裴迪闲暇,各赋绝句云尔。"[2]据《辋川集》的描述,辋川别业有20个景点,其中孟城坳(也叫孟城口)是辋川别业的入口,入口处尚有古孟城遗迹和年代久远的古木衰柳。别业中的主要建筑物有三处,即文杏馆、临湖亭和竹里馆,其他景点则都是自然景观或半自然的人工景观(如漆园、椒园)。别业内的山水植物丰富多样,有山脉、山岗、山谷、湖泊、溪流、清泉、茱萸、槐、竹、椒、漆、辛夷、杂树、荷花、菖蒲等不同品类。整个别业中,人工痕迹极少,仅有小径以及亭、馆数处。它在总体上是以自然景观取胜,整体形象朴实天然。

唐代文人园林注重自然,这不仅体现在减少园林之内的人工造作并增加自然景观元素上,还体现在对园林之外自然景观的"借用"以及园林内外空间环境的"沟通"上。而这种"借用"和"沟通",又主要取决于接近自然的园林选址和合乎自然、因地制宜的园林布局。对此,唐代许多园林诗有非常具体的描绘。如:

> 远岫见如近,千里一窗里。坐来石上云,乍谓壶中起。(钱起

① 陶敏主编:《全唐五代笔记》(四),第 3465 页。
② 〔唐〕王维著,曹中孚标点:《王维全集》,第 69 页。

《窗里山》)①

　　屋在瀑泉西,茅檐下有溪。闭门留野鹿,分食养山鸡。桂熟长收子,兰生不作畦。初开洞中路,深处转松梯。(王建《山居》)②

　　居士近依僧,青山结茅屋。疏松映岚晚,春池含苔绿。繁华冒阳岭,新禽响幽谷。长啸攀乔林,慕兹高世躅。(韦应物《题郑弘宪侍御遗爱草堂》)③

这些诗注重描写的都是园林(别业)之外的自然景象,其中,园内园外实际上连成一片,很难分开。园林在此也不是一个孤立的人工建筑物,而是一个由多种元素构成的、充满了生活趣味和情调的、自然而淳朴的环境。由于有多种元素的参与,故对它的审美感受,也不仅仅限于视觉上的观看,而包括了整个身心的投入和多种感官的参与。

　　总的来说,唐代的文人园林,比诸唐代其他类型的园林和唐以前的园林,更注重的是园林及其自然环境的精神功能,而不是它的实际生活功能。陈子昂《薛大夫山亭宴序》中说:

　　尔其华堂别业,秀木清泉,去朝廷而不遥,与江湖而自远。名流不杂,既入芙蓉之池;君子有邻,还得芝兰之室。披翠微而列坐,左对青山;俯盘石而开襟,右临澄水。斟绿酒,弄清弦。索皓月而按歌,追凉风而解带,谈高趣逸,体静心闲。神眇眇而临云,思飘飘而遇物。④

这篇文章就不仅描述了文人园林生活环境所具有的简朴而自然的特点,而且充分表达了文人园居生活中"谈高趣逸,体静心闲"的精神意趣。

---

① 《全唐诗》(八),第 2685 页。
② 《全唐诗》(九),第 3391 页。
③ 《全唐诗》(六),第 1983 页。
④ 〔唐〕陈子昂撰,徐鹏校点:《陈子昂集(修订本)》,第 179—180 页。

第三章　唐代道教的环境美学思想

　　环境美学中所说的"环境美"或"美的环境",就其作为一种现实的存在而言,是一种与人的生活、居住和精神向往有关的存在。因此,它不是一种纯粹的物理空间或物质实体,而是一种承载着人的理想的、精神性的存在。从这个意义上说,人类历史上所有关于生活理想和人居环境的具体想象,都带有不同程度的环境美学意义。就中国古代来说,无论是道家的"至德之世"还是儒家的"大同社会",无论是道教的"仙境"还是佛教的"净土",都代表着不同的生活、居住理想,也即代表着中国古人对于生活、居住环境的一种特殊的美的向往。

　　道教是产生于东汉时期的中国本土宗教。道教的思想基础是道家(尤其是汉代流行的黄老道家),但又与作为思想学派或理论形态的道家不同。作为一种宗教,道教并不只是一个抽象的思想体系,而同时也包括对神仙世界(神界生活和环境)的形象描摹。这种描摹充满了诗意的想象,并具有强烈的美学色彩。而且,在实际生活中,这些具有美学意味的想象反过来又影响着人们对生活、居住环境的选择和改造,并继而影响到人们对生活、居住环境的审美态度和判断。

　　与儒家追求"成圣"、佛教追求"成佛"一样,道教信仰的最终目的是"成仙"。如果说"仙"(或"神仙")是道教所向往的一种理想人格,"仙"的生活是道教所向往的一种理想生活方式的话，那么，与"仙"对应的"仙境"则既是道教所向往的一种最高的精神境界，也是道教所追求的一种理想的、美的生活环境。在道教的信仰中，仙境是修炼所成就的境界，同时也是"成仙"所必须的条件。从环境美学的角度来看，仙境就是最美、最理想的人居环境，特别是当仙境被现实化为某个具体场所的时候，情况更是如此。

第一节　唐人的道教信仰和神仙情结

唐人崇尚道教，企慕神仙。从道观和道士的数量，[①]道士的社会地位，[②]道教对政治、文化和人们日常生活的影响，道教典籍的搜集整理和道教义理的阐发，以及唐人对修道和成仙的热情程度上看，唐代都可以说是道教发展史上的一个鼎盛时期。

一、唐代道教的兴盛

唐代道教的兴盛与李氏王朝的一贯倡导和尊崇有着十分密切的关系。李氏王朝倡导和尊崇道教，有捍卫统治合法性、维护社会稳定、抑制佛教势力过盛等多重政治目的。自开国之君唐高祖李渊开始，唐代君王便自称老子（李耳）后裔，据封演《封氏闻见记》卷一："国朝以李氏出自老君，故崇道教。"[③]唐代的历代君王，除了女皇武则天，无一例外地崇尚道

---

① 关于唐代道观和道士的数量，唐时即有一些粗略的统计。如《唐六典》记载："凡天下观总一千六百八十七所。"见〔唐〕李林甫等撰，陈仲夫点校《唐六典》，北京：中华书局1992年版，第125页。唐末著名道士杜光庭在《历代崇道记》中说："国初已来，所造官（宫）观，约一千九百余所，度道士计一万五千余人。其亲王贵主及公卿士庶，或舍宅舍庄为观，并不在其数。则帝王之盛业，自古至于我朝，莫得而述也。"见〔唐〕杜光庭撰，罗争鸣辑校《杜光庭记传十种辑校》（上），北京：中华书局2013年版，第373页。
② 唐代著名的道士和道教学者也很多，如李淳风、孙思邈、王远知、潘师正、叶法善、罗公远、成玄英、王玄览、张果、张氲、施肩吾、司马承祯、张万福、吴筠、李含光、李筌、李荣、杜光庭等。他们出入掖庭，被最高统治者奉若神明，甚至委以官职，赠以爵位，大多享有崇高的社会地位。
③ 陶敏主编：《全唐五代笔记》（一），第601页。

教。如唐高祖李渊于武德二年(619年)尊老子为"圣祖",以老子庙为家庙,又于武德八年(625年)颁布《先老后释诏》,明确规定"老先、次孔、末后释宗"的三教次序,钦定道教为国教,并下令在京城和各地方州府塑造老子像,兴建老君庙和道教宫观。李渊之后,唐太宗李世民于贞观十一年(637年)颁布《令道士在僧前诏》,重申"朕之本系,出于柱史"的"李氏血统",诏令:"自今以后,斋供行立,至于称谓,其道士女冠,可在僧尼之前。"[①]唐高宗李治于乾封元年(666年)追封老子为"太上玄元皇帝",于上元二年(675年)将《老子》列入科举考试的加试内容,于仪凤二年(677年)定《老子》为"上经",命百官和贡举人研读学习,并自显庆元年(656年)之后就陆续在京城和外州敕修昊天观、东明观、太清宫、宏道观、紫云观、仙鹤观、万岁观等规模庞大的道教宫观,在京城内的昊天观定期举行国家级的祭祀老子活动。相比于初唐时期的李渊、李世民和李治,之后的唐玄宗李隆基和唐武宗李炎更为崇尚道教。唐玄宗在登基之后,为了捍卫李氏王朝的正统地位,一改武则天崇佛抑道的政策,而重新在思想上和行动上推行唐初诸帝崇道抑佛的政策。他一方面倡导老子的"无为不言"之教,把它上升为治国理政的指导思想,认为《道德经》"其要在乎理身理国,理国则绝矜尚华薄,以无为不言为教。……理身则少私寡欲,以虚心实腹为务"[②],同时亲注《老子》,设立崇玄学,开设道举,将《老子》列入科举考试的范围。另一方面,则不断敕封老子及道教领袖人物,大修老君庙和各类道教宫观,如开元十年(722年),命长安、洛阳及诸州各置玄元皇帝庙一所;天宝元年(742年),将其改为"玄元皇帝宫";次年,又将长安、洛阳玄元宫分别改为"太清宫"和"太微宫",改各州玄元宫为"紫极宫",同时追尊老子为"大圣祖玄元皇帝";天宝十载(751年),加封老子为"大圣祖大道玄元皇帝",天宝十三载(754年),再封为"大圣祖高上大道金阙玄元天皇大帝"。与此同时,敕令将庄子、文子、列子、庚桑子等四

---

① 〔清〕董诰等编:《全唐文》(一),第73页。
② 〔唐〕李隆基:《道德真经疏释题词》,见〔清〕董诰等编《全唐文》(一),第449页。

人"所著书改为《真经》",①并追封庄子为"南华真人"、文子为"通玄真人"、列子为"冲虚真人"、庚桑子为"洞虚真人"、"五斗米道"开山祖师张陵为"太师"、茅山宗开山祖师陶弘景为"太保"②。中唐时期的唐武宗对道教的推崇更近乎走火入魔。与先前的皇帝崇道但不排佛不同,唐武宗独尊道教,打压佛教。宋代钱易《南部新书》卷己说:"会昌末,颇好神仙。有道士赵归真出入禁中,自言数百岁。上敬之如神。与道士刘玄静力排释氏。"③唐武宗采纳道士赵归真、刘静玄的建议,于会昌二年至五年(842—845 年)间推行了一系列"灭佛"政策,包括毁坏佛像,代之以老君像;取缔、拆除自京城到全国各地的大部分寺庙包括招提、兰若、普通佛堂和村邑斋堂;勒令二十五六万僧尼还俗;等等。这次事件,佛教史上称为"会昌法难"。会昌法难之后一两年,道教可谓一枝独秀。唐武宗优礼道士,经常召见那些自称有法术的道士,并在宫中造望仙观,设置九天道场祭祀道教诸神,在南郊坛建望仙台,高达 150 尺,又复造降真台,极尽奢侈豪华之能事,"春百宝屑以涂其地,瑶楹金栱,银槛玉砌,晶荧炫耀,看之不定"④。至此,唐代帝王的崇道,可以说达到了空前绝后的巅峰状态。

　　除了政治上的目的,李氏王朝倡导和尊崇道教,从帝王个人的动机上看,也有试图用道教的方法调理身心,追求延命、长生的目的。从有关史料记载可以看出,唐代诸帝尊崇道教,有一个普遍的现象,即越到晚年越是格外热心。这不能不说是出于因年老体衰而滋长的对长生的向往。道教自创立之初,就鼓吹自己拥有各种能"长生久视""羽化登仙"的法术,如辟谷术、导引术、房中术、炼丹术等。这对于拥有至高无上的权力,同时希望永享富贵的帝王来说,毫无疑问具有极大的诱惑力。秦皇汉武

---

① 〔五代〕刘昫等撰,陈焕良、文华点校:《旧唐书》(一),第 126—133 页。
② 参见〔宋〕王溥撰,牛济清校证《唐会要校证》(上),第 737—741 页。
③ 〔宋〕钱易撰,尚成校点:《南部新书》,第 50 页。
④ 〔唐〕苏鹗:《杜阳杂编》,转引自卿希泰、唐大潮《道教史》,南京:江苏人民出版社 2006 年版,第 143 页。

遣使入东海求取仙药以追求长生不死,唐代诸帝则招纳道士到宫中炼制金石丹药。有唐一代,不少皇帝都有服食金石丹药的经历。如唐太宗,他本来对神仙之事是半信半疑的,但自贞观二十年(646年)辽东战役回宫后便因身患重病而开始服用道士提炼的金石丹药。但金石丹药也没能救得了他,三年之后他就真的驾鹤西去了。与唐太宗相比,笃信道教的唐玄宗到晚年更热衷于长生久视之术。当时非常著名的道士司马承祯因深通"符箓及辟谷、导引、服饵之术",被玄宗迎入宫中封为"国师",并"亲受法箓",对其厚加赏赐。与此同时,与司马承祯同师嵩山道士潘师正、被人认为"尽通其术"的吴筠,也被玄宗请到宫中,"问以神仙、修炼之事"。① 另一位"时人传其有延年秘术"的道士张果,则因为征召不来,玄宗专程跑到张果作短暂停留的东都洛阳,"亲访以理道及神仙、药饵之事",甚至要他做驸马,"尚公主"。② 由于唐玄宗对道教的迷恋,当时的道士竞相奔走于长安、洛阳两都,谈仙说怪之风甚嚣尘上。如范祖禹《唐鉴》所说:"开元之末,明皇怠于庶政,志求神仙,惑方士之言,自以老子其祖也。故感而见梦,亦其诚之形也。自是以后,言祥瑞者众,而迂怪之语日闻,谄谀成风,奸究得志,而天下之理乱矣。"③《旧唐书·礼仪志四》中也说:"玄宗御极多年,尚长生轻举之术,于大同殿立真仙之像,每中夜夙兴,焚香顶礼。天下名山,令道士、中官合炼醮祭,相继于路。投龙奠玉,造精舍,采药饵,真诀仙踪,滋于岁月。"④总体上说,唐代的帝王多迷信长生不死之术,大多有服食丹药的经历,甚至不乏因服食丹药中毒而死者,如唐武宗。

由于帝王的倡导和尊崇,整个唐代的士庶阶层都有崇道的倾向,并因这种风气,举国上下衍生出一种修道德、学道术、服丹药以求养生延命、得道成仙的风尚。神仙思想在唐代宫廷权贵及士人中大为流行,这

---

① 〔五代〕刘昫等撰,陈焕良、文华点校:《旧唐书》(四),第3240—3242页。
② 〔五代〕刘昫等撰,陈焕良、文华点校:《旧唐书》(四),第3227页。
③ 〔宋〕范祖禹撰,白林鹏、陆三强校注:《唐鉴》,西安:三秦出版社2003年版,第127页。
④ 〔五代〕刘昫等撰,陈焕良、文华点校:《旧唐书》(一),第583—584页。

种经由导引、服食等方法成仙的愿望不仅见于史载,也大量反映在当时的诗歌和笔记小说当中。

　　从有关的史书、诗歌和笔记小说中可以看出,除了帝王,唐代至少还有两类人是非常热衷于道教的:一类是皇帝的近亲,如皇子、公主、嫔妃、驸马等,他们直接受皇帝的影响,对道教尤其是其中的炼养之术趋之若鹜,并且纷纷舍宅为观,不断接引道士,修道服药以求长生。另一类是文人士大夫,他们多半也对道教有着难以割舍的情结。唐代诗人刘威《赠道者》中说:"儒生也爱长生术。"[1]现代著名史学家范文澜也说,唐代文人谈仙说怪蔚然成风,如李泌"公开讲神仙、怪异,以世外之人自居"。[2] 可以说,在唐代的文人当中,有像韩愈那样排佛的,但很少能找到排道的。当时的文人不仅不排斥道教,而且与道士的交往也非常频繁。他们之间的互动,构成了唐代文化领域的一道独特景观。一方面,唐代的绝大部分文人都向往道教,有的甚至还自己炼制过丹药,如卢照邻、陈子昂、卢藏用、李白、张志和、白居易、李德裕、李贺等人,有的则干脆辞官不做,入山修道,如贺知章、卢鸿一、顾况、刘商等人。另一方面,许多道士同时也是擅长文辞的文人,如司马承祯、吴筠、杜光庭等人,都不是普通的道士,而是能诗能文的著名道教学者。在唐代,道士与文人结交,或文人与道士结交,似乎是一种时髦。文人与道士之间互称"道友",诗酒唱和,流连玄虚,啸傲林泉,相互激赏,甚至相互吹捧。如著名道士司马承祯,就与当时同样著名的文人陈子昂、卢藏用、宋之问、王适、毕构、李白、孟浩然、王维、贺知章等过从甚密,被当时人称为"仙宗十友",彼此之间也多有诗文酬唱。

　　对于文人士大夫来说,推崇道教,除了祈求长生、向往神仙,似乎还有一个显得特别高雅的理由,就是可以借此纵情山水、畅游名山,为自先秦以来就一直存在的仕进与退隐、入世与出世的矛盾求得一种精神上的

---

[1]《全唐诗》(十七),第 6526 页。
[2] 范文澜:《中国通史简编　第三编第一册(修订本)》,北京:商务印书馆 2010 年版,第 137—138 页。

解决。这在唐代的许多山水诗和游仙诗中都有反映,如李白的《庐山谣寄卢侍御虚舟》:"闲窥石镜清我心,谢公行处苍苔没。早服还丹无世情,琴心三叠道初成。遥见仙水彩云里,手把芙蓉朝玉京。先期汗漫九垓上,愿接卢敖游太清。"①明人胡震亨在评论李白的诗时说:"(其诗)言仙者十有二……亦借以抒其旷思,岂真谓世有神仙哉!"②胡震亨的这个评语,说明李白的"游仙",不过是为了宣泄内心苦闷、表达出世情怀、标榜精神自由罢了。

二、唐人心目中的神仙

道教信仰的终极目标是得道成仙,道教信仰也可以说就是神仙信仰。神仙信仰虽然存在于道教出现之前的先秦时期,但道教把它理论化和系统化了。而且经过魏晋南北朝时期的发展演变,唐代的神仙信仰又出现了一些新的变化。这些变化主要体现在以下两个方面:

一是仙的世俗化和人性化更加明显。在中国古代,仙的特点总的来说包括超越性与世俗性、神性与人性两个方面。一开始,仙的超越性和神性比较突出,而到后来,仙的世俗性和人性日益彰显。

仙的超越性和神性是基于对自然和社会局限的突破。由于突破了自然的约束,仙被认为具有无限的生命、异乎寻常的身体与能力,即"仙"首先被当成不死的人,如汉代刘熙《释名》谓:"老而不死曰仙。"③其次,最早的神仙,一般都拥有离奇古怪的身体相貌,有的甚至是荒诞不经的半人半兽,如住在昆仑山上、有着老虎牙齿和豹子尾巴的西王母。最后是具有特殊的能力禀赋,如传为葛洪所著的《神仙传》中说:"仙人者,或竦身入云,无翅而飞。或驾龙乘云,上造太阶。或化为鸟兽,游浮青云。或潜行江海,翱翔名山。或食元气,或茹芝草,或出入人间,则不可识,或隐

---

① 〔唐〕李白撰,杨镰校点:《李太白集》(一),第115—116页。
② 〔明〕胡震亨:《唐音癸签》,上海:上海古籍出版社1981年版,第229—230页。
③ 转引自宗福邦、陈世铙、萧海波主编《故训汇纂》,北京:商务印书馆2003年版,第89页。

其身草野之间。面生异骨,体有奇毛,恋好深癖,不交流俗。"①此外,由于突破了社会的约束,仙也具有不受世俗管束、不受生活欲求制约的自由,他们来无影去无踪,没有世俗的要求,甚至可以不食人间烟火,如《神仙传》中描写的河上公,"上不至天,中不累人,下不居地"②。

仙的世俗性和人性是基于对生命本身包括身体欲望的肯定。由于肯定了生命本身的价值,仙被认为享有人间一切至高无上的快乐,包括身体和五官的快乐。道教中的神仙可谓极尽奢华之能事,吃的是山珍海味,喝的是玉液琼浆,住的是琼楼玉宇,这与原始道家反对感官享受的思想是大不一样的。又由于道教将房中术视为修炼成仙的重要法门,所以神仙世界美女如云。到唐代,仙的这种世俗化和人性化(甚至肉身化)更为突出,如李白《游太山六首》之一中想象的仙界是这样的:"天门一长啸,万里清风来。玉女四五人,飘飖下九垓。含笑引素手,遗我流霞杯。"③

但必须指出的是,仙毕竟不是常人,在仙的世俗化和人性化过程中,附加在仙身上的那些可怖的东西少了(人兽共体的神仙形象消失了,如怪诞可怕的西王母变成了慈眉善目的人间老太太),属于人的身体欲望多了(如饮食、居住、性欲等),而其身体相貌和能力禀赋则仍具有异乎寻常之处。因此这种世俗化和人性化,实际上是一种由神化转向美化的过程。在晚起的神仙中,男性神仙的标准形象是"仙风道骨",如唐代被视为"八仙"之一的吕洞宾。而那些相貌丑陋的神仙,如"八仙"中的张果老,则是丑得有趣、丑得幽默,没有丝毫可怕的特征。至于女性神仙(仙女),则是美丽非凡,让人心动神摇,至今仍有美若天仙的形容。

除了对想象中的神仙进行美化,仙的世俗化和人性化还表现在把现实中的人直接当成神仙,即俗语所说的"活神仙"。东晋时期,著名道士葛洪曾将仙分为三种,即天仙、地仙和尸解仙,并在其所著《抱朴子·内

①〔晋〕葛洪撰,胡守为校释:《神仙传校释》,北京:中华书局2010年版,第16页。
②〔晋〕葛洪撰,胡守为校释:《神仙传校释》,第293页。
③〔唐〕李白撰,杨镰校点:《李太白集》(二),第174页。

篇》卷二"论仙"中说:"上士举形升虚,谓之天仙。中士游于名山,谓之地仙。下士先死后蜕,谓之尸解仙。"①又在卷四"金丹"中说:"其经云:上士得道,升为天官;中士得道,栖集昆仑;下士得道,长生人间。"②其中,"地仙"是在地上活着的、现实的人。

葛洪提出的"地仙"概念在唐代非常流行,仙即人的观念可以说是唐代道教的主导观念,如著名道士司马承祯说:"故神仙亦人也。"③道教发展到唐代,虽然仍以神仙信仰为核心,但自初唐开始,神仙的有无事实上已经引起了怀疑。唐太宗曾明确地说:"神仙事本虚妄……神仙不烦妄求也。"④王绩《田家三首》(一作王勃诗)中也说:"回头寻仙事,并是一空虚。"⑤唐太宗和王绩的这种既推崇道教又否定神仙的态度,对整个唐代道教的神仙说都有很大的影响。为了应对这种怀疑,唐代的道教学者不得不重新定义"神仙"的概念。他们继承葛洪的"地仙"概念,进一步突出了"神仙即人"和"修仙即修心"的观念。到唐末五代时期,道士杜光庭把那些在尘世积功累德、行善乐施的忠臣孝子、贞夫烈妇以及那些清心寡欲、勤苦笃修、能够主动弃恶从善的修道之人,统统纳入可成神仙的人选。

在唐代,仙人之间的界限已经非常模糊。唐代志怪小说或神仙故事中所描写的所谓神仙,很多是实有其人或具有人的身体、性格和社会身份(如官僚、富豪、文人、乞丐、工匠等)的"地仙"或"谪仙"。这个时候,出现了很多被后世追封为"地仙"的、具有隐士性格或隐逸倾向的文人,包括提倡"中隐"的大诗人白居易。著名诗人和山水画家顾况、刘商等人也有"地仙"之名。相比之下,唐人对于"天仙"和"尸解仙"似乎比较淡漠,大概是因为"举形升虚"的"天仙"遥不可及,累世难求,而"先死后蜕"

---

① 王明:《抱朴子内篇校释》,北京:中华书局 1980 年版,第 20 页。
② 王明:《抱朴子内篇校释》,第 76 页。
③ 吴受琚辑释:《司马承祯集》,北京:社会科学文献出版社 2013 年版,第 330 页。
④〔五代〕刘昫等撰,陈焕良、文华点校:《旧唐书》(一),第 21 页。
⑤《全唐诗》(二),第 478 页。

（"蝉蜕"）的"尸解仙"又过于渺茫,无益于当世。只有"游于名山"的"地仙"最容易做到,也最符合唐人崇尚自然、热衷于现世生活,而又希望在入世与出世之间找到内心平衡的性格。所以,在唐代文人中,不乏尊崇道教而又反对求仙这种看起来有些矛盾的论调。如白居易,他一方面学炼丹药,一方面又反对求仙。他所反对的,其实是莫须有的"天仙"和"尸解仙",而非可求可致的"地仙"。

伴随着仙的世俗化和人性化,唐代还出现了"仙"称泛化的现象,即"仙"并不限于"老而不死"的人,甚至也不限于"游于名山"的隐士,如上文提到的"仙宗十友"和杜甫所说的"饮中八仙"。"仙宗十友"中除了司马承祯从小修道、终身不仕,其他都不是纯粹的隐士。而"饮中八仙"实际上是一些狂放不羁的文人,杜甫《饮中八仙歌》云:"知章骑马似乘船,眼花落井水底眠。汝阳三斗始朝天,道逢麹车口流涎,恨不移封向酒泉。左相日兴费万钱,饮如长鲸吸百川,衔杯乐圣称避贤。宗之潇洒美少年,举觞白眼望青天,皎如玉树临风前。苏晋长斋绣佛前,醉中往往爱逃禅。李白斗酒诗百篇,长安市上酒家眠,天子呼来不上船,自称臣是酒中仙。张旭三杯草圣传,脱帽露顶王公前,挥毫落纸如云烟。焦遂五斗方卓然,高谈雄辩惊四筵。"[1]这是把喜欢醉酒、不拘细行而又才气横溢的文人(贺知章、李琎、李适之、崔宗之、苏晋、李白、张旭、焦遂)称作"仙"。其中,开元时期的进士苏晋本信佛,是因为不守佛门戒律、嗜酒如命而被杜甫称为"仙"。这八人中,以贺知章、李白、张旭最为知名。贺知章是著名的诗人和书法家,性格滑稽,行为古怪,晚年隐居四明山修道,自号"四明狂客"。李白是彪炳史册的大诗人,有"诗仙"和"谪仙"之名。张旭是著名的草书家,书风奇特更兼行为癫狂,被当时人呼为"张颠(癫)"。这些人之所以被称为"仙",多半是因为其不入流俗、豪迈不拘的性格特征,与秦汉至六朝时期所说的"仙",已是大异其趣。其中大约只有一点是相似或相通的,即无论是那种不食人间烟火的"仙",还是这种不拘于世俗礼法

---

[1]《全唐诗》(七),第 2259 页。

的"仙",都包含着一种追求精神自由的生命冲动（有时甚至指的是一种脱略凡尘的仪表、风度和性格）。唐末道士张令问《寄杜光庭》一诗写道："试问朝中为宰相，何如林下作神仙。一壶美酒一炉药，饱听松风清昼眠。"[①]这诗中所写的"神仙"，其实是向往精神自由而不为世俗功名所累的山中隐士。

二是伴随着仙的世俗化和人性化，修道成仙的道路也变得更为简便了。在唐代，修道成仙的过程越来越转向内在化、世俗化和生活化。

道教的内在化、世俗化和生活化，与重玄学派（内丹派）在唐代，尤其盛唐以后的流行有关。重玄学派的思想，一方面来源于注重修心养性的、以老庄为代表的先秦道家，另一方面也受到了注重心性、主张"佛在心中"的禅宗的影响。唐代许多道教学者如成玄英、王玄览、李荣、司马承祯、李筌、张万福、杜光庭等，实际上都属于重玄学派。

在修道方法上，重玄学派虽然也注重符箓、吐纳、导引、房中、丹药等外在的手段，但更重视内心的修为（"修心"）。[②] 据蒙文通先生的考证，道教早期的修习方法源于战国时期的神仙方术。战国时期的神仙方术（"古之仙道"）有三种，即"行气、药饵、宝精三者而已也"[③]。行气主要指守一、吐纳、导引等方术，药饵主要指服食仙药，宝精主要指房中术。到魏晋南北朝时期，出现了以陶弘景为代表的丹鼎派（外丹派），隋唐之际特别是唐代前期，是外丹派的鼎盛期，道教徒们在修炼方法上延续了炼丹的传统。但在盛唐时期就已出现了从斋醮符咒、服饵炼丹向养气静心、全神守一（内丹派）转化的趋势，如司马承祯在《坐忘论》中提出的"安心坐忘之法"。司马承祯主张"我命在我不在天"，倡导道体与心体、道性与心性、修道与修心等亦一亦二的道教理论，从人的内心方面（"道性"）去寻找得道成仙的基本依据和可能，他的"安心坐忘之法"即修道的七个

---

① 《全唐诗》（二十四），第 9729 页。
② 唐代道教的由"外"向"内"转，还有一个现实的原因是丹药难求且费用不菲，如司马承祯《服气精义论》中说："金石之药，实虚费而难求。"见吴受琚辑释《司马承祯集》，第 330 页。
③ 蒙文通：《古学甄微》，成都：巴蜀书社 1987 年版，第 337 页。

阶次——信敬、断缘、收心、简事、真观、泰定、得道，实际上只是一种内心的工夫，如"收心"一条谓："所有闻见，如不闻见，即是非美恶，不入于心。心不受外，名曰虚心。心不逐外，名曰安心。心安而虚，则道自来居。"①这里的"收心""虚心""安心"都是一种纯粹的精神活动，而与斋醮符咒、服饵炼丹等无关。这样的修习方法，在中唐以后逐渐占据主流。与此同时，修道也慢慢变成了一种理性的行为，即不再迷信神仙，因为神仙也是人，而且神仙不在他处，而在自己的心（道性）中，即如唐代诗人张辞《别令诗》中所云："身即腾腾处世间，心即逍遥出天外。"②因此，人人可成神仙，到处可成仙境，修道成仙的过程也被彻底地世俗化和生活化了。

这种主张通过心性修养便可成仙的看法在唐代非常普遍。如孟郊《求仙曲》中说："仙教生为门，仙宗静为根。持心若妄求，服食安足论。铲惑有灵药，饵真成本源。自当出尘网，驭凤登昆仑。"③在孟郊看来，靠服食丹药是成不了仙的，成仙的根本在于内心不执著、不妄求。又如司空图《携仙箓九首》之五、九云："仙凡路阻两难留，烟树人间一片秋。若道阴功能济活，且将方寸自焚修［焚香修行——引注］。……此生得作太平人，只向人尘便出尘。移取碧桃千万树，年年自乐故乡春。"④这种看法，说得更直白，与禅宗的"平常心是道"和"在家即出家"类似，就是内心无事、快乐，便是神仙。在唐诗中，这一类说法还有很多，如：

不用积金著青天，不用服药求神仙。但愿园里花长好，一生饮酒花前老。（张籍《杂曲歌辞·春日行》）⑤

钓车子，掘头船，乐在风波不用仙。（张志和《杂歌谣辞·渔父歌》）⑥

---

① 吴受琚辑释：《司马承祯集》，第136页。
② 《全唐诗》（二十四），第9727页。
③ 《全唐诗》（十一），第4186页。
④ 〔唐〕司空图著，祖保泉、陶礼天笺校：《司空表圣诗文集笺校》，第119页。
⑤ 《全唐诗》（二），第320页。
⑥ 《全唐诗》（二），第418页。

聊祛尘俗累,宁希龟鹤年。无劳生羽翼,自可狎神仙。(刘孝孙《游清都观寻沈道士得仙字》)[1]

这些诗中,那种超世间的神仙实际上已经不存在了,有的只是超越了世俗功利的隐士。或者说,在这些诗人看来,神仙的本质不过是内心安宁、自由且不受世俗功利的约束,只要做到这一点,就比直接成为神仙还要好了。

第二节 唐人想象中的仙界景象

神仙无论是神、是人还是半人半神,都必须存在于一定的空间、环境或居所之内才可以被想象,这神仙存在的空间、环境或居所,就是仙界、仙都或仙境。

一、唐以前的仙境传说

在中国历史上,最早提到仙境的是战国时期的一些思想家,如庄子和邹衍。庄子受战国齐、燕一带神仙思想的影响,有把"道"主观化、人格化(仙人)、境界化(仙境)的倾向。他所说的"至人""神人""圣人""真人"等,皆具有神仙的性格,而他所说的存在于六合之外的"无何有之乡"之类,则具有仙境的特点。而且,他还具体地提到:"藐姑射之山,有神人居焉。"[2] "千岁厌世,去而上仙,乘彼白云,至于帝乡。"[3]"藐姑射之山"和"帝乡"就是仙境,而且比"无何有之乡"更具体。比庄子稍晚的邹衍更明确地指出了神仙居住的神山海岛,《史记·孟子荀卿列传》说他为了游说诸侯,"先列中国名山大川,通谷禽兽,水土所殖,物类所珍,因而推之,及海外人之所不能睹。……以为儒者所谓中国者,于天下乃八十一分居其一分耳。中国名曰赤县神州。赤县神州内自有九州……中国外如赤县神州者九,

---

① 《全唐诗》(二),第 453 页。
② 〔清〕郭庆藩撰,王孝鱼点校:《庄子集释》(上),北京:中华书局 1961 年版,第 28 页。
③ 〔清〕郭庆藩撰,王孝鱼点校:《庄子集释》(中),第 421 页。

乃所谓九州也。于是,有裨海环之,人民禽兽莫能相通者,如一区中者,乃为一州。如此者九,乃有大瀛海环其外,天地之际焉"①。邹衍所说的中国之外、为大海所环绕的"九州",实际上也可以理解为神仙的居所。

战国以后,关于仙境的传说和描述很多。在这些传说和描述当中,仙境或仙界大体上可以分为两种:一种在天上,均为虚构;一种在地上(包括山上和海上),有的为虚构,有的为实有。其中,最早且最有代表性的地上仙境主要有两处:一是西边的昆仑山,一是东边的渤海蓬莱、方丈、瀛洲三神山。昆仑山,据《淮南子·地形训》的说法,此山"登之乃神,是谓太帝之居","掘昆仑虚以下地,中有增城九重,其高万一千里百一十四步二尺六寸,上有木禾,其修五寻。珠树、玉树、旋树、不死树在其西,沙棠、琅玕在其东,绛树在其南,碧树、瑶树在其北。旁有四百四十门,门间四里,里间九纯,纯丈五尺。旁有九井,玉横维其西北之隅,北门开以内不周之风。倾宫、旋室、悬圃、凉风、樊桐,在昆仑阆阖之中,是其疏圃。疏圃之池,浸之黄水,黄水三周复其原,是谓丹水,饮之不死"。②至于渤海三神山,据《史记·封禅书》的说法,"自威、宣、燕昭使人入海求蓬莱、方丈、瀛洲。此三神山者,其传在渤海中,去人不远;患且至,则船风引而去。盖尝有至者,诸仙人及不死之药皆在焉。其物禽兽尽白,而黄金银为宫阙。未至,望之如云;及到,三神山反居水下。临之,风辄引去,终莫能至云"。司马迁说,秦始皇曾派人入海寻找长生不死之药,未果:"及至秦始皇并天下,至海上,则方士言之不可胜数。始皇自以为至海上而恐不及矣,使人乃赍童男女入海求之。船交海中,皆以风为解,曰未能至,望见之焉。"③

除了昆仑山和渤海三神山,在汉代及以后的传说中,据《十洲记》《列子》《拾遗记》《枕中书》等书的记载,还有很多别的地方,如祖洲、玄洲、炎洲、长洲、元洲、流洲、生洲、凤麟洲、聚窟洲、化人宫、华胥国、终北国、列

---

① 〔汉〕司马迁著,李全华标点:《史记》,长沙:岳麓书社1988年版,第568页。
② 杨坚点校:《淮南子》,第41页。
③ 〔汉〕司马迁著,李全华标点:《史记》,第208—209页。

姑射山(即《庄子》中的"藐姑射山")、昆吾(山)、洞庭、岱舆(山)、员峤(山)、方壶(山)、玄都玉京山等。这些地方多半是虚构的,如玄都玉京山,它是元始天尊居住的地方,葛洪《枕中书》云:"玄都玉京七宝山,在大罗天之上。城中七宝宫,宫内七宝台,有上中下三宫,盘古真人、元始天尊、太元圣母之所治。"①除此之外,东汉以后,尤其是在魏晋南北朝时期,也出现了大量被称为仙境的地面上实有的山岳。东汉时有《五岳真形图》《洞玄灵宝五岳古本真形图》之类的书,确定某些地方为神仙居住的地方,称为"洞天福地"。到魏晋南北朝时期,神仙的居所不断扩大,仙境越来越转向人间。东晋葛洪《抱朴子》的"金丹""真诰"等篇中已列举出华山、泰山、霍山、恒山、嵩山等仙山,提出"三十六洞天"之名;南朝道士陶弘景则在编写《真灵位业图》的基础上,建立了一个庞大的洞天福地系统。因此可以说,道教的仙境或仙界也与仙本身一样,有一个从天上到人间的转变过程,也即有一个世俗化的过程。

但从总体上说,在战国以后到唐以前的各种关于仙境的说法当中,仙境的构成大多具有理想化的特点。据《列子》一书的描写,仙境的特点大约可以归结为三点,即一是生态良好,如列姑射山"阴阳常调,日月常明,四时常若,风雨常均,字育常时,年谷常丰;而土无札伤,人无夭恶,物无疵疠,鬼无灵响焉";二是景象奇特,如化人宫"构以金银,络以珠玉,出云雨之上,而不知下之据,望之若屯云焉。耳目所观听,鼻口所纳尝,皆非人间之有",岱舆、员峤、方壶、瀛洲、蓬莱五仙山"高下周旋三万里,其顶平处九千里。山中间相去七万里,以为邻居焉。其上台观皆金玉,其上禽兽皆纯缟";三是生活安逸,如终北国"人性婉而从物,不竞不争;柔心而弱骨,不骄不忌;长幼侪居,不君不臣;男女杂游,不媒不聘;缘水而居,不耕不稼。土气温适,不织不衣;百年而死,不夭不病"。② 这些仙境,既具有云雾缭绕、海山苍茫、珍奇罗列、令人眼花缭乱的美感,又具有距

---

① 转引自〔唐〕杜光庭著,王纯五译注《洞天福地岳渎名山记全译》,贵阳:贵州人民出版社 1999 年版,第 2 页。
② 严北溟、严捷译注:《列子译注》,上海:上海古籍出版社 1986 年版,第 29、69、115、122 页。

离遥远、高不可攀、出离尘外、了无纷争的精神意趣,总之,是一种非人间所有的,非常美好、快乐和幸福的境界。

二、唐人对仙境的描绘

到唐代,由于对求仙的怀疑和对"仙"的重新解读,仙境的世俗化也更加明显。唐代人对仙境有不同的称呼,如"仙都""仙居""靖庐""宫府""洞天福地""道人家"等,都可以指仙境。就唐代道教中人对仙境的描述来看,最有代表性的是司马承祯和杜光庭的描述。司马承祯有《天地宫府图》,把"洞天"与"福地"区分开来,列举出十大洞天、三十六小洞天、七十二福地。另一著名道士杜光庭则在此基础上编撰《洞天福地岳渎名山记》,将道教的洞天、福地整理成一个更加庞大的系统。按杜氏构建的系统,仙界的范围包括以下三类。

1. 天上的神山:包括位于太上老君所居的大罗山之下、元始天尊所居的玉清山之上的玄都玉京山,环拱于玉京山前后左右的元京山、峨眉山、广霞山、紫空山、五间山、三秀山、金华山、寒童灵山、秀华山、三宝山、飞霞山和位于道德天尊所居的"太清之中"的浮绝空山。这13座仙山均位于道教所说的"三清境"即上清(大罗)、玉清和太清之中,"皆真气所化,上有宫阙,大圣所游之处,下应人身十三宫府"[1],实际为天仙居住的天上神山。

2. 海中和地下的神山、洲、岛:包括位于东海的东岳庚桑山、位于南海的南岳长离山、位于西海的西岳丽农山、位于北海的北岳广野山、位于九海的中岳昆仑山。这五座神山均处在大海之中,称为"五岳",前四者分别为青帝、赤帝、白帝和黑帝所居,中岳昆仑山为天地心,似乎也为众仙聚会之所。此外还有一些仙山(仙岛),如方壶山(在北海之中)、扶桑山(在东海之中,为日出之地)、蓬莱山(在东海之中)、连石山(在东南地海之中)、沃焦山(在东海之中)、方丈山(在大海之中)、钟山(在北海之

---

[1] 〔唐〕杜光庭撰,罗争鸣辑校:《杜光庭记传十种辑校》(上),第 385 页。

中)、员峤山(在大海之中)、岱舆山(在巨海之中)、丰都山(在九垒之下,或云在癸地,为鬼神的居所)。① 还有十洲,名玄洲(在北海)、瀛洲(在东海,也名青丘)、穆洲(在东海)、祖洲(在东海,盛产不死草)、元洲(在大海)、长洲(在巨海)、流洲(在西海)、凤麟洲(在西海,盛产续弦胶)、聚窟洲(在西海,盛产返魂香)、炎洲(在南海)、生洲(在西海)、沧海岛(在大海)。以上神山、洲、岛均为"神仙所居,五帝所理,非世人之所到"②。

3. 地上的山岳、河流、大海和修道居所。包括:

(1)为天王、仙官、玉女所居的"中国五岳",即东岳泰山、南岳衡山、中岳嵩山、西岳华山和北岳恒山。这五岳周围又有群山拱卫,即泰山周围有罗浮山、括苍山、蒙山、东山,衡山周围有霍山、潜山、天台山、苟曲山,嵩山周围有少室山、武当山、太和山、陆浑山,华山周围有地肺山、女几山、西城山、青城山、峨眉山、嶓冢戎山、西玄具山,恒山周围有河逢山、抱犊山、玄陇山、崆峒山、洛阳山。

(2)为"上真高仙"所居的"十大洞天",即王屋洞(山)、委羽洞(山)、西城洞(山)、西玄洞(山)、青城洞(山)、赤城洞(山)、罗浮洞(山)、句曲洞(山)、林屋洞(山)、括苍洞(山)等十座名山。

(3)为江河神灵所居的"五镇海渎",即东镇沂山、南镇会稽山、中镇霍山、西镇吴山、北镇医巫闾山等"五镇",东海、南海、西海、北海等"四海",江渎、淮渎、河渎、济渎、汉渎等"五渎"。

(4)为道人隐居、修道之所的"三十六靖庐",即绵竹庐、紫盖庐、泸水庐、丹陵庐、守玄庐、灵净庐、送仙庐、契静庐、凌虚庐、凤凰庐、子真庐、玄性庐、契玄庐、启元庐、出谷庐、君平庐、斗山庐、光天庐、腾空庐、昭德庐、寻玄庐、得一庐、启灵庐、宗华庐、朝真庐、黄堂庐、迎真庐、招隐庐、紫虚庐、启圣庐、凤台庐、东华庐、祈仙庐、元阳庐、东蒙庐、贞阳庐等36处道

---

① 道教将大地分为九层,称为"九垒"。"九垒"与"三清"相对,一为地下,一为天上。杜光庭《罗天醮众神词》有云:"修黄箓宝斋,设罗天大醮,下穷九垒,上极三清。"见〔唐〕杜光庭撰,董恩林点校《广成集》,北京:中华书局2011年版,第131页。
② 〔唐〕杜光庭撰,罗争鸣辑校:《杜光庭记传十种辑校》(上),第386页。

观或住宅。

（5）为得道成仙者所居的"三十六洞天"，包括霍童山霍林洞天、太山蓬玄洞天、衡山朱陵洞天、华山总真洞天、常山总玄洞天、嵩山司真洞天、峨眉山虚灵太妙洞天、庐山洞虚咏真洞天、四明山丹山赤水洞天、会稽山极玄阳明洞天、太白山玄德洞天、西山天宝极玄洞天、大围山好生上元洞天、潜山天柱司玄洞天、武夷山升真化玄洞天、鬼谷山贵玄思真洞天、华盖山容城太玉洞天、玉笥山太秀法乐洞天、盖竹山长耀宝光洞天、都峤山太上宝玄洞天、白石山秀乐长生洞天、勾漏山玉阙宝圭洞天、九嶷山湘真太虚洞天、洞阳山洞阳隐观洞天、幕阜山玄真太元洞天、大酉山大酉华妙洞天、金庭山金庭崇妙洞天、麻姑山丹霞洞天、仙都山祈仙洞天、青田山青天大鹤洞天、天柱山大涤玄盖洞天、钟山朱湖太生洞天、良常山良常方会洞天、桃源山白马玄光洞天、金华山金华洞元洞天、紫盖山紫玄洞盟洞天等 36 处筑有道教宫观的名山胜地。

（6）为修道者修道、升仙之所或高人逸士所居的"七十二福地"。福地主要为山，也有平地，包括地肺山紫阳观、石磕源、东仙源、南田、玉瑠山、青屿山、崆峒山、郁木坑、武当山、君山、桂源、灵墟、沃洲、天姥岑、若耶溪、巫山、清远山、安山、马岭、鹅羊山、洞真坛、玉清坛、洞灵源、陶山、烂柯山、龙虎山、勒溪、灵应山、白水源、金精山、合皂山、始丰山、逍遥山、连溪山、东白源、钵池、论山、毛公坛、包山、九华山、桐柏山、平都山、绿萝山、章观山、抱犊山、大面山、虎溪、元展山、马迹山、德山、鸡笼山、王峰、商谷、阳羡山、长白山、中条山、霍山、云山、四明山、缑氏山、临邛山、白鹤山、少室山、翠微山、大隐山、白鹿山、大若岩、嵊山、西白山、天印山、金城山、三皇井、沃壤等。

（7）还有得道者"白日飞升"的"灵化二十四"（在彭州、汉州、眉州等地）。①

司马承祯和杜光庭列举的仙界有一些属于虚构，但大部分是实有

① 以上参见〔唐〕杜光庭撰，罗争鸣辑校《杜光庭记传十种辑校》（上），第 385—397 页。

的,而且全都是风景绝佳的所在。

在道教学者的描述之外,唐代人所写的各种步虚词、游仙诗、山水诗、园林诗、田园诗及志怪小说中,也有大量关于仙境的描绘。从这些描绘当中,我们可以更加清楚地看出,唐人想象中仙境的范围,几乎扩展到了人世间所有美好的处所,其世俗化的倾向也更加明显。

从美学角度说,仙境在本质上就是美境。从各种涉及仙境的唐代文学作品中可以看出,仙境的审美意义在唐人的想象中更加突出。李白、王维、李商隐等人都有描写仙境的诗篇,如李白自称"十五游神仙,仙游未曾歇。吹笙坐松风,泛瑟窥海月。西山玉童子,使我炼金骨。欲逐黄鹤飞,相呼向蓬阙"①。他所描写的仙境是这样的:"青冥浩荡不见底,日月照耀金银台。霓为衣兮风为马,云之君兮纷纷而来下。虎鼓瑟兮鸾回车,仙之人兮列如麻。"②也是这样的:"明星玉女备洒扫,麻姑搔背指爪轻。我皇手把天地户,丹丘谈天与天语。九重出入生光辉,东求蓬莱复西归。玉浆倘惠故人饮,骑二茅龙上天飞。"③

就唐人文学作品中有关仙境的描绘来说,仙境美的表现或仙境的构成涉及多个方面:

一是有精美的人工营造。仙境是神仙的住所,它与人间一样,有许多建筑和设施,如传说中的昆仑山"五城十二楼"。《史记·封禅书》记载:"方士有言:'黄帝时为五城十二楼,以候神人于执期,命曰迎年。'上许作之如方,命曰明年。"④东晋葛洪《抱朴子·祛惑》则说:"昆仑山上一面辄有四百四十门,门广四里,内有五城十二楼。"⑤从司马迁到葛洪,"五城十二楼"变得越来越具体。唐代也仍有类似的说法,如王昌龄《放歌行》中有句云:"南渡洛阳津,西望十二楼。明堂坐天子,月朔朝诸侯。"⑥

---

① 〔唐〕李白撰,杨镰校点:《李太白集》(二),第 222 页。
② 〔唐〕李白撰,杨镰校点:《李太白集》(一),第 123 页。
③ 〔唐〕李白撰,杨镰校点:《李太白集》(一),第 53 页。
④ 〔汉〕司马迁著,李全华标点:《史记》,第 223 页。
⑤ 王明:《抱朴子内篇校释》,第 349 页。
⑥ 《全唐诗》(四),第 1422 页。

或李白《经乱离后赠江夏韦太守良宰》中所说的："天上白玉京,五城十二楼。"①道教有关仙境建筑和设施的描述,大抵是以人间最豪华的建筑和设施为蓝本,加上想象的加工和润饰,使之变得更加富丽堂皇。唐代诗人韦庄甚至认为,仙境看起来就像是人间的富贵之家,如他的《陪金陵府相中堂夜宴》中所云："满耳笙歌满眼花,满楼珠翠胜吴娃。因知海上神仙窟,只似人间富贵家。绣户夜攒红烛市,舞衣晴曳碧天霞。却愁宴罢青娥散,扬子江头月半斜。"②在这里,人间的荣华富贵便是仙境。反过来说,仙境的美好就在于有享不尽的荣华富贵。

二是有丰富的自然景象。如卢照邻《怀仙引》："若有人兮山之曲,驾青虬兮乘白鹿,往从之游愿心足。披涧户,访岩轩,石濑潺湲横石径,松萝幂苈掩松门。下空濛而无鸟,上巉岩而有猿。怀飞阁,度飞梁。休余马于幽谷,挂余冠于夕阳。曲复曲兮烟庄邃,行复行兮天路长。修途杳其未半,飞雨忽以茫茫。山坱轧,磴连寨。攀旧壁而无据,溯泥溪而不前。向无情之白日,窃有恨于皇天。回行遵故道,通川遍流潦。回首望群峰,白云正溶溶。珠为阙兮玉为楼,青云盖兮紫霜裘。天长地久时相忆,千龄万代一来游。"③他所描写的仙境更像是一个美丽的自然风景区。又如张籍《寻仙》："溪头一径入青崖,处处仙居隔杏花。更见峰西幽客说,云中犹有两三家。"④张籍描写的仙境,则像是环境清幽的隐士居处。

三是有充满活力的生态环境。道教以长生为目的,其修道所致乃是一种生生之境。道教中人将山林看作修道的首选之地,就是因为山林植被丰富、动物活跃,是一个充满生命活力的场所。南朝道士陶弘景曾在《寻山志》中对山林中动植物的生命给予热情的赞美："室迷夏草,迳惑春苔","夕鸟依檐,暮兽争来","草霍霍以指露,鹿飒飒而来群","竹泫泫以

---

① 〔唐〕李白撰,杨镰校点:《李太白集》(一),第 97 页。
② 《全唐诗》(二十),第 8018 页。
③ 《全唐诗》(二),第 520 页。
④ 《全唐诗》(十二),第 4358 页。

垂露,柳依依而迎蝉","鸥双双而赴水,鹭轩轩而归田"。① 这种充满生命意味的自然环境或生态环境是道教所追求的长生久视的前提。道教中人修道,非常重视"择地"或"居处",用现在的话来说,就是要找到一个生态良好的地方。生态良好的地方所具有的一切——包括清新的空气、洁净的水源、丰富的植被和悦耳的声音、悦目的色彩等,一方面有益于人的身心健康,另一方面也有助于修道者摒弃世俗的干扰,求得内心的安定。

四是有和谐的人际关系。唐人想象中的仙境,有一些属于想象中的理想社会或生活情景。其中之一是"桃花源"。魏晋时期,受道家思想影响的陶渊明曾构想出一个与老子的"小国寡民"社会类似的桃花源,这个桃花源也可以视为道教所追求的一种仙境。陶渊明《桃花源记》中描写的那群藏身于桃花源、"不知有汉,无论魏晋"的人,其实也可以看成是仙人。他们所生活的村庄"土地平旷,屋舍俨然。有良田、美池、桑竹之属。阡陌交通,鸡犬相闻。其中往来种作、男女衣着,悉如外人,黄发垂髫,并怡然自乐",这个村庄或社会的最大好处是环境优美,生活便利,衣食无忧,而且没有官府骚扰,人们往来种作,彼此不发生矛盾,因此能够"怡然自乐"。② 魏晋以后,陶渊明的"桃花源"成为众多文人心目中最理想的仙境原型。在唐代,陶渊明的地位至高无上,其在唐代诗歌中的地位,堪比王羲之在唐代书法中的地位,他的"桃花源"也成为唐代田园诗的基本意象和唐代文人心目中的仙界景象。很多唐代诗人都写到过桃花源,而且一概比诸仙境,如王维的《桃源行》:

> 渔舟逐水爱山春,两岸桃花夹去津。坐看红树不知远,行尽青溪不见人。山口潜行始隈隩,山开旷望旋平陆。遥看一处攒云树,近入千家散花竹。樵客初传汉姓名,居人未改秦衣服。居人共住武陵源,还从物外起田园。月明松下房栊静,日出云中鸡犬喧。惊闻俗客争来集,竞引还家问都邑。平明闾巷扫花开,薄暮渔樵乘水入。

---

① 《华阳陶隐居集》卷上,见《道藏》(二十三),上海:上海书店 1988 年版,第640—641 页。
② 〔清〕吴楚材、吴调侯选:《古文观止》(下),北京:文学古籍刊行社 1956 年版,第 290—291 页。

初因避地去人间,及至成仙遂不还。峡里谁知有人事,世中遥望空云山。不疑灵境难闻见,尘心未尽思乡县。出洞无论隔山水,辞家终拟长游衍。自谓经过旧不迷,安知峰壑今来变。当时只记入山深,青溪几度到云林。春来遍是桃花水,不辨仙源何处寻。①

王维所写的桃花源,表面上好像是田园,其实却是仙境——一个景色优美、超然物外、没有纷争和烦恼的世界。

初唐时期,诗人王绩写过一篇奇文《醉乡记》,说:

> 醉之乡,去中国不知其几千里也。其土旷然无涯,无丘陵阪险;其气和平一揆,无晦明寒暑;其俗大同,无邑居聚落;其人甚精,无爱憎喜怒,吸风饮露,不食五谷;其寝于于,其行徐徐,与鸟兽鱼鳖杂处,不知有舟车械器之用。昔者黄帝氏尝获游其都,归而杳然丧其天下,以为结绳之政已薄矣。降及尧舜,作为千钟百壶之献,因姑射神人以假道,盖至其边鄙,终身太平。禹汤立法,礼繁乐杂,数十代与醉乡隔。其臣羲和,弃甲子而逃,冀臻其乡,失路而道夭,故天下遂不宁。至乎末孙桀纣,怒而升其糟丘,阶级千仞,南向而望,卒不见醉乡。武王得志于世,乃命公旦立酒人氏之职,典司五齐,拓土七千里,仅与醉乡达焉,故四十年刑措不用。下逮幽厉,迄乎秦汉,中国丧乱,遂与醉乡绝。而臣下之爱道者,亦往往窃至焉。阮嗣宗、陶渊明等数十人并游于醉乡,没身不返,死葬其壤中,国以为酒仙云。嗟呼,醉乡氏之俗,岂古华胥氏之国乎? 何其淳寂也如是! 予得游焉,故为之记。②

王绩是陶渊明的崇拜者,他的很多诗都模仿陶渊明的风格。他写《醉乡记》同他一生嗜酒如命有关,但就其内容而言,则实质上是对《桃花源记》的模仿。他的"醉乡"可以说是另一个版本的"桃花源",是他心目中的仙

① 〔唐〕王维著,曹中孚标点:《王维全集》,第29页。
② 〔清〕董诰等编:《全唐文》(二),第1325页。

境,也是他心目中的理想社会。

五是有精神的绝对自由和快乐。道教人士向世人描述的仙境是一片乐土,是一种快乐无比的境界。被唐人尊奉为《南华真经》的《庄子》中就有许多关于快乐的言论。《庄子》中的《至乐》篇就是专门讨论快乐的,其中说:"天下有至乐无有哉?有可以活身者无有哉? ……夫天下之所尊者,富贵寿善也;所乐者,身安厚味美服好色音声也……吾观夫俗之所乐,举群趣者,誙誙然如将不得已,而皆曰乐者,吾未之乐也,亦未之不乐也。果有乐无有哉?吾以无为诚乐矣,又俗之所大苦也。故曰:'至乐无乐,至誉无誉。'"①庄子这种"至乐无乐"的快乐观对道教有非常深远的影响。道教并不看重世俗的快乐,而看重精神的快乐。这种精神的快乐来源于顺应自然的生活,或者说来源于自由的生活。唐人所说之"神仙",一个突出的特点就是不受世俗诱惑、不为功利所累,而其所说之"仙境",则是超然物外、远离喧嚣,二者的价值取向总的来说都是指向精神的绝对自由和快乐。

第三节 人间天上:人居环境的仙境化

仙境本来指神仙居住、游憩的所在。它是一种想象的产物,而不是现实的存在。但注重现世、讲求实际的中国古人总是力图在现实中寻找与仙境类似的场所,或把风景宜人的场所比喻、装点、美化成仙境。如南朝道士陶弘景在《答谢中书书》中说:"山川之美,古来共谈。高峰入云,清流见底。两岸石壁,五色交辉。青林翠竹,四时俱备。晓雾将歇,猿鸟乱鸣。夕阳欲颓,沉鳞竞跃。实是欲界之仙都。"②这种看法无形当中推动了对自然景观的鉴赏、保护与利用,同时也推动了对人居环境包括修道环境的美化。而其之所以可能,根本的原因就是在道教典籍的种种描绘当中,仙境本来就被赋予了感性的、实体的意义。道教所说的大部分

---

① 〔清〕郭庆藩撰,王孝鱼点校:《庄子集释》(中),第 608 页。
② 《华阳陶隐居集》卷下,见《道藏》(二十三),第 652 页。

"洞天福地",像昆仑山、终南山、王屋山、天台山、嵩山、茅山、龙虎山、峨眉山等,都是实际存在的风景名胜。

一、修道环境的仙境化

在唐代,除了司马承祯和杜光庭所说的"洞天福地",那些风景优美的修道之所或道教宫观也被想象为"仙境"。而这种想象反过来又成了营建道教宫观的设计理念和灵感源泉,并进一步推动了道教宫观环境的美化。

唐代因为崇道,保留和新建的宫观也很多。仅长安和洛阳城内就有道观 82 座,[①]包括长安著名的道观昊天观(也称为玄都昊天观或玄都观)、太清宫、东明观、兴唐观、玉真观、金仙观、太平观、景龙观、九华观、福唐观、光天观和洛阳著名的道观太微宫、弘道观、玄元观、龙兴观、安国女道士观、景云女道士观、景龙女道士观等。若加上长安和洛阳城郊,以及各州县城内及境内名山如峨眉山、青城山、武当山、罗浮山、庐山、龙虎山、天台山、王屋山等,数量还会多得多。

道教宫观,除称为"宫""观"之外,还有"治""庐""靖""馆"等别称,是男女道士修道、宣教和举行各种道教活动的场所,也是信徒和游客的文化活动中心,有特殊的建筑、布局和景物。隋唐之际,随着道教从山林到城市的扩张和帝王贵族的大力支持,道教宫观的内部空间布局有了相当完整的制度或"仪轨",即一般以天尊殿或天宫殿为中心,呈左右对称的布局,左右两侧和后面分设若干院落,各类建筑物如殿(天尊殿)、堂(校经堂、讲经堂、合药堂、斋堂、浴堂等)、院(烧香院、说法院、升遐院、受道院、精思院等)、阁(钟阁、游仙阁、凝灵阁、乘云阁、飞鸾阁等)、楼(门楼、经楼、九仙楼、延真楼、舞凤楼、逍遥楼、静念楼等)、坊(净人坊、俗客坊、骦马坊等)等以回廊连通,还建有各种台(寻真台、炼气台、祈真台、吸景台、散华台、望仙台、承露台、九清台等)和园林(花园、水池等)。

---

① 据杨鸿年《隋唐两京里坊谱》书末"索引"统计。

    唐代城市之内或城市近郊受到皇家支持的道观,一般规模庞大、建筑宏丽,如长安的昊天观和洛阳的弘道观都占有一坊之地(占地约为700—800亩)。长安大宁坊的太清宫有12间殿,东、西、南各开一门,正门即南门名琼华,东门名九灵,西门名三清,"宫垣之内,连接松竹,以象仙居"①;普宁坊的东明观"规度拟西明之制,长廊广殿,图画雕刻,道家馆舍,无以为比"②;长乐坊的兴唐观"本司农园地,开元十八年造观,其时有敕令速成之,遂拆兴庆宫通乾殿造天尊殿,取大明宫乘云阁造门屋楼,拆白莲花殿造精思堂屋,拆甘泉殿造老君殿。元和年间命中尉彭中献帅徒三百人修兴唐观,赐钱千万,使壮其旧制"③;辅兴坊的金仙、玉真二观"门楼绮榭,耸对通衢,西土夷夏自远而至者,入城遥望,宵若天中"④。

    不但长安和洛阳的宫观是这样,其他地方的宫观也一样规模庞大。如始建于隋代的成都至真观,"前临逸陌,却负长瀛。蕙楼接登景之房,琼台带荡真之室。荷珠的皪,花落砗磲之沼;竹色便娟,叶扫琉璃之地。祥禽杂畤,瑞草罗生。仁智之所安也,蒍轴之所槃也"⑤。入唐后,据卢照邻《益州至真观主黎君碑》记载,又在天宫后面"起大讲堂,并造长廊二十余丈。琳堂郁其峙起,星闱忽以环周。仰宯寰以嶙峋,下峥嵘以广朗。阴娥假道,窥玉女于南轩;阳乌回辔,炤青禽于北阁"⑥。

    唐代道教宫观之所以规模庞大、建筑宏丽,除了受到唐代城市本身的规模和建筑风格影响,还有一个原因就是,这些道观有很多本来就是皇帝、诸王、公主或权臣捐献出来的大宅院。如长安太平观本为太平公主宅、景龙观本为长宁公主宅、九华观本为皇亲李思训宅、福唐观本为新

---

① 《城坊考》注,转引自杨鸿年《隋唐两京里坊谱》,第7页。
② 〔唐〕韦述撰,辛德勇辑校:《两京新记辑校》,第56页。按:东明观和西明寺均为始建于唐高宗显庆元年(656年)的皇家宗教庙宇。西明寺含10个院落,13座大殿,4 000多个房间。东明观既仿西明之制,则其占地规模、建筑数量和体量也应该与西明寺差不多。
③ 〔宋〕宋敏求、〔元〕李好文撰,辛德勇、郎洁点校:《长安志·长安志图》,第289—290页。
④ 〔唐〕韦述撰,辛德勇辑校:《两京新记辑校》,第30页。
⑤ 〔隋〕辛德源:《至真观记》,见《四川通志》卷三八,清嘉庆刻本。
⑥ 〔唐〕卢照邻著,李云逸校注:《卢照邻集校注》,北京:中华书局1998年版,第439页。

都公主宅,洛阳的弘道观本为雍王宅、龙兴观本为宰相宋璟宅,等等。

除了规模庞大和建筑宏丽,环境的优美也是唐代道观的特点之一。根据位置不同,可以把唐代的道观分为城市道观和山林道观两种类型。城市道观多采用园林化的布局来烘托城市山林、人间仙境的氛围,山林道观则多依托名山胜地的自然环境来彰显出离尘寰的仙境意象。对此,唐代诗人有大量描述,如:

> 灵峰标胜境,神府枕通川。玉殿斜连汉,金堂迥架烟。断风疏晚竹,流水切危弦。别有青门外,空怀玄圃仙。(骆宾王《游灵公观》)①

> 白玉仙台古,丹丘别望遥。山川乱云日,楼榭入烟霄。鹤舞千年树,虹飞百尺桥。还疑赤松子,天路坐相邀。(陈子昂《春日登金华观》)②

> 方驾游何许,仙源去似归。萦回留胜赏,萧洒出尘机。泛菊贤人至,烧丹姹女飞。步虚清晓籁,隐几吸晨晖。竹径琅玕合,芝田沆瀣晞。银钩三洞字,瑶笥七铢衣。丽句翻红药,佳期限紫微。徒然一相望,郢曲和应稀。(权德舆《晚秋陪崔阁老、张秘监阁老、苗考功同游昊天观》)③

唐代的城市道观由于有出色的园林而成为当时的宗教旅游胜地,如长安最大的道观——昊天观(也称为玄都昊天观或玄都观),以桃花和竹林出名,刘禹锡《元和十年自朗州承召至京,戏赠看花诸君子》诗中说:"紫陌红尘拂面来,无人不道看花回。玄都观里桃千树,尽是刘郎去后栽。"④姚合《游昊天玄都观》诗云:"性同相见易,紫府共闲行。阴径红桃落,秋坛白石生。藓文连竹色,鹤语应松声。风定药香细,树声泉气清。垂檐灵草影,绕壁古山名。围外坊无禁,归时踏月明。"⑤又,刘得仁《昊天

---

① 《全唐诗》(三),第845页。
② 〔唐〕陈子昂撰,徐鹏校点:《陈子昂集(修订本)》,第55页。
③ 《全唐诗》(十),第3656页。
④ 〔唐〕刘禹锡撰,卞孝萱校订:《刘禹锡集》(上),第308页。
⑤ 《全唐诗》(十五),第5686页。

观新栽竹》诗中说:"清风枝叶上,山鸟已栖来。……遍思诸草木,惟此出尘埃。"①玉芝观以杉取胜,周贺《玉芝观王道士》赞曰:"四面杉萝合,空堂画老仙。蠹根停雪水,曲角积茶烟。"②唐昌观的玉蕊花闻名京城内外,康骈《剧谈录》卷下记载:"上都安业坊唐昌观,旧有玉蕊花甚繁,每发,若瑶林琼树。元和中,春物方盛,车马寻玩者相继。"③

除了通过创设清幽的园林环境给人以仙境的联想,有些唐代城市道观园林的建造,本身就是直接模仿传说中的仙境。如长安景龙观,张九龄《景龙观山亭集送密县高赞府序》说:"所谓长女之宫,郁为列仙之馆,其后好事,以为胜游。"④苏颋《景龙观送裴士曹》也说:

> 昔日尝闻公主第,今时变作列仙家。池傍坐客穿丛筱,树下游人扫落花。雨雪长疑向函谷,山泉直似到流沙。君还洛邑分明记,此处同来阅岁华。⑤

又如洛阳政平坊的安国观,是唐玄宗时期玉真公主为收容上阳宫宫女所建的女道士观,门楼高 90 尺,殿南有精思院,玉雕天尊、老君像,"院南池引御渠水注之,叠石像蓬莱、方丈、瀛洲三山"⑥。

唐代的山林道观,主要建在景观优美的郊野胜地或地势险要的崇山峻岭之中,有的甚至建在高山之巅或绝壁之上,形成一种群山环抱、云雾缭绕、凌空蹈虚的景象,给人以一种上与天齐、神游太虚、吞吐大荒的感觉。在这类道教宫观中,建筑与自然浑然一体,人造的建筑被安放在巨大的自然空间和神奇的环境氛围之中,如崔尚《唐天台山新桐柏观颂并

---

① 《全唐诗》(十七),第 6283 页。

② 《全唐诗》(十五),第 5724 页。

③ 陶敏主编:《全唐五代笔记》(三),第 2512 页。

④ 〔清〕董诰等编:《全唐文》(三),第 2947 页。

⑤ 《全唐诗》(三),第 805 页。按:景龙观在长安安仁坊,本为高士廉宅,后并入长宁公主和驸马杨慎交的府第,东有山池别院。韦庶人败,杨慎交流为外官,遂舍为观,以著名道士叶法善为住持,初名景龙观,天宝十三载(754 年)改为玄真观。

⑥ 宋人王谠《唐语林》卷七引唐人康骈《剧谈录》语,见〔宋〕王谠撰,周勋初校证《唐语林校证》(下),第 661 页。

序》中说，桐柏观的周围"连山峨峨，四野皆碧，茂树郁郁，四时并清……双峰如阙，中天豁开，长涧南泻，诸泉合漱，一道瀑布，百丈悬流"，而道士司马承祯主持建造的天尊堂，则"有云五色，浮霭其上"。① 晚唐周朴《桐柏观》诗云："东南一境清心目，有此千峰插翠微。人在下方冲月上，鹤从高处破烟飞。岩深水落寒侵骨，门静花开色照衣。欲识蓬莱今便是，更于何处学忘机。"② 又如司空图《云台三官堂》文中所描写的华山云台观："此观地连名岳，境胜元都〔即神仙居住的玄都——引注〕。在历览而可知，乃众星之所集。一池菡萏，时时而雪里异香；五夜〔即五更——引注〕沈寥，往往而峰前仙乐。"③ 杨炯《和刘侍郎入隆唐观》诗中所描写的隆唐观："福地阴阳合，仙都日月开。山川临四险，城树隐三台。"④ 李郢《洞灵观流泉》诗中所描写的洞灵观："石上苔芜水上烟，潺湲声在观门前。千岩万壑分流去，更引飞花入洞天。"⑤ 孟郊《游华山云台观》诗中所描写的云台观："华岳独灵异，草木恒新鲜。山尽五色石，水无一色泉。仙酒不醉人，仙芝皆延年。夜闻明星馆，时韵女萝弦。敬兹不能寐，焚柏吟道篇。"⑥

　　有些山林道观虽然规模不如城市道观，但环境之清幽也有"壶中仙境"的美誉。如高太素的道院，五代王仁裕《开元天宝遗事》卷下说："商山隐士高太素累征不起，在山中构道院二十余间。太素起居清心亭下，皆茂林修竹、奇花异卉。"⑦ 又如孟浩然《与王昌龄宴黄道士房》云："归来卧青山，常梦游清都。漆园有傲吏，惠好在招呼。书幌神仙箓，画屏山海图。酌霞复对此，宛似入蓬壶。"⑧ 马戴《谒仙观二首》云："我生求羽客，斋

① 〔清〕董诰等编：《全唐文》（四），第 3089 页。
② 《全唐诗》（二十），第 7703 页。
③ 〔唐〕司空图著，祖保泉、陶礼天笺校：《司空表圣诗文集笺校》，第 316 页。
④ 《全唐诗》（二），第 616 页。
⑤ 《全唐诗》（十八），第 6856 页。
⑥ 《全唐诗》（十一），第 4211 页。
⑦ 〔五代〕王仁裕撰，曾贻芬点校：《开元天宝遗事》，第 43 页。
⑧ 《全唐诗》（五），第 1622 页。

沐造仙居"，"愿值壶中客，亲传肘后方"。[1]

二、世俗环境的仙境化

模仿或再现传说中的仙境，或通过水池、溪流、岛屿、假山、楼台、桥梁、奇花、异草、古树、名木、怪石等营造出仙境的意象，这种方法在唐代帝王、贵族和一些文人的居住环境中也有非常明显的体现。

中国古代帝王宫苑对天界或仙界的模仿可以追溯到殷商时代。殷商时代的宫殿苑囿一般建筑在地势较高的地方，其环境构成中已经包括了山林、池沼这些最基本的造园素材。到秦代，由于秦始皇本人痴迷于神仙世界，当时的宫苑建筑表现出更加明显的模仿神仙境界的特征。其中一个突出的表现是模仿天界的星象或星空布局，如《史记·秦始皇本纪》中说：秦始皇"作信宫渭南。已更命信宫为极庙，象天极"；又"营作朝宫渭南上林苑中。先作前殿阿房，东西五百步，南北五十丈，上可以坐万人，下可以建五丈旗，周驰为阁道，自殿下直抵南山。表南山之巅以为阙。为复道，自阿房渡渭，属之咸阳，以象天极阁道绝汉抵营室也"。[2]《三辅黄图》也记载：秦始皇"筑咸阳宫，因北陵营殿，端门四达，以则紫宫，象帝居。渭水贯都，以象天汉。横桥南渡，以法牵牛"[3]。这种通过建筑并结合周边自然山川河流等来模仿星象或星空布局的做法，目的就是给人一种仿佛置身于天人之间的空间想象。除此之外，秦代的宫苑建筑还通过引水造池、筑土成山的方式来再现神仙海岛的传说，如《初学记》引《三秦记》记载："秦始皇作长池［即兰池——引注］，张渭水东西二百里，南北二十里，筑土为蓬莱山，刻石为鲸，长二百丈。"[4]这种"一池三山"的模式，成为此后中国园林特别是皇家园林的一种特定模式，如汉代汉武帝时期的皇家宫苑——建章宫太液池的修筑手法，就采用的是这种模

---

[1]《全唐诗》（十七），第 6447 页。
[2]〔汉〕司马迁著，李全华标点：《史记》，第 57、62 页。
[3] 何清谷：《三辅黄图校释》，第 22 页。
[4]〔唐〕徐坚等：《初学记》（上），北京：中华书局 1962 年版，第 148 页。

仿神仙海岛的方式。据《三辅黄图》记载,建章宫太液池位于长安城西、建章宫北、未央宫西南,"中起三山,以象瀛洲、蓬莱、方丈,刻金石为鱼龙、奇禽、异兽之属"[①]。

唐代皇家园林中的核心景区布局,主要继承的就是秦汉以来的神仙海岛模式,它的目的也是营造一种高于尘世而又不离尘世、虽在人间而又仿佛置身仙界的环境意象。如唐代长安城的大明宫太液池、兴庆宫龙池、骊山蓬莱宫,洛阳城的西苑北海、洛阳宫九州池,都是这种神仙海岛式的布局。

除了在园林中直接模仿传说中的仙境,有些唐代帝王甚至直接在宫廷中营造一些道教建筑设施,把整个皇宫都变成类似天庭的样子。如唐武宗好道教,在大明宫中筑望仙台,也是一种对仙境的比附。裴庭裕《东观奏记》卷上说:"武宗好长生久视之术,于大明宫筑望仙台,势侵天汉。"[②]

受帝王爱好的影响,唐代的贵族园林也有不少是以模仿神仙境界或神仙海岛为特点的。如安乐公主的园林,沈佺期《侍宴安乐公主新宅应制》诗云:"皇家贵主好神仙,别业初开云汉边。山出尽如鸣凤岭,池成不让饮龙川。妆楼翠幌教春住,舞阁金铺借日悬。敬从乘舆来此地,称觞献寿乐钧天。"[③]又如玉真公主山池院,司空曙《题玉真观公主山池院》诗云:"香殿留遗影,春朝玉户开。羽衣重素几,珠网俨轻埃。石自蓬山得,泉经太液来。柳丝遮绿浪,花粉落青苔。镜掩鸾空在,霞消凤不回。唯余古桃树,传是上仙栽。"[④]这两首诗虽然没有直接点明其园林的具体构造,但大体上可以肯定是以模仿神仙境界为特点的。又如安乐公主在长安城西开凿的定昆池,《朝野佥载》卷三说:"安乐公主改为悖逆庶人。夺百姓庄园,造定昆池四十九里,直抵南山,拟昆明池。累石为山,以象华

---

① 何清谷:《三辅黄图校释》,第 261 页。
② 〔唐〕裴庭裕撰,田廷柱点校:《东观奏记》,北京:中华书局 1994 年版,第 93 页。
③ 《全唐诗》(四),第 1041 页。
④ 〔唐〕司空曙著,文航生校注:《司空曙诗集校注》,北京:人民文学出版社 2011 年版,第 1 页。

岳,引水为涧,以象天津。飞阁步檐,斜桥磴道,衣以锦绣,画以丹青,饰以金银,莹以珠宝。又为九曲盃池,作石莲花台,泉于台中流出,穷天下之壮丽。悖逆之败,配入司农,每日士女游观,车马填噎。"①这个记载就明确说明了定昆池的布局是直接模仿仙界(天界)景象的。再如太平公主的园林(南庄),宋之问《太平公主山池赋》中的描写是:

> 公主……厌绮罗与丝竹,爱瑶池及赤城。构仙山兮既毕,侔造化之神术:其为状也,攒怪石而岑崟;其为异也,含清气而萧瑟。列海岸而争耸,分水亭而对出。其东则峰崖刻划,洞穴萦回,乍若风飘雨洒兮移郁岛,又似波沉浪息兮见蓬莱。图万重于积石,匿千岭于天台,荆门揭起兮壁峻,少室丛生兮剑开。削成秀绝,莲华之覆高掌;独立窈窕,神女之戏阳台。尔其樵溪钓浦,茅堂菌阁,秘仙洞之瑶膏,隐山家之场藿。烟岑水涯,缭绕逶迤,翠莲瑶草,的烁纷披,映江浔而烂烂,浮海上而累累。洒之罘与衡霍,岂吾人之所为? 向背重复,参差反覆,翳荟蒙茏,含青吐红,阳崖夺锦,阴壑生风,奇树抱石,新花灌丛。向若天长地久兮苔藓合,古往今来兮林涧空,始燕秦而开径,访灵药乎其中。其西则翠屏崭岩,山路诘曲,高阁翔云,丹岩吐绿。惚兮恍,涉弱水兮至昆仑;杳兮冥,乘龙梁兮向巴蜀。壮岷嶓兮连属,郁氛氲兮断续,岩虚兮谷峻,藏清兮蓄韵。含珠兮蕴玉,众彩兮明润,芳园暮兮白日沉,爽气浮兮黛壑深。风泉活活兮鸣石,葛藟青青兮蔓岑,罗八方之奇兽,聚六合之珍禽。别有复道三袭,平台四注,跨渚兮交林,蒸云兮起雾。鸳鸯水兮凤凰楼,文虹桥兮彩鹢舟,山池成兮帝子游,试一望兮消人忧。②

据此,则太平公主的园林中囊括了当时所能想象到的各种仙界景物,如瑶池、赤城、蓬莱、昆仑、弱水、仙洞、怪石、珍禽、奇兽以及各种各样的仙草、灵药、花卉等。整个景物的布置和环境的设计,基本上来源于仙境的

---

① 〔唐〕张鷟撰,赵守俨点校:《朝野佥载》,第70—71页。
② 〔清〕董诰等编:《全唐文》(三),第2427页。

构想。甚至"樵溪钓浦，茅堂菌阁"之类，也很可能与《列仙传》《神仙传》之类书中所描写的仙人居所有某种关联。

在唐代，由于道教信仰的普及，拟象仙境成为一种普遍的人居环境理想。除了帝王贵族，当时的一些文人也试图在自己的宅园中再现仙界的景象。如据苏颋《奉和圣制幸礼部尚书窦希玠宅应制》中说的"自有天文降，无劳访海槎"[①]，綦毋潜《题沈东美员外山池》中说的"仙郎偏好道，凿沼象瀛洲"[②]，可知当时文人园林也有模拟仙境的倾向，而沈东美员外的山池院，则是直接来源于帝王宫苑中的一池三山模式。

第四节　唐代道教学者的环境审美观

唐代是中国道教思想系统化、在修习方式上由外丹转入内丹的一个重要历史时期。这个时期出现了一批著名的道教学者，如孙思邈、叶法善、潘师正、成玄英、李荣、司马承祯、吴筠、杜光庭、罗隐、无能子、谭峭等。这些学者的著作中，也不乏与环境或环境建构相关的看法。

一、人居环境的构成要素

唐代道教学者的环境观，与其所持有的宇宙观和人生观有着不可分割的联系。其宇宙观和人生观总的来说有两点：一是主张天道自然，二是倡导清静无为。因此，他们所向往的理想人居环境，总体是以富有生命活力的自然环境为主，以能够摆脱世俗生活之累和促进身心安定和谐为主，反对过多的人为干预或人工营造。具体来说，主要体现在以下三个方面：

一是有良好的自然生态。道教的主要思想来源是道家。道家的主要观点是重视"自然"，主张万物平等，倡导"葆真""全生"。这些观点都

[①]《全唐诗》(三)，第 807 页。
[②]《全唐诗》(四)，第 1371 页。

被唐代的道教学者继承和发挥。如唐代著名道教学者成玄英就曾发挥庄子的思想说:"自然之理,亭毒众形,虽复修短不同,而形体各足称事,咸得逍遥。而惑者方欲截鹤之长续凫之短以为齐,深乖造化,违失本性,所以忧悲。"①成玄英认为宇宙间的事物不但是多样的,而且是平等的,它们本性不同,但都出于自然造化之理。他还将仁爱之心施于天下万物,描绘出一幅人与动物友好相处的景象,说:"人无害物之心,物无畏人之虑。故山禽野兽,可羁系而遨游;鸟鹊巢窠,可攀援而窥望也。"②在他看来,人与动物的相互伤害,原因在人而不在动物,如果人没有伤害动物的欲念或想法,并且能够对动物的生命给予同等的对待和充分的尊重,那么人与动物之间的相互伤害是可以避免的。唐末五代著名道士、道教学者谭峭也持类似看法,他在《化书》中说:"凤不知美,鸱不知恶,陶唐氏不知圣,有苗氏不知暴。"并且认为,天下万物各有其性,也各有其能:"涧松所以能凌霜者,藏正气也;美玉所以能犯火者,蓄至精也。"③成玄英和谭峭的基本看法是要尊重天下万物的自然本性,而不能人为地干预甚至消灭这种本性。道教这种认为天下万物按其本性来说都具有生存、发展权利的平等观念,与现代意义上的生态学思想或生态环境思想是相通的。

重视生命,是中国古代不同思想派别的共同主张。儒、道、佛,都有重"生"的倾向。在道家和道教而言,这生命还不止于人的生命,而同时包括一切事物的生命。道教甚至认为,若不重视其他事物的生命,反过来也会影响到人的生命,如牛肃《纪闻》卷上记太和先生王旻的话:"张果,天仙也,在人间三千年矣。姜抚,地仙也,寿九十三矣。抚好杀生命,以折己寿,是仙家所忌,此人终不能白日飞天矣。"④

道教的生命平等观或生态观也影响到对道观环境的构建。在唐代,

---

① 〔晋〕郭象注、〔唐〕成玄英疏:《南华真经注疏》卷十,见《道藏》(十六),第392页。
② 〔晋〕郭象注、〔唐〕成玄英疏:《南华真经注疏》卷十一,见《道藏》(十六),第399页。
③ 〔五代〕谭峭撰,丁祯彦、李似珍点校:《化书》,北京:中华书局1996年版,第47、25页。
④ 陶敏主编:《全唐五代笔记》(一),第353页。

道观环境的园林化和山林化是一个普遍的倾向。最高统治者也曾多次发布诏令规定对道观生态环境的保护,如唐睿宗在《复建桐柏观敕》中规定:"于天台山中辟封内四十里,为禽兽草木长生之福庭,禁断采捕者。"①唐玄宗在《禁茅山采捕渔猎敕》中说:"山岳上疏分野,下镇方隅,降福祐于人,施云雨之惠。且茅山神秀,华阳洞天,法教之所源,群仙之所宅。……自今已后,茅山中令断采捕及渔猎,四远百姓有吃荤血者,不须令入。如有事式申祈祷,当以香药珍羞,亦不得以牲牢等物。"②

二是有特异的景观构成。道教的仙境或其所说的"天地宫府""洞天福地",是一个被赋予了特殊精神意义的因而与日常生活相对隔离开来的空间范围或场所。它不仅要有良好的生态,还要有引人入胜的景观(包括建筑景观、动植物景观、气候气象景观),甚至要有特殊的地理位置、地形地势。唐德宗时人姚揆的《仙岩铭》中说:"惟仙之居,既清且虚,一泉一石,可诗可图。"③在姚揆看来,仙居是一个远离世俗社会、风景绝美而且充满诗情画意的所在。

在唐代道教学者的想象中,神仙居住的地方一般都具有非常奇异的景观,如吴筠《游仙二十四首》中描写的太帝宫:"五云结层阁,八景动飞舆。青霞正可挹,丹椹时一遇。"④又,杜光庭《洞天福地岳渎名山记序》中说:"乾坤既辟,清浊肇分,融为江河,结为山岳。或上配辰宿,或下藏洞天,皆大圣上真主宰其事。则有灵宫秘府,玉宇金台,或结气所成,凝云虚构;或瑶池翠沼,流注于四隅;或珠树琼林,扶疏于其上。神凤飞虬之所产,天骥泽马之所栖。……乍标华于海上,或回疏于天中,或弱水之所萦,或洪涛之所隔……"⑤杜光庭认为,神仙居住的洞天福地、岳渎名山是天地之气凝结而成的产物,也是各种奇异景观和灵异之物的汇聚之所。

---

① 〔清〕董诰等编:《全唐文》(一),第224页。
② 〔清〕董诰等编:《全唐文》(一),第399页。
③ 〔清〕董诰等编:《全唐文》(十),第9401页。
④ 《全唐诗》(二十四),第9642页。
⑤ 〔唐〕杜光庭撰,罗争鸣辑校:《杜光庭记传十种辑校》(上),第383页。

他在《蜀王仙都山醮词》中又说:"真精表瑞,元气分形,积秀累于人寰,凝为仙岳;集幽奇于物外,严设洞天,上属星辰,下福邦国。"①在杜光庭看来,仙都、仙居或仙境,是一个拥有各种奇异景观、游离于世俗生活之外,又上接星辰、下连邦国即介于天人之间的世界。

这样一个世界,在唐代道教学者看来,是修道成仙所必需的环境条件。如杜光庭《题唐福观二首》有云:"盘空蹑翠到山巅,竹殿云楼势逼天。八州物象通檐外,万里烟霞在目前。自是人间轻举地,何须蓬岛访真仙。"②好的或美的环境、景观奇特且远离世俗的环境,是得道成仙的首选之地。其中,最主要的是得天独厚的自然景观。在唐代道教学者的描述当中,自然景观的特出是第一位的,它远比宫殿楼阁之类人工景观重要。如道士吕洞宾说:"乔木阴阴衬落霞,好山都属道人家。"③又如杜光庭《自到仙都山醮词》中说:"兹山作镇,前临楚望,旁控巴城。泉流回环,严设龙蛇之府;群峰拱卫,秀为真圣之都。"④无论是吕洞宾还是杜光庭,都把自然景观作为构成道人居住环境的首要条件。

三是有和谐的社会人际关系。道教虽然有超离世俗的一面,而且其主要注重的也是远离世俗的自然环境,但其对理想的社会生活环境也同样抱有自己的看法。道教作为中国的本土宗教,本来就与关注社会和谐的儒家思想有着千丝万缕的联系。儒道之间的互补关系历来为诸多道家和道教学者所重视,如东晋道教学者葛洪说:"道者,儒之本也;儒者,道之末也。"⑤在葛洪看来,儒道之间并没有不可调和的矛盾,它们是可以相互补充的。在唐代,外来的佛教曾一度威胁到道教的生存地位,著名道士吴筠曾撰文抨击佛教,说它"侮君亲,蔑彝宪,髡跣贵,簪裾贱"⑥,即破坏了儒家所说的人伦秩序。在这里,吴筠是站在儒家的角度而不是道

① 〔唐〕杜光庭撰,董恩林点校:《广成集》,第124—125页。
② 《全唐诗》(二十四),第9665页。
③ 《纯阳真人浑成集》卷上,见《道藏》(二十三),第685—686页。
④ 〔唐〕杜光庭撰,董恩林点校:《广成集》,第125页。
⑤ 王明:《抱朴子内篇校释》,第184页。
⑥ 〔唐〕吴筠:《宗玄集》,上海:上海古籍出版社1992年版,第9页。

教的角度来批判佛教的。他的思想不仅继承了以往道教人士重视儒家忠孝节义的传统,而且还增加了"至贞至廉""乐贫甘贱""希高敦古"之类原本属于儒家的价值观念。① 因此可以说,道教所构想的仙境,作为一种理想社会,本身即包含了对具有儒家思想色彩的和谐的人际关系的向往。在如何构建和谐的人际关系的问题上,道教不仅吸取了儒家的仁政和德治思想,还提出了自己特有的一套化解人际冲突和纷争的办法,如"节欲""简事""收心""坐忘"等。这些办法本来是用于修身成道的,但它们在客观上也起到了缓解人际冲突和纷争的作用。如唐代著名道士司马承祯说:"虽有营求之事,莫生得失之心。即有事无事,心常安泰。与物同求,而不同贪;与物同得,而不同积。不贪故无忧,不积故无失。"②在现实的社会生活中,如果人人都少一点得失之心,做到不贪不积,那么那些尔虞我诈的利益纷争也就自然消解了,和谐的人际关系、安定的社会环境以及个人平和的心境也就自然达成了。

二、人居环境的养生功能

养生是中国文化中一种非常独特的思想传统和生活实践。它的历史可以追溯到先秦时代。最早关注养生的是道家。《老子》一书中已经提出"长生久视"的问题,《庄子》一书中则出现了"养生""全生""养身""保身"等概念,而且多次论及养生的方法论问题。如《庄子·刻意》中说:"吹呴呼吸,吐故纳新,熊经鸟申,为寿而已矣;此道引之士,养形之人,彭祖寿考者之所好也。若夫不刻意而高,无仁义而修,无功名而治,无江海而闲,不道引而寿,无不忘也,无不有也,澹然无极,而众美从之。此天地之道,圣人之德也。"③在《庄子》一书中,养生包括养形和养神(也叫养中)两种方法。按照庄子学派的看法,养形(吐纳、导引等)固然可以

---

① 这种批判对佛教震动很大,佛教其实也在陆续吸取儒家的东西,后来终于演变成中国化的佛教。
② 吴受琚辑释:《司马承祯集》,第 140 页。
③ 〔清〕郭庆藩撰,王孝鱼点校:《庄子集释》(中),第 535—536 页。

长寿,但无论多么长寿都是有限的,从无限的宇宙来看,长寿也好,夭折也好,都是一样微不足道或没有意义。因此,只有养神才能从根本上解决有限与无限的矛盾,才能把人从有限的生命中解放出来,达到"与天地并生""与万物为一""与造物者同游""与外死生者为友"的永恒境界。

老庄所讨论的养生问题后来成为魏晋清谈和玄学的基本主题。魏晋时期的很多名士都谈论过养生的问题,如"竹林七贤"中的嵇康。嵇康著有《养生论》,认为"导养得理,以尽性命,上获千余岁,下可数百年,可有之耳"。但他反对把吐纳、服药等作为养生的唯一方法,而主张形神兼养,并把养神作为养生的首要任务,说:"精神之于形骸,犹国之有君也。……故修性以保神,安心以全身,爱憎不栖于情,忧喜不留于意。泊然无感,而体气和平。又呼吸吐纳,服食养身,使形神相亲,表里俱济也。"他认为养生的根本是养神,说:"善养生者……清虚静泰,少私寡欲。"①嵇康的这些看法,总的来说是从《庄子》中直接继承过来的。

在以道家哲学为主要思想基础的道教中,养生也是修道成仙的必要前提或必要功课。如东晋道士葛洪说:"天地之大德曰生。生,好物者也。是以道家之所至秘而重者,莫过乎长生之方也。"②"贵生""重生""养生"是道教的核心思想,我们在唐代道教学者的著作中可以找到很多类似的论述,如孙思邈在《养性延命录序》中说:"夫禀气含灵,惟人为贵。人所贵者,盖贵为生。"③

中国传统意义上的"养生",系指对生命全体和整个生命过程的维护与调适。它不同于疾病治疗,也不等于身体锻炼,虽然治疗和锻炼都有养生的作用。从养生的观点看,不但吐纳、导引、服食(丹药)等可以起到养生的作用,而且生命过程中的一切活动、时间和场所都包含养生的意义和功能。这其中就包括人居住和生活的环境。自汉魏六朝以后,道教中人之所以选择在山林或园林化的居住环境中修道,其原因之一,就是

① 〔清〕严可均辑,陈延嘉等校点:《全上古三代秦汉三国六朝文 三》,第 478—479 页。
② 王明:《抱朴子内篇校释》,第 252 页。
③ 〔清〕董诰等编:《全唐文》(二),第 1619 页。

山林或园林中优美的环境、丰富的植被和清新的空气等,本身就有养生的作用。

隋唐以后,居住和生活环境的问题,得到了许多道教学者的重视。如孙思邈在《备急千金要方·道林养性》中说:"问我居止处,大宅总向村。胎息守五脏,气至骨成仙。"①孙思邈认为,村居的环境因为空气清新、环境幽静而有利于胎息功法的修习,从而最终有利于长生或成仙。在《千金翼方》中,孙思邈还专门撰有《退居》七篇谈及修道和养生的环境问题,其中《择地》《缔创》《种造》《杂忌》四篇均涉及环境的选择与安排。其《择地》有云:"山林深远,固是佳境,独往则多阻,数人则喧杂。必在人野相近,心远地偏,背山临水,气候高爽,土地良沃,泉水清美,如此得十亩平坦处,便可构居。若有人功,可至二十亩,更不得广。广则营为关心,或似产业,尤为烦也。若得左右映带,岗阜形胜,最为上地。地势好,亦居者安,非他望也。"②在这里,孙思邈从医学角度讨论了如何选择住宅基址的问题,实际上也就肯定了环境的美恶对人的身心健康有直接的影响。

孙思邈之后,对这个问题有较多论述的是活跃在武则天至唐玄宗时期的著名道士司马承祯。司马承祯的养生论注重的是"养心"或"安心",因为注重"养心"或"安心",所以他也非常注重日常生活中的修为,包括居住环境的选择与安排。他在《山居洗心》一诗中说:"不践名利道,始觉尘土腥。不味稻粱食,始觉神骨清。罗浮奔走外,日月无晦明。山瘦松亦劲,鹤老飞更轻。逍遥此中客,翠发皆常青。草木多古色,鸡犬无新声。若有出俗志,不贪英雄名。傲然脱冠绶,改换人间情。去矣丹霄上,向晓云冥冥。"③从这首诗的题目可以看出,司马承祯是主张"山居"的,他认为山居有利于洗心,从而有利于养生。在《天隐子》一书中,他还非常具体地讨论了"安处"的问题,说:

① 〔唐〕孙思邈:《备急千金要方》,北京:中国医药科技出版社2017年版,第118页。
② 〔唐〕孙思邈著,李景荣等校释:《千金翼方校释》,北京:人民卫生出版社2014年版,第351页。
③ 吴受琚辑释:《司马承祯集》,第1—2页。

何谓安处？曰：非华堂邃宇、重袿广榭之谓也，在乎南向而坐，东首而寝。阴阳适中，明暗相半。屋无高，高则阳盛而明多；屋无卑，卑则阴盛而暗多。

故明多则伤魄，暗多则伤魂。人之魂阳而魄阴，苟伤明暗，则疾病生焉。此所谓居处之室尚使之然，况天地之气，有亢阳之攻肌，淫阴之侵体，岂不防慎哉！修养之渐，尚不法此，非安处之道术也。

吾所居室，四边皆窗户，寓风则阖，风息即开。吾所居座，前帘后屏，太明则下帘，以和其内暎；太暗则卷帘，以通其外曜。内以安心，外以安目，心目皆安矣。明暗尚然，况太多事虑，太多情欲，岂能安其内外哉！故学道以安处为次。①

他从坐卧的方位、房屋的高低、房间内的通风和光照以及安目、安心等角度，全面论述了居住环境对于养生修道的作用，并且把"安处"作为"学道"的首要前提条件来看待。

司马承祯所说的"安处"，从主体方面来说，涉及"心目"即心、身两个层面。但相对来说，最重要的是"心"的层面。唐代道教学者最看重的，也是安心、养神、修真、得性等精神层面的东西。道士吴筠在《心目论》中说："人之所生者神，所托者形，方寸之中，实曰灵府。静则神生而形和，躁则神劳而形毙，深根宁极，可以修其性情哉！然动神者心，乱心者目，失真离本，莫甚于兹。"②在吴筠看来，保持心神的安定才是养生修道的根本。但如何才能做到心神安定？他认为有很多方法，其中的一个方法就是，将自己置身于一个远离"尘境"的特殊环境。他在《洗心赋》中说："人耽厚味与华饰，吾不知其所美也。于是远尘境，栖云岑，洁其形，清其心，方冀睹杳冥之状，闻虚寂之音。"③在吴筠看来，最好的养生或修道环境，其实就是人为因素最少或人力干预最少的自然环境。关于这一点，他在

① 吴受琚辑释：《司马承祯集》，第332页。
② 〔唐〕吴筠：《宗玄集》，第17页。
③ 〔唐〕吴筠：《宗玄集》，第10页。

《岩栖赋》中有非常详细的论述,说:

> 托兹山以结庐,果栖迟而我惬,即逍遥之灵墟。观其缭崇峦,横峻谷,激泌泉,罗森木,后巍峨以萦纡,前参差而耸伏。追阴壑之夏凉,偃阳崖之冬燠,美劲节于松筠,玩幽芳于兰菊。虚籁清耳,闲云莹目,因海鹤以警夜,任晨鸡以知旭,虑静于无扰,神恬于寡欲。……蹈方外之坦途,信可免于兢惕,既即阴以息影,由不行而灭迹。……览无见以收视,听无声以返默,和非专于旨酒,乐奚必于丝桐。焚清香以炼气,启玉检而击蒙,期遣滞于昭旷,庶延真于感通,筌太虚之有象,覆妙用之非空。朝天甚简,采药多暇,形犹资于吐纳,意已屏于将迓。……萧萧绝尘,谁与为邻?迹远而朋从益广,机忘而鸟兽可驯。韵靡叶于当时,心常依于古人,仰巢由浩浩之逸轨,咏羲农默默之化淳。师黄老之玄奥,友松乔之道真,惭无功之逮物,良独善于吾身,只所幸其自得,敢韬精于隐沦。[1]

《岩栖赋》中的"岩栖",即《洗心赋》中的"栖云岑",指的是居住在山林之中或高山之上,广义上也可以说是指居住在自然的环境之中。从《岩栖赋》的描述来看,吴筠认为最好的养生或修道环境,其实就是没有世俗诱惑和纷争、人为因素最少或人力干预最少的自然环境,也是气候温和、冬暖夏凉、有山有水、有石有泉、有丰富的动植物资源且能够让人精神放松或解放的居住环境。

---

[1] 〔唐〕吴筠:《宗玄集》,第4—5页。

第四章　唐代佛教的环境美学思想

在唐代的宗教信仰中,佛教与道教可谓各擅胜场。就政治地位来说,道教显然高于佛教,而就社会影响来说,则佛教又显然强过道教。唐代帝王除武则天之外,都自称老子后代,奉道教为国教或李姓家族宗教,因此道教中人在唐代基本上没有受到来自官方的打压,他们奔走掖庭,备受荣宠,被皇帝、贵胄和一大批文人奉若神明。但道教的修习是一个相当复杂的过程,得道成仙只是个幻想,养性延命也需要长时间的修炼。而且服食丹药这种需要靡费巨资的办法,也非一般人所能办到。因此,在唐代,对道教发生浓厚兴趣的主要是帝王贵胄和那些有钱有闲的文人士大夫。相比之下,佛教由于其修习方法的多样,且没有时间和经济上的要求而赢得了更多的信众。可以说,唐代道教总的说来走的是贵族路线,而佛教总的说来走的是平民路线(虽然其信众也包括帝王贵胄和文人士大夫)。因此,虽然佛教在初唐时受到过限制,在唐武宗当国时又受到过毁灭性的打击,但其对社会的影响则远在道教之上。据《唐会要》《旧唐书》《新唐书》《两京城坊考》等书记载,唐代皈依佛门者和寺庙建筑都相当多,僧侣和寺庙的总量高出道士和宫观三四倍以上。

从整个中国历史来看,唐代是佛教发展的一个鼎盛时期,其对社会生活影响之广之深,可以说独步古今。因此,研究唐代的环境美学思想,必须把佛教的影响作为一个重点来考察。它的影响,主要包括三个方面:一是其有关"佛国"的各种想象,佛教典籍中所描绘的"佛国"虽然是想象的产物,但它与道教的"仙境"一样,也可以看作一种理想的人居环境,因而同样具有环境美学的意义;二是佛教对修行环境的选择与要求,包括对寺庙(寺、招提、兰若、经堂等)这种特殊环境的设计取向;三是其对对象世界和主体心性的各种看法——包括追求静净、空寂、自在、自然的生活态度等在内,这些看法对唐代后期,尤其是文人士大夫的居住、生活观念及其对环境的审美评价方式都有过重大的影响。唐代后期,即中晚唐时期,文人士大夫普遍强调环境建构中主体的优先地位,强调对环境美的主观感受,倡导"心安即家园"的理念,这些思想无疑受到了佛教尤其是禅宗心性理论的影响。

第一节 唐代佛教的发展

佛教在东汉时期传入中国,东晋南北朝时期渐渐便成为一种普遍的信仰。但作为一种外来宗教,它是在与本土的儒家和道教的不断冲突、对抗和融合中得以传播开来的。就唐代的情况来看,其在总体上呈现出一派繁荣昌盛的景象,但其流传和发展也经历了不少曲折。

大体说来,在初唐时期的唐高祖、唐太宗两朝,佛教基本上处在一个受到严格限制的发展时期。高祖李渊和太宗李世民对佛教采取的是一种实用主义的态度,即一方面利用佛教为自己的统治服务,如唐高祖下诏在太原为僧人景晖建胜业寺是为了感谢他曾预言李姓将得天下,唐太宗下诏在汾州建宏济寺、在吕州建普济寺、在晋州建慈云寺、在邙山建昭觉寺、在汜水建等慈寺、在洺州建昭福寺是为了祭奠在与刘武周、宋老生、宋金刚、王世充、窦建德、刘黑闼的战争中阵亡的将士;[①]另一方面对佛教实施严格的管理和限制,如唐高祖保留隋代的崇玄署,对佛教寺庙、

---

① 参见〔宋〕王溥撰,牛济清校证《唐会要校证》(上),第724页。

僧尼人数和寺庙田产等实行管制,又接受太史令傅奕的建议对不合格的
僧尼进行淘汰,①唐太宗于贞观元年(627 年)派遣治书侍御史杜正伦检
校佛法、清肃非滥、沙汰僧尼,并下诏规定对私自度僧者处以极刑。唐高
祖和唐太宗之后,对佛教的各种限制开始出现松动。尤其是到了武则天
执政的时代,由于武则天本人的推崇,朝野上下学佛成风,立寺、造像、译
经等活动迅速开展起来,并涌现出法藏、神秀、惠能、慧安等一大批大德
高僧。进入盛唐时期,由于唐玄宗笃信道教,佛教的势力又受到了一定
程度的抑制。唐玄宗当政时期,曾采取一系列抑制佛教势力的措施,如
禁止王公贵族舍宅为寺,禁止新建一切寺院,诏令拆除所有村坊佛堂,②
每隔三年对僧尼进行考试,重新造籍,不合格者令其还俗,累计淘汰僧尼
三万多人,同时规定百人以上寺庙占有的土地不得超过十顷,50 人以上
寺庙不得超过七顷,50 人以下寺庙不得超过五顷,多余的土地一律没收。
但即便如此,此时的佛教势力仍可以说非常强大。据史料记载,唐玄宗
时期全国的僧尼数量仍维持在 30 万左右。唐玄宗之后,由于安史之乱
的影响,佛教的发展受到了一定的冲击,但出家人的数量并未减少,甚至
更多。由于国库空虚,朝廷为了应付军需出卖度牒,致使僧尼数量一度
高涨。也由于安史之乱的影响,寺庙毁损严重,精英化的佛教开始转入
平民化和通俗化的发展轨道。唐玄宗之后的历代帝王,除唐武宗之外,
大多信奉佛教。唐武宗当政时对佛教进行了毁灭性的打击,他先后颁布
两道诏书,在查抄寺庙财产的同时撤销了全国绝大部分寺庙(总计撤销
寺庙 4 600 余所,招提、兰若 4 万余所),有的直接拆除,有的挪作他用,如
把富丽堂皇的长安章敬寺、青龙寺和安国寺等改作皇家花园,并规定天
下僧尼 40 岁以下者必须还俗(总计勒令还俗者 26 万多人),敕令两都左

① 如武德五年(622 年)诏令太子李世民关闭洛阳城中所有由隋朝皇室修筑的佛寺道场,除 60
　位大德高僧之外,其余僧众皆勒令还俗。
② 唐代牛肃《纪闻》卷上说:"唐开元十五年有敕:天下村坊佛堂,小者并拆除,功德移入侧近佛
　寺;堂大者,皆令闭封。天下不信之徒,并望风毁拆,虽大屋大象,亦残毁之。"见陶敏主编《全
　唐五代笔记》(一),第 367 页。

右街留寺四所,僧各 30 人,天下州郡各留一寺,上寺 20 人、中寺 10 人、下寺 5 人,全国加起来一共保留寺庙 49 座、僧众 800 人左右。唐武宗的"灭佛"运动持续不到三年,许多寺庙被毁坏,但他的继任者唐宣宗一登基就宣布复兴佛教,诏令天下所废寺庙能修复的就修复,有司不得禁止。但唐宣宗之后,国家已处于风雨飘摇的时代,往昔的盛况不可能复见。这个时期,一直到唐代灭亡,真正得到发展的是修持简便的净土宗和禅宗,其他宗派则渐渐式微了。

岑仲勉先生说:"佛教在华势力,六朝时渐臻稳固,至初唐而发展达于顶峰。"[①]可以说,唐代佛教的发展虽然几经曲折,但与前后相较,仍算得上是盛况空前。

第二节　"佛国"的想象及其环境美学意蕴

佛教修行的目的是解脱烦恼,到达彼岸——"佛国"。所谓佛国,狭义上指的是佛所住的国土,也称为"净土";广义上则包括佛所主宰、教化的一切国土,如释迦牟尼佛的佛国——娑婆世界。但无论是狭义的还是广义的佛国,在佛教看来,它本身都是庄严的,洁净的,光明的,美好的。佛所主宰、教化的国土虽然善恶混杂、美丑并存,但只要人心向善、向美,它就能成为至善、至美的化身。从这个意义上说,佛教所想象的"佛国",与道教的"仙境"一样,是具有审美的价值的。

一、对"佛国"的想象

按照佛教经典的说法,佛有很多尊,每一尊佛都有和他的弟子(菩萨)一起统领的佛国,如阿弥陀佛和观世音菩萨、大势至菩萨的佛国是西方极乐世界,药师佛和日光菩萨、月光菩萨的佛国是东方琉璃世界,释迦牟尼佛和地藏王菩萨、观世音菩萨的佛国是中央娑婆世界。这些"世界"

① 岑仲勉:《隋唐史》,第 154 页。

是平行存在的,各自都包含一个由"小世界""小千世界""中千世界"构成的,在成、住、坏、空的过程当中迁流不息、循环变化的"大千世界"。佛教认为,一个太阳、一个月亮所能够照耀到的空间是一个"小世界"(相当于太阳系),一千个小世界组成一个"小千世界"(相当于银河系),一千个小千世界组成一个"中千世界",一千个中千世界组成一个"大千世界",或者叫作"三千大千世界"。

佛教的"三千大千世界"虽然是虚构的,但它并不是一个抽象的概念世界,因为按照佛教的说法,它不仅有一定的空间领域(虽然看起来是无边无际的),还有山岳、大海、河流和宫殿建筑等许多具体的景物。如《维摩诘经·佛国品》中所描述的"三千大千世界":

> 尔时,毗耶离城有长者子。名曰宝积。与五百长者子,俱持七宝盖,来诣佛所,头面礼足,各以其盖,共供养佛。佛之威神令诸宝盖,合成一盖,遍覆三千大千世界。而此世界广长之相,悉于中现。又此三千大千世界,诸须弥山、雪山、目真邻陀山、摩诃目真邻陀山、香山、黑山、铁围山、大铁围山、大海江河、川流泉源,及日月星辰、天宫、龙宫、诸尊神宫,悉现于宝盖中。①

在佛教中,释迦牟尼佛所主宰、教化的婆婆世界以及其中所包含的"大千世界",实际上指的是人所生活的、有善有恶的、不完美的现实世界。它在佛教中被称为"秽土"或"苦海",意译为"堪忍世界",因为此世界是"三恶"(贪、嗔、痴所生的恶业)、"五趣"(天、人、畜生、饿鬼、地狱五道)杂会之所,生活于此世界的众生安于杀生、偷盗、邪淫、妄语、两舌、恶口、绮语、贪欲、瞋恚、邪见等"十恶",堪于忍受各种苦恼而不肯出离。但据《维摩诘经》的说法,现实世界或婆婆世界的不完美,其实并不是它本身不完美,而是因为人心不完美。它说:"日月岂不净耶? 而盲者不见。……是盲者过,非日月咎。……众生罪故,不见如来佛土严净,非如来咎",因

---

① 鸠摩罗什等:《佛教十三经》,北京:中华书局 2010 年版,第 250 页。

此,只要"深心清净,依佛智慧,则能见此佛土清净……即时三千大千世界,若干百千珍宝严饰"。① 佛教认为,人只要常怀善心,诸恶莫作,修持得法,就可以到达真正的佛国或净土。

唐代的佛教不同宗派对佛国有不同的理解和描绘。相对来说,比较形象也比较流行的是净土宗所描绘的"净土"。净土宗信仰的是"西方净土",即阿弥陀佛的佛国——西方极乐世界。在唐代的各种佛教"变相"(壁画)中,最主要的两种是"地狱变"和"西方变"。"西方变"也称为"净土变",它描绘的就是净土宗所向往的西方极乐世界的景象。

净土宗是汉传大乘佛教八宗之一,又称为念佛宗,是以称念佛名为主要修行方法、以"往生西方极乐净土"为目的的宗派,也是影响中国佛教民间信仰最为深远的宗派。净土宗的思想依据是"三经一论"(即《无量寿经》《观无量寿经》《阿弥陀经》和《往生论》)。净土宗所说的"净土",也是一般所说的"净土",是与"秽土"相对的概念,本来包括弥勒(弥勒佛)净土和弥陀(阿弥陀佛)净土两种。唐人所说的"净土",主要指的是弥陀净土,也称为极乐净土、极乐国土、西方、西方净土、安养净土、安养世界、安乐国等。在唐代,弥陀净土是诸佛净土的一个突出代表,甚至在语义上就等同于佛教所说的"净土"。据《阿弥陀经》的说法,这个"净土",也叫"极乐净土",非常遥远,而且似乎是居于一切佛国之上,它说:"从是西方[从此间向西去——引注]过十万亿佛土,有世界名曰极乐。其土有佛,号阿弥陀。"②

此外,华严宗所说的"华严世界"——法身佛毗卢遮那与普贤菩萨、文殊菩萨的净土,在唐代也有一定的影响,而且在佛教史上也有比较具体的描述。华严宗和净土宗一样,是汉传大乘佛教八宗之一。该宗以《华严经》(《大方广佛华严经》)为最高经典,故称华严宗。华严宗所向往的"佛国"或"净土"叫作"华严世界",也称为"华藏世界""莲花藏世界"或

① 鸠摩罗什等:《佛教十三经》,第251页。
② 丁福保撰,星月点校:《阿弥陀经笺注》,上海:华东师范大学出版社2014年版,第49—51页。

"华藏庄严世界"。按《华严经》的说法,它是以大莲花包藏的"微尘数世界"。它最主要的特点是光明普照,因为华严世界的最高教主"毗卢遮那"(毗卢遮那佛)的本义就是光明普照,毗卢遮那佛又称为大日如来。《华严经·华藏世界品》中说:"此上过佛刹微尘数世界,有世界名种种光明华庄严。"又说:"此上过佛刹微尘数世界,有世界名普放妙华光。"[①]光,是《华严经》反复描绘的佛国意象。

结合净土宗、华严宗及其相关经典的描述,"佛国",在环境构造意象上,总的来说有以下几个特点:

第一,是绝对的干净,没有半点污秽。在佛教看来,人类所居的世界是"秽土",而佛所居的世界是"净土"。"净"是佛教专有的概念,这与中国本土的道教很是不同。道教只说"静"而不说"净",而佛教则既说"静"也说"净"。道教所说的"静",是与"动"相对的;而佛教所说的"净",是与"秽""垢""杂乱"等相对的,所以佛经中又有"无垢""无有杂秽""无诸秽恶"等说法。虽然无论是道教的"静"还是佛教的"净",其主要的含义都是指内心的"静"或"净",如道教的"虚静""清静"、佛教的"清净""心净"或"六根清净",但道教的"静"和佛教的"净"的概念都有其经验的来源,即"静"有安静的意思,而"净"有干净、洁净、整洁、没有尘垢、没有污秽或污染的意思。因此,在佛教看来,佛国是一个在内在心灵和外部环境方面都干干净净的世界。佛教如此看重"净"的概念,在经验的层面上说,很可能与古印度的闷热气候造成的环境和人体自身的肮脏、不干净的感觉有关。而从人居环境的角度来说,则干净、整洁,也是最基本的生活要求和审美要求。一个肮脏的、有污染的环境,无论有多么华丽的建筑和装饰,都不可能给人美的感觉。

第二,是地势平坦,气候温和。按照佛教的说法,世间的地有崇山峻岭,也有万丈深渊,那是因为世人的心不平,故地不平;极乐世界的人,心地清净平等,且因心地清净平等,所以地势也平坦(至少不会感觉到不平

---

① 王良范、张建建等注译:《华严经今译》,北京:中国社会科学出版社1994年版,第239页。

坦、有危险)。世间有四季、寒暑、阴晴的变化,是因为人心有算计、人情有冷暖、世态有炎凉,而佛国没有这些,所以它能让人"永离热恼,心得清凉"[①],心旷神怡,如《无量寿经·国界严静第十一》中说的:"彼极乐界……无四时、寒暑、雨冥之异,复无大小江海,丘陵坑坎,荆棘沙砾,铁围、须弥、土石等山。唯以自然七宝,黄金为地,宽广平正,不可限极。微妙奇丽,清净庄严,超逾十方一切世界。"[②]

第三,是景观奇特,非人间所有。这既包括非同人间的、精美绝伦的自然景观,也包括非同人间的建筑、装饰、陈设等人造景观。这一类景观,在《无量寿经》中有非常细致的描写,如:

彼如来国,多诸宝树。或纯金树、纯白银树、琉璃树、水晶树、琥珀树、美玉树、玛瑙树,唯一宝成,不杂余宝。或有二宝三宝,乃至七宝,转共合成。根茎枝干,此宝所成,华叶果实,他宝化作。或有宝树,黄金为根,白银为身,琉璃为枝,水晶为梢,琥珀为叶,美玉为华,玛瑙为果。其余诸树,复有七宝,互为根干枝叶华果。种种共成,各自异行,行行相值,茎茎相望,枝叶相向,华实相当。荣色光曜,不可胜视。清风时发,出五音声,微妙宫商,自然相和。是诸宝树,周遍其国。(《无量寿经·宝树遍国第十四》)

无量寿佛讲堂精舍,楼观栏楯,亦皆七宝自然化成。复有白珠摩尼以为交络,明妙无比。诸菩萨众,所居宫殿,亦复如是。(《无量寿经·堂舍楼观第十六》)

又其讲堂左右,泉池交流。纵广深浅,皆各一等。或十由旬,二十由旬,乃至百千由旬。湛然香洁,具八功德。岸边无数栴檀香树,吉祥果树,华果恒芳,光明照耀。修条密叶,交覆于池,出种种香,世无能喻。随风散馥,沿水流芬。

又复池饰七宝,地布金沙,优钵罗华、钵昙摩华、拘牟头华、芬陀

---

① 鸠摩罗什等:《佛教十三经》,第23页。
② 鸠摩罗什等:《佛教十三经》,第25页。

利华,杂色光茂,弥覆水上。若彼众生,过浴此水,欲至足者,欲至膝者,欲至腰腋,欲至颈者;或欲灌身,或欲冷者、温者、急流者、缓流者,其水一一随众生意。开神悦体,净若无形。(《无量寿经·泉池功德第十七》)[1]

《华严经》中也有大量类似的描写。据《华严经·华藏世界品》的说法,华严世界处在一片大海之中,这海叫作华藏庄严世界海。海中有山,叫作须弥山。山上有依次而上布置的、象征修行层次的各种富丽堂皇的风轮。最上的风轮为殊胜威光藏,它护持着一片海,名为普光摩尼香水海,海中有大莲花。华藏庄严世界海住在大莲花之中,周围有金刚轮山,其中,土地、海洋、树林,各有分界。

第四,是芳香四溢,音声美妙。对香味的强调,是佛教所谓"佛国"或"净土"景象的一个非常突出的特点。如果把道教和佛教对其所向往的理想世界的描绘比较一下,那么可以发现一个很有趣的现象,即在道教对仙界景象的描绘当中,声音占有很重要的地位;而在佛教对佛国景象的描绘当中,香气占有很重要的地位。可以说,"香"是佛教中非常独特的一个概念。佛教所向往的佛国,虽然在很多方面都与道教所向往的仙境类似,但其认为佛国充满"香"或"妙香",这一点与道教有明显的不同。

佛教对"香"的推崇,既有非常实际的起源,也有非常实际的功用。佛教中的"香"首先是指用来涂抹或燃烧的香料。涂香和烧香与古印度及东南亚一带气候炎热有关。印度自古酷暑难当,人体易生臭气,故其地好以旃檀木或种种杂香捣磨为粉末,用以涂身、熏衣并涂地上及墙壁。涂香具有防病、驱虫、除臭、清凉、提神、醒脑的作用,现在的印度和东南亚等地仍在使用。炎热所带来的身体感受和香所具有的防病、驱虫、除臭、清凉、提神、醒脑等作用,被佛教赋予了精神的意义。佛经中常将烦恼称为热恼,比喻烦恼如同炎热的气候一样令人烦躁、难以躲避(炎热的气候以及由此导致的环境恶化和身体的污秽,再加上古印度等级森严的

---

[1] 鸠摩罗什等:《佛教十三经》,第26—28页。

社会现实,是滋生解脱和出世思想的重要条件)。涂香能使身体清凉,佛经中说能止息热恼者,以戒德为涂香,持戒和高尚的德行却能使人心清凉,不受烦恼的折磨。涂香的作用在佛教中被称为"功德",即具有增益精气、令身芳洁、调适漫凉、长其寿命、颜色光盛、心神悦乐、耳目精明、令人强壮、瞻睹爱敬、具大威德等十种功德。香能让人身心舒适,经常点香,在佛教中也有表示清净戒律的意思。唐代诗人杜甫《大云寺赞公房四首》之三说:"灯影照无睡,心清闻妙香。"①

在佛教中,具体的、经验意义上的香,逐渐上升为一种抽象的象征,用来隐喻高尚清净的德行和佛法的魅力,意指高尚的德行和佛法的魅力也能与香气一样,具有感染他人、使他人受益的力量,或具有使人弃恶从善、将恶劣的外境变为美妙之境的功用。

佛教经典中所描绘的佛国,一般都充满奇异的香气。如《维摩诘经·香积佛品第十》记载:在娑婆世界的最高层,过四十二恒河沙佛土,有一个香积如来的佛土,名为"众香国"。在十方诸佛世界中,众香国的香气最为美妙,它以"香作楼阁,经行香地,苑园皆香。其食香气周流十方无量世界"。众香国里的人,不像娑婆世界的众生那样难以教化,香积如来说法时也不须借助文字,只"以众香,令诸天人,得入律行。菩萨各各坐香树下,闻斯妙香,即获一切德藏三昧",即得得到最圆满的功德。②

《无量寿经》和《华严经》中也有许多描写佛国香味的文字。如《无量寿经·发大誓愿第六》中说:"下从地际,上至虚空,宫殿楼观,池流华树,国土所有一切万物,皆以无量宝香合成。其香普熏十方世界。"③《华严经》也有诸天用各种不可思议的妙香供养诸佛的描述。据《华严经》记载,善财童子去拜访鬻香长者,长者告诉他,罗刹界中有一种名为"海藏"的香,善法天中有一种名为"净庄严"的香,须夜摩天中有一种名为"净藏"的香,兜率天中有一种名为"先陀婆"的香,善变化天中有一种名为

---

① 《全唐诗》(七),第 2269 页。
② 鸠摩罗什等:《佛教十三经》,第 274—276 页。
③ 鸠摩罗什等:《佛教十三经》,第 23 页。

"夺意"的香。这些不同名目的香各有不同的妙用,能使闻到它们的众生身心安乐、所求如意,最终趋向佛法。

《华严经·华藏世界品》中对香感有非常详细的描绘,如:

> 此世界海大地中,有十不可说佛刹微尘数庄严海,一切妙宝庄严其底,妙香摩尼庄严其岸。毗卢遮那摩尼宝王以为其网,香水映彻,具众宝色。

> ——香水海,各有四天下微尘数香水河……其香水中常出一切宝焰光云,相续不绝。

> 此诸香水河两间之地,悉以妙宝种种庄严,一一各有四天下微尘数众宝庄严。芬陀利华周匝遍满,各有四天下微尘数众宝树林,次第行列。一一树中,恒出一切诸庄严云,摩尼宝王照耀其间。种种华香,处处盈满,其树复出微妙音声,说诸如来一切劫中所修大愿。①

可知,这香感与我们平常的香感是明显不同的。平常的香感不管是微妙的还是强烈的,都不带有文化的内涵,而《华严经》中的香感,则有丰富的佛教文化内涵。

除了香味,佛国也充满了各种微妙难言的声音。如上引《华严经》中的"其树复出微妙音声"。又如《无量寿经·泉池功德第十七》所说的:

> 讲堂左右,泉池交流。……微澜徐回,转相灌注,波扬无量微妙音声。或闻佛法僧声、波罗蜜声、止息寂静声、无生无灭声、十力无畏声;或闻无性无作无我声、大慈大悲喜舍声、甘露灌顶受位声。得闻如是种种声已,其心清净,无诸分别,正直平等,成熟善根。随其所闻,与法相应。其愿闻者,辄独闻之;所不欲闻,了无所闻。……十方世界诸往生者,皆于七宝池莲华中,自然化生,悉受清虚之身,无极之体。不闻三途恶恼苦难之名,尚无假设,何况实苦? 但有自

---

① 王良范、张建建等注译:《华严经今译》,第 232、233—234、234—235 页。

然快乐之音,是故彼国名为极乐。[①]

与香味一样,这声音也充满了文化的意味。它既是从树林和泉水的流淌中发出来的声音,也是快乐的、佛召唤众生的声音。

第五,是光明普照。光感虽然也属于视觉,但是在美学史上,除了西方基督教美学谈过光,其他美学派别都对光没有充分的认识。然而,在佛教经典中,光有着特别重要的地位。如《无量寿经·光明普照第十二》中说:

> 阿弥陀佛,光明善好,胜于日月之明,千亿万倍。光中极尊,佛中之王。
>
> 是故无量寿佛,亦号无量光佛,亦号无边光佛、无碍光佛、无等光佛,亦号智慧光、常照光、清净光、欢喜光、解脱光、安隐光、超日月光、不思议光。
>
> 如是光明,普照十方一切世界。其有众生,遇斯光者,垢灭善生,身意柔软。若在三途极苦之处,见此光明,皆得休息,命中皆得解脱。[②]

又,《无量寿经·礼佛现光第三十八》中说:

> 阿弥陀佛即于掌中放无量光,普照一切诸佛世界。时诸佛国,皆悉明现,如处一寻。以阿弥陀佛殊胜光明,极清净故,于此世界所有黑山、雪山、金刚、铁围大小诸山,江河、丛林、天人宫殿,一切境界,无不照见。譬如日出,明照世间,乃至泥犁、溪谷、幽冥之处,悉大开辟,皆同一色。犹如劫水弥满世界,其中万物,沉没不现。滉漾浩汗,唯见大水。[③]

在《无量寿经》中,阿弥陀佛本身就是光源,他所发出的光无边无际,无所

---

① 鸠摩罗什等:《佛教十三经》,第 27—28 页。
② 鸠摩罗什等:《佛教十三经》,第 26 页。
③ 鸠摩罗什等:《佛教十三经》,第 38 页。

不照。这是智慧之光,但又似乎可以具体地感受得到,因为佛国的一切事物都在这光的照耀之下,成为美妙绝伦的景象。

此外,《华严经》的《华藏世界品》中,也有许多谈到光的地方,如:

> 此刹海中一切处,悉以众宝为严饰。发焰腾空布若云,光明洞彻常弥覆。

> 此上过佛刹微尘数世界,有世界名众妙光明灯,以一切庄严帐为际,依净华网海住,其状犹如卍字之形。

> 此上过佛刹微尘数世界,有世界名高胜灯,状如佛掌,依宝衣服香幢海住。①

在《华严经》所描绘的种种佛刹微尘数世界(华严世界)中,光来源于代表智慧的光明灯。其中有各种各样的光明灯,把华藏世界照得一片光明。诸多佛号也以灯或光为名,如:

> 此上过佛刹微尘数世界,有世界名与安乐。佛号大名智慧灯。

> 此上过佛刹微尘数世界,有世名华林幢遍照。佛号大智莲华光。②

第六,是一切具足。《无量寿经·发大誓愿第六》说:“生我国者,所须饮食、衣服、种种供具,随意即至,无不满愿。”③这即是说,生活在弥陀净土的人,可以得到完全的满足。该经《受用具足第十九》说:

> 所有众生……受用种种,一切丰足。宫殿、服饰、香花、幡盖,庄严之具,随意所须,悉皆如念。

> 若欲食时,七宝钵器自然在前,百味饮食自然盈满。虽有此食,实无食者,但见色闻香,以意为食,色力增长,而无便秽;身心柔软,无所味著。事已化去,时至复现。

---

① 王良范、张建建等注译:《华严经今译》,第236、241、245页。
② 王良范、张建建等注译:《华严经今译》,第245页。
③ 鸠摩罗什等:《佛教十三经》,第21页。

　　复有众宝妙衣、冠带、璎珞，无量光明，百千妙色，悉皆具足。自然在身。所居舍宅，称其形色。宝网弥覆，悬诸宝铃。奇妙珍异，周遍校饰，光色晃曜，尽极严丽。楼观栏楯，堂宇房阁，广狭方圆，或大或小，或在虚空，或在平地，清净安隐，微妙快乐。应念现前，无不具足。①

据这些说法，这种满足不是身体性的，而是精神性的，但它实际上也预示着，佛国有一切人间想要而得不到的享受，而且受用无尽。

　　第七，是绝对的美妙、绝对的自由和绝对的快乐。这是佛国所具有的总的特点，也是从以上描述中必然得出的结论。首先是绝对的美妙，这美妙到了无法形容的地步，如《无量寿经·发大誓愿第六》中所说："国中万物，严净光丽，形色殊特，穷微极妙，无能称量。"②然后是绝对的自由，这自由到了无所挂碍的地步。《华严经》说，佛的世界既是一个变幻莫测的世界，又是一个绝对自由的世界，"一一皆自在，各各无杂乱"③，"佛于清净国，显现自在音"④。在这里，自在与秩序、自由与必然的冲突彻底消失了，自在即秩序，自由即必然。最后是绝对的快乐，这快乐到了没有一点烦恼和痛苦的地步。佛国也叫"净土"，也叫"极乐世界"。"极乐"，就是绝对的快乐。《阿弥陀经》说："彼土何故名为极乐？其国众生，无有众苦，但受诸乐，故名极乐。"⑤那么，为什么是"极乐"？因为净土是一个绝对清净、平等的世界，且人人六根清净。净土中没有三恶道——因愚痴所生的畜生、因悭贪所生的饿鬼和因嗔恚所生的地狱，而且，在此世界中，人人与阿弥陀佛一样具三十二种大丈夫相，兼具各种大智慧、大神通，可以不再转入生死轮回，如《无量寿经·发大誓愿第六》中所说："十方世界，所有众生，令生我刹，皆具紫磨真金色身，三十二种大丈夫

---

① 鸠摩罗什等：《佛教十三经》，第 28 页。
② 鸠摩罗什等：《佛教十三经》，第 23 页。
③ 王良范、张建建等注译：《华严经今译》，第 270 页。
④ 王良范、张建建等注译：《华严经今译》，第 274 页。
⑤ 丁福保撰，星月点校：《阿弥陀经笺注》，第 52—53 页。

相。端正净洁,悉同一类。……神通自在……寿命皆无量。"①

二、"佛国"的环境美学意蕴

佛教所构想的"佛国",是与世俗世界("尘境"或"六尘境界")相对应的"佛境界"和"菩萨境界",它在经验上说并不是客观的存在。但它与环境美学所倡导的美的环境又是相通的,其原因有三:

一是佛国虽然出于主观的构想,但它并不是抽象的概念存在。也就是说,它是一种"具体的感性存在",因为其中含有各种与现实世界类似的、可感知的因素,如光、声音、香气、山岳、丛林、溪谷、江河、海洋、宫殿、园林等。如《无量寿经·慈氏述见第三十九》中提到的极乐世界,"宫殿、楼阁、泉池、林树,具足微妙、清净庄严……上至色究竟天,雨诸香华,遍佛刹……复有众鸟,住虚空界,出种种音……"②,这完全就是一个美妙无比、生态绝佳的人居环境。同样,唐人有关佛国的描绘中也提到过这种感性的美。如牛肃《纪闻》卷上所说的善法堂,他说:"善法堂在欢喜园中,天帝都会,天王之正殿也。其堂七宝所作,四壁皆白银,阶下泉池交注,流渠暎带。其果皆与树行相直,宝树花果,亦皆奇异。所有物类,皆非世人所识。……以黄金为地,地生软草,其软如绵,天人足履之,没至足,举后其地自平。其鸟数百千,色名无定相,入七宝林,即同其树色。其天中物,皆自然化生。若念食时,七宝器盛食即至。若念衣时,宝衣亦至。无日月光,一天人身光,逾于日月。须至远处,飞空而行,如念即到。"③在佛教典籍中,欢喜园是帝释天居住的一处园林,在善见城外。这园林虽是子虚乌有,但有关其中各种景物的想象,又无疑是从人间的园林中引申出来的。在牛肃依据佛经传说描绘的欢喜园中,就有人间皇家园林中一般都有的殿堂、泉池、沟渠、树林、花草、禽鸟等景观元

① 鸠摩罗什等:《佛教十三经》,第21—23页。
② 鸠摩罗什等:《佛教十三经》,第38页。
③ 陶敏主编:《全唐五代笔记》(一),第361页。

素，只不过它的建筑、装饰（包括铺地）和用品更加考究，且各种事物和人物更加奇怪，如它的建筑、装饰和用品用的是黄金、白银和"七宝"（砗磲、玛瑙、水晶、珊瑚、琥珀、珍珠、麝香）这样一些珍贵的材料，而园林中的景象则包括踩踏不坏的软草和数以千计的、会变色的无定相鸟，园林中活动的人物则是会飞的、单凭意念就能解决衣食住行的人，和身体会发光且发光亮度超过日月的天人。其中，有些是人间具有的，有些是人间根本不可能有的，可以说是虚虚实实、奇奇怪怪的一种景象。不过，在中国园林史上，还确实存在过名为"欢喜园"的园林，如清代乾隆皇帝在香山寺旁边修筑、后来被八国联军毁坏了的欢喜园。由此可知，想象与现实也是可以沟通的。想象来源于现实，又反过来可以影响现实。

　　二是佛国既是感性的，又是超感性的。换句话说，它是一个神圣而庄严、充满灵性的、超越的世界，这种超越性使它成为一种非功利性的或非工具性的、具有精神价值的存在。而环境美学中所说的"美的环境"，同样必须具有超越功利或超越简单的利用价值之上的、更高的价值。人类居住和生活的环境，可以有多种存在形式、多种功能与价值，即它不仅可以是人类开发、利用的资源，产品生产的材料或占有、买卖、交换的财产，还可以是宗教信仰、道德感悟和审美观赏的对象；它不仅可以是身体和行为的场所，也可以是安顿心灵的家园。环境美学倡导的就是要综合平衡环境的各种功能以实现其可能具有的各种价值，使它成为身心俱适的、真正的家园。如果单一把环境视为可开发、利用的资源，那么环境不可能具有精神的包括审美的价值。在纯粹的功利需求和态度的支配下，人与环境的关系只是一种简单的物质交换关系，而不会有任何其他的精神交流关系。

　　三是佛国充满快乐，它是一个"乐"的世界。可以说，佛国也是一种生活理想，一个洁净、光明、神奇、庄严、平等、有情、自由、快乐的精神家园。这些品质，与环境美学所向往的美的环境也是相通的。佛国的快乐首先来源于身体和感官的满足，虽然它否定现实的身体和感官，但它所描述的衣食住行等都是基于现实生活的想象，其所谓念食即食至、念衣即衣至、黄金为地、七宝为堂，等等，甚至比现实生活更加安逸和奢华。但相对来说，佛教所看重的，主要是内心的满足。这满足来源于环境的美好、洁净、光明，更来源于对自然和生命的敬畏和尊重，一切生命之间的平等和关爱，以及内心没有贪欲、没有恶念故而也没有牵挂的自由。而这一切，也正是美的人居环境所必不可少的内容。一个物欲横流、恶人当道、没有平等、没有感情、没有自由、对自然肆意掠夺、视生命如草芥的环境，是无乐可言且无美可言的。

第三节　禅宗思想的环境美学价值

在中国佛教史上，禅宗是最具中国特色且影响也最大的佛教宗派。而在唐代，对文人士大夫最有影响力的佛教宗派也正是禅宗。禅宗内部的派系众多，思想也不尽一致。从环境美学的角度说，包括从其对唐代环境建构的影响上来说，其思想主要表现在以下几个方面。

一是认为所有生命都是平等的。众生平等，遍及一切有情，这是所有佛教宗派的基本思想，也是禅宗的基本教义。禅宗主张"佛性无差别"，实际上就是肯定了一切生命都是平等的。如惠能说："菩提般若之智，世人本自有之，只缘心迷，不能自悟……愚人、智人，佛性本无差别，只缘迷悟不同，所以有愚有智。"又说："世界虚空，能含万物色像，日月星宿、山河大地、泉源溪涧、草木丛林、恶人善人、恶法善法、天堂地狱、一切大海、须弥诸山，总在空中；世人性空，亦复如是。"①在这里，他虽然以"空"来描述世界的存在，但在"空"的前提下，又间接地肯定了世间万物都是平等的。

二是认为生活世界有美。积极地肯定现实生活，将成佛、习禅与生活打成一片，是禅宗最深入人心的一点。在禅宗看来，生活本身就是美

---

① 〔唐〕惠能：《坛经》，见鸠摩罗什等《佛教十三经》，第99—100页。

好的、充满乐趣的。禅宗从四祖道信、五祖弘忍以后就大多主张把修禅与生活包括劳作结合起来。道信和弘忍首开先例，组织僧团聚集山林从事集体劳动。道信提出"作""坐"结合的思想，于唐初时聚数百信徒于湖北黄梅双峰山躬耕自给，长达 30 余年。嗣后，其弟子弘忍长期居住在黄梅东山，聚徒数百，开山造田，从事生产劳动，实际上过的是一种亦禅亦农的群体生活。六祖惠能虽没有组织集体劳动的记载，但他出身穷苦，年轻时以卖柴为生，到黄梅东山师事五祖弘忍时干的也是碓米的活。因此，禅宗一开始就是把参禅与生活、劳作结合在一起的。到百丈怀海禅师时，更是把这种思想和传统制度化，创立"农禅"一派，提出"一日不作，一日不食"的口号，要求信众参与劳动，并认为"一切举动施为，语默啼笑，皆是佛慧"[1]，"自古至今，佛只是人，人只是佛。佛只是去住自由，不同众生"[2]。在百丈怀海看来，佛不过是觉悟的人。就其作为人的一方面而言，佛与常人并没有什么不同，因此吃喝拉撒睡以及下地干活之类都不过是极其寻常的事情。而就其作为佛的一方面而言，则吃喝拉撒睡和下地干活之类又因为心无所著而具有了非同寻常的、美的意义。历史上有关百丈怀海的不少故事也都说明，劳动和田园生活对于他和他的弟子们来说其实是无比快乐的，如《五灯会元·百丈怀海禅师》中记载："普请镢地次，有僧闻鼓声，举起镢头，大笑便归。师曰：'俊哉！此是观音入理之门。'师归院，乃唤其僧问：'适来见甚么道理？便恁么？'曰：'适来肚饥，闻鼓声，归吃饭。'师乃笑。"[3]

　　三是反对执着与贪念。反对执着与贪念，主张不为外物和欲望系缚，是佛教的一般教义，也是禅宗的基本信念。惠能说："于诸境上，心不染，曰无念。于自念上，常离诸境，不于境上生心；若只百物不思，念尽除却，一念绝即死，别处受生，是为大错，学道者思之！若不识法意，自错犹可，更劝他人；自迷不见，又谤佛经。所以立无念为宗。"又说："我此法

---

① 转引自杜继文、魏道儒《中国禅宗通史》，南京：江苏人民出版社 2007 年版，第 277 页。

② 转引自杜继文、魏道儒《中国禅宗通史》，第 279 页。

③ 〔宋〕普济著，苏渊雷点校：《五灯会元》（上），北京：中华书局 1984 年版，第 131 页。

门,从上以来,先立无念为宗,无相为体,无住为本。无相者,于相而离相;无念者,于念而无念;无住者,人之本性。于世间善恶好丑,乃至冤之与亲,言语触刺欺争之时,并将为空,不思酬害。念念之中,不思前境。若前念今念后念,念念相续不断,名为系缚。于诸法上,念念不住,即无缚也。此是以无住为本。"①这里的"无相""无住""无念",总的意思就是指超离外物和欲望的限制。

四是肯定人(心)的主体地位。禅宗强调"心"的作用,禅宗所尊奉的《维摩诘经》中说:"欲得净土,当净其心。随其心净,则佛土净。"②即认为佛国源于心净。同样,禅宗也认为,佛不在心外,而在心内,人人心中本自有佛性。惠能在解释何为"禅定"的时候说:"何名禅定?外离相为禅,内不乱为定。外若著相,内心即乱。外若离相,心即不乱。本性自净自定,只为见境思境即乱。若见诸境心不乱者,是真定也。"在惠能看来,禅定只是心内的工夫,成佛也是个人自己的事情,正所谓"于念念中自见本性清净,自修自行,自成佛道"。因此,成佛不由外在的条件,而只是出于内心的觉悟,故"若欲修行,在家亦得,不由在寺。在家能行,如东方人心善;在寺不修,如西方人心恶。但心清净,即是自性西方"。③ 禅宗这种强调内心自作主宰的思想,对中国美学包括环境美学均有着非常深刻的影响。从美学上说,内心的觉悟其实也是发现美——包括自然美、艺术美和生活美——的前提。如王维说的"与世澹无事,自然江海人"④,柳宗元说的"美不自美,因人而彰"⑤,白居易说的"胜地本来无定主,大都山属爱山人"⑥,等等。

五是肯定自然环境对于身心修养的意义。在中国古代,推崇"自然"的不只有道家,禅宗也非常推崇"自然",并且经常提到"自然"的概念,如

---

① 〔唐〕惠能:《坛经》,见鸠摩罗什等《佛教十三经》,第105页。
② 鸠摩罗什等:《佛教十三经》,第251页。
③ 〔唐〕惠能:《坛经》,见鸠摩罗什等《佛教十三经》,第104—106页。
④ 〔唐〕王维著,曹中孚标点:《王维全集》,第18页。
⑤《柳宗元集》(三),北京:中华书局1979年版,第730页。
⑥〔唐〕白居易:《游云居寺赠穆三十六地主》,见顾学颉校点《白居易集》(一),第256页。

《坛经》中说:"吾本来兹土,传法救迷情,一花开五叶,结果自然成。"①禅宗说的"佛的境界"本质上是一种自然的境界。当然,在禅宗的思想中,这个自然更多指的是内心的自然,即自由自在、无所挂碍的精神状态,或"任运自然""无所用心"的生活态度。如临济宗远祖黄檗希运所说的"终日吃饭,未曾咬着一粒米;终日行,未曾踏着一片地"②,便是一种自由无碍的生活态度和精神境界。但另一方面,禅宗所讲的"自然",其实也包括外部的自然或自然界。

禅宗对外部自然的热爱和对自然价值的认同主要表现在以下几个方面:

首先是倡导在自然的环境中修禅、居住或生活。如《楞伽师资记》中记载的禅宗五祖弘忍的一段对话,就很明确地认为修禅必须居住在山林而不是闹市:

> 问:"学道何故不向城邑聚落,要在山居?"答曰:"大厦之材,本出幽谷,不向人间有也。以远离人故,不被刀斧所斫,长成大物后,乃堪为栋梁之用。故知栖神幽谷,远避嚣尘,养性山中,长辞俗事,目前无物,心自安宁,从此道树开花,禅林果出也。"③

禅宗中人多半带有一种偏爱自然山水的隐士性格,如二祖慧可、三祖僧璨分别隐居安徽皖公山和天柱山,四祖道信隐居庐山和黄梅双峰山,五祖弘忍隐居黄梅东山,六祖惠能隐居广东曹溪,而且四祖道信还提出"不与人语",也就是不与外界交流。这种隐居山林、自食其力的特点,正是他们的思想能够引起唐代文人共鸣的原因之一。弘忍之后的惠能,以及惠能的弟子如南岳怀让、青原行思、马祖道一等,也基本上是隐居山林。只是从惠能的晚期弟子神会以后,才开始面向"城邑聚落"。总体上看,

---

① 鸠摩罗什等:《佛教十三经》,第122页。
② 〔宋〕赜藏主编集,萧萐父、吕有祥、蔡兆华点校:《古尊宿语录》(上),北京:中华书局1994年版,第54页。
③ 转引自杜继文、魏道儒《中国禅宗通史》,第88页。

虽然禅宗僧人主张随处随地都可以修禅得解脱,但他们一般还是喜欢选择在"山林胜处"或"水边林下"去明心见性。唐代李翱《赠药山高僧惟俨二首》之二有云:"选得幽居惬野情,终年无送亦无迎。有时直上孤峰顶,月下披云啸一声。"①唐代禅宗僧人的居处多半为山野之间的环境清幽之地,如韦应物《义演法师西斋》中所描写的:"结茅临绝岸,隔水闻清磬。山水旷萧条,登临散情性。稍指缘原骑,还寻汲涧径。长啸倚亭树,怅然川光暝。"②

其次是对自然环境抱有强烈的欣赏态度。如宋代灵济宗的石湘楚圆禅师说:"万法本闲,唯人自闹。所以山僧居福严,只见福严境界,晏起早眠。有时云生碧嶂,月落寒潭,音声鸟飞鸣般若台前,娑罗花香散祝融峰畔。把瘦筇,坐磐石,与五湖衲子时话玄微。……渔唱潇湘,猿啼岳麓,丝竹歌谣,时时入耳。复与四海高人,日谈禅道,岁月都忘。"③在石湘楚圆禅师的眼里,自然景物营造出来的是一种淡离世俗的、自由的生活环境。这种环境即"福严境界",它既可说是一种无所挂碍的"禅境",也可说是一种生机盎然的"美境"。

最后是它常常用自然现象来比拟禅的境界,通过对美的自然景象的观照来达到禅悟的目的。如李翱《赠药山高僧惟俨二首》之一说:"练得身形似鹤形,千株松下两函经。我来问道无余说,云在青霄水在瓶。"④"云在青霄水在瓶",正是一种自然现象,从药山惟严禅师对李翱的回答可知,禅境即是自然,而优美的自然景象与玄微的佛教境界正可以互相印证。至于禅宗中人经常说的"自然即顿悟义",以及"青青翠竹尽是法身,郁郁黄花无非般若"等,⑤则更明确地表达了这层意思。又如《五灯会元》卷一七记青原惟信禅师的话说:"老僧三十年前未参禅时,见山是山,

---

① 《全唐诗》(十一),第 4149 页。
② 孙望编著:《韦应物诗集系年校笺》,第 181 页。
③ 〔宋〕普济著,苏渊雷点校:《五灯会元》(中),第 703—704 页。
④ 《全唐诗》(十一),第 4149 页。
⑤ 杨曾文编校:《神会和尚禅话录》,北京:中华书局 1996 年版,第 87 页。

见水是水。及至后来,亲见知识,有个入处。见山不是山,见水不是水。而今得个休歇处,依前见山只是山,见水只是水。"①这最后一个层次,便是兼具自然和自由双重含义的一种禅悟的境界。在禅宗的文献中,用自然现象来比拟禅境的例子很多,如《五灯会元·资福贞邃禅师》中记载:"问:'如何是古佛心?'师曰:'山河大地。'"②《五灯会元·石霜楚圆禅师》中记载:"问:'如何是佛?'师曰:'水出高原。'问:'如何是南源境?'师曰:'黄河九曲,水出昆仑。'……问:'如何是佛法大意?'师曰:'洞庭湖里浪滔天。'"③这些都是以描写自然景物的诗句来言说禅境。

第四节　"佛国"的现世再现:寺庙环境设计

佛教的环境美学观不仅体现在其对"佛国"的想象之中,而且更为具体地体现在其对修行环境的选择与设计中。寺庙,在唐代称为"禅居",有时也以之喻"佛国"。

一、唐代寺庙的布局和建筑特色

佛教寺庙是修行、活动的场所,与道教宫观一样,它也可以看成是一个特殊的生活环境。佛教于东汉时期传入中国,当时即出现了白马寺、阿育寺、大安寺、昌乐寺等一批最早的佛教寺庙。到了两晋南北朝和隋代,随着佛教的传播和普及,佛教寺庙的数量也日益增多。这个时期,除了北魏太武、北周武帝两帝排斥佛教、灭法毁佛之外,其他诸帝大多崇信佛法,或至少不排斥佛法(如隋文帝、隋炀帝)。由于皇帝的提倡,出家修行和信奉佛教的人越来越多,寺庙也因之越修越多。据史书记载,西晋时期,仅长安、洛阳两地就有寺庙1 800所,东晋时又兴建了1 700所,合计3 500所。南北朝时期,佛教信仰更为炽热,其中,北朝以北魏为

---

① 〔宋〕普济著,苏渊雷点校:《五灯会元》(下),第1135页。

② 〔宋〕普济著,苏渊雷点校:《五灯会元》(中),第554页。

③ 〔宋〕普济著,苏渊雷点校:《五灯会元》(中),第701页。

最（工程浩大的大同云冈、洛阳龙门等石窟皆开凿于北魏），南朝以梁代为最。据记载，北魏寺庙达 3 万多所，僧人达 200 多万。梁代仅金陵一地，寺庙就有 700 多所。到了隋代，开国皇帝隋文帝对佛教虽未大加提倡，但也并不排斥。据记载，隋文帝时，仅长安、洛阳两地就有寺庙3 792 所。

　　唐代的佛教寺庙建筑是在此前数代的基础上发展起来的。这其中经历了一个曲折的变迁过程。唐代初年，佛教寺庙的发展规模总体上看不如隋代。这是因为唐高祖李渊和唐太宗李世民虽然并不排斥佛教，但是提倡以经术治国，相对来讲更重视儒家思想在其统治体系中的地位（这时建了不少宣尼庙，同时，在宗教方面，由于特别尊崇老子，也建了不少老君庙）。而且，据《旧唐书·高祖本纪》记载，武德九年（626 年），唐高祖还曾以"京师寺观不甚清净"为由，下诏清理寺庙、道观，敕令京师留寺三所，其余天下诸州留寺一所，少数"精勤练行，守戒律"的僧尼留置大寺庙由国家养起来，大部分为躲避徭役或混迹寺庙捞取私利、行为不端、"妄为剃度，托号出家"的"猥贱之侣"则令其还俗。但自唐高宗、武则天、唐中宗、唐睿宗朝以后，迨至唐玄宗朝（玄宗虽崇道，但对于佛教也任其发展），佛教一下子又大盛起来。唐高宗、武则天、唐中宗、唐睿宗四朝，佛教尤为兴盛，寺庙建筑极多。尤其是武则天，她对于唐代佛教的兴盛起到了推波助澜的作用。为了为自己的统治辩护，她甚至利用沙门怀义等十人伪造的《大云经》，诏令两京及各州兴造大云寺，度僧千人，"并令释教在道法之上，僧尼处道士女冠之前"①。在她的倡导下，佛寺越修越多，装饰也越来越精巧富丽。至唐睿宗朝，虽规定"每缘法事集会，僧尼、道士、女冠等宜齐行道集"，倡导佛道平等，但"天下滥度僧尼、道士、女冠并依旧"②。这么"滥度"下去，佛寺自然也就更多。此后的唐代宗、唐穆宗等也都笃信佛教，如唐代宗李豫，曾于长安资圣寺、西明寺主讲《仁王

---

① 〔五代〕刘昫等撰，陈焕良、文华点校：《旧唐书》（一），第 69—70 页。
② 〔五代〕刘昫等撰，陈焕良、文华点校：《旧唐书》（一），第 92 页。

佛经》,亲自现身说法。到了唐代晚期,佛教寺庙、僧众几乎泛滥成灾,甚至在思想文化和政治经济上都对统治者构成严重的威胁。于是出现了一件大事件,即"会昌法难"。会昌五年(845 年)七月,"志学神仙"的唐武宗李炎在道士赵归真、刘玄靖等人的怂恿下,以佛教"非中国之教"、教义有违儒家伦理纲常(不忠君、不事亲、不尊师等)、修建寺庙劳民伤财、"云构藻饰,潜拟宫居"、僧尼不劳而获或侵吞田产而至国风败坏等为由,"拆寺四千六百余所,还僧尼二十六万五百人……拆招提、兰若四万余所,收膏腴上田数千万顷,收奴婢为两税户十五万人"。[①] 这次毁佛事件,拆毁了大多数寺庙。唐代绘画史家张彦远记载:"会昌五年,武宗毁天下寺塔,两京各留两三所。"[②]据《旧唐书》记载,当时长安留下来的寺庙只有左街的慈恩寺、荐福寺和右街的西明寺、庄严寺(四寺留僧 30 人),其他各州最多也只留得一所。但唐武宗只活了 33 岁,毁佛事件之后的第二年二月他就死了。他的排佛政策被他的继承者(同时也是他的皇叔)唐宣宗李忱推翻。唐武宗死后不久,唐宣宗就在长安左右两街复建了 16 所寺庙,并且诛杀了刘玄靖等 12 名道士,罪名是"以其说惑武宗,排毁释氏故也"[③]。佛教的势力又得以滋长起来。据《唐会要》"僧籍"条记载:"天下寺五千三百五十八,僧七万五千五百二十四,尼五万五百七十六。"[④]这应是唐末寺庙总数的粗略统计,可能并不包括那些散布在各地的、大大小小的招提、兰若、禅院、佛堂、普通院等。从有关历史资料和唐人诗文集中的记述可以看出,唐代的都城、地方城镇和名山胜地都有大量佛教寺庙存在。据今人考证,仅长安和洛阳城内(包括宫城、皇城和外郭城)就有佛寺 251 座。[⑤] 若加上长安和洛阳城郊,以及各州县(唐玄宗时期

① 〔五代〕刘昫等撰,陈焕良、文华点校:《旧唐书》(一),第 372 页。
② 〔唐〕张彦远著,秦仲文、黄苗子点校:《历代名画记》,北京:人民美术出版社 1963 年版,第 71 页。
③ 〔五代〕刘昫等撰,陈焕良、文华点校:《旧唐书》(一),第 378 页。
④ 〔宋〕王溥撰,牛济清校证:《唐会要校证》(上),第 735 页。
⑤ 据杨鸿年《隋唐两京里坊谱》书末"索引"统计。另据孙昌武《唐长安佛寺考》一文考证,仅长安城及近郊(包括终南山)就有佛寺 200 多所,文见荣新江主编《唐研究　第二卷》,北京:北京大学出版社 1996 年版。

有州 328 个、县 1 573 个），包括佛教名山胜地，则总量当在万数以上（当时的扬州等繁华都市也有众多寺庙，如扬州，据中唐时来华的日本僧人圆仁的记录，有寺 40 余座，其中包括东渡日本传教的鉴真大师住持的龙兴寺①）。

唐代的寺庙，包括城市寺庙和郊野寺庙两大类型，在名称上有寺、招提、禅院、精舍、山房、兰若、普通、佛堂、斋堂、庙等分别②。大体上说，叫寺的相对比较大，僧侣人数比较多，且以位于城市者居多，而且必须由皇帝亲自赐额；叫招提之类的相对比较小，僧侣人数也比较少，且以位于郊野者居多。

在城市之内或城市郊外建立寺庙，这是来自印度佛教的传统，也是由佛教的教义决定的。佛教，尤其流行于中国的大乘佛教，是主张"普度众生"的，而既然要普度众生，当然要到人多的地方去建立道场。在唐代，尤其是唐代前期，很多著名高僧如善导、玄奘、窥基等都主要生活在城市或市郊。这与道教的情况很不一样。虽然唐代也有很多道观建在城市，但道教中的很多著名人物长期或最终隐居山林，如成玄英、潘师正、司马承祯等人。他们虽然也曾应诏到城市教授长生、炼养之术，但这似乎只是一种临时性的生活状态，而他们更向往的，其实是归隐山林。唐诗中有很多题为"送某某真人/尊师归山"的诗，写的就是这种情况。与佛教相比，道教没有为众生解除苦厄的义务，道教追求的长生不老、得道成仙，注重的是个人的炼养。而佛教的任务首先是"救苦救难"，把"度人"作为自我觉悟的一种功德。在这个意义上说，佛教在本质上是"入世"的，而道教则是"出世"的。所以，大致上可以说，佛教比较倾向于选择城市作为弘法的场所，而道教则比较倾向于选择山林作为养性的地

---

① ［日］圆仁：《入唐求法巡礼行记》，桂林：广西师范大学出版社 2007 年版，第 22 页。
② 佛教寺庙在当时有不同的称呼，汤用彤引《僧史略》说有六种："一名窟，谓如伊阙石窟；二名院，禅宗人所住多用此名；三名林，如经中之逝多林；四名庙，如《善见论》之瞿昙庙；五兰若，谓无院相者；六普通［也称为普通院——引注］。……按武宗于会昌四年敕，下令毁拆天下山房、兰若、普通、佛堂、义井、村邑、斋堂等未满二百间不入寺额者。唐制大伽蓝须赐额始名为寺，此山房等均小者也。"见汤用彤《隋唐佛教史稿》，南京：江苏教育出版社 2007 年版，第 47 页。

方。唐代佛教大部分宗派都出自城市,只有禅宗是出自山林(其真正创始人道信和弘忍,都住在远离城市的东山,而且过着隐士一般的生活)。

唐代的城市寺庙以长安和洛阳两地为最多。其中,长安著名的寺庙有大兴善寺(兴善寺,占一坊之地)、大慈恩寺(慈恩寺)、大庄严寺(圣寿寺)、大总持寺、唐兴寺、龙华寺、章敬寺、赵景公寺(景公寺)、光宅寺、荐福寺、大云寺、华严寺、香积寺等,洛阳著名的寺庙有敬爱寺、圣善寺、菏泽寺、天宫寺、安国寺、崇化寺(本安乐公主宅)、龙兴寺、大云寺、圣慈寺、光宅寺等。此外,当时的大城市如扬州、益州(成都)、广州等地,也有许多著名的寺庙,如"南都"益州的大圣慈寺,自唐玄宗时期建立以后,一直到五代时期,都是影响全国的佛教文化中心。

就寺庙建筑本身来说,唐代的寺庙,尤其是御赐匾额的皇家寺庙,一般规模很大。如据段成式《寺塔记》的记载,玄奘法师曾经居住过的长安慈恩寺,"凡十余院总一千八百九十七间,敕度三百僧"[1]。这样的规模,可以容纳很多僧人,也可以容纳很多看客。观众一多,气氛也就十分热闹。因为规模大,所以有足够的活动空间,其中包括大面积的园林绿化空间。又如唐玄宗避难四川时在益州敕建并亲书匾额的大圣慈寺,规模也相当大,面积达到上千亩,寺内有 96 个庭院,8 500 多间殿、阁、楼、厅、堂、房、廊等建筑物。庭院内广植各种花木,尤以芍药闻名;墙壁上画满了当时许多著名画家的佛教绘画作品,至五代、北宋初期,这里都是国内佛教壁画保存得最多和最完整的寺庙。

除建筑规模比较大之外,布局规整也是唐代寺庙的一个显著特点。到了唐代,建筑有了统一的规划,归礼部管辖,并有了明确的等级制度划分,如《长安志》中记载,长安城中最大的寺庙大兴善寺,占地一里坊,佛殿"制度与太庙同"[2]。相比于前代,唐代的佛教寺庙建筑制度日趋完善,已出现后来禅宗寺院模式——"伽蓝七堂制"的雏形,即山门、佛殿(大雄

---

① 陶敏主编:《全唐五代笔记》(二),第 1733 页。
② 〔宋〕宋敏求、〔元〕李好文撰,辛德勇、郎洁点校:《长安志·长安志图》,第 260 页。

宝殿）、法堂（讲堂）、方丈、僧堂（禅堂、云堂或禅院）、浴室、东司（厕所）等七种建筑。当然，不同时期、不同规模寺庙中的七堂，内容不尽相同，在实际的建筑中其实不只七堂，从唐人的文献描述中可以看出，还有普贤堂、曼殊堂、观音堂、罗汉堂、影堂、藏经楼、行香院、钟楼、鼓楼、佛塔和放生池等建筑物或构筑物。这种寺院模式的布局特点是在寺中包含许多院落，院落中包含殿堂和庭园，而寺及寺内各个院落又由围墙和回廊围合，各自成为相对独立的空间单位。这时的寺庙建筑已经形成与中原地区宫殿、住宅相似的空间格局，即整个寺庙建筑沿纵向主轴线顺序展开，依次分布山门、莲池、平台、佛阁、配殿、大殿等，构成全寺的主体部分，其中，大殿即后世说的大雄宝殿逐渐成为全寺的中心。中间主体殿堂两侧则是对称分布的一系列由回廊或院墙围合的院落，如药师院、大悲院、六师院、罗汉院、般若院、法华院、华严院、净土院、圣容院、方丈院、翻经院、行香院、山庭院等。寺院中的讲堂或配殿开始建成两层以上的楼阁，两层以上楼阁之间一般会建虹桥以连接。

佛塔是唐代寺庙中一种相当普遍且特色鲜明的单体建筑物（唐人称为浮图）。唐代的塔有很多类型，主要有楼阁式和密檐式两种。仅长安就有许多著名的佛塔。如大雁塔，位于唐长安城晋昌坊（即今陕西省西安市南）的大慈恩寺内，又名慈恩寺塔，唐永徽三年（652 年）由玄奘法师主持修建，以保存他从天竺带回的经卷和佛像。塔高最初为 5 层，后加盖至 9 层，武则天时期变为 10 层，后层数和高度又有数次变更，最后固定为今天所看到的 7 层，塔身通高 64.517 米、底层边长 25.5 米。还有香积寺的善导塔，原为 13 层，现残存 10 层；荐福寺的小雁塔，原为 15 层，现存 13 层。这三座塔，前两个为楼阁式塔，后一个为密檐式塔。据文献记载，长安怀远坊东南隅的大云经寺有两座塔，东西对称分布，塔内有佛像和壁画；延康坊静法寺西院有一座木塔，为梨木结构，塔高 150 丈；[①]洛阳

---

① 参见杨鸿年《隋唐两京里坊谱》，第 127 页。

光宅寺有塔和武后敕建的、可以"登之四极眼界"的七宝台。[①] 塔在古印度原为僧人的坟墓,后也用来贮藏佛骨舍利,或用来供奉佛像和佛经。到唐代时,有些塔是用来供奉佛骨舍利、佛像或佛经的,但也有很多塔由于其高大的体量而成为构成寺庙景观乃至城市景观的一个重要元素(如长安城的大雁塔和小雁塔,在当时就是构成全城景观的标志性建筑物),同时由于其宽敞的内部空间而成为登高览胜的观景平台。

唐代寺庙,尤其是城市皇家寺庙的建筑,具有雄浑壮丽的特点。其建筑色彩简洁明快,一般采用红色与白色搭配,部分寺庙间以黄色,与王公官宦之家的红色、青色、蓝色和民宅的黑色、灰色、白色形成明显的反差。其内部的单体建筑大多简洁明了而不失大气。这可以从现存的一些唐代寺庙建筑看出来。如山西省五台县的南禅寺大殿,是国内现存已知最早的木结构建筑物。南禅寺始建于唐德宗建中三年(782 年),大殿台基低矮,建筑规模不大,三间见方,单檐歇山屋顶,几乎没有装饰,完全表现的是材料和结构的本真造型和色彩,但其简洁的造型仍给人以气势雄浑的感觉。

总的来说,唐代佛教建筑的外观具有雄壮、质朴的特点,其瓦饰多以灰黑色筒瓦为主,彩色琉璃瓦还比较少用,建筑物上也没有明显的色彩装饰。但内部装饰比较繁复,如《续高僧传》中记载,襄阳沙门惠普"修明因道场,凡三十所,皆尽轮奂之工,仍雕金碧之饰"[②]。又,京城长安"总持寺有僧普应者……行见塔庙,必加治护,饰以朱粉,摇动物敬。京守诸殿有未画者,皆图绘之,铭其相氏,即胜光、褒义等寺是也"[③]。

二、唐代寺庙的环境氛围

美国学者马立博认为,"在中华帝国的中期,佛教寺院令人意想不到

---

① 陶敏主编:《全唐五代笔记》(二),第 1727 页。
② 〔唐〕道宣撰,郭绍林点校:《续高僧传》(上),北京:中华书局 2014 年版,第 785 页。
③ 〔唐〕道宣撰,郭绍林点校:《续高僧传》(中),第 948 页。

地成为改变环境的一股力量",因为那些建筑在郊外、山丘和高地上的佛教寺院占有大量房产和地产,还拥有总量达到数百万的为之耕作的佃农;而且它们的土地不属于均田制的管辖范围,"是一个个规模很大而且实力雄厚的经济单位,承载了把山区土地'开垦'为农田、牧场、果园和木材林的功能"。[1] 这些寺院在把过去的原始森林变成农田、牧场、果园、茶园和林场的同时,也对野生动物的栖息繁衍"造成了看不见的灭顶之灾"[2]。这个看法可能有些夸大其词。事实上,在唐代,造成对环境破坏的与其说是佛教和佛教寺庙,还不如说是日渐膨胀的欲望和日益奢靡的风气。对此,唐代的许多有识之士都提出过批评。如狄仁杰在上武则天的奏疏——《谏造大像疏》中说:

> 臣闻为政之本,必先人事。陛下矜群生迷谬,溺丧无归,欲令像教兼行,睹相生善。非为塔庙必欲崇奢,岂令僧尼皆须檀施? 得筏尚舍,而况其余。今之伽蓝,制过宫阙,穷奢极壮,画缋尽工,宝珠殚于缀饰,环材竭于轮奂。工不使鬼,必在役人,物不天来,终须地出,不损百姓,将何以求? 生之有时,用之无度,编户所奉,恒苦不充,痛切肌肤,不辞棰楚。游僧一说,矫陈祸福,翦发解衣,仍惭其少。亦有离间骨肉,事均路人,身自纳妻,谓无彼我,皆托佛法,诖误生人。里陌动有经坊,阛阓亦立精舍。化诱所急,切于官征;法事所须,严于制敕。膏腴美业,倍取其多;水碾庄园,数亦非少。逃丁避罪,并集法门,无名之僧,凡有几万,都下检括,已得数千。且一夫不耕,犹受其弊,浮食者众,又劫人财。臣每思惟,实所悲痛。[3]

唐高宗以后风气日趋奢靡,两京及周边寺庙越建越大、越建越豪华,确实导致了城市周边森林和土壤的破坏。但这种破坏相比于规模更大的宫殿和数量更多的贵族豪宅来说,毕竟要小得多。而马立博也承认,

---

① [美]马立博著,关永强、高丽洁译:《中国环境史:从史前到现代》,第177—178页。
② [美]马立博著,关永强、高丽洁译:《中国环境史:从史前到现代》,第180页。
③ 〔清〕董诰等编:《全唐文》(二),第1727页。

佛教由于它"秉持的观念,尤其是不杀生的戒条,却使得唐代有文化的城市居民耳目一新,与儒家和道家典籍中的相关内容一样,为培养他们对自然的新感情作出了贡献。唐代的政府为了保护长安城免遭周围山陵水土流失之祸,保持城内的街道和水渠的整洁干净,同时为了提高对自然环境的保护意识,颁布了法令,对那些随意将秽物丢入街道或下水道的行为予以严惩。许多诗歌和绘画作品也表现出对美丽山川和清澈溪流的欣赏之情"①。

撇开环境的破坏与保护问题不谈,单从环境美学的角度来说,唐代寺庙环境的设计也有一些值得肯定的价值:

一是注重寺庙内部自然环境的营造。这一方面与佛教修行需要内心安定的要求有关,如《涅槃经》记载的祇园精舍,其选址就以离城"不远不近,多饶泉池,有好树林,花果蔚茂,清净闲豫"为标准;另一方面也与中国悠久的造园传统和自魏晋以来就已经形成的寺园结合的建筑惯例有关。

寺庙作为修行的场所,首先要求摒弃世俗的繁华与热闹,在形式和感觉上与世俗的环境隔离开来,以便进入佛教所追求的精神境界。如张说《灉湖山寺》诗所说:"空山寂历道心生,虚谷迢遥野鸟声。禅室从来尘外赏,香台岂是世中情。云间东岭千重出,树里南湖一片明。若使巢由知此意,不将萝薜易簪缨。"②

因此,唐代寺庙的内部环境总体上带有明显的园林化倾向。如长安大慈恩寺(原址为隋代无漏寺,贞观二十二年即648年高宗在春宫时为文德皇后立为寺)内有十几个院落,一座300尺高的佛塔,1 897间房屋,南临黄渠,有林泉形胜之美,殿前有大娑罗树,"水木森邃,为京都之最"③。又如由宦官鱼朝恩于唐代宗大历元年(766年)舍私人宅第为章敬皇后设立的章敬寺,有48个院落,4 130余间房屋。该寺位于长安城

①〔美〕马立博著,关永强、高丽洁译:《中国环境史:从史前到现代》,第180页。
②《全唐诗》(三),第954页。
③〔元〕骆天骧撰,黄永年点校:《类编长安志》,第125页。

东门——通化门,"连城对郭,林沼台榭,形胜第一。……及是造寺,以为城市材木,不足充费,乃奏坏曲江亭馆、华清宫观风楼及百司行廨,并将相没官宅,给其用焉,土木之役,仅逾万亿"①。再如洛阳的圣善寺(初名中兴寺)和安国寺(原为宗楚客、节愍太子宅)等,也是采用园林化的布局。这些寺庙中,一般布置有廊、桥、亭、楼、轩、水池、假山、塔、经幢、摩崖造像等景物,还有面积很大的绿地,栽种松树、柏树、银杏、红枫、龙爪槐、香樟、榕树、柳树、竹子、菩提树、天竺葵、文珠兰、黄姜花、鸡蛋花、玉兰、梅花、樱花、芭蕉、桂花、茶花、栀子、荷花、地涌金莲等树木和花卉。有的寺庙,因为花卉繁多而成为当时的旅游胜地。如圣善寺中遍植牡丹,并以白牡丹居多;安国寺"诸院牡丹特盛"②。牡丹花是当时洛阳的市花,有富贵的寓意,而在佛教中也被称为"佛花"。寺院内这种灵活的园林布局在一定程度上冲淡了中轴对称、庄重严谨、略显沉闷的空间氛围,也增强了空间的流动感,展现出一种生机盎然的气象。

园林化的布局不仅体现在那些大的寺庙中,一些规模较小的斋堂、禅院等也是如此。对此,唐人诗歌中有很多描写,如:

> 筑室在人境,遂得真隐情。春尽草木变,雨来池馆清。琴书全雅道,视听已无生。闭户脱三界,白云自虚盈。(王昌龄《静法师东斋》)③

> 清晨入古寺,初日照高林。曲径通幽处,禅房花木深。山光悦鸟性,潭影空人心。万籁此俱寂,但余钟磬音。(常建《题破山寺后禅院》)④

> 北望极长廊,斜扉映丛竹。亭午一来寻,院幽僧亦独。唯闻山鸟啼,爱此林下宿。(韦应物《行宽禅师院》)⑤

---

① 《类编长安志》引《代宗实录》语,见〔元〕骆天骧撰,黄永年点校《类编长安志》,第128页。
② 〔清〕徐松辑,高敏点校:《河南志》,第24页。
③ 《全唐诗》(四),第1439页。
④ 《全唐诗》(四),第1461页。
⑤ 孙望编著:《韦应物诗集系年校笺》,第189页。

这一类斋堂或禅院的内部环境氛围更幽静,构景的自然元素也更多,而且更具有文人园林那种简朴、小巧、自然且意趣横生的特点,因而得到文人的喜爱与赞扬。

二是注重寺庙外部自然环境的营造。俗话说,"天下名山僧占多",许多著名寺庙所处的位置都是山水俱佳的地方。如长安南郊的净土宗祖庭香积寺,位于长安城南 30 里的神禾原西畔子午谷中,南临镐河,北接樊川,镐河与潏河萦绕其西,院内清幽。王维《过香积寺》中描述说:"不知香积寺,数里入云峰。古木无人径,深山何处钟。泉声咽危石,日色冷青松。薄暮空潭曲,安禅制毒龙。"又如长安南郊樊川八大寺之一的禅宗牛头宗祖庭牛头寺(建于贞元六年即 790 年),位于樊川北畔,寺内有古柏及四时花卉,寺外环境优美。司空图《牛头寺》诗云:"终南最佳处,禅诵出青霄。群木澄幽寂,疏烟泛沉寥。"[①]再如湖北当阳的度门寺,据元稹《度门寺》的描写,也是处在群山环抱、溪水萦绕的自然环境之中:"北祖三禅地〔神秀禅师造——原注〕,西山万树松。门临溪一带,桥映竹千重。翦凿基阶正,包藏景气浓。诸岩分院宇,双岭抱垣墉。舍利开层塔,香炉占小峰。"[②]

外部自然环境的营造,主要是通过选址来实现的,如上述的香积寺、牛头寺、度门寺,都是因为建在郊外的山水之间。初唐时期的著名僧人寒山曾在题为《诗三百三首》的系列诗歌中表达了他对寺庙外围自然环境的一些看法,如:

> 重岩我卜居,鸟道绝人迹。庭际何所有,白云抱幽石。住兹凡几年,屡见春冬易。寄语钟鼎家,虚名定无益。
>
> ……
>
> 家住绿岩下,庭芜更不芟。新藤垂缭绕,古石竖巉岩。山果猕猴摘,池鱼白鹭衔。仙书一两卷,树下读喃喃。
>
> ……

---

① 〔唐〕司空图著,祖保泉、陶礼天笺校:《司空表圣诗文集笺校》,第 60 页。
② 〔唐〕元稹撰,冀勤点校:《元稹集》(上),第 151—152 页。

欲得安身处，寒山可长保。微风吹幽松，近听声逾好。下有斑白人，喃喃读黄老。十年归不得，忘却来时道。

……

茅栋野人居，门前车马疏。林幽偏聚鸟，溪阔本藏鱼。山果携儿摘，皋田共妇锄。家中何所有，唯有一床书。

……

卜择幽居地，天台更莫言。猿啼粼雾冷，岳色草门连。折叶覆松室，开池引涧泉。已甘休万事，采蕨度残年。

……

以我栖迟处，幽深难可论。无风萝自动，不雾竹长昏。涧水缘谁咽，山云忽自屯。午时庵内坐，始觉日头暾。

……

我家本住在寒山，石岩栖息离烦缘。泯时万象无痕迹，舒处周流遍大千。光影腾辉照心地，无有一法当现前。方知摩尼一颗珠，解用无方处处圆。

……

余家本住在天台，云路烟深绝客来。千仞岩峦深可遁，万重粼涧石楼台。桦巾木屐沿流步，布裘藜杖绕山回。自觉浮生幻化事，逍遥快乐实善哉。[①]

寒山的这些看法在唐代一些小的禅院、僧房的选址和外部环境营造中得到了充分的体现。对此，唐代诗人的作品中也有大量描绘，如：

山水开精舍，琴歌列梵筵。人疑白楼赏，地似竹林禅。对户池光乱，交轩岩翠连。色空今已寂，乘月弄澄泉。（陈子昂《夏日游晖上人房》）[②]

义公习禅寂，结宇依空林。户外一峰秀，阶前众壑深。夕阳连

---

① 《全唐诗》（二十三），第 9063—9102 页。
② 〔唐〕陈子昂撰，徐鹏校点：《陈子昂集（修订本）》，第 55 页。

雨足,空翠落庭阴。看取莲花净,应知不染心。(孟浩然《题大禹寺义公禅房》)①

三是注重寺庙内外环境的沟通。这种沟通可以通过许多方法来达到,如借景。在寺庙中建塔、台、楼、阁、水池等是一种很常见的借景方法。如上文提到的慈恩寺内十层高的楼阁式塔——大雁塔,唐代诗人章八元《题慈恩寺塔》描述说:“十层突兀在虚空,四十门开面面风。却怪鸟飞平地上,自惊人语半天中。回梯暗踏如穿洞,绝顶初攀似出笼。落日凤城佳气合,满城春[一作‘烟’——引注]树雨濛濛。”又,杜甫《同诸公登慈恩寺塔》中说:“高标跨苍天,烈风无时休。自非旷士怀,登兹翻百忧。方知象教力,足可追冥搜。仰穿龙蛇窟,始出枝撑幽。七星在北户,河汉声西流。羲和鞭白日,少昊行清秋。秦[一作‘泰’——引注]山忽破碎,泾渭不可求。俯视但一气,焉能辨皇州。回首叫虞舜,苍梧云正愁。惜哉瑶池饮,日晏昆仑丘。黄鹄去不息,哀鸣何所投。君看随阳雁,各有稻粱谋。”这两首诗的描述不免有些夸张之处,但登临大雁塔,可以将周围景色收入眼中却是事实。这从审美感受上说,就不仅扩大了寺庙的空间,而且把寺庙的内外环境连在了一起。又如洛阳章善坊的圣善寺,《唐会要》卷四八记载,该寺建于神龙元年(705 年)二月,初名中兴寺,寺内有报慈阁,是唐中宗为武后所立,为木结构,雄伟高峻,内置纯银巨佛。登临高阁,可饱览华山、黄河、龙门一带的山水风光。褚朝阳《登圣善寺阁》诗有云:“华岳三峰小,黄河一带长。”成崿《登圣善寺阁望龙门》也说:“高阁聊登望,遥分禹凿门。刹连多宝塔,树满给孤园。”从美学上说,建阁与建塔的目的一样,都是扩大登临者的视觉范围和经验,将寺庙内外空间环境打成一片。除了塔,水池的设置也是一种重要的借景方法。唐代的寺庙中常有很大的水池,如长安西市西北隅的海池,为僧人法成所穿,分永安渠注之,以为放生之所。在寺庙中建造人工水池,这既与佛教关于净土世界有七宝池、八功德水的传说有关,也与唐代园林注重水景营造

①《全唐诗》(五),第 1649 页。

的特点有关。在当时,寺庙中的水池有多种功能,一是消防,二是放生,三是丰富寺庙景观。如长安慈恩寺中就有一个大水池——南池。司空曙《早春游慈恩寺南池》说:"山寺临池水,春愁望远生。蹋桥逢鹤起,寻竹值泉横。新柳丝犹短,轻蘋叶未成。还如虎溪上,日暮伴僧行。"①水池中可种植莲花,水上可架设桥梁,水池周围可遍植柳树、竹林等——它本身就可以构成一个独立的欣赏空间。同时,水面可倒映水面之上的景物和天空,从而更进一步营造出幽深、空阔的环境意象。

---

① 〔唐〕司空曙著,文航生校注:《司空曙诗集校注》,第 27 页。

第五章　唐代田园诗中的环境美学思想

　　田园,也称为田家,田园诗也叫田家诗。田园即乡村,与城市相对。唐代的田园诗虽然写的并不一定是或多半不是真实的唐代乡村,但从环境美学的角度来说,它反映了唐代人对乡居生活环境的一种向往,因而具有环境美学研究上的意义。

　　田园诗的历史可以追溯到《诗经》。《诗经》中的许多篇章都提到田园或田园生活的景象,如《魏风·十亩之间》有云:"十亩之间兮,桑者闲闲兮,行与子还兮。十亩之外兮,桑者泄泄兮,行与子逝兮。"①这首诗描写的是采桑者(有的说是情侣,有的说是夫妻,有的说是朋友)从野外悠闲、快乐地返回家园的情景。据朱熹《诗集传》的解释,这也是一首表达隐逸情怀的诗,他说:"政乱国危,贤者不乐仕于朝,而思与其友归于农圃,故其辞如此。"②从隐逸的角度说,则诗中描绘的田园景象也非实际的景象,而是一种理想化了的景象。或者至少可以说,它包含了诗作者的审美评价。

　　在中国,最早将"田园"或"田家"作为诗题的是东晋诗人陶渊明,陶

①〔清〕阮元校刻:《十三经注疏》(上),北京:中华书局 1980 年影印版,第 358 页。
②〔宋〕朱熹注,王华宝整理:《诗集传》,南京:凤凰出版社 2007 年版,第 76 页。

渊明也可以说是中国第一位田园诗人。陶诗中最著名的是《归园田居》组诗。其一云:"少无适俗愿,性本爱丘山。误落尘网中,一去三十年。羁鸟恋旧林,池鱼思故渊。开荒南野际,守拙归园田。方宅十余亩,草屋八九间。榆柳荫后园,桃李罗堂前。暧暧远人村,依依墟里烟。狗吠深巷中,鸡鸣桑树巅。户庭无尘杂,虚室有余闲。久在樊笼里,复得返自然。"①

陶渊明的《归园田居》等诗歌作品以及他依据古代田园景象构想出来的"桃花源",不仅奠定了中国田园诗的基调,即环境优美,生活简单,内心安定、自在、悠闲,也对唐代田园诗的创作产生了巨大而持久的影响。他在唐代田园诗史上的地位,可与王羲之在唐代书法史上的地位相比肩。正如唐代书法家大多受到王羲之的影响,唐代的田园诗人大多受到陶渊明的影响。如王绩的《田家三首》(一作王勃诗)之二:

> 家住箕山下,门枕颍川滨。不知今有汉,唯言昔避秦。琴伴前庭月,酒劝后园春。自得中林士,何忝上皇人。②

王绩诗中的"不知今有汉,唯言昔避秦"是从陶渊明的《桃花源记》借用过来的,而"自得中林士,何忝上皇人",则与陶渊明的"久在樊笼里,复得返自然"意思差不多,主旨都在于表达对不受世事变化干扰、自由闲适的乡居生活的向往。

中国古代田园诗的创作,自陶渊明之后基本处于沉寂状态,鲜有可以写入诗史的作者,但入唐以后则蔚为大观,成为唐诗中一道靓丽的风景,正如南宋罗大经《鹤林玉露》卷二所说:"弄圃家风,渔樵乐事,唐人绝句模写精矣。"③唐代田园诗的开创者是生活于隋唐之际的隋末大儒王通之弟王绩,王绩之后有卢照邻等人。相比而言,盛唐和中晚唐的田园诗作者最多,如盛唐的孟浩然、祖咏、王维、裴迪、储光羲、常建、刘长卿、杜

---

① 袁行霈:《陶渊明集笺注》,北京:中华书局 2011 年版,第 53 页。
②《全唐诗》(二),第 478 页。
③〔宋〕罗大经撰,王瑞来点校:《鹤林玉露》,北京:中华书局 1983 年版,第 25 页。

甫、卢象、钱起等,中唐的韦应物、柳宗元、白居易、张祜、李德裕等和晚唐的陆龟蒙、韦庄、司空图、皮日休、杜荀鹤等。这些诗人中,又以孟浩然、祖咏、王维、裴迪、储光羲、钱起、韦应物、白居易、韦庄等人所写的田园诗为最多。除此之外,唐代的其他诗人,如骆宾王、李峤、杨炯、王勃、贺知章、张九龄、李颀、王昌龄、李白、高适、岑参、张志和、张籍、王建、刘禹锡、元稹、贾岛、孟郊、李贺、杜牧、温庭筠等,虽不以田园诗知名,但都写过田园诗。可以说,"田园"是唐诗的常见题材,也是能够代表唐代诗人或文人心态与理想的一种诗歌意象。

第一节　唐代田园诗的兴盛和文人的田园观

与仙境、佛国之类幻想中的或虚构的生活环境不同,"田园"虽然多半带有理想化的成分,却是实际的存在,并且也有历史的和现实的存在依据。在唐代诗人的心目中,田园所表现出来的形象,接近于园林(特别是环境优美、生活自足的庄园),而它所具有的环境特征和精神意义,又接近于幻想中的仙境和佛国。但它比一般的园林,尤其是城市园林,拥有更为广袤的空间,同时比仙境和佛国更为实际,即更容易成为一种人生在世的生活愿景。

在唐诗中,田园常常被比喻为陶渊明想象中的、类似于仙境的桃花源,如王维《田园乐七首》之三所云:"采菱渡头风急,策杖林西日斜。杏树坛边渔父,桃花源里人家。"[①]桃花源是想象的产物,但并非没有任何根据。它其实是中国古代农耕文化的产物。自先秦以来,中国古代知识分子所向往的生活理想或社会理想都带有农耕文化的印迹。如《孟子·梁惠王章句上》中说:"五亩之宅,树之以桑,五十者可以衣帛矣;鸡豚狗彘之畜,无失其时,七十者可以食肉矣;百亩之田,勿夺其时,八口之家可以无饥矣。"[②]或如《庄子·让王》中说:"余立于宇宙之中,冬日衣皮毛,夏日

---

① 《全唐诗》(四),第 1305 页。
② 〔清〕阮元校刻:《十三经注疏》(下),第 2671 页。

衣葛絺;春耕种,形足以劳动;秋收敛,身足以休息;日出而作,日入而息,逍遥于天地之间而心意自得。"①孟子和庄子所向往的理想生活各有偏重,前者注重"安身",后者注重"安心",但无一例外地指向简单的"农"的生活。这种以"农"的生活为本底的、身心俱适的理想,既是"桃花源"这一文学意象的现实依据和心理依据,也是历代文人所向往的、理想的居住与生活环境,如汉末仲长统《乐志论》中所描绘的那样:

> 使居有良田广宅,背山临流,沟池环匝,竹木周布,场圃筑前,果园树后。舟车足以代步涉之艰,使令足以息四体之役。养亲有兼珍之膳,妻孥无苦身之劳。良朋萃止,则陈酒肴以娱之;嘉时吉日,则亨羔豚以奉之。蹰躇畦苑,游戏平林,濯清水,追凉风,钓游鲤,弋高鸿。讽于舞雩之下,咏归高堂之上。安神闺房,思老氏之玄虚;呼吸精和,求至人之仿佛。与达者数子,论道讲书,俯仰二仪,错综人物。弹《南风》之雅操,发清商之妙曲。消摇(逍遥)一世之上,睥睨天地之间。不受当时之责,永保性命之期。如是,则可以陵霄汉,出宇宙之外矣。岂羡夫入帝王之门哉!②

这是一个可居可游、身安心适且带有农耕文化特点的理想的生活环境,其精神旨趣与陶渊明的《桃花源记》是一致的。同时,它所表达的生活诉求,也是历代田园诗、包括唐代田园诗所反复咏叹的主题。

一、唐代田园诗的兴盛

作为一种诗歌体裁,田园诗的出现在客观上与中国悠久的农耕文化传统有着密切的关联。汉代班固《白虎通》谓:"古之人民,皆食禽兽肉。至于神农,人民众多,禽兽不足。于是神农因天之时,分地之利,制未耜,

---

① 〔清〕郭庆藩撰,王孝鱼点校:《庄子集释》(下),第 966 页。
② 〔汉〕仲长统:《乐志论》,见〔宋〕范晔、〔晋〕司马彪撰,陈焕良、李传书标点《后汉书》(上),第 705 页。

教民农作。"①中国的农耕文化发源极早,维系的时间也很长。这对中国古人的思想意识包括价值观念有着非常深刻的影响。农业和农村不仅是整个社会赖以存在的经济基础,而且成为中国人精神依归的原乡。其具有民族特色的血缘宗法制度、家族伦理、家族观念、自然崇拜等,都与这种以农为本的社会现实密切相关。

存在已久的城乡二元结构及其价值评判,也为田园诗的产生提供了土壤。在中国古代,由于城市的产生都与政治相关,城市在客观上成为权力斗争、利益纠葛甚至军事较量的中心,它虽然是各种社会资源高度集中的场所和个人建功立业的舞台,但从生活的角度来看,不一定是理想的栖居之地。同时,在君权至上的社会背景下,城乡之间的差距始终无法弥合,这种差距在客观上造成了城乡之间的对立。这种对立,加剧了城乡之间在经济、政治、社会资源和个人发展机遇上的巨大反差;但另一方面,由于中央与地方或城市与乡村的疏离,从中央到地方或从城市到地方在行政管理上渐趋松弛,权力和利益斗争的烈度也逐次减弱,因此处在社会底层或城市远郊的乡村,反而能够让个人生活的自由度得到某种程度的保障,或者说,在"天高皇帝远"的穷乡僻壤,个人的身心反而能够得到某种程度的自由舒展。因此,中国古代文人或知识分子对于城市和乡村形成了两种完全不同的价值评判,认为城市是不利于个人生活的,而人际关系相对简单的乡村却可以让人远离是非和利益的争斗,远离随时可能出现的祸端,从而显得更有安全感,或更可以保全个人的性命,使个人的身心得到彻底的安顿。加上中国人根深蒂固的家族观念、家乡观念和"叶落归根"的人生情结,乡村更成为许多背井离乡的游子或宦海沉浮的文人士子们客居思归的梦想。正如陶渊明《归去来兮辞》所唱的那样:"归去来兮,田园将芜胡不归? 既自以心为形役,奚惆怅而独悲! ……归去来兮,请息交以绝游。世与我而相遗,复驾言兮焉求?"②

---

① 〔清〕陈立撰,吴则虞点校:《白虎通疏证》(上),北京:中华书局1994年版,第51页。
② 袁行霈:《陶渊明集笺注》,第317页。

在唐代文人的心目中,田园与城市不仅不同,而且经常处在对立的位置上。如卢照邻《三月曲水得樽字》中说:"长怀去城市,高咏狎兰荪。"①王勃《游山庙序》中说:"雅厌城阙,酷嗜江海,常学仙经,博涉道记。"②在他们看来,城市不仅不是理想的生活环境,甚至是束缚人的、令人讨厌的生活环境。

再者,由于乡村处在城垣围合的城市之外,其地理位置上的自然优势,也激发了古代知识分子对田园的向往和想象。相对于城市的人工环境而言,乡村的环境是自然的。在中国美学中,自然与人为(人工)是彼此对立的两种价值。这种对立,与中国以农立国的大背景和农村与自然环境的天然联系也是密切相关的。冯友兰说:"农时时跟自然打交道,所以他们赞美自然,热爱自然。这种赞美和热爱都被道家的人发挥到极致。什么属于天,什么属于人,这两者之间,自然的、人为的这两者之间,他们作出了鲜明的区别。照他们说,属于天者是人类幸福的源泉,属于人者是人类痛苦的根子。"③中国古代知识分子自魏晋以后大多受到道家思想的影响,倾向于以自然作为最高的生活价值准则。这个自然,虽然不等于自然界,但与自然界有关。从人与自然的关系上说,最能体现这种关系的密切程度的毫无疑问是乡村而非城市。因此,乡村由于更接近自然,并且间接地拥有广阔的空间,而成为许多知识分子,尤其是那些仕途失意的知识分子安顿身心、抒发情意的首选。

除了以上这些原因,就唐代的田园诗来说,它的兴盛还与唐代社会一些具体的心理和文化背景有关。

首先是归隐之风的走热和佛道思想的流行。这一点与此前文人知识分子向往田园生活的动机没有什么两样,但到唐代似乎表现得更为显著。自先秦以来,中国的文人知识分子就表现出突出的矛盾性格。仕进与退隐、入世与出世,是一个永远难以克服的内心矛盾。这种矛盾的性

① 〔唐〕卢照邻著,李云逸校注:《卢照邻集校注》,第50页。
② 〔清〕董诰等编:《全唐文》(二),第1845页。
③ 冯友兰:《中国哲学简史》,北京:北京大学出版社1996年版,第19页。

格,在唐代知识分子身上表现得相当明显,如闻一多在《孟浩然》一文中所说的那样:"我们似乎为奖励人性中的矛盾,以保证生活的丰富,几千年来一直让儒道两派思想维持着均势,于是读书人便永远在一种心灵的僵局中折磨自己,巢由与伊皋,江湖与魏阙,永远矛盾着,冲突着,于是生活便永远不谐调,而文艺也便永远不缺少题材。矛盾是常态,愈矛盾则愈常态。今天是伊皋,明天是巢由,后天又是伊皋,这是行为的矛盾。当巢由时向往着伊皋,当了伊皋,又不能忘怀于巢由,这是行为与感情间的矛盾。在这双重矛盾的夹缠中打转,是当时一般的现象。反正用诗一发泄,任何矛盾都注销了。诗是唐人排解感情纠葛的特效剂,说不定他们正因有诗作保障,才敢于放心大胆的制造矛盾,因而那时代的矛盾人格才特别多。说不定他们正因有诗作保障,才敢于放心大胆的制造矛盾,因而那时代的矛盾人格才特别多。"[①]江湖与魏阙,实际上也就是乡村与城市,在中国历史上,江湖与魏阙或乡村与城市既是两种不同的生活环境,也是一面追求仕进、一面希望退隐的知识分子消解其内心矛盾和焦虑的两个场所。

　　与城市相对的乡村,包括山林、江湖、田园等,历来被视为远离城市或朝市的、最理想的栖居之地。如西晋文学家左思《招隐诗二首》之二有云:"经始东山庐,果下自成榛。前有寒泉井,聊可莹心神。峭蒨青葱间,竹柏得其真。"[②]左思在这里所描述的有山林井泉的"东山庐",实际上也可以说是一种田园环境。而且,自东晋陶渊明始,田园诗一开始就具有浓厚的隐逸色彩,它所表达的最主要的思想主题就是隐逸。在这个意义上说,田园诗其实也是隐逸诗,所以钟嵘《诗品》中说:"宋征士陶潜……岂直为田家语耶! 古今隐逸之宗耳。"[③]

　　隐逸,是历代田园诗的基本主题,也是唐代田园诗的基本主题。如

---

① 闻一多:《唐诗杂论》,上海:上海古籍出版社 1998 年版,第 29 页。
② 〔梁〕萧统编,海荣、秦克标校:《文选》,第 160 页。
③ 〔南朝梁〕钟嵘著,陈延杰注:《诗品注》,北京:人民文学出版社 1958 年版,第 29 页。

王维《桃源行》中说："居人共住武陵源，还从物外起田园。"①"物外"，指的就是世俗的生活环境——尤其是纷纭扰攘、物欲横流的城市环境——之外。而"田园"，则成了逃避此种生活环境的一种因应文人隐逸情怀的、与世无争的栖息之所。在唐代诗人的笔下，田园一方面是身体归隐的所在，另一方面也是内心由此得到解放、矛盾由此得到消歇、焦虑由此得到舒缓的所在。

在唐代，隐逸之风非常盛行。这既有客观的原因，也有主观的原因。从主观上说，这种隐逸之风是与唐代佛道两教的兴盛有关的（从源头上说，也与儒家"无道则隐"的老传统有关）。如王维《终南别业》一诗所云："中岁颇好道，晚家南山陲。"②王维一生命运多舛，曾于终南山附近构筑别业休养生息。他的归隐，有不可抗拒的客观原因，但也与他中年以后笃信佛道（尤其佛教）有着极为密切的关系。他的田园诗，大部分表达的都是隐逸的思想，反复歌咏的则是田园生活的悠闲与惬意。其思想动机，据他自己的说法是："一心在法要，愿以无生奖"③；"欲知除老病，惟有学无生"④。"无生"，即佛教所称"不生不灭"，也就是精神永恒的意思。在他看来，只有脱离世俗的生活，才能拥有真正的生活；只有弃绝生活的欲望，才能达到精神的永恒。

其次，唐代田园诗的兴盛，也与唐代的一些制度、风尚和开元、天宝以后日益残酷的社会现实有着密切的关系。这包括唐代的科举制度、休沐制度、退休制度、赐田制度、贬谪制度和变乱不断的生活情势、险象环生的政治生态等。

科举制度的实行，使得大量出身社会底层的知识分子或家道中落的士族阶层的人能够跻身于士大夫的行列，这些人对于乡村的环境有比较深刻的了解，而由于没有深厚的政治背景，他们又容易在竞争激烈的官

---

① 〔唐〕王维著，曹中孚标点：《王维全集》，第29页。
② 〔唐〕王维著，曹中孚标点：《王维全集》，第11页。
③ 〔唐〕王维著，曹中孚标点：《王维全集》，第13页。
④ 〔唐〕王维著，曹中孚标点：《王维全集》，第47页。

场中落败,这样的人生际遇,在客观上造成了他们进退失据的生活窘态和难以割舍的田园情怀;而初唐以后实行的休沐制度(休假制度)、退休制度、赐田制度等,作为对官员的一种礼遇,则在客观上保证了唐代知识分子能够接触乡村并拥有自己独立的田园生活空间。按照唐制,做过五品以上散官的知识分子都有朝廷授予的、可继承和免课税的永业田(也称世业田),有的还有赐田和祖产。因为有田产或土地的保障,唐代文人别业众多,带有私人田产的大大小小的庄园也遍布全国。同时,唐代庄园的建设,也由于有文人的参与而带有明显的艺术化倾向,其生活环境质量相对于一般的村庄要高。庄园的生活区,一般有夯土筑的矮墙环绕,园中有住宅、回廊、亭子、花卉、树木等;庄园生活区之外则是水田、果园、菜园、茶园、山泽和大片的森林,其居住环境不但比一般的村庄好,也比城市中的相对较为狭小的园林要好。唐代的田园诗,其实相当一部分写的并不是普通的乡村,而是退休官员或隐居文人们的私人庄园。

此外,唐代也有对官员的惩处,其中较为轻微的惩处方式是贬谪或流放。从唐代文人留下来的诸多文学作品中可以看出,宰相以下官员大多有被贬谪或被流放的经历,很多创作都出现在这种飘忽不定的贬谪或流放过程之中。安史之乱以后,由于战争和官场党争的原因,官员或知识分子的生活状态变得更加不稳定,贬谪或流放成为一种政治常态。这既在心理上造成了唐代知识分子对朝廷的失望和对官场人生的幻灭感,也加深了他们不再与统治者合作、只求明哲保身的隐逸情怀。在这种心理的驱使下,田园就成为他们安顿身心、苟全性命于乱世的理想场所。所以,对于大多数知识分子来说,隐居乡野不但是一种人生理想,实质上也是一种迫不得已的人生策略。而所谓田园诗,在很大程度上,就是他们这种无家可归的心理的写照。

二、唐代文人的田园观

在唐代文人的心目中,田园实际上是一种最理想也最实际的生活环境。它既不像道教仙境或佛教净土那样虚无缥缈,又不像城市那样过于实际,而又同时兼有两者的某些长处。它甚至也比城市中的园林要好,因为城市中的园林既不能完全避开世俗生活的纷扰,也没有朝廷俸禄以外的经济来源。田园则不同,它远离闹市,同时又有自给自足的生活保障。在唐代文人的想象中,田园或乡村生活虽然有不好的方面,比如偏僻闭塞、生活贫困、劳作辛苦等,却有比城市好的自然环境,有不受或少受外界干扰的宁静,有不受工具性的时间观念约束的慢悠悠的生活状态,有聚族而居的生活方式、单纯的人际交往和温馨的人情关系。

唐代诗人有关农家、田舍、田家之类的描写,大多充满了理想化的色彩。他们所歌咏的田园,是一个没有是非之争、没有利益纠葛、没有尔虞我诈、没有虚情假意的地方。它常常被比拟为仙境、桃花源或羲皇上人所居之地,如卢照邻的《山林休日田家》所云:

> 归休乘暇日,馌稼返秋场。径草疏王彗,岩枝落帝桑。耕田虞讼寝,凿井汉机忘。戎葵朝委露,齐枣夜含霜。南涧泉初冽,东篱菊正芳。还思北窗下,高卧偃羲皇。①

在唐代诗人的笔下,田园大都具有以下特征:

首先,田园是一个远离城市的自然环境。在唐代文人的眼里,田园与城市的最大不同是它拥有城市所不具有的自然条件。卢照邻《三月曲水得樽字》一诗有云:

> 风烟彭泽里,山水仲长园。繇[古通"由"——引注]来弃铜墨,本自重琴樽。高情邈不嗣,雅道今复存。有美光时彦,养德坐山樊。门开芳杜径,室距桃花源。公子黄金勒,仙人紫气轩。长怀去城市,高咏狎兰荪。连沙飞白鹭,孤屿啸玄猿。日影岩前落,云花江上翻。兴阑车马散,林塘夕鸟喧。②

这不是一首田园诗,但涉及对田园环境和田园生活主题的描写。诗中提

---

① 《全唐诗》(二),第 527—528 页。
② 〔唐〕卢照邻著,李云逸校注:《卢照邻集校注》,第 50 页。

到的彭泽里和仲长园,系指东晋陶渊明和汉末仲长统所描写的田园生活,"繇来弃铜墨,本自重琴樽"则表现出诗人对官场生涯的鄙弃和对诗酒人生的向往。这样的人生,在诗人看来并不存在于城市,而只存在于田园,所以他说"长怀去城市",也就是离开城市。为什么要离开城市?他没有明说,只说城市之外,拥有可以"养德"即保持个人人格独立和精神自由的广阔的自然空间和环境。在这里,城市与田园成为两种彼此相对甚至可以说是相互对立的价值载体或存在,而其对立的物质基础就是二者的自然条件不一样。

其次,田园是一个最接近自然的生活环境。田园具有优越的自然条件,但它不能等同于自然本身,更不是荒无人烟的苦寒之地。它是"人化的自然",是自然与生活的折中、平衡、和谐。这里有自然,更有生活,如高适《寄宿田家》所描写的:

> 田家老翁住东陂,说道平生隐在兹。鬓白未曾记日月,山青每到识春时。门前种柳深成巷,野谷流泉添入池。牛壮日耕十亩地,人闲常扫一茅茨。客来满酌清尊酒,感兴平吟才子诗。岩际窟中藏鼹鼠,潭边竹里隐鸬鹚。村墟日落行人少,醉后无心怯路歧。今夜只应还寄宿,明朝拂曙与君辞。①

在这里,自然与生活相互交融,既有"门前种柳深成巷,野谷流泉添入池"和"岩际窟中藏鼹鼠,潭边竹里隐鸬鹚"这样优美且充满生机的自然景色,又有"牛壮日耕十亩地,人闲常扫一茅茨。客来满酌清尊酒,感兴平吟才子诗"这样既忙碌又闲适且高雅的生活情调。耕作、打扫、饮酒、赋诗,这些活动与周遭的自然环境,包括动物和植物,形成了一个和谐又美好的生活画面,一个有序又并不紧迫的生活流程。

最后也最为重要的一点是,田园是(或者说应该是)安顿身心的精神家园。如前所说,田园诗多半是古代文人无家可归的心理写照,而在无

---

① 《全唐诗》(六),第 2220 页。

家可归的情况下,相比于幻游仙境、遁入佛门或混迹于闹市,陶渊明的"开荒南野际,守拙归园田"①的理想,似乎更切合在入世与出世、仕进与退隐、魏阙与江湖、现实与理想之间游离徘徊的文人的想法。如王绩《田家三首》(一作王勃诗)之一所云:"阮籍生涯懒,嵇康意气疏。相逢一醉饱,独坐数行书。小池聊养鹤,闲田且牧猪。草生元亮径,花暗子云居。倚床看妇织,登垄课儿锄。回头寻仙事,并是一空虚。"②在王绩看来,仙境本空虚,倒不如生活在田园、一家子其乐融融来得实际,来得幸福。这样的生活理想,可以说是既实际又超然,既超然又实际。而文人们之所以向往田园或田园生活,其根本就在于它能安顿疲惫的身心,使人达到身心俱适的理想状态。他们认为,在田园或田园生活之中,或者在极端的空幻与极端的功利之间,可以找到身心的平衡点或安顿身心的所在,即:自给自足的田园经济可以活身,远离纷争的环境可以舒心,并最终达到保全自我的目的。从唐代的大部分田园诗来看,这是一个恒常的主题。如:

> 小园足生事,寻胜日倾壶。莳蔬利于鬻,才青摘已无。四邻依野竹,日夕采其枯。田家心适时,春色遍桑榆。(杨颜《田家》)③

> 弊庐隔尘喧,惟先养恬素。卜邻近三径,植果盈千树。粤余任推迁,三十犹未遇。书剑时将晚,丘园日已暮。晨兴自多怀,昼坐常寡悟。冲天羡鸿鹄,争食羞鸡鹜。望断金马门,劳歌采樵路。乡曲无知己,朝端乏亲故。谁能为扬雄,一荐甘泉赋。(孟浩然《田园作》)④

> 众人耻贫贱,相与尚膏腴。我情既浩荡,所乐在畋渔。山泽时晦暝,归家暂闲居。满园植葵藿,绕屋树桑榆。禽雀知我闲,翔集依我庐。所愿在优游,州县莫相呼。日与南山老,兀然倾一壶。(储光

---

① 〔东晋〕陶渊明:《归园田居(其一)》,见袁行霈《陶渊明集笺注》,第 53 页。

② 《全唐诗》(二),第 478 页。

③ 《全唐诗》(四),第 1470 页。

④ 《全唐诗》(五),第 1627 页。

羲《田家杂兴八首》之二)①

　　闲卧藜床对落晖,脩然便觉世情非。漠漠稻花资旅食,青青荷叶制儒衣。山僧相访期中饭,渔父同游或夜归。待学尚平婚嫁毕,诸烟溪月共忘机。(权德舆《田家即事》)②

这四首诗既描写了田园经济带来的生活满足,也表现了此种生活带来的精神愉悦。这生活虽然并不富足,但比诸靠不劳而获和巧取豪夺得来的"膏腴"更让人心安理得。而且,相对而言,精神的畅快更为重要。所谓"心适",所谓"养恬素",所谓"乐""闲",所谓"优游""忘机",都是一种精神的自足。唐代文人看重的也正是这一点。可以说,所谓"田园美""田园乐",最根本的一点,就是它能给人以一种身心俱安和身心俱适的"家园"的感觉。

第二节　唐代田园诗所表现的田园之美

　　在多数唐代田园诗中,田园是一个美的、理想的、宜居的生活环境。如上所述,田园不是单纯的自然,而是接近自然的生活场所。同时,田园不只是身之所安的场所,也是心之所适的场所——它是身心俱安、身心俱适的"家园"。因此,田园的美涉及自然、生活和精神(情感)三个层面。相应地,对田园之美的感受也涉及感官感觉和内心体验两个层面。

一、田园之美的构成

　　在唐代田园诗中,多数作品对田园都持肯定的态度和评价。其对田园所具有的审美价值的评判,涉及自然、生活和精神(情感)三个方面。

　　首先是自然之美。中国古人对自然之美的发现与欣赏,是同农耕生产有关的。农耕生产的发展,使中国古人在思想意识上首先形成了对天地、星辰、山川、动植物等自然物的依赖、崇拜,继而形成了关于这些自然

---

① 《全唐诗》(四),第 1386 页。
② 《全唐诗》(十),第 3609 页。

物的想象和赞美。这种在农耕生产基础上产生的关于自然界的直接经验以及由此衍生出来的种种想象和赞美,是中国美学一直以来以"自然"为美并以自然物为有价值的存在物的思想的源头。从这个意义上说,中国古代美学实质上是一种建立在农业和农的思想意识基础上的美学。

关于自然美的艺术表达在中国古代的山水诗画中均可以找到大量事例。田园诗虽然主旨在于表现身心俱安、身心俱适的家园感,但其中也不乏对自然之美的描写。而且,从田园诗史的角度来看,唐代田园诗在对于自然景物的描写方面,比之前的陶渊明等人更胜一筹,或者说在观感上更细腻、更形象、更生动。比如:

> 顾步三春晚,田园四望通。游丝横惹树,戏蝶乱依丛。竹懒偏宜水,花狂不待风。(卢照邻《春晚山庄率题二首》之一)①

> 筑室俯涧滨,开扉面岩曲。庭幽引夕雾,檐迥通晨旭。迎秋谷黍黄,含露园葵绿。(李峤《和同府李祭酒休沐田居》)②

> 晚晴摇水态,迟景荡山光。浦净渔舟远,花飞樵路香。(韦述《春日山庄》)③

> 田舍清江曲,柴门古道旁。草深迷市井,地僻懒衣裳。榉柳枝枝弱,枇杷树树香。鸬鹚西日照,晒翅满鱼梁。(杜甫《田舍》)④

> 残云虹未落,返景霞初吐。时鸟鸣村墟,新泉绕林圃。(钱起《田园雨后赠邻人》)⑤

> 苍茫日初宴,遥野云初收。残雨北山里,夕阳东渡头。舟依渔潊合,水入田家流。(于良史《田家秋日送友》)⑥

> 家占溪南千个竹,地临湖上一群山。(熊孺登《青溪村居二首》)⑦

---

① 《全唐诗》(二),第 524 页。
② 《全唐诗》(三),第 686 页。
③ 《全唐诗》(四),第 1118 页。
④ 《全唐诗》(七),第 2433 页。
⑤ 《全唐诗》(七),第 2612 页。
⑥ 《全唐诗》(九),第 3119 页。
⑦ 《全唐诗》(十四),第 5421 页。

从这些诗句看来,在唐代田园诗中,既有对自然大环境的描写,又有对许多细小景物或自然现象的描写。比如上引韦述的"晚晴摇水态,迟景荡山光",钱起的"残云虹未落,返景霞初吐",于良史的"苍茫日初宴,遥野云初收",熊孺登的"家占溪南千个竹,地临湖上一群山"等句,都给人以气象宏大的感觉;而卢照邻的"游丝横惹树,戏蝶乱依丛",李峤的"迎秋谷黍黄,含露园葵绿",杜甫的"鸬鹚西日照,晒翅满鱼梁",则可以说是具体而微,给人以身临其境的体验。

总的来说,在唐代田园诗人的笔下,自然之美,一是表现在由天空、原野、群山和水面所构成的无尽的空间和变化上,二是表现在由树上吐丝的春蚕、花中飞舞的蝴蝶、葵花上滴流的露珠和站在鱼梁上晒翅的鸬鹚所呈现的盎然的生机和趣味上。而广大辽阔、丰富多样、生动有趣,又充满脱离尘寰的安宁与静谧,就是自然界最引人入胜的地方,也正构成唐代文人心目中田园之美的基础和底色。

其次是生活之美。田园作为一种理想的人居环境,不仅有自然的空间和景物,还有耕种、收获、采桑、捕鱼、放牧、养殖、采药、砍柴、挑水、织布等劳动景象和静坐、行走、游憩、嬉戏、闲聊、做饭、煮茶、饮酒、读书、吟诗、抚琴等生活景象,以及竹篱、茅舍、禾田、麦地、菜园、果园、鸡鸣、犬吠、鱼跃、牛奔、羊走之类乡村特有的视听环境或生活场景。是这些更具有生命色彩的东西,与丰富多样的自然景物交织在一起,才共同构成了一幅既安静又热闹、既忙碌又悠闲的令人陶醉的田园画面。

在唐代田园诗中,对于田园生活的描写也是随处可见,如:

> 小池聊养鹤,闲田且牧猪。……倚床看妇织,登垄课儿锄。(王绩《田家三首》之一)[1]

> 邻里无烟火,儿童共幽闲。桔槔悬空圃,鸡犬满桑间。时来农事隙,采药游名山。(储光羲《田家杂兴八首》之四)[2]

---

[1]《全唐诗》(二),第478页。
[2]《全唐诗》(四),第1386页。

　　糇糒常共饭，儿孙每更抱。（储光羲《田家杂兴八首》之六）①

　　迢迢两夫妇，朝出暮还宿。稼穑既自种，牛羊还自牧。日旰懒耕锄，登高望川陆。（储光羲《田家杂兴八首》之七）②

从这些诗句看来，它们注重描写的都不是田园的自然景观，而是田园中人的日常生活，如养鹅、牧猪、织布、锄地、采药等。这种生活有几个显著的特点：一是简单，即在物质上没有过多的奢求；二是自足，即自食其力而非不劳而获；三是温馨，即充满人间情味和生活乐趣（包括天伦之乐）；四是悠闲，即生活节奏慢，劳作之外又有充分的闲暇时间。一句话，在远离城市的田园，生活本身成了唯一的目的和享受的对象。在唐代田园诗人看来，这种以自身为目的和享受对象的生活就是最美的和最合乎人性的生活，也是田园成为一个理想人居环境的基本内涵。

　　最后是人情之美。人情与生活往往难以分开，但也可以说，它是生活中最本质的东西。在唐代田园诗有关生活的描写中，感人至深的其实是人情之美。而且无论是唐代的田园诗，还是历史上任何时代的田园诗，其内涵上的审美价值都不仅仅体现在对田园景物的描写上，而更主要体现在对人情之美的表现上。换句话说，田园之所以能成为一个美好的所在，成为文人心目中理想的居住环境，不只在于田园有让人悦耳悦目、悦心悦神的自然景象，还在于它有简单的人际关系和淳朴的人类情感。人情的美恶，不仅影响到人与人之间的关系，也影响到人对居住生活环境优劣美丑的评价。

　　南宋严羽《沧浪诗话·诗评》中说："唐人好诗，多是征戍、行旅、迁谪、别离之作，往往能感动激发人意。"③这是就负面的情感而言。就唐代的多数田园诗来说，它们所歌咏的往往是正面的情感。唐代田园诗所表现的情感，从积极的方面来说主要有三种，即亲情（包括家庭和家族成员即亲戚之间的感情）、乡情（包括邻里之情和乡土之情）和友情（广义上包

①②《全唐诗》（四），第1386页。
③〔宋〕严羽著，郭绍虞校释：《沧浪诗话校释》，北京：人民文学出版社1961年版，第198页。

括对客人或他人的友善）。

　　亲情与血缘关系及建立在农耕生产基础上的居住方式和家庭、家族观念有关。血缘关系是人与人之间最基本、最自然的一种关系，血缘组织是人类社会历史上最古老也最基本的一种社会组织，而以血缘关系为纽带组成的氏族社会，则是人类早期社会的共同结构模式。在中国历史上，血缘关系根深蒂固，它不仅构成了社会的最小单位——家庭，而且曾长期影响整个社会和国家的结构方式。这种以血缘关系为纽带建立起来的社会和国家，不仅在政治观念和伦理观念上，而且在宗教信仰、哲学思想和生活观念上都对中国人的生活和意识产生了深远的影响，比如宗法观念、家国一体的观念、祖先崇拜的观念、崇"古"的观念、"孝"的观念等等，都同注重血缘关系的社会传统有关。就日常生活来说，其最大的影响就是注重家庭生活和家族事务，注重血缘亲情。近代实业家、教育家卢作孚在《中国的建设问题与人的训练》一文中，对中国人浓厚的家庭观念有非常生动的描述，他说：

　　　　家庭生活是中国人第一重的社会生活；亲戚邻里朋友等关系是中国人第二重的社会生活。这两重社会生活，集中了中国人的要求，范围了中国人的活动，规定了其社会的道德条件和政治上的法律制度。……人每责备中国人只知有家庭，不知有社会，实则中国人除了家庭，没有社会。就农业言，一个农业经营是一个家庭。就商业言，外面是商店，里面就是家庭。就工业言，一个家庭里安排了几部织机，便是工厂。就教育言，旧时教散馆是在自己家庭里，教专馆是在人家家庭里。就政治言，一个衙门往往就是一个家庭，一个官吏来了，就是一个家长来了。……人从降生到老死的时候，脱离不了家庭生活，尤其脱离不了家庭的相互依赖。你可以没有职业，然而不可以没有家庭。你的衣食住都供给于家庭当中。你病了，家庭便是医院，家人便是看护。你是家庭培育大的，你老了，只有家庭养你，你死了，只有家庭替你办丧事。家庭亦许倚赖你成功，家庭却亦帮助你成功。你须用尽力量去维持经营你的家庭。你须为它增加财富,你须为它提高地位。不但你的家庭这样仰望于你,社会众人亦是以你的家庭兴败为奖惩。最好是你能兴家,其次是你能管家;最叹息的是不幸而败家。家庭是这样整个包围了你,你万万不能摆脱。①

上引王绩《田家三首》之一中的"倚床看妇织,登垄课儿锄",储光羲《田家杂兴八首》中的"糗糒常共饭,儿孙每更抱。……迢迢两夫妇,朝出暮还宿",都表现出对家庭亲情的高度肯定和赞美。这样的亲情,和谐、温馨,感人至深。在唐代田园诗中,这样的描写非常多,如:

斜阳照墟落,穷巷牛羊归。野老念牧童,倚杖候荆扉。雉雊麦苗秀,蚕眠桑叶稀。田夫荷锄至,相见语依依。即此羡闲逸,怅然吟式微。(王维《渭川田家》)②

雨里鸡鸣一两家,竹溪村路板桥斜。妇姑相唤浴蚕去,闲看中庭栀子花。(王建《雨过山村》)③

清江一曲抱村流,长夏江村事事幽。自去自来堂上燕,相亲相近水中鸥。老妻画纸为棋局,稚子敲针作钓钩。多病所须唯药物[一作"但有故人供禄米"——引注],微躯此外更何求。(杜甫《江村》)④

白纶巾下发如丝,静倚枫根坐钓矶。中妇桑村挑叶去,小儿沙市买蓑归。雨来莼菜流船滑,春后鲈鱼坠钓肥。西塞山前终日客,隔波相羡尽依依。(皮日休《西塞山泊渔家》)⑤

---

① 卢作孚:《中国的建设问题与人的训练》,转引自梁漱溟《中国文化要义》,上海:上海人民出版社 2011 年版,第 18 页。
②《全唐诗》(四),第 1248 页。
③《全唐诗》(九),第 3431 页。
④《全唐诗》(七),第 2433 页。
⑤《全唐诗》(十八),第 7065 页。

上引四首诗中,王维的《渭川田家》是唐代田园诗中的精品,其艺术水准可媲美陶渊明的《归园田居》。诗中不但描写了日落牧归、雉鸣麦田、蚕眠桑叶这样独特的乡村景致,也表现了乡村中人与人之间浓郁、温馨、和美、深厚的情感。其中"野老念牧童,倚杖候荆扉。……田夫荷锄至,相见语依依"四句,前两句表现的是祖孙之间的情感,后两句表现的是邻里之间的情感。"念""候""依依"等字,将这些情感刻画得非常真挚,而"倚杖候荆扉""田夫荷锄至",则把这种情感对象化、客观化为两个动人的画面。另外三首诗也一样,在刻画乡村景色的同时,更突出地展现了农家淳朴而深厚的家庭亲情。王建《雨过山村》中的"妇姑相唤浴蚕去,闲看中庭栀子花"(浴蚕,即浸洗蚕子,是古代育蚕选种的一种方法),表现的是姑嫂之间相互友爱的情感;杜甫《江村》中的"老妻画纸为棋局,稚子敲针作钓钩",表现的是一家三口生活朴素而其乐融融的生活情调;皮日休《西塞山泊渔家》中的"白纶巾下发如丝,静倚枫根坐钓矶。中妇桑村挑叶去,小儿沙市买蓑归",则表现了垂钓老者与挑叶中妇(二儿媳)、买蓑小儿两代人之间相处融洽的家庭氛围。

在唐代田园诗中,家庭亲情是第一位的。但与此相关的还有乡情和友情。如储光羲《田家杂兴八首》之八云:"种桑百余树,种黍三十亩。衣食既有余,时时会亲友。"[①]既称"时时会亲友",自然也就包括亲戚、乡邻、朋友之间的感情。在广义上,乡情既包括邻里之情,也包括对故土或家乡的依恋之情。在中国古代,乡情是一种普遍的社会情感,或者说是一种普遍的情感需求。它与亲情一样,同中国古代农耕文明有着直接的关联。崔颢《长干曲四首》之一有云:"君家何处住,妾住在横塘。停船暂借问,或恐是同乡。"[②]这虽然不是一首田园诗,但其对一个漂泊在外的妇人渴望"同乡"的描写,也足以表明乡情对于一个身处异乡的人是多么重要

---

① 《全唐诗》(四),第 1386 页。
② 《全唐诗》(四),第 1330 页。

和刻骨铭心。元稹《思归乐》中说："我虽失乡去,我无失乡情。"①乡情代表的既是现实的家园,也是精神的家园。对于文人来说,在失去现实的家园的时候,乡情往往就成为一种内心"思归"的精神家园。此外,朋友之情,在中国古代也是一种基本的感情。中国古代所谓友情,指的首先是朋友之间相知、相依、相惜的感情,有时候也包括对待客人或他人的感情(友善、友好、友爱的情感态度),即友情不仅可以存在于朋友之间,也可以存在于两个互不相识的人之间。而以朋友的态度对待一个素不相识的人,这样的情感态度,更能反映出田园中人淳朴或纯真的性格,也更能衬托出田园生活的可爱。如:

> 人家少能留我屋,客有新浆马有粟。远行僮仆应苦饥,新妇厨中炊欲熟。不嫌田家破门户,蚕房新泥无风土。行人但饮莫畏贫,明府上来何苦辛。丁宁回语屋中妻,有客勿令儿夜啼。双冢直西有县路,我教丁男送君去。(王建《田家留客》)②

> 世役不我牵,身心常自若。晚出看田亩,闲行旁村落。累累绕场稼,喷喷群飞雀。年丰岂独人,禽鸟声亦乐。田翁逢我喜,默起具尊杓。敛手笑相延,社酒有残酌。愧兹勤且敬,藜杖为淹泊。言动任天真,未觉农人恶。停杯问生事,夫种妻儿获。筋力苦疲劳,衣食常单薄。自惭禄仕者,曾不营农作。饥食无所劳,何殊卫人鹤。(白居易《观稼》)③

这两首诗所描写的各种细节,既寄寓了作者对田家生活艰苦的深切同情,也表现了乡民淳朴的性格和一个乡下贫寒之家对待陌生访客的热情、友善的态度。

总之,正是这一类纯真而美好的感情,以及由此反映出来的美好的心灵和单纯的人际关系,加上田园中特有的自然风物,才共同构成了田

---

① 〔唐〕元稹撰,冀勤点校:《元稹集》(上),第1页。
② 《全唐诗》(九),第3377页。
③ 《全唐诗》(十三),第4731页。

园作为一个理想人居环境所特有的美与魅力。

二、田园之美的感受和体验

既然田园是美的所在,那么对田园的基本感受也是美好的。在大部分唐代田园诗中,田园给人的基本感觉就是美。这种美的感觉,不只是视觉,也包括对各种田园景物的听觉感受甚至嗅觉感受和触觉感受,以及对田园生活场景和人际关系的审美心理体验。如岑参的《汉上题韦氏庄》:"结茅闻楚客,卜筑汉江边。日落数归鸟,夜深闻扣舷。水痕侵岸柳,山翠借厨烟。调笑提筐妇,春来蚕几眠。"[1]这首诗既写出了视觉和听觉的感受,也写出了对人与人之间关系淳朴的情感体验。

但从更高的精神层面或终极的生活理想层面上说,唐代田园诗中反映出来的对田园环境和生活的审美感受,主要是"闲"和"乐"。"闲"和"乐",也可以说是唐代田园诗中最基本的审美情感基调。而且这种"闲"和"乐"所反映的并不是普通百姓的实际感受,而是诗人或文人追求身心自由和寻求理想生活环境的精神需要。在中国美学中,自庄子起,尤其是陶渊明以后,"闲"就成为一个重要的美学概念,它指的既是一种超然的审美态度,也是一种超然的人生理想和生活感觉。

"闲"字最初出现在《诗经》中,如前引《诗经·魏风·十亩之间》中的"桑者闲闲兮,行与子还兮"。但其作为一个哲学、美学概念,则可以说是出自《庄子·齐物论》中的"大知闲闲,小知间间"[2]。这个"闲",指的是精神豁达、没有是非分别。魏晋时期,《庄子》一书及其思想成为清谈和玄学的主题,"闲"的概念相应受到文人士大夫的重视,并被引入生活和创作。如西晋文学家潘安仁的《闲居赋》中说:"于是览止足之分,庶浮云之志,筑室种树,逍遥自得。池沼足以渔钓,春税足以代耕。灌园粥蔬,以

---

① 《全唐诗》(六),第 2088 页。
② 〔清〕郭庆藩撰,王孝鱼点校:《庄子集释》(上),第 51 页。

供朝夕之膳;牧羊酤酪,以俟伏腊之费。"①这里的"闲"是指闲适,一种知足而止、精神充裕的生活理想和态度。在这个时期,对"闲"的概念发挥最多的是陶渊明。在陶渊明的诗文中,"闲"字频繁出现,如"有酒有酒,闲饮东窗……敛翮闲止,好声相和""童冠其业,闲咏以归""敛襟独闲谣,缅焉起深情""户庭无杂尘,虚室有余闲""弱湍驰文鲂,闲谷矫鸣鸥""药石有时闲,念我意中人""或有数斗酒,闲饮自欢然""农务各自归,闲暇辄相思""闲居三十载,遂与尘事冥""郁郁荒山里,猿声闲且哀""恐此非名计,息驾归闲居""朱公练九齿,闲居离世纷"等。② 可以说,"闲"是陶渊明诗文创作中的一个基本主题。在陶渊明那里,"闲"是一种审美态度和感受,也是一种没有功利约束和思虑纠缠的生活状态(闲居)和精神境界,正所谓"始则荡以思虑,而终归闲正"③。对这种生活状态和精神境界的描绘主要体现在他的田园诗中。而这一点,也直接影响到唐代的田园诗创作。

唐代田园诗给人的基本感觉首先就是"闲"。这种"闲"在客观上说是一种生活状态,在主观上说则是一种主观感受和心理态度,如:

> 田舍有老翁,垂白衡门里。有时农事闲,斗酒呼邻里。喧聒茅檐下,或坐或复起。短褐不为薄,园葵固足美。动则长子孙,不曾向城市。五帝与三王,古来称天子。干戈将揖让,毕竟何者是。得意苟为乐,野田安足鄙。且当放怀去,行行没余齿。(王维《偶然作六首》之二)④

> 春至鹁鸪鸣,薄言向田墅。不能自力作,黾勉娶邻女。既念生子孙,方思广田圃。闲时相顾笑,喜悦好禾黍。夜夜登啸台,南望洞庭渚。百草被霜露,秋山响砧杵。却羡故年时,中情无所取。(储光

---

① 〔梁〕萧统编,海荣、秦克标校:《文选》,第 108 页。
② 袁行霈:《陶渊明集笺注》,第 1、2、50、53、64、68、81、93、137、162、181、202 页。
③ 〔东晋〕陶渊明:《闲情赋》,见袁行霈《陶渊明集笺注》,第 309 页。
④ 〔唐〕王维著,曹中孚标点:《王维全集》,第 22 页。

羲《田家杂兴八首》之一)①

　　东风何时至? 已绿湖上山。湖上春已早,田家日不闲。沟塍流水处,未耜平芜间。薄暮饭牛罢,归来还闭关。(丘为《题农父庐舍》)②

这三首诗,面上写的都是田家生活及耕作之外的悠闲,实际上写的却是作者自己悠闲的心态。在田家,这"闲"只是时间上的空闲(身闲),而对于诗人来说,这"闲"却是一种审美态度(心闲)。在诗人的眼中,甚至田家的"不闲"也是"闲",如丘为说的"田家日不闲"。丘为认为,田家虽然"不闲",但这不闲之中又有"归来还闭关"的余闲,而且他的劳作和生活,并没有任何人为强加的约束,只不过是顺应冬去春来、日出日落这种自然的节奏罢了。因此,田家的生活,在他看来是自然的、悠闲的,而且是自由的,与外界的纷扰和各种名利的争斗毫不相干。

在"闲"的态度的观照之下,田园中的景物和人物,包括各种生活场面,在唐代诗人的眼中都是"闲"的。因此,唐代田园诗中出现了很多表示"闲"的意象,如樵夫、渔父、牧童、野老、鸟飞、鱼跃、鸡鸣、狗吠、牛归和北窗、东皋、沧州、淇上、羲皇、桃源、仙境等等。这些意象的生成,根本上是出于诗人本身闲适的心态。如王维《皇甫岳云溪杂题五首·鸟鸣涧》:"人闲桂花落,夜静春山空。月出惊山鸟,时鸣春涧中。"③这种月夜山间一片空寂而又充满生机的景象,也只有在"闲"人的心中才能涌现出来并呈现为一幅动人的画面。

闲则静,则适,则乐。作为一种主观的、超然的审美态度,闲也可以说是乐的前提。唐代的田园诗,特别是初唐和盛唐的田园诗,多写"乐"。这"乐"是一种感受,也是一种境界。而田园之所以美,关键就在于它能让人"乐",如卢照邻《山庄休沐》(一作《和夏日山庄》)所说:"田家自有

---

① 《全唐诗》(四),第 1386 页。
② 《全唐诗》(四),第 1318 页。
③ 〔唐〕王维著,曹中孚标点:《王维全集》,第 29 页。

乐,谁肯谢青溪。"①或如王维《偶然作六首》之二所说:"得意苟为乐,野田安足鄙。"

唐代田园诗中所歌咏的"乐"多种多样,有田园劳动之乐,如刘禹锡《插田歌》:

> 冈头花草齐,燕子东西飞。田塍望如线,白水光参差。农妇白纻裙,农夫绿蓑衣。齐唱田中歌,嘤伫如竹枝。但闻怨响音,不辨俚语词。时时一大笑,此必相嘲嗤。……②

也有田园收获之乐,如杜甫《园》:

> 仲夏流多水,清晨向小园。碧溪摇艇阔,朱果烂枝繁。始为江山静,终防市井喧。畦蔬绕茅屋,自足媚盘餐。③

还有生活闲适之乐,如卢照邻《春晚山庄率题二首》之二:

> 田家无四邻,独坐一园春。莺啼非选树,鱼戏不惊纶。山水弹琴尽,风花酌酒频。年华已可乐,高兴复留人。④

王维《田园乐七首》之六:

> 桃红复含宿雨,柳绿更带朝烟。花落家童未扫,莺啼山客犹眠。⑤

唐代田园诗中的"乐"虽然包括田园生活的方方面面,但其最根本的不是身体上的或感官上的快乐,而是内心的或精神上的快乐。如元稹《归田》所云:"陶君三十七,挂绶出都门。我亦今年去,商山浙岸村。冬修方丈室,春种桔槔园。千万人间事,从兹不复言。"⑥元稹诗中对田园生

---

①《全唐诗》(二),第527页。
②《全唐诗》(十一),第3962页。
③《全唐诗》(七),第2499页。
④〔唐〕卢照邻著,李云逸校注:《卢照邻集校注》,第110页。
⑤〔唐〕王维著,曹中孚标点:《王维全集》,第78页。
⑥〔唐〕元稹撰,冀勤点校:《元稹集》(上),第163页。

活的肯定和向往,其实不在于田园有多么好的生活条件,而在于田园能减少或免去各种名物的拖累,同时能提供城市所不能给予的自由。这种源于自由的快乐,才是唐代田园诗人真正追求的快乐。

第三节　以"田园苦"为主题的田园诗及其意义

在唐代田园诗中,除了上述以"闲"和"乐"为主调的田园诗,实际上还有一种以"田园苦"为主调的田园诗。它虽然不占主流,但也同样反映了唐代诗人或文人对真实存在的田园的看法(包括对真实存在的田园或乡村环境和生活的批判),也间接地表现了唐代诗人或文人对理想的田园环境和生活的期待。

这种田园诗的出现,主要不是来源于诗人的想象,而是来源于诗人的实际感受。特别是安史之乱之后,唐代的政治日益混乱,经济渐趋萧条,整个社会处在一种极不稳定的状态。藩镇叛乱、宦官擅权和权臣党争,这些扰乱社会秩序的因素,不仅影响到城市的繁荣,导致城市居住、生活环境的恶化,也波及并危害到乡村经济的发展、乡村生活的安定,导致乡村居住、生活环境的恶化。因此,自安史之乱以后,那种歌颂田园生活舒适、悠闲和快乐的诗变得少了,反映田园生活艰苦的诗则多起来了。

这一类以"田园苦"为主题的田园诗,也可以说是对当时田园或乡村环境和生活的一种批判。它所揭示的田园之苦主要表现在以下几个方面:

第一,是恶劣的环境。如张籍的《江村行》:

南塘水深芦笋齐,下田种稻不作畦。耕场磷磷在水底,短衣半染芦中泥。田头刈莎结为屋,归来系牛还独宿。水淹手足尽有疮,山虻绕身飞飏飏。桑林椹黑蚕再眠,妇姑采桑不向田。江南热旱天气毒,雨中移秧颜色鲜。一年耕种长苦辛,田熟家家将赛神。[1]

---

[1]《全唐诗》(十二),第 4291 页。

这首诗既描写了恶劣的乡村劳动环境、居住环境和自然环境,也描写了乡民无所依归的内心世界和愚昧落后的生活习俗。这样的生活环境,与那些以"田园乐"为主题的诗所描绘的"桃花源"或仙境般的生活环境,是大不一样的。

又如杜甫的《无家别》:

> 寂寞天宝后,园庐但蒿藜。我里百余家,世乱各东西。存者无消息,死者为尘泥。贱子因阵败,归来寻旧蹊。久行见空巷,日瘦气惨凄,但对狐与狸,竖毛怒我啼。四邻何所有,一二老寡妻。宿鸟恋本枝,安辞且穷栖。方春独荷锄,日暮还灌畦。县吏知我至,召令习鼓鞞。虽从本州役,内顾无所携。近行止一身,远去终转迷。家乡既荡尽,远近理亦齐。永痛长病母,五年委沟溪。生我不得力,终身两酸嘶。人生无家别,何以为蒸黎?①

这首诗描写的是安史之乱发生后,整个社会环境极度恶化,乡村一片荒凉、破败、悲惨的景象,一个老兵因战败回到故里,结果发现家破人亡,无家可归。与张籍《江村行》中的"山虹绕身飞飐飐""江南热旱天气毒"之类自然条件的恶劣不同,杜甫这首诗所描写的荒凉、破败、悲惨的乡村景象,完全是人为造成的。

第二,是艰苦的劳作。如:

> 蒲叶日已长,杏花日已滋。老农要看此,贵不违天时。迎晨起饭牛,双驾耕东菑。蚯蚓土中出,田乌随我飞。群合乱啄噪,嗷嗷如道饥。我心多恻隐,顾此两伤悲。拨食与田乌,日暮空筐归。亲戚更相诮,我心终不移。(储光羲《田家即事》)②

> 雨足高田白,披蓑半夜耕。人牛力俱尽,东方殊未明。(崔道融《田上》)③

---

① 《全唐诗》(七),第 2284 页。
② 《全唐诗》(四),第 1384 页。
③ 《全唐诗》(二十一),第 8203 页。

这两首诗描写的是真实的乡村生活,辛苦劳作,起早贪黑,没日没夜。这样的生活本身是没有任何诗意可言的。

第三,是社会的不公与生活的贫穷。在以"田园苦"为主题的唐代田园诗中,以揭露社会不公和感叹生活贫穷的诗为最多。而且这一类诗,又多半是出现在安史之乱期间和以后。安史之乱对唐帝国的政治、经济和社会生活环境均造成了极大的破坏,《旧唐书》所载郭子仪奏章中说:"宫室焚烧,十不存一,百曹荒废,曾无尺椽,中间畿内,不满千户。井邑榛荆,豺狼所嗥,既乏军储,又鲜人力。东至郑、汴,达于徐方,北自覃怀,经于相土,人烟断绝,千里萧条。"[1]安史之乱导致唐帝国人口锐减,北方大量土地荒废,人口向南逃亡,造成人烟断绝、千里萧条的景象。由唐玄宗开创的"开元盛世"一时间灰飞烟灭。虽然经过八年的战争,安史之乱终于平定了,但由此引发的各种社会矛盾一直未能消除,整个大唐帝国也一直处在变乱不止、岌岌可危的状态之中,即司马光所说:"由是祸乱继起,兵革不息,民坠涂炭,无所控诉,凡二百余年。"[2]就在安史之乱平定后不久,大唐帝国的土地上又接二连三地出现了藩镇叛乱的事件,如代宗朝的袁晁之乱、方清之乱、张度之乱、杨昭之乱,德宗朝的朱泚之乱、田悦之乱、朱滔之乱、李希烈之乱等。可以说,从公元755年安史之乱爆发到公元907年唐朝灭亡的150多年中,大大小小的战乱就从未真正停止过。特别是公元878年爆发的黄巢起义,席卷近半个大唐帝国,直接把摇摇欲坠的大唐帝国送上了彻底覆灭的不归路。在中国历史上,战乱的起因总是针对利益集团或统治集团,而被无辜拖累的却是普通百姓。在唐代,早在唐玄宗当政时期,豪强对土地的兼并和均田制的破坏,就致使乡村环境遭到严重破坏,大量以耕作为生的农民不得不离开故土,成为无家可归的流民。而帝王、贵族及社会上层阶级的奢靡和浪费,以及随之发生的各种战乱,则不断加剧社会各阶层之间的贫富差距,层出不穷

---

① 〔五代〕刘昫等撰,陈焕良、文华点校:《旧唐书》(三),第2163—2164页。
② 〔宋〕司马光编著:《资治通鉴》(三),第2713页。

的苛捐杂税让很多农民变得一贫如洗。这些现象,在唐代诗人的笔下,都有相当生动和全面的表现,如:

> 老农家贫在山住,耕种山田三四亩。苗疏税多不得食,输入官仓化为土。岁暮锄犁傍空室,呼儿登山收橡实。西江贾客珠百斛,船中养犬长食肉。(张籍《野老歌》)[1]

> 田家几日闲,耕种从此起。丁壮俱在野,场圃亦就理。……仓廪无宿储,徭役犹未已。方惭不耕者,禄食出闾里。(韦应物《观田家》)[2]

> 麦收上场绢在轴,的知输得官家足。不望入口复上身,且免向城卖黄犊。回家衣食无厚薄,不见县门身即乐。(王建《田家行》)[3]

> 牛咤咤,田确确。旱块敲牛蹄趵趵,种得官仓珠颗谷。六十年来兵簇簇,月月食粮车辘辘。一日官军收海服,驱牛驾车食牛肉。归来收得牛两角,重铸锄犁作斤劚。姑舂妇担去输官,输官不足归卖屋。愿官早胜仇早覆,农死有儿牛有犊。誓不遣官军粮不足。(元稹《田家词》)[4]

> 二月卖新丝,五月粜新谷。医得眼前疮,剜却心头肉。我愿君王心,化作光明烛。不照绮罗筵,只照逃亡屋。(聂夷中《咏田家》)[5]

这些田园诗表达的主题基本上是一样的,就是沉重的赋税、无休止的剥削和战争所导致的巨大的贫富差距,以及因贫富差距的加剧而导致的农民生活的困苦和乡村社会生活环境的极度恶化。

这一类诗中的"田园"或"田家"与文人心中想象的美好田园是完全不一样的。但它们也在一定程度上说明,田园或乡村环境的审美价值不仅表现在优美的自然环境上,也应该表现在和谐的社会生活环境上。没

---

① 〔唐〕张籍撰,徐礼节、余恕诚校注:《张籍集系年校注》(上),第22页。
② 《全唐诗》(六),第1975页。
③ 《全唐诗》(九),第3382页。
④ 〔唐〕元稹撰,冀勤点校:《元稹集》(上),第260页。
⑤ 《全唐诗》(十九),第7296页。

有民生的保障,没有对底层民众生命和生存权利的尊重,乡村环境就不可能得到真正的改善,也不可能具有真正的审美意义。同时,所谓美的、富有诗情画意的"田园",也就永远只能是少数有闲阶级的空想。

第六章　唐代山水画中的环境美学思想

山水画是平面的艺术,不能说是立体的环境存在。但中国山水画所描绘的,从来就不是与人无关的纯粹自然景象,而是与人的生活和精神密切相关的理想空间。因此,作为一种想象中的人居环境,它事实上也体现了中国古人关于环境美的理想。

"山水",包括与之类似的"山川""山泽""山海""江山""湖山""河山""山河""岳渎""林泉""林泽"等,是语义独特的汉语词汇。在汉语世界中,"山水"一开始就被赋予了文化和精神内涵。在巫术、祭祀和神话等宗教活动或传说中,山水被认为是一种神性的存在或通神的灵媒。如《尚书·舜典》中说:"望于山川,偏于群神。"①《墨子·明鬼下》中说:"古之今之为鬼,非他也,有天鬼神,亦有山水鬼神者,亦有人死而为鬼者。"②或《史记·孝武本纪》中说:"上巡南郡,至江陵而东。登礼潜之天柱山,号曰南岳。浮江,自寻阳出枞阳,过彭蠡,祀其名山川。"③在哲学思想中,山水被认为是一种具有人性或道德内涵的德性存在。如由孔子首倡的、先秦两汉儒家的"山水比德"说。而在文学艺术中,山水被认为是一种与

---

① 曾运乾注,黄曙辉校点:《尚书》,上海:海古籍出版社 2015 年版,第 15 页。

② 吴毓江撰,孙启治点校:《墨子校注》(上),北京:中华书局 1993 年版,第 337 页。

③ 〔汉〕司马迁著,李全华标点:《史记》,第 140 页。

人的快乐和自由等情感体验相关的审美存在。如《宋书·谢灵运传》中说，谢灵运"出为永嘉太守。郡有名山水，灵运素所爱好，出守既不得志，遂肆意游遨"①。或南朝陶弘景《答谢中书书》中说："山川之美，古来共谈。高峰入云，清流见底。两岸石壁，五色交辉。青林翠竹，四时俱备。晓雾将歇，猿鸟乱鸣；夕日欲颓，沉鳞竞跃。实是欲界之仙都。自康乐以来，未复有能与其奇者。"②这些说法——无论是宗教的、哲学的还是文学艺术（美学）的说法，事实上都指向同一个意思，即山水是一种与人有关的、文化的或精神的存在。

同样，山水画作为中国绘画的一个特殊科目，一开始也是作为某种寄托人的精神追求和生活理想的艺术形式出现的。南朝画家宗炳在《画山水序》中说："圣人含道映物，贤者澄怀味像。至于山水，质有而趣灵，是以轩辕、尧、孔、广成、大隗、许由、孤竹之流，必有崆峒、具茨、藐姑、箕首、大蒙之游焉。又称仁智之乐焉。……余眷恋庐、衡，契阔荆、巫，不知老之将至。愧不能凝气怡身，伤跕石门之流，于是画象布色，构兹云岭。……于是闲居理气，拂觞鸣琴，披图幽对，坐究四荒。不违天励之丛，独应无人之野。峰岫峣嶷，云林森眇，圣贤映于绝代，万趣融其神思。余复何为哉？畅神而已。"③这段话具体说明了山水的精神价值和山水画之所以能够成为一门艺术的根本依据。宗炳认为，山水或山水画呈现的是一个充满生机的、灵动的、可游的空间，在这个空间中，人不仅可以感悟宇宙变化的道理，而且可以继而养成仁爱、睿智的德性和自由无碍的精神。

中国山水画萌芽于清谈流行、竞尚玄虚和倡导"自然"的魏晋南北朝时期，在唐代开始走向兴盛和成熟，形成了以李思训、李昭道为代表的青绿山水画派和以王维、张志和、刘商、毕宏、张璪、王墨、项容、荆浩等人为代表的水墨山水画派。从他们所描绘的山水题材上说，前者多表现皇宫

①〔梁〕沈约：《宋书》（六），北京：中华书局1974年版，第1753页。

②〔清〕严可均辑，陈延嘉等主编：《全上古三代秦汉三国六朝文　七》，第460页。

③俞剑华编著：《中国古代画论类编（修订本）》（上），北京：人民美术出版社2014年版，第583页。

禁苑的园林景象、都市郊外的自然风光、达官贵人的避暑胜地或道教传说中的山水仙境，后者则多表现荒郊野外的山水树石或高人逸士的幽栖之所，其中隐含着不同的环境审美观念。但总的来说，唐代山水画所描绘的山水景象，都并非野性的、原始的自然景象，而是人与自然和谐共处的、充满世俗生活情调的人化了的自然景象。因此，唐代的山水画本身即代表了一种理想的居住、生活方式。而且，随着唐代山水画的兴盛，有关山水绘画的理论也开始走向完备，其中最有代表性的是传为王维所著的《山水诀》(或名《辋川画诀》《画学秘诀》)、《山水论》和唐末五代画家荆浩的《笔法记》。这三篇著作不仅可以作为画论，也可以作为中国古代环境美学的重要文献。其中的一些命题或看法，如《山水诀》中的"肇自然之性，成造化之功""回抱处僧舍可安，水陆边人家可置""平地楼台，偏宜高柳映人家；名山寺观，雅称奇杉衬楼阁"①、《笔法记》中的"度物象而取其真""景者制度时因，搜妙创真""山水之象，气势相生"②等，都既是画诀，又是景观和环境设计的基本方法和美学原则。

第一节　唐代"山水之变"的表现及其意义

中国山水画作为画科，肇始于魏晋南北朝时期，到唐代发生了革命性的变化和发展。魏晋南北朝时期虽然有诸如宗炳的《画山水序》及王微的《叙画》等早期的山水画文献，但是没有山水画作品传世。从张彦远《历代名画记》对唐以前山水画的批评可以看出，山水画真正的成熟时期应该是在唐代。张彦远说："魏晋之降，名迹在人间者，皆见之矣。其画山水，则群峰之势，若钿饰犀栉：或水不容泛，或人大于山，率皆附以树石；映带其地，列植之状，则若伸臂布指。详古人之意，专在显其所长，而不守于俗变也。"③这里的"人大于山"，说明魏晋时期的山水画还居于人

---

① 王伯敏、任道斌主编：《画学集成(六朝—元)》，石家庄：河北美术出版社2002年版，第67页。
② 王伯敏、任道斌主编：《画学集成(六朝—元)》，第191—192页。
③ 〔唐〕张彦远著，秦仲文、黄苗子点校：《历代名画记》，第15—16页。

物画的陪衬地位,而"钿饰犀栉""水不容泛""伸臂布指"等,则说明在这个时期的山水画中,山石、水面和树木的形态僵硬刻板,缺少丰富的变化,带有明显的抽象化和程式化倾向,与自然的真山真水和真实的形态、空间不同。这种局面到唐代发生了根本性的变化,这时不仅有独立于人物画的山水艺术作品传世,而且随着描绘技法的日趋成熟,山水图像更接近于真实的自然,还发展出了青绿和水墨两种不同的绘画风格,为此后中国山水画的发展奠定了基本的格局。

　　唐代山水画的变革,按照张彦远的说法是"始于吴,成于二李"[1]。"吴"指唐代著名画家吴道子,"二李"指的是以用笔精密、设色浓丽著称的青绿山水画家李思训和李昭道父子。吴道子是以画人物尤其是佛道人物出名的,关于他的山水画,史书上记载不多,现在也无法见到。据张彦远的说法,他曾与李思训在大同殿画绵延三百里的嘉陵江山水,仅凭目识心记,一天就画完了。而李思训和李昭道的作品,历史上记载很多,并有《江帆楼阁图》《明皇幸蜀图》《御苑采莲图》等摹本传世。这些作品不但已经完全摆脱了魏晋时期"人大于山""钿饰犀栉""水不容泛""伸臂布指"的尴尬境地,而且形成了工整细致、金碧辉煌且形态逼真、空间感极强的青绿山水画风。虽然张彦远的上述说法并不完全准确,因为吴道子晚于"二李"中的李思训,李思训的去世时间也在兴庆宫大同殿修筑之前,但其有关唐代山水画在物象和空间表现上胜于魏晋南北朝的描述是符合历史事实的。

　　除了"吴"和"二李",唐代山水画的变革,还来自以王维为始的一批主要活跃在中晚唐的文人画家对水墨山水的探索。用水墨渲淡代替青绿山水,可以说是中国古代山水画发展过程中的一大转变。由于水墨交融所产生的变化更加多样,更适合表现不同季节、不同气候、不同光线之下山水形态的变化,更有利于烘托出山水空间幽深、玄远的氛围和意境,所以,水墨画逐渐成为唐以后文人最喜爱的一种山水画表现形式。在唐代,由于水墨山水与青绿山水在风格上的不同,以及从事此种绘画的画

---

[1] 〔唐〕张彦远著,秦仲文、黄苗子点校:《历代名画记》,第 16 页。

家在身份、观点、题材、主题和技法上的类似,我们也可以把这些以画水墨山水为主的画家称为一个画派。这个画派中,除王维之外,较著名的还有刘商、张璪、王墨、顾况、项容、陈式、荆浩等,他们多半是隐居不仕或具有隐逸情怀的文人画家。

水墨画是唐代的一大发明。荆浩《笔法记》明确指出:"夫随类赋彩,自古有能。如水墨晕章,兴吾唐代。"①中国水墨画产生于唐代,并主要兴盛于安史之乱以后的中晚唐,这一历史事实也可以从中晚唐的一些诗歌作品中得到佐证,如:

> 水墨乍成岩下树,摧残半隐洞中云。猷公曾住天台寺,阴雨猿声何处闻。(刘商《与湛上人院画松》)②

> 造化有功力,平分归笔端。溪如冰后听,山似烧来看。立意雪髻[一作"霜髭"——引注]出,支颐烟汗[一作"汁"——引注]干。世间从尔后,应觉致名难。(方干《陈式水墨山水》)③

> 若非神助笔,砚水恐藏龙。研尽一寸墨,扫成千仞峰。壁根堆乱石,床罅插枯松。岳麓穿因鼠,湘江绽为蛩。挂衣岚气湿,梦枕浪头春。只为少颜色,时人著[一作"看"——引注]意慵。(李洞《观水墨障子》)④

唐代水墨画,特别是水墨山水画的出现和盛行,与唐代制墨(松烟墨)工艺的发展、唐代绘画用墨技法(破墨、泼墨等)的成熟,以及唐代文人的审美旨趣和宗教信仰(尤其是道教信仰)都有着密切的关系。元代陶宗仪《南村辍耕录》卷二九说:"上古无墨,竹梃点漆而书。中古方以石磨汁。……至魏晋时,始有墨丸,乃漆烟松煤夹和为之。……唐高丽岁贡松烟墨。用多年老松烟和麋鹿胶造成。至唐末,墨工奚超,与其子廷

---

① 王伯敏、任道斌主编:《画学集成(六朝—元)》,第193页。
②《全唐诗》(十),第3462页。
③《全唐诗》(十九),第7452页。
④《全唐诗》(二十一),第8288页。

珪……之墨,始集大成。"①由此可知,水墨画的产生与制墨工艺的发展是大有关系的。但就唐代来说,更根本的原因还在于文人的审美趣味和思想观念。在传为王维所著的《山水诀》中,水墨画被推尊到了与自然造化同功的地位:"夫画道之中,水墨最为上。肇自然之性,成造化之功。"②唐代的水墨画家在思想上继承了宗炳"山水以形媚道"的观点和道家崇尚"自然"的一贯传统。在他们看来,既然山水画必须表现出自然山水中所蕴含的"道",那么事物外观上的鲜艳色彩也就不那么重要了。因此,进一步似乎也可以说,水墨比色彩更能使人关注山水中的"道",而色彩会把人的目光引向山水的表象。

王维等人将水墨技法引入山水画的创作是中国绘画史上的一个创举。这一创举不仅改变了初唐时期青绿山水一家独大的格局,形成了青绿和水墨两种最基本的山水表现方式,而且对此后的山水画创作也产生了深远的影响。中国后来的山水画家基本上是沿着青绿、水墨这两条路往前走,最后形成了所谓南北二宗,即明代山水画家董其昌在《画禅室随笔》中说的"禅家有南北二宗,唐时始分。画之南北二宗,亦唐时分也"③。董其昌仿照禅宗分南北宗的做法将山水画分为南宗和北宗,称李思训为北宗之祖,称王维为南宗之祖和文人画的创始人。其中,李思训的青绿山水对后来的院体绘画产生了较大的影响,王维的水墨山水则对后来的文人绘画产生了较大的影响。由此可见,唐代是中国山水画发展历程中的一个关键时期。④

从环境美学的角度来说,无论是青绿山水画还是水墨山水画都不只

---

① 〔元〕陶宗仪著,武克忠、尹贵友校点:《南村辍耕录》,济南:齐鲁书社 2007 年版,第 386 页。
② 王伯敏、任道斌主编:《画学集成(六朝—元)》,第 67 页。
③ 〔明〕董其昌著,周远斌点校纂注:《画禅室随笔》,济南:山东画报出版社 2007 年版,第 52 页。
④ 关于是否存在山水南北宗以及山水南北宗的区分标准,历来众说纷纭。董其昌所谓"北宗"山水画家,并非只画青山绿水,而他所谓"南宗"山水画家,也并非只画水墨山水。不过就历史记载和现存的作品摹本来看,被董其昌推为"北宋之祖"的李思训确实是以青绿山水为主,被他推为"南宗之祖"的王维也确实是以水墨山水为主。后来的发展情况非常复杂,因与本书主旨无关,这里不做深入讨论。

是为了描绘单个的自然物象,而是为了描绘一种特殊的、具有审美价值的自然环境。山水画不同于人物画和花鸟画的地方就在于,它首先关注的不是个别有限的物象,而是个别有限的物象所依托的无限的空间。在中国古代画论中,对山水画的一个首要评判标准就是所谓"咫尺千里"或"咫尺万里"的空间审美意趣。南朝姚最《续画品》中说,南朝画家萧贲"尝画团扇,上为山川,咫尺内而瞻万里之遥,方寸之中乃辨千寻之峻"①。这种注重咫尺千里或万里的空间审美意趣的想法,一直主导着中国古代的山水画创作。在中国古代山水画家看来,只有在画面中表达出这种意趣,才能达到"冥合宇宙""与造化同功"的创作目标。因此,一直到明清时期,"咫尺千里"或"咫尺万里"仍然是衡量山水画是否具有艺术价值的一个标尺,如晚明画家唐志契《绘事微言》中说:"盖山水之难,在咫尺有千里万里之势。"②在这个意义上说,中国的山水画与西方的风景画在空间表现上是很不一样的。西方风景画表现的是单一视角的视觉空间,而中国山水画表现的则是一种基于对宇宙整体认知和多重视角观照的想象空间。这种空间观念是与中国古代的宇宙观念和天地人三位一体的观念密切相关的。在中国山水画中,空间一方面关联着宇宙,另一方面则关联着人或人生。中国画所描绘的这种"咫尺千里"或"咫尺万里"的山水空间,不仅是对宇宙空间的一种想象,也是对人类理想生活场景的一种想象。这种空间,因为超越了当下视觉或经验的局限,所以不仅具有了容纳各种想象中的自然景物的可能,也具有了寄寓自由的人生理想的精神价值。因此,北宗著名山水画家郭熙称这种空间为"可行、可望、可游、可居"的空间。他在《林泉高致》中说:"见青烟白道而思行,见平川落照而思望,见幽人山客而思足[当为'居'——引注],见岩扃泉石而思游。看此画令人起此心,如将真即其处,此画之意外妙也。"③在郭熙看来,山水画所表达的空间和景物的真正意义是要能给人"可行、可望、可

---

① 王伯敏、任道斌主编:《画学集成(六朝—元)》,第29页。
② 王伯敏、任道斌主编:《画学集成(明—清)》,石家庄:河北美术出版社2002年版,第259页。
③ 王伯敏、任道斌主编:《画学集成(六朝—元)》,第295页。

游、可居"的、身临其境的审美感受。这种感受,不是对某个单一事物的感受,而是对理想中的自然环境的感受。从可行、可望、可游、可居的角度来看,也可以说是一种对理想中的人居环境的感受。

但相对来说,由于不同的人有不同的生活理想和审美趣味,因此不同的人对人居环境也有不同的想象。从环境美学的角度来说,唐代画家开创的两种不同的山水画样式——青绿山水和水墨山水,代表的正是两种不同的人居环境理想。在唐代,青绿山水所表现的主要是帝王贵族的审美趣味和生活理想,这不仅体现在它绚丽的色彩上,也体现在它所描绘的各种建筑和人物上,以及它所营造的空间氛围和意象上;而水墨山水所表现的则更多是文人隐士的审美趣味和生活理想,这体现在它朴素的色彩和简单的建筑、隐居山川的人物、宁静幽深的空间氛围和自然野逸的景物配置上。

第二节　青绿山水与帝王贵族的环境审美观

从绘画史的角度看,青绿山水与水墨山水在绘画技法和风格上有很大的差异,但若从环境美学的角度来看,则它们的根本差异在于它们代表了两种不同阶层的环境审美观(包括两个不同阶层对环境的审美想象和价值取向)。其中,青绿山水代表的主要是帝王贵族的环境审美观。在唐代,最能代表这种环境审美观的是"二李"的青绿山水画。

首先,画家李思训、李昭道的身份是世袭贵族。据《新唐书》记载,李思训(651—716年)的祖父是唐长平王李叔良,李叔良是唐高祖李渊的堂弟。因此,从血缘上讲,李思训属于皇室宗亲。此外,他还是宰相李林甫的伯父。他本人也因出身显赫担任过很多官职,唐高宗时任江都令,武则天时弃官潜隐,唐中宗复位后任宗正卿,封陇西郡公,历益州长史,唐玄宗开元初授右武卫大将军(一说左武卫大将军),转迁左羽林大将军,封彭国公。开元六年(718年)追赠秦州都督,人称"大李将军"。李思训的儿子李昭道继承了其父亲贵族的身份,官至太子中舍人,人称"小李将军"。"二李"的皇室身份和生活环境使得他们在从事绘画创作时天然地就具有贵族的审美眼光和趣味。

其次,从李思训和李昭道的传世作品中,也可以了解和感受到皇家贵族对环境的要求。

李思训的山水画作品,据历代著录有《春山图》《群峰茂林图》《明皇御苑出游图》《江帆楼阁图》《御苑采莲图》等。其中,《明皇御苑出游图》

图 6-1
唐·李思训 《江帆楼阁图》
101.9 厘米×54.7 厘米
台北故宫博物院藏

可能重点在刻画唐玄宗及其随从的游憩活动,但据流传至今的《御苑采莲图》等可以想象,其画中不排除有对当时长安城皇宫御苑各种自然景物的描绘。

　　李思训的传世作品中比较有代表性的是《江帆楼阁图》,该图表现的是游春的情景(游春,在当时长安和洛阳的皇室贵族和士大夫中,是一种最盛行的游憩活动)。从构图上看,画面沿对角线划分为山和水两大部分:左下部为山石树木,右上角为空阔的水面。山上青松掩映下有数间红漆黑瓦的楼阁,建筑的红色与周围环境中的石青、石绿对比鲜明,给人以雍容华贵之感。右下方江边小路上有一队人正在行走,正中是一个身着深色衣服的骑马人,应为贵族,前后几个挑担、牵马之人应为其随从。上方岸边有两名体态优雅的女子正在踏青游玩。画中的树木,枝叶茂盛,种类各异,颜色丰富,除松树外,还有槐树、椿树、桃树、芭蕉等其他许多树种。画面的右上角为水面和天空,水面上零星点缀着几艘客船,江天空阔,烟水浩渺,显得意境深远。

图 6-2　唐·李思训　《御苑采莲图》(局部)
23.9 厘米×77.2 厘米　故宫博物院藏

《御苑采莲图》则直接描绘的是一个大型皇家园林的景致。崇山峻岭之间,宫殿楼阁林立,气派雄伟,富丽堂皇。从建筑类别上看,这座御苑几乎涵盖了皇家园林中所有的建筑样式,亭、台、楼、阁、馆、榭、廊、桥等一应俱全,星罗棋布。从色彩上看,屋脊等处多覆以石青、石绿色,门窗施以形成对比的朱红色,墙面则以白色居多。从布局上看,这些建筑因势而建,有的在山冈上,有的在河边,错落有致,相互联系,遵循着中国园林建筑的布局原则,形成一个聚散有序的完整群落。周围的树木葱郁茂盛,种类繁多,其中不乏名贵树种。山峦起伏,河道迂回,犹如人间仙境。画中人物众多,皆为宫廷贵族或侍女,穿梭往来于其间。

李昭道继承了其父金碧辉煌的山水画风,他的传世作品是《明皇幸蜀图》。该图以唐明皇(唐玄宗)于安史之乱时避难四川的故事为题材。画面首先映入观者眼帘的是突兀的高山,直入云端,画面的右下方,在崇山峻岭之间,有一队骑旅断断续续地自右侧山间穿出,向远方的栈道行

图 6-3　唐·李昭道　《明皇幸蜀图》
55.9厘米×81厘米　台北故宫博物院藏

进。队伍前面有一身穿红衣、骑着三花黑马的人正准备过桥,据苏轼考证此人应为唐明皇李隆基。从图中可以看出,画家功力深厚,把马见小桥徘徊不进的情景描绘得惟妙惟肖。后面还有穿着胡装、戴着帷帽的嫔妃,中间还有几位侍驭者解马放鞍稍作休息。画中虽然没有宫殿,但是仍然能够体味出皇家贵族的生活气氛。画面中出现的山石可以用险、怪来形容,山峰险峻,怪石突兀,峭壁如削,崎岖的道路和悬在半空的栈道令人顿生胆战心惊的感觉。而画面中奔涌的云,则在险绝的山峰之间穿行、升腾,将画面中的山峰分割成几个部分,这既进一步凸显出山峰的险峻、高大,又渲染出云雾缭绕、遮遮掩掩的视觉效果,给人无限遐想。

从"二李"的作品中,我们可以感受到浓郁的富贵气,这种富贵气一方面来自精致的描绘和鲜艳的色彩。元代画论家汤垕在《古今画鉴·唐画》中说,李思训"画著色山水,用金碧辉映为一家法。其子昭道变父之势,妙又过之"①,可知李思训的作品是以著色鲜艳见长的。另一方面则来自环境的安排和布局。从绘画的角度上看,"二李"的山水画法借鉴了唐代人物画的勾填技法,画中的每棵树、每块石头都是精心勾勒的,然后再填以青绿颜色。画中既没有文人画所强调的皴法和墨色的变化,也没有文人画那种逸笔草草的灵气,而是严谨细致地处理每一个细节。这种工整的画法使得画面呈现出庄重典雅的气质。除此之外,如果把画面的艺术技法因素抛开,单从环境美学的角度来看,"二李"对景物的选择和布局也是可圈可点的,从中可以看出中国古代贵族对自然环境的审美理想。这种理想可以从以下几个方面来看:

一是山水和建筑的布局。山和水是中国山水画不可或缺的因素,也是中国古代人居环境最重要的组成部分。理想的居住环境一定要有山有水,皇家贵族也不例外,而且作为人居建筑的宫殿楼阁,不是建在开阔的平原上,也不是直接建在水边,而是在水边的山中依山而建,从而使人

---

① 王伯敏、任道斌主编:《画学集成(六朝—元)》,第693页。

能够最大限度地亲近自然山水。至于建筑在山中的位置,从"二李"的作品中可以看出,他们没有选择将楼阁建在山顶,也没有建在山脚下,而是建在山中的空地上。从视觉上来说,这样就可以使建筑物既能够被看到,又需要被部分遮挡,也就是说,它既不能过于隐蔽,又不能一览无余。这种布局方式显然既贯彻了儒家的中庸之道,又体现了道家提倡的人与自然和谐统一的理想。另外,还必须注意的是,建筑无论有多么宏伟壮丽,都始终只能是自然山水的一部分。在人居环境中,建筑是内敛的,通常居于从属地位,它不能凌驾于环境之上,而应该与环境融为一体。

二是山水形态的取舍。自然界中的山和水形态各异,有巍峨挺拔的高山,也有平易近人的丘陵;有广阔浩渺的江面,也有曲折蜿蜒的小溪。从"二李"的青绿山水作品可以看出,贵族在选择山和水的时候是有所侧重的,即要能体现出皇家贵族富贵典雅的气质。因此,在贵族的眼中,董源、米芾等人追求的"平淡天真"的江南真山显然不够大气,他们所追求的,是高大、巍峨、雄伟、险峻之类气势磅礴的审美品味。水的选择也是这样,广阔浩渺的大江大水显然成为首选。

三是植物点景和生活场景的安排。在树的选择上,"二李"的青绿山水作品有几个特点:一是树种丰富多样,其中松树是比较受欢迎的树种,柏树、桃树、槐树、椿树等也是可供选择的树种,他们尤其喜欢布置一些名贵树种,以彰显其富贵;二是以带叶绿色植物为主,树木普遍枝叶丰茂,很少出现枯树、老树、死树;三是树的外形经过了精心修剪,松树遒劲有力,呈现出一种雅致的韵味。点景人物也相对较多,主要是官宦贵族及其仆人,人物活动多是热热闹闹的游春赏乐,画面中没有荒寒孤寂的气氛。

四是色彩的搭配。青绿山水中的色彩搭配沿袭了先秦以来的"五色"观念。"五色"即赤、黄、青、黑、白五种颜色,它与音乐中的五音、味觉中的五味一样,与中国的阴阳五行学说相关。《周礼·考工记》中就有类似的记载:"画绘之事,杂五色:东方谓之青,南方谓之赤,西方谓之白,北方谓之黑,天谓之玄,地谓之黄。青与白相次也,赤与黑相次也,玄与黄相次也……"①在古人眼中,色彩并不是简单地给人以视觉上的刺激,而是有其象征含义的,它与五行、方位、礼仪制度紧密相关。赤、黄、青、黑、白为正五色,由正色调配而成的为间色,正色为尊,间色为卑。官位等级及祭祀礼仪都要选择相应的色彩。"二李"由于其服务于帝王贵族,因此其青绿山水也以正五色为主,即通常先用墨色勾勒画中景物的轮廓,山石以赭黄色打底,再用石青、石绿罩染出树木,并用大红色画出楼阁宫殿的门窗护栏,使之与周围的绿色形成鲜明强烈的对比。这样的色彩搭配,使整个画面中的环境呈现出一种华贵、富丽、辉煌、典雅的皇家气氛。

第三节　水墨山水与文人隐士的环境审美观

与青绿山水对应的是水墨山水。唐代水墨山水的兴起,从技术层面上说,主要是来源于制墨工艺的发展和画家们对墨法的研究与创新。在唐以前,中国画论中没有出现过对墨法的讨论,但在唐代画论中,墨的运用开始成为一个被反复讨论的问题。但从观念层面上说,水墨山水也可以说是建立在新的审美观念的基础之上,它的兴起,集中体现了文人隐士的审美意识。

唐代水墨山水画的代表画家王维、荆浩等人都是典型的文人,且都有隐逸经历。王维(701? —761年),字摩诘,先世为太原祁县(今属山西)人,其父迁居于蒲州(治今山西永济西南蒲州镇),受母亲影响,信仰佛教,也兼通道教和道家。王维不仅是画家,也是诗人,据说他十几岁时已经是有名的诗人了,由于才华横溢,21岁就考中了进士。《全唐诗》中收录有他的诗歌400多首,无论是边塞诗、山水诗还是田园诗都有脍炙人口的名篇佳句。不过他的仕途生涯不是特别顺利,虽然晚年也曾做过中书舍人、尚书右丞等官职,但是他人生的大部分时间都过着半官半隐的生活。他有很长一段时间是住在蓝田的辋川别墅和终南山的终南别

---

① 〔清〕阮元校刻:《十三经注疏》(上),第918页。

业,过着远离尘俗、悠闲自在、吃斋念佛的生活。荆浩(约850—? 年),字浩然,号洪谷子,沁水(今属山西)人。据史书记载,他"业儒,博通经史,善属文"①,可见,荆浩也是一个博通经史的文人,擅长写文章,士大夫出身。他曾经做过小官,无奈生活在唐末五代后梁时期,政局多变,社会动荡,于是隐居太行山洪谷。从王维和荆浩的人生经历可以看出,他们与"二李"的身份是很不一样的,他们是当时不得志的文人士大夫的代表,也是归隐山林的文人的代表。

由于王维在文人中具有较高的威望,后来有不少假托其名的山水画作品,因此王维作品的真伪鉴别成了一个大问题。尽管有些作品不一定出自王维本人之手,但是这些作品从风格上说是类王维的,从中仍然能够看出王维所倡导的水墨山水审美观。传为王维所作的《江干雪霁图》是以水墨晕染的形式表现雪景山水,该图为横幅卷轴,画面从右至左绵

图6-4 唐·王维 《江干雪霁图》(局部)
31.3厘米×207.3厘米 现藏于日本

---

① 〔宋〕刘道醇:《五代名画补遗》,见王伯敏、任道斌主编《画学集成(六朝—元)》,第284页。

延着高低起伏的山峦。山的形状与《明皇幸蜀图》中巍峨险峻的悬崖峭壁不同,山较矮,坡度也较缓,明显朝着横向发展。山上的树木很少,主要描绘枝干,树叶很少,属于冬季里的寒林景象。画家重点刻画了近处居于画面中部的一个小山坡,山石纹路条理清楚,阴阳向背关系明确。上面生长着几株古树,高矮错落有致,主干遒劲有力,树枝用笔写出,层次分明,遒劲挺拔,其中有两株矮树勾画了树叶,使画面生动活泼。右下角河岸边有几间低矮的茅草房,屋前有两人(类似归隐的文人)正在交谈。不远处地势略高的地方有一个茅亭,茅亭前河道狭窄处有一个普通的石板桥。画面中下角岸边停着一艘渔船,有渔夫正支网捕鱼。河对岸山脚下也点缀茅屋数间。近处和远处山坡之间是平静的水面,水面不是像"二李"那样用细笔勾出波纹,而是直接用墨晕染。画面上部为天空,也是用淡墨晕染,雪山留白,浩渺的天空中有几行野雁,排着整齐的"人"字形队伍正往远方飞去,左边水岸汀渚上有几只水鸟正在歇息。整个画面很有意境,呈现出一种静谧的诗意。

　　另一件传为王维所作的水墨山水作品是《雪溪图》,该图依然描绘的是雪景山水,画面不大,可分为远景、中景、近景三段。中景是平静的河面,水平如镜,河面上有一艘篷船,船夫正撑篙而行。画面上没有出现明显的山脉,只有右下角几块大石头暗示此处是在山脚下,左下角有一座木拱桥将观众的视线引入画面中。近景的水岸边有一间茅屋和茅亭,里面有两三个文人正在谈诗论道。远景也是同样的溪岸,岸边有茅屋数间。与《江干雪霁图》一样,《雪溪图》也是将水面和天空用墨晕染,衬托出被白雪覆盖的河岸坡地。画面中树木凋零,萧瑟荒寒,人烟稀少,整个画面给人以一种诗一般的寂静之感。

　　荆浩继承了王维水墨山水的主张,对水墨的性能进行了进一步的发挥,形成了一种有笔有墨的山水画。他在《笔法记》中说:"项容山人……用墨独得玄门,用笔全无其骨……吴道子笔胜于象……亦恨无墨。"[1]荆

---

① 王伯敏、任道斌主编:《画学集成(六朝—元)》,第 193 页。

图 6 - 5　唐·王维　《雪溪图》
36.6 厘米×30 厘米　台北故宫博物院藏

浩的山水画将用笔与水墨相结合,对水分的运用和墨色的浓淡、深浅变化更加讲究。此外,荆浩的构图也很有创新,他之前的山水画,几乎都是构图尺寸小巧精致的作品,而他则开大山大水的全景式构图之先河,其作品画面呈现出气势磅礴、雄伟壮阔的气势。他的代表作品《匡庐图》描绘的是庐山及附近的景色,山体四面峻厚,构图以"高远"和"平远"相结合,画面气势宏大。首先映入眼帘的是垂直片状结构的主峰,山石轮廓尖锐硬朗,主峰的下部隐没在云气之中,周围的群峰若隐若现,将主峰簇拥其中,主峰与其他山峰有着明确的宾主关系。画面中部两悬崖之间有飞瀑倾泻而下,沿着山间的小路往上走,会看到一个小木桥横架在山崖之间。山中的树木矮小且形态多样,树枝瘦劲有力,曲中见直,树木浓密得当,高矮错落有致,并未完全将山体覆盖。前景几株松树描绘得细腻写实,松干的肌理和尖细的松针刻画生动。在树林茂密的地方有几间茅舍,隐约可见茅舍内摆设有书法屏风,有童仆携琴而入。旁边是渡口,渡

图 6 - 6
唐末五代 · 荆浩 《匡庐图》
185.8 厘米×106.8 厘米
台北故宫博物院藏

口旁是宽阔的水面,水面上有一艘小船,船夫正撑船靠岸,远处有一座长长的板桥,桥上有一人骑着马休闲地欣赏美景。整个画面笼罩在一片寂静悠闲的氛围之中。

另一件传为荆浩所作的作品《雪景山水图》也是以雄壮巍峨的山峦为画面主体,不同的是画面除用墨皴擦之外,还用白粉提白的方式描绘出白雪皑皑的景象。画中山峦起伏,连绵不绝,主峰浑厚高耸,山形屈曲苍古,山中寒林遒劲挺拔,枝干萧疏。画面近景两山之间有一木质拱桥,前面小路上有一队行旅正行走山间。山脚下是平静的水面,远处水面上

图 6-7
唐末五代·荆浩
《雪景山水图》
138.3 厘米×75.5 厘米
美国纳尔逊博物馆藏

隐约停泊着一叶小舟。画面左边远处的山路上，也点缀着一些路人和小桥。

从以上分析可以看出，作为文人和隐士的王维和荆浩，有着与"二李"这样的皇室贵族画家不一样的审美情趣。其独特的文人审美观，在他们的画论著作中有非常充分的体现。王维和荆浩都不仅擅长画山水画，而且擅长写文章，因此，我们也可以结合他们的画论《山水诀》和《笔法记》来分析其环境美学思想：

一、以王维为首的文人画家用水墨变化来代替大青绿着色的金碧山水,这反映了他们对朴素自然之美的追求。王维在《山水诀》中解释过,这样画是因为水墨"肇自然之性,成造化之功",可见,在中国古代文人看来,一方面,环境审美不是简单地满足视觉上的愉悦,而是要体会大自然的本性以及自然界孕育变化的玄机;另一方面,大自然中蕴含的"道"是以事物自然本真的状态显现出来的,它不需要过多的人工雕琢,而是要以一种质朴的形式出现。因此,艺术家也好,普通的欣赏者也好,在欣赏自然美的时候,关键在于理解事物天然的本性,欣赏其朴素天真之美。这也是荆浩在《笔法记》中对艺术家的要求,他说:"写云林山水,须明物象之源。"①这里的"物象之源"也就是自然界万物的本性。唐代文人画家的这一审美态度深刻地影响了后来的许多文人画家,比如画家董源、米芾等人推崇的"平淡天真"的山水就是这种审美思想的延伸。

　　二、对于山水景观审美而言,"气韵"是至关重要的。"气韵"在王维的作品中表现为诗一般的意境,苏轼评价王维的画是"诗中有画""画中有诗"。王维的山水画总是能够让人流连忘返的原因,就是它超越了普通山水的形式审美,给人以无限的遐想。王维山水画所反映出的意境被荆浩进一步明确为山水的"气韵"。他在《笔法记》中提出了山水审美的"六要",即"气、韵、思、景、笔、墨"。"六要"是《笔法记》的核心内容,是对谢赫"六法"②在山水画领域中的进一步发挥。值得注意的是,"气韵"在"六要"中居于首要地位,荆浩在评论山水画作品时也是用"气韵俱盛"作为山水画的最高标准,认为王维的画"笔墨宛丽,气韵高清",张璪的画"气韵俱盛,笔墨积微",对他们的作品给予了很高的评价。而且在荆浩看来,不仅山水画要讲究"气韵",欣赏自然环境也是这样,他说:"松之生也,枉而不曲,遇如密如疏,匪青匪翠,从微自直,萌心不低,势既独高,枝低复偃,倒挂未坠于地下,分层似叠于林间,如君子之德风也。有画如飞

① 王伯敏、任道斌主编:《画学集成(六朝一元)》,第 192 页。
② 张彦远《历代名画记》:"昔谢赫云:画有六法:一曰气韵生动,二曰骨法用笔,三曰应物象形,四曰随类赋彩,五曰经营位置,六曰传移摹写。"

龙蟠虬,狂生枝叶者,非松之气韵也。"①在这里,荆浩把松树的"气韵"与君子的"德风"相比,说气韵俱盛的松树应该像品德高尚的君子那样,自然端直,志在凌云,气势独立高昂,遇到困难不低头,而那些像飞龙般虬曲盘旋、枝叶胡乱生长的松树就没有气韵了。

　　三、文人山水画家对于山有着更为深刻的认识。这体现在如下三个方面:其一是山的形态种类更丰富。青绿山水画家为了彰显皇家气派通常喜欢高大挺拔的名山大川,而文人画家则明显具有道家所强调的"万物齐一"的自然平等观。他们对自然界中的山水进行了深入而细致的观察,体会出不同形态的山能带给人们不同的审美感受。托名王维的《山水论》中说:"平夷顶尖者巅,峭峻相连者岭,有穴者岫,峭壁者崖,悬石者岩,形圆者峦,路通者川,两山夹道名为壑也,两山夹水名为涧也,似岭而高者名为陵也,极目而平者名为坂也。"②荆浩的《笔法记》中也有类似描述,对高低起伏、形态各异的山体进行了细致的区分。从他们对山的形态、种类的细分中可以看出,唐代山水画家对于环境的理解更为精微和深刻。其二,就一幅画或一处景观来说,不同形态、种类的山可以组合在一起出现,但必须有主次之分。《山水论》中说:"定宾主之朝揖,列群峰之威仪。"③王维将画面中主峰与客山的关系比喻为君臣关系,这种主次关系从荆浩和王维的山水画作品中也可以看出,即通常在安排画面布局时会把主峰安排在画面显眼的位置,周围群山环绕,同时,主峰比其他山高,所谓"主峰最宜高耸,客山须是奔趋"④,就是这个道理。其三,山与树的关系必须处理得恰到好处。唐代文人山水画家是这样理解山与树的关系的:"山籍树而为衣,树借山而为骨。树不可繁,要见山之秀丽,山不可乱,须显树之精神。"⑤也就是说,要将山与树理解为骨与衣的关系,山上的树应画得疏密得当,树不能太繁密,这样会把山的棱角形状遮挡,画

---

① 王伯敏、任道斌主编:《画学集成(六朝—元)》,第192页。
②③ 王伯敏、任道斌主编:《画学集成(六朝—元)》,第64页。
④ 王伯敏、任道斌主编:《画学集成(六朝—元)》,第67页。
⑤ 王伯敏、任道斌主编:《画学集成(六朝—元)》,第65页。

山变成了画树,失去了山的英姿;同样,山的处理也要讲究远近宾主关系,不能画得凌乱,要衬托出树的气韵。

四、文人山水画家在景物的选择和布局上也与贵族画家有很大不同。如前所述,青绿山水画家大多喜欢表现贵族们居住的楼阁馆榭,而文人画家则喜欢点缀茅屋、茅亭或普通农家院落。位置布局上,前者喜欢藏在山中,后者通常放在水岸边,即所谓"回抱处僧舍可安,水陆边人家可置"。画中的树木也比较普通,一般以柳树、槐树居多,稀有珍贵树种也比青绿山水要少得多。传为王维所著的《山水诀》中说:"平地楼台,偏宜高柳映人家;名山寺观,雅称奇杉衬楼阁。"①说的就是景观树与建筑的对应关系。画中的点景人物则宜少不宜多,《山水诀》说:"渡口只宜寂寂,人行须是疏疏。"②水墨山水画经常表现荒寒空寂的山水境界,因此只需寥寥数人,或渔樵,或行旅,或文人雅士;反之,青绿山水画多表现贵族游春场景,往往人物众多。此外,水墨山水画由于墨法的运用,非常注意表现山水中的云烟。《山水诀》中说:"远景烟笼,深岩云锁。"③这充分说明了烟云对于表现景之远和岩之深的重要性。虽然云气通常用留空白的方式表现,但其在中国水墨山水中占有重要地位,景物是实,它是虚,在道家哲学中虚比实更加重要。它一方面有利于画家在经营构图时多视点间的切换,另一方面也有利于营造虚无缥缈的气氛。

五、景观应有明确的主题。"或曰烟笼雾锁,或曰楚岫云归,或曰秋天晓雾(霁),或曰古冢断碑,或曰洞庭春色,或曰路荒人迷。"④《山水论》中列举的这些画题,同样也可应用于环境景观的审美。好的主题景观往往能够突出重点,引发人们的联想,营造出诗一般的意境。同时,在考虑景观主题时也不能忽视季节变化对环境的影响。《山水论》中说:"春景则雾锁烟笼,长烟引素,水如蓝染,山色渐青。夏景则古木蔽天,绿水无波,穿云瀑布,近水幽亭。秋景则天如水色,簇簇幽林,雁鸿秋水,芦岛沙

---

① ② ③ 王伯敏、任道斌主编:《画学集成(六朝—元)》,第 67 页。
④ 王伯敏、任道斌主编:《画学集成(六朝—元)》,第 65 页。

汀。冬景则借地为雪,樵者负薪,渔舟倚岸,水浅沙平。"①与之前的画家相比,唐代的山水画家显然已经注意到了景物的时间因素,王维和荆浩还都创作了表现冬季荒寒之美的《雪景山水图》。从这一点来说,青绿山水和水墨山水这两种山水画样式对"四时"也表现出了不同的喜好:贵族们喜欢春夏之景,而文人们则偏爱秋冬之境。

第四节　唐代山水画对"仙境"的追求

中国山水画的出现与道教及其神仙信仰有着密切的关系。东晋时期的画家顾恺之曾撰《画云台山记》一文,文中记录了他在画《云台山图》时的构思过程。根据这篇文章的叙述可知,他画的是东汉五斗米道创始人张道陵(张天师)在云台山七试弟子然后一同升仙的故事。云台山在四川苍溪县境内,是道教所称的仙山或洞天福地之一,也是道教传说中张道陵得道成仙的地方。据该文推测,顾恺之在画云台山时,实际上是把它当作仙境来描绘的。中国早期的山水画即魏晋南北朝时期的山水画很可能都同道教对仙境的向往有关,或者至少可以说,是道教以及作为其思想基础之一的道家最初推动了当时的人们对名山胜水的热爱,以及随之而来的对山水的描绘。虽然我们现在已经看不到当时的山水画,但从存世的文献中仍可以找到一些蛛丝马迹。比如南朝宗炳在《画山水序》中说:"且夫昆仑山之大,瞳子之小,迫目以寸,则其形莫睹;迥以数里,则可围于寸眸。诚由去之稍阔,则其见弥小。今张绢素以远映,则昆阆之形可围于方寸之内。竖划三寸,当千仞之高;横墨数尺,体百里之迥。是以观画图者,徒患类之不巧,不以制小而累其似,此自然之势。如是,则嵩华之秀,玄牝之灵,皆可得之于一图矣。"②这段文字本来讲的是如何在有限的画幅中表现尺度非常大的山体,但其中提到的昆、阆、嵩、华系指昆仑山、阆山、嵩山、华山,这四座山都是道教信仰中的仙山。尤

---

① 王伯敏、任道斌主编:《画学集成(六朝—元)》,第 65 页。
② 王伯敏、任道斌主编:《画学集成(六朝—元)》,第 12 页。

其是昆仑山和位于昆仑山顶端的阆山,在道教传说中是众仙聚会的地方,也是离天最近的地方。又比如南朝王微《叙画》中说:"于是乎以一管之笔,拟太虚之体……曲以为嵩高,趣以为方丈。以夌之画,齐乎太华……孤岩郁秀,若吐云兮。"[1]这段文字与宗炳的意思差不多,就是讲如何在有限的画面中用一支短短的毛笔画出几乎无穷的山水景象。其中提到嵩山、方丈、泰山、华山四座山,在道教传说中,这四座山都是仙山。其中,嵩山、泰山、华山是实有的,方丈是虚构的。方丈也叫方壶,与瀛洲、蓬莱齐名,是道教传说中神仙居住的东海仙山(仙岛)。宗炳、王微都是南朝时期著名的山水画家,且都具有隐居避世的倾向。宗炳精通音律书画,终生未仕,王微只做过一段时间参军,且精通阴阳、术数。从他们文中使用的"玄牝""太虚"等概念来看,其思想显然受到了道家或道教的影响(宗炳虽信佛,但并不排除有道家崇尚清静自然的思想)。

可以说,早期山水画中这种把山水当作仙境来描绘或把道教仙山当作基本素材来描绘的传统,影响到了唐代山水画的发展。甚至可以说,这种把名山胜水当作仙境、以仙境的想象来塑造山水形象的想法,在唐代得到了更进一步的加强。因为唐代是道教发展史上的鼎盛时期,如本书第三章所述,唐代君主将李氏家族视为道家始祖老子李耳的后裔,奉道教为国教,封老子为玄元皇帝,并优礼道教中人。在唐代近三百年的历史当中,道教在唐文化中的地位始终没有被动摇过。这种情况无疑会对唐代的艺术产生深远的影响,其中就包括与道教仙境追求密切相关的山水画。

对于山水画来说,这种影响涉及观念、题材、意境和风格等多个方面。比如在创作观念上,从存世的唐代山水画论来看,其中有一个贯穿始终的核心概念,那就是"真"。如初唐彦悰《后画录》说的"模山拟水,得其真趣"[2]和唐末五代荆浩《笔法记》说的"度物象而取其真"[3],这"真"字

① 王伯敏、任道斌主编:《画学集成(六朝—元)》,第 15 页。
② 王伯敏、任道斌主编:《画学集成(六朝—元)》,第 52 页。
③ 王伯敏、任道斌主编:《画学集成(六朝—元)》,第 191 页。

出于《老子》，也是道家和道教思想中的关键词。唐代山水画论中反复强调"真"的概念，这不能不说是与唐代流行道家学说和道教信仰这一历史事实密切相关的。在山水画的审美评价中，"真"其实也就是唐人所认为的"美"。

从山水画创作的题材、意境和风格等方面来看，唐代山水画更是明显受到道教神仙信仰的影响。神仙信仰与山水画相通的地方是关于仙境的想象。道教传说或道教思想家所想象的仙境，可以说是一切人间美好事物的汇聚之地，包括美好的山川胜景，如东晋道士葛洪在《抱朴子》中所描绘的仙界："夫得仙者，或升太清，或翔紫霄，或造玄洲，或栖板桐，听钧天之乐，享九芝之馔，出携松羡于倒景之表，入宴常阳于瑶房之中，曷为当侣狐貉而偶猿狖乎？所谓不知而作也。夫道也者，逍遥虹霓，翱翔丹霄，鸿崖六虚，唯意所造。"[①]在这种仙境中，仙人可以任意遨游于五湖四海、天上地下，聆听美妙的音乐，品尝美味的饮食，观赏美丽的风景，而且自由自在，无忧无虑，逍遥快活。

在唐代，天上的仙境常被许多文人墨客或黄冠道士想象为满山琼楼玉宇，遍地奇花异草，到处有珍禽异兽出没且烟云缭绕的神奇之地。如柳宗元描述的月宫景象："开元六年，上皇与申天师、道士鸿都客，八月望日夜，因天师作术，三人同在云上游月中。过一大门，在玉光中，飞浮宫殿，往来无定，寒气逼人，露濡衣袖皆湿。顷见一大宫府，榜曰'广寒清虚之府'。其守门兵卫甚严，白刃粲然，望之如凝雪。时三人皆止其下，不得入。天师引上皇起，跃身如在烟雾中。下视王城崔峨，但闻清香霭郁，下若万里琉璃之田。其间见有仙人道人，乘云驾鹤，往来若游戏。少焉，步向前，觉翠色冷光，相射目眩，极寒不可进。下见有素娥十余人，皆皓衣，乘白鸾，往来笑舞于广陵大桂树下。又听乐音嘈杂，亦甚清丽。上皇素解音律，熟览而意已传。顷天师亟欲归，三人下若旋风，忽悟，若醉中

---

① 王明：《抱朴子内篇校释（增订本）》，北京：中华书局 1985 年版，第 189 页。

梦回尔。"①又如谷神子《博异志·阴隐客》中描述的梯仙国："其山傍向万仞,千岩万壑,莫非灵景。石尽碧琉璃色,每岩壑中,皆有金银宫阙。有大树,身如竹有节,叶如芭蕉,又有紫花如盘。五色蛱蝶,翅大如扇,翔舞花间。五色鸟大如鹤,翱翔树杪。每岩中有清泉一眼,色如镜;白泉一眼,白如乳。"②谷神子描述的景象更像是一幅奇异的山水画,其中有山、石、泉、建筑、植物、动物等自然的素材。

总之,高山、大海、清泉、烟云、宫阙、楼阁、奇花、异树、珍禽、异兽等,都是天上仙境这一特殊环境的必要构成要素,而这些要素同样也可以成为山水画所描绘的对象(题材)。与此同时,由于这些对象本身是出于人的想象,而且带有似在人间又非人间的双重特点,因此对它们的描绘又反过来影响到画面意境的营造和画面风格的形成,使之生出一种亦真亦幻的瑰奇色彩。

在唐代,受道教神仙信仰影响最明显的首先是青绿山水画。《历代名画记》卷九说,画家李思训有《神女图》之类的画,又说他"画山水树石,笔格遒劲,湍濑潺湲,云霞缥缈,时睹神仙之事,窅然岩岭之幽"。③ 这说明李思训的山水画,是与唐人,尤其社会上层人物崇尚道教及神仙境界的思想密切相关的,其绘画旨趣应该说主要表现的是当时社会尤其是上层社会的普遍想法。《历代名画记》还说,李昭道画有《海岸图》之类,他善画山水,尤精于画海,"变父之势,妙又过人。……创海图之妙"。④ 这"海图",很可能也同道教所追求的海上仙境有关。从"二李"传世的作品可以看出,他们的作品中确实包含对仙境的描绘。李思训的《江帆楼阁图》中,山上青松翠柏枝叶茂盛,楼阁屋宇金碧辉煌,李昭道的《明皇幸蜀图》中,山峰高耸入云,山间云气缭绕,再加上浓丽的色彩,纷繁的植物,使人强烈地感受到一种类似仙境的氛围。天上仙境成了唐代青绿山水

① 〔唐〕柳宗元:《龙城录》,见陶敏主编:《全唐五代笔记》(四),第3420页。
② 〔宋〕李昉等编:《太平广记》卷二二,北京:中华书局1961年版,第134页。
③ 〔唐〕张彦远著,秦仲文、黄苗子点校:《历代名画记》,第179页。
④ 〔唐〕张彦远著,秦仲文、黄苗子点校:《历代名画记》,第180页。

画家作画时心中的范本,能够在人间的山水画中描绘出天上仙境般的画面是每个画家的理想,也是绘画观赏者的一种理想。

从唐代诗人的一些题画诗中,也可以看出当时的山水画有不少是描绘仙境或类似于仙境的山水胜景的,如:

> 山图之白云兮,若巫山之高丘。纷群翠之鸿溶,又似蓬瀛海水之周流。信夫人之好道,爱云山以幽求。(陈子昂《山水粉图》)[1]

> 粉壁为空天,丹青状江海。游云不知归,日见白鸥在。博平真人王志安,沉吟至此愿挂冠。松溪石磴带秋色,愁客思归坐晓寒。(李白《观博平王志安少府山水粉图》)[2]

> 昔游三峡见巫山,见画巫山宛相似。疑是天边十二峰,飞入君家彩屏里。寒松萧瑟如有声,阳台微茫如有情。锦衾瑶席何寂寂,楚王神女徒盈盈。高咫尺,如千里,翠屏丹崖灿如绮。苍苍远树围荆门,历历行舟泛巴水。水石潺湲万壑分,烟光草色俱氛氲。溪花笑日何年发?江客听猿几岁闻?使人对此心缅邈,疑入高丘梦彩云。(李白《观元丹丘坐巫山屏风》)[3]

> 百丈素崖裂,四山丹壁开。龙潭中喷射,昼夜生风雷。但见瀑泉落,如潨云汉来。闻君写真图,岛屿备萦回。石黛刷幽草,曾青泽古苔。幽缄傥相传,何必向天台?(李白《求崔山人百丈崖瀑布图》)[4]

> 真僧闭精宇,灭迹含达观。列障图云山,攒峰入霄汉。丹崖森在目,清昼疑卷幔。蓬壶来轩窗,瀛海入几案。烟涛争喷薄,岛屿相凌乱。征帆飘空中,瀑水洒天半。峥嵘若可陟,想像徒可叹。杳与真心冥,遂谐静者玩。如登赤城里,揭步沧洲畔。即事能娱人,从兹得萧散。(李白《莹禅师房观山海图》)[5]

---

[1] 〔唐〕陈子昂撰,徐鹏校点:《陈子昂集(修订本)》,第58页。

[2]《全唐诗》(六),第1869页。

[3][4]《全唐诗》(六),第1870页。

[5]《全唐诗》(六),第1870—1871页。

十日画一水,五日画一石。能事不受相促迫,王宰始肯留真迹。
壮哉昆仑方壶图,挂君高堂之素壁。巴陵洞庭日本东,赤岸水与银
河通,中有云气随飞龙。舟人渔子入浦溆,山木尽亚洪涛风。尤工
远势古莫比,咫尺应须论万里。焉得并州快剪刀,剪取吴松半江水。
(杜甫《戏题(王宰)画山水图歌》)①

除了有与天仙对应的天上仙境,在道教中人所想象的仙境中,还有
与地仙对应的地上仙境或人间仙境。人间仙境在道教中多指名山胜地,
这些名山胜地也是甚至更是唐代山水画家们所关注的对象。从字源学
上看,仙与山有着密切的联系。"仙",古代又写作"仚",为人在山上貌。
早在先秦时期,《庄子》中就有关于藐姑射山中居住着神仙的记载:"藐姑
射之山,有神人居焉。肌肤若冰雪,绰约若处子。不食五谷,吸风饮露。
乘云气,御飞龙,而游乎四海之外。"②东晋道士葛洪也认为:"山林之中非
有道也,而为道者必入山林,诚欲远彼腥膻,而即此清净也。"③据葛洪的
说法,道教中人之所以选择山林修道成仙,主要是为了躲开世俗的烦扰,
使心灵归于清净。因此,自然的山水之所以被比拟为人间仙境,实际上
也是因为它能给人提供远离世俗纷扰的环境。

这种人间仙境,与那种富丽堂皇的天上仙境不同,具有更为自然的
特点。它有时被唐人想象为建筑简陋而风景奇美的胜地,如康骈《剧谈
录》中记载:"大中末,建州刺史严士则,本穆宗朝为尚医奉御,颇好真道,
因午日于终南山采药迷路,徘徊于岩嶂之间,不觉遂行。数日,所赍糗粮
既尽,四远复无居人,计其道路,去京不啻五六百里,然而林岫深僻,风景
明丽。忽有茅屋数间,出于松竹之下,烟萝四合,才通小径。士则连扣其
门,良久竟无出者。窥其篱隙之内,有一人,于石榻偃卧看书,推户直造
其前,方乃摄衣而起。士则拜罢,自陈行止。"④

①《全唐诗》(七),第 2305 页。
②《庄子·逍遥游》,见〔清〕郭庆藩撰,王孝鱼点校《庄子集释》(上),第 28 页。
③ 王明:《抱朴子内篇校释(增订本)》,第 187 页。
④ 陶敏主编:《全唐五代笔记》(三),第 2517 页。

　　与天上的仙境相比,这种地上的仙境或人间仙境更富有生活的气息。它没有琼楼玉宇、奇花异草,只有岩嶂、林岫、松竹、烟萝、竹篱、茅舍、小径分布其间,在此,人工的营造与自然的景象冥合无间,天上的神仙与山中的隐士合二为一。这种仙境强调的是精神的自由,是不为物累、无拘无束的生活态度和生存境界,其生活方式与文人的隐逸思想不谋而合,并受到文人的广泛喜爱。因此,从唐代开始,一些文人山水画家便希望借助这样的仙境来表达自己的归隐之志,在他们看来,画中的山水既是超脱于现实的人间仙境,也是可以安顿身心的人居环境。换句话说,这是具有仙境的自由、快乐特征的人居环境。它扬弃了天上仙境那种富丽堂皇的人为营造,但保留了天上仙境自由自在的精神旨趣。因此,唐代以王维为首的水墨山水画家们虽然不像青绿山水画家李思训、李昭道那样,把山水画得如天上仙境一般金碧辉煌,但他们实际上也受到了道教神仙信仰的影响,只不过他们是用另外一种方式来诠释仙境,把对仙境的想象与对自然、简朴的生活的向往融为一体,或者说是把文人的生活与居住理想设想成快乐自由的仙境。

第七章　柳宗元的环境美学思想[①]

　　在唐代,对人居环境问题有过深入思考的主要是柳宗元(773—819年)和白居易(772—846 年)两个人。柳宗元比白居易小一岁,他俩属于同时代的人。但柳宗元比白居易出道早,也去世早,并且其思想成型的时间也早。柳宗元于贞元九年(793 年)中进士,贞元十二年(796 年)应吏部考试授官秘书省校书郎,从此开始官场生涯。白居易于贞元十六年(800 年)中进士,贞元十八年(802 年)应吏部考试授官秘书省校书郎,从此步入仕途。从考中进士到获得官职的时间上看,柳宗元比白居易早六七年。而且,柳宗元有关人居环境问题的思想,主要形成于永贞元年(805 年)至元和十年(815 年)被贬永州司马期间和以后;而白居易有关人居环境问题的思想,则主要形成于元和十年(815 年)至元和十五年(820 年)被贬江州司马、忠州刺史期间和以后,并且集中表现在太和三年(829 年)称病回洛阳担任太子宾客分司期间和以后。因此,我们在此先讨论柳宗元的环境美学思想,而把白居易放在柳宗元之后。

---

① 本章由笔者与笔者指导的武汉大学美学专业 2012 级硕士研究生屈志奋共同完成(屈志奋写出初稿,笔者修改定稿)。

第一节　柳宗元环境美学思想的哲学基础

中国古代思想家有关人居环境问题的思考,是以对宇宙、社会和人生(包括人与宇宙的关系)的思考为前提的。柳宗元环境美学思想的哲学基础主要涉及两个方面:宇宙生成论和天人关系论。就宇宙生成论而言,他所持的观点是古代的"元气论",即认为"元气"是宇宙万物所从出的本根;就天人关系论而言,他提出的一个新观点是"天人不相预",即天人互不干预,人世间发生的一切都是人为的结果,与天没有关系。而贯穿这两者的一条主线是他对"天"的基本规定,即"天曰自然"的看法。

一、"惟元气存"的宇宙生成论

在中国古代,最具普遍意义的宇宙观是气的宇宙观。"气"的思想在先秦诸子那里已经得到了充分的表露,如《老子》《庄子》《周易》《管子》等书中都有关于"气"的论述。到汉代,以"气"为本根的思想成为一种流行的观念,如西汉董仲舒在《春秋繁露》中将"元"作为宇宙的本根,说:"天地之气,合而为一,分为阴阳,判为四时,列为五行。"[①]在这种一气分阴阳、判四时、列五行、生万物的思想基础上,董仲舒进一步提出了著名的"天人感应"说和"天人相副"说法。对这种带有神秘主义色彩的说法,东汉的王充曾给予猛烈的批判,但他的基本观点仍然是"天地本于气"的理论。他在《论衡》中说:"人未生,在元气之中;既死,复归元气。元气荒忽,人气在其中。"[②]王充不仅把"气"作为宇宙生命变化的动因和质料,而且把宇宙生命的化生过程看作一个纯粹自然的过程。他的这一观点,对柳宗元"元气"说的提出有着直接的影响。

---

① 〔汉〕董仲舒撰,袁长江等校注:《董仲舒集》,北京:学苑出版社2003年版,第289页。
② 〔汉〕王充著,陈蒲清点校:《论衡》,长沙:岳麓书社1991年版,第322页。

　　柳宗元在《天对》和《天说》这两篇文章中明确提到了"元气"的概念。如《天对》中说:"本始之茫,诞者传焉。鸿灵幽纷,曷可言焉! 冥黑晰眇,往来屯屯,庞昧革化,惟元气存,而何为焉!"①柳宗元认为,宇宙是一个从混沌茫昧中逐渐衍生出各种具体事物的过程,这个过程中没有任何有意志的神秘主宰,只有元气本身沉浮升降、往来顺逆之类的变化。在《天说》中,他说:"彼上而玄者,世谓之天;下而黄者,世谓之地;浑然而中处者,世谓之元气;寒而暑者,世谓之阴阳。"②在柳宗元看来,"元气"是产生一切自然事物和现象的总根源,天地、寒暑都不过是"元气"的变化形态而已。

　　在"元气"论的基础上,柳宗元批判了当时把一些自然现象如雷霆、雪霜、地震、木之怪文等称为"不祥之物"而归咎于"天命""天意"的看法,认为这些都同元气的自然变化有关,而与"天命""天意"毫不相干。他说:"夫雷霆雪霜者,特一气耳,非有心于物者也。"③"山川者,特天地之物也。阴与阳者,气而游乎其间者也。自动自休,自峙自流,是恶乎与我谋? 自斗自竭,自崩自缺,是恶乎为我设?"④他还认为,人的生命现象也是元气变化的产物。首先,人的生死是元气聚散的状态,即:"生死悠悠尔,一气聚散之。"⑤其次,不但人的身体是元气的凝聚,人的精神也来源于元气。如他在《天爵论》中说:"刚健之气,钟于人也为志。……纯粹之气,注于人也为明。"⑥他认为这种"刚健""纯粹"之气,正是人之为人的根本属性。

　　柳宗元还在很多文章中提出了对"天"的理解。他认为古人对"天"的看法多属蒙昧之见:"古之所以言天者,盖以愚蚩蚩者耳。"⑦这种"天",

①《柳宗元集》(二),第 365 页。
②《柳宗元集》(二),第 442 页。
③〔唐〕柳宗元:《断刑论下》,见《柳宗元集》(一),第 91 页。
④〔唐〕柳宗元:《非国语上·三川震》,见《柳宗元集》(四),第 1269 页。
⑤〔唐〕柳宗元:《掩役夫张进骸》,见《柳宗元集》(四),第 1261 页。
⑥《柳宗元集》(一),第 79 页。
⑦〔唐〕柳宗元:《断刑论上》,见《柳宗元集》(一),第 91 页。

主要包括各种以"天命""天德""天志""天意""天人感应"等不同概念和命题出现的、带有宗教神秘色彩的、有目的有意志的人格之"天"。柳宗元说:"是故受命不于天,于其人;休符不于祥,于其仁。惟人之仁,匪祥于天;匪祥于天,滋惟贞符哉!"①"圣人之道,不穷异以为神,不引天以为高。"②在批判各种"天"说的基础上,柳宗元依据其"元气"论还原了"天"的本原意义。他认为,第一,"天"指苍天。他说:"彼上而玄者,世谓之天。"③天与地相对,皆为元气所生,二者只有空间上下的不同。第二,"天"指自然。他说:"或曰:'子所谓天付之者,若开府库焉,量而与之耶?'曰:'否。其各合乎气者也。庄周言天曰自然,吾取之。'"④"自然"一词源自先秦道家,意指天地万物自己存在和自己变化的本性,与有目的、有意志的人力作为相对。柳宗元认为,宇宙万物的生成都是元气自然变化的结果,其间并没有一个高高在上的人格之"天"在主动施为("天付")。他说:"冥凝玄厘,无功无作。"⑤"无功无作",就是指"元气"的运行纯任自然,没有任何目的和意志。在《种树郭橐驼传》中,柳宗元更形象地阐明了"天"作为"自然本性"的意义,他说:"橐驼非能使木寿且孳也,能顺木之天,以致其性焉尔。"又说:"则其天者全而其性得矣。"郭橐驼之所以能让树木长得好,就在于他了解要顺从树木生长的本性,而不是像很多人那样强行进行人为的干预,即"爱之太恩,忧之太勤,且视而暮抚,已去而复顾。甚者爪其肤以验其生枯,摇其本以观其疏密,而木之性日以离矣"。⑥ 这种顺从自然本性的思想,在柳宗元的环境美学思想中,有更为集中的体现,如他说:"然而求天作地生之状,咸无得焉。逸其人,因其地,全其天,昔之所难,今于是乎在。"⑦

---

① 〔唐〕柳宗元:《贞符并序》,见《柳宗元集》(一),第 35 页。
② 〔唐〕柳宗元:《非国语上·料民》,见《柳宗元集》(四),第 1271 页。
③ 〔唐〕柳宗元:《天说》,见《柳宗元集》(二),第 442 页。
④ 〔唐〕柳宗元:《天爵论》,见《柳宗元集》(一),第 80 页。
⑤ 〔唐〕柳宗元:《天对》,见《柳宗元集》(二),第 366 页。
⑥ 《柳宗元集》(二),第 473—474 页。
⑦ 〔唐〕柳宗元:《永州韦使君新堂记》,见《柳宗元集》(三),第 732 页。

柳宗元这种对"天"的祛魅和重新认识,与从六朝到唐代的天文学和医学等自然科学的发展有关,①而且更明显地是受到了老庄哲学的影响,如明代茅坤说:"《天说》类庄生之旨。"②当然,柳宗元有时也提到"天命""天罚"等概念,如"天命降于上,人诚发于中""天罚深重"③等,但这里的"天",主要指的是皇帝或皇帝的意志和命令,而不是说"天"有意志,可以赏善罚恶。因此总的来说,柳宗元的"天"是无人格、无目的、无意志的自然存在,它本质上是"元气"自我运动和变化的结果。

二、"天人不相预"的天人关系论

在以"元气"释"天"并说明天是自然存在的基础上,柳宗元进一步提出了"天人不相预"的天人关系理论。天人关系问题是中国古代哲学的基本问题。在中国古代哲学中,对天人关系的看法主要有两种——"天人合一"与"天人相分","天人合一"又是其中占主导地位的一种看法。自先秦到唐代,"天人合一"主要有三种不同的表述:一是以先秦儒家为代表的"知性则知天"和"以德配天",二是以先秦道家为代表的"道法自然"和"与天为一",三是以汉代董仲舒为代表的"天人感应"和"天人相副"。"天人相分",则主要是以先秦儒家中的荀子为代表。在唐代,"天人相分"的思想主要包括柳宗元的"天人不相预"和刘禹锡的"天人交相胜"两种说法。

柳宗元和刘禹锡是同时代的人,他们的看法都是针对中唐时期一场关于天人关系问题的讨论提出来的。刘禹锡提出"天人交相胜"的命题,并在《天论》中予以论证,认为"天"即"天理",是一种兼有创造和破坏作用的、盲目无序的物质力量;"人"即"人理",是一种稳定社会人心的精神力量。若"天理"(自然法则)占上风,则社会将发生动荡;而"人理"占上

---

① 参见孙昌武《柳宗元评传》,南京:南京大学出版社 1998 年版,第 156 页。
② 吴文治编:《柳宗元资料汇编》(下),北京:中华书局 1964 年版,第 674 页。
③ 〔唐〕柳宗元:《为耆老等请复尊号表》,见《柳宗元集》(三),第 942 页。

风,则社会自然趋于稳定。因此,必须利用"天理"的长处,发挥"人理"的作用去战胜"天理"带来的混乱或负面影响,这就是"交相胜"。对刘禹锡的这种看法,柳宗元在《天说》中提出异议,认为"天人不相预",天是天,人是人,天与人各就各位,也各有各的特点。天只是元气生成的自然之物,没有理由把社会的混乱归咎于天。人世间的秩序与混乱,其实都同人的作为有关系,而与"天"没有关系。

在这种讨论中,刘禹锡和柳宗元的主导思想都是强调人的作用(相对来说,柳的看法比刘更彻底)。刘禹锡所说的"天理",包括人的自然欲望,他说的社会动乱是由于"天胜",其实还是说社会动乱的根源在于人自身。因为这种观点的提出,是针对当时一些人尤其是最高统治者把社会动荡的根源归咎于"天命"的观点。如在唐德宗时,发生了淮西节度使李希烈等人的叛乱。① 唐德宗在与当时的儒家学者陆贽讨论社会动荡的原因时,曾有过如下一段对话:

> 上与陆贽语及乱故,深自克责。贽曰:"致今日之患,皆群臣之罪也。"上曰:"此亦天命,非由人事。"②

唐德宗的看法显然是一种天命决定论,而陆贽则完全是站在人的立场来说话。他的这种看法,正是唐代后期多数儒家学者的看法。

柳宗元的天人关系论,与当时的政治背景和陆贽等人的观点都有关系,也包括对韩愈等人的"赏功罚恶"的"天意"说的批判,以及对唐德宗的"天命"说的间接批判。柳宗元认为天为元气所生,虽然广大无边,但

---

① 唐德宗建中二年(781年),成德节度使李宝臣之子李惟岳、魏博节度使田悦、山南东道节度使梁崇义起兵反唐。三年(782年),魏博节度使田悦、淄青节度使李纳、幽州卢龙节帅朱滔等相继称王。四年(783年),泾原兵在京师长安哗变,拥立太尉朱泚为帝,国号"秦",唐德宗仓皇出逃至奉天(今陕西乾县)。奉旨讨伐的淮西节度使李希烈在平定了田悦、梁崇义之后,与田悦、李纳、朱滔等勾结,自称天下都元帅、建兴王,建中四年底(784年初),带兵攻入汴州(治今河南开封),自立为帝,国号"楚"。唐德宗所说的"乱",就是指这些藩镇谋反的事。又据史载,贞元十九年(803年),天下大旱,唐德宗天天吃斋食素向天祷告。总之,在这一段时间里,人祸天灾不断,这或许也是当时儒家学者们热衷于讨论天人关系的最主要的外部诱因。
② 〔宋〕司马光编著:《资治通鉴》(四),第2825页。

在本质上与果蓏、痈痔、草木等自然之物并没有什么不同，因此人世间的功过是非是"功者自功，祸者自祸"，与天毫无关系。

柳宗元曾多次与好友刘禹锡书信往还讨论天人关系问题，两人的看法有些类似，即都不同意把人事休咎简单地归结为天的影响。他在《答刘禹锡天论书》中评论刘禹锡的《天论》说："发书得《天论》三篇……其归要曰：非天预夫乎人也。凡子之论，乃《天说》传疏耳，无异道焉。"[1]这里的"预"，指的是有意的干扰。天"预"人就是天对人的行为乃至结果进行有目的的干预。柳宗元和刘禹锡都认为这不符合事物自身发展的客观规律。然而，柳宗元与刘禹锡的观点还是有很大差别的。刘禹锡虽然否定了"赏功罚恶"的"天意"说，但他认为天与人之间存在一种争斗关系，即天与人各有其所能，也各有其所不能。天之所能往往即人之所不能，而人之所能，亦往往即为天之所不能。他说："天之道在生植，其用在强弱；人之道在法制，其用在是非。"[2]因此，人能胜天（在法），天能胜人（在生），天与人交相胜。柳宗元反对这些说法，认为，第一，天能"生植"只是"自生而植"，"不待赞而显"，不存在主观的"生植"目的。第二，天并非为了人而存在，犹如草木、果蓏、痈痔等并非为了鸟兽虫鱼而生，因此所谓人能胜天是没有根据的，即："是非为虫谋明矣，犹天之不谋乎人也。彼不我谋，而何为务胜之耶？"[3] 在此，"谋"是一种带有功利目的的活动。柳宗元认为人与天既然不存在这种功利目的，又何来"务胜"的行为？第三，刘禹锡将"生植""法制"从天人关系中剥离出来，实际上即等于承认二者之间不存在"交相胜"的关系或互相影响的因果关系，即："生植与灾荒，皆天也；法制与悖乱，皆人也，二之而已。其事各行不相预，而凶丰理乱出焉，究之矣。"[4]这里的"各行不相预"，指的就是纯任自然，互不干扰。第四，刘禹锡在《天论》中以"旅者""操舟者"的存亡之道比喻天人之理，这是一种以"乱"为天之理（力胜）、以"治"为人之理（智胜）的偏

---

① ③《柳宗元集》（三），第816页。
② 〔唐〕刘禹锡：《天论上》，见〔唐〕刘禹锡撰，卞孝萱校订《刘禹锡集》（上），第68页。
④ 〔唐〕柳宗元：《答刘禹锡天论书》，见《柳宗元集》（三），第817页。

见。柳宗元认为刘禹锡已经将天与人置于不可统一的对立两极。当然，柳宗元也认同刘禹锡的一些看法，比如刘禹锡认为"无形"不是指没有形体，而是指无常形，柳宗元认为这恰恰是对他的"元气"论的肯定。

柳宗元在天人关系问题上提出的"天人不相预"，既否定了具有宗教神学意义的"天人感应"论和具有伦理道德意义的"以德配天"论，也在一定程度上批判了荀子的"制天命而用之"和刘禹锡的"天与人交相胜"，具有重要的思想史意义。从某种意义上说，前者肯定了天的主宰地位而贬低了人的主体地位，而后者又因为过于高扬人的主体性而把天贬低为一种机械的物质对象；与这些看法不同的是，柳宗元在"惟元气存"的宇宙生成论基础上，还原了"天""人"的本原意义，因此，在他的思想中，"天""人"具有平等的主体地位。在这种思想的主导下，柳宗元进一步提出"天人交相赞"的命题，这一命题可以说是其环境美学思想的核心理念。从"惟元气存"到"天人不相预"，再到"天人交相赞"，柳宗元哲学思想中的美学意义也因此逐渐显现出来。

第二节 柳宗元对环境审美机制的探讨

永贞元年（805年），即柳宗元33岁时，他因参与王叔文主持的"永贞革新"被贬为永州司马，10年后调任柳州刺史，4年后即47岁时受诏回京未成，病逝于柳州。在永州和柳州的14年，是柳宗元短暂的一生中最艰难、最不得志的时期，也是其文学创作成果最丰硕的时期。他留存于世的文学作品，半数以上是在这14年当中完成的。在永州和柳州这两个远离京城的蛮荒之地，他主持了大量改善当地民生和环境的工作，也因为远离政治是非、身心相对自由而写下了300多篇诗文（包括政论文章）。他的这些诗文作品中，有相当一部分涉及自然环境、山水景观、园林建设、人居环境建设等与环境美学相关的内容。

从环境美学的角度来看，柳宗元有关环境问题的美学思考，首先涉及对环境审美机制的探讨。这涉及三个问题：第一，环境何以具有美的价值？第二，这种美的价值是如何被发现的？第三，这是一种什么样的美的价值？这三个问题，在柳宗元的相关诗文作品或理论思考中，都可以找到相应的回答。

一、"天人交相赞"——环境美的生成

柳宗元对环境的美学思考是从"天人交相赞"这个命题开始的。他不仅在很多地方提到"天人相交"的概念，如"知天人之已交，识阴阳之不测"①"知上下之际，见天人之交"②，还直接说过"统合上下，交赞天人"③的话。当然，这里的"天""人""交赞"等都只是一种抽象的说法，并不直接地具有美学的意义。但在柳宗元的一些诗歌和散文当中，这些概念却因为涉及对具体事物及其美的形式的描绘，而被赋予了明确的美学内涵。如他在《潭州杨中丞作东池戴氏堂记》中说：

> 弘农公刺潭三年，因东泉为池，环之九里。丘陵林麓距其涯，垤岛渚洲交其中。其岸之突而出者，水萦之若玦焉。池之胜于是为最。……谯国戴氏曰简，为堂而居之。堂成而胜益奇，望之若连舻縻舰，与波上下。就之颠倒万物，辽廓眇忽。树之松柏杉槠，被之菱芡芙蕖，郁然而阴，粲然而荣。凡观望浮游之美，专于戴氏矣。……地虽胜，得人焉而居之，则山若增而高，水若辟而广，堂不待饰而已奂矣。戴氏以泉池为宅居，以云物为朋徒，搔幽发粹，日与之娱，则行宜益高，文宜益峻，道宜益懋，交相赞者也。④

这段描述可以看作柳宗元"天人交相赞"思想在环境美学中的一个最直接、最具体的表达。文章的大意是说：弘农人杨中丞在潭州（今湖南长

---

① 〔唐〕柳宗元：《王京兆贺雨表三》，见《柳宗元集》（三），第 972 页。
② 〔唐〕柳宗元：《迎长日赋》，见《柳宗元集》（四），第 1334 页。
③ 〔唐〕柳宗元：《寿州安丰县孝门铭并序》，见《柳宗元集》（二），第 550 页。
④ 〔唐〕柳宗元：《潭州杨中丞作东池戴氏堂记》，见《柳宗元集》（三），第 723—724 页。

沙)任刺史时,根据东泉山水相接、洲岛交错的得天独厚的地理环境,将它改造为池(园林)。谯国(今安徽亳州)人戴简在池边的一个最好的半岛位置建堂而居。人工构筑的堂与自然生成的环境相得益彰,使得东泉的景观更加奇妙。远远望去,堂在池上仿佛舻舰相连,与波沉浮;走近一看,更是水天空阔,景象纷呈,扑朔迷离,让人目不暇接;岸上绿树成荫,水中莲菱满池,彼此交相辉映,呈现出一派欣欣向荣的景象,整个池上的美景都仿佛成为戴氏堂的背景和点缀了。但最关键的不是因为自然环境本身有多么美妙,而是因为有懂得美或具有审美眼光的人来这里居住。因为有这样的人来居住,山水的美景也就凸显出来了,堂屋也不用装饰就已经变得美轮美奂了。在柳宗元看来,人住在水池边上,可以经常与周遭的景物为友、与天上的流云做伴,身心均处在与外部环境的不断互动之中,所以不但环境会因此变得更美、更有价值,居住者的行为也会因此变得更有格调,写出来的文章更加清峻,对道的领悟更加深刻。柳宗元认为,这就是人与环境之间的"交相赞"(相互激发、显现和生成)。"赞",即赞美,在这里也可引申为激发、影响等。从环境美学的角度来说,"交相赞"就是人与环境之间的相互影响、肯定、协调与共生共荣。这种关系具体表现在以下三个方面:

第一,人不是环境的旁观者,而是环境的参与者。环境的审美价值有赖于人来发现或实现。人作为环境的参与者,不仅要以一种自由、开放的心胸去欣赏环境的美,还要用实际的行为参与环境的美化和建构,并最终创造出一种自然趣味与人文关怀高度契合的景域。"地虽胜,得人而居焉""为堂而居,堂成而胜益奇",这些都表达了柳宗元对构建美的环境的深刻领悟。其中"得人而居"的说法,最清楚地表达了柳宗元注重人的主体性、强调"天人交相赞"的思想,同时,它的提出,也有其特定的历史背景和内涵。就当时的情况来说,主张"得人而居"也可以说是对唐代滥建园林和"有园无主"现象的一种批判。这种现象在描写唐代园林的诗歌中可以找到大量例证,如武元衡《闻王仲周所居牡丹花发因戏赠》

中说:"花开花落无人见,借问何人是主人?"①朱庆馀《登玄都阁》中说:
"豪家旧宅无人住,空见朱门锁牡丹。"②韦庄《寄园林主人》中说:"主人常
不在,春物为谁开。"③在武元衡、朱庆馀、韦庄等人看来,园林审美价值的
实现并不在于对园林本身的经营,而在于要有人的居住和参与。"有园
无主"的现象实际上使园林的营造变得毫无意义,其环境只是一种摆设,
而不是真正的、理想的居住场所。这样的环境在本质上是荒凉、颓废的,
因为它没有人的"生气"灌注其中,亦即没有人的"参赞"。

　　"参赞"是外部事物的价值得以实现和完成的必要条件。中国自先
秦以来就有"参赞天地"的思想,如《中庸》中说:"赞天地之化育,则可以
与天地参焉。"④"参"的本义是指人与天、地三者是彼此平衡和平等的"三
才(材)",同时也指人与天、地之间的相互协调和契合。"参赞",指的是
人可以依据天地的法则去创造,参与到天地化育万物的过程中去,从而
共同成就一个美好的世界。从柳宗元的一些诗文来看,他本人就一直秉
承着"参赞"的思想来处理人与环境的关系。他在《永州龙兴寺西轩记》
一文中记述,他在永州龙兴寺的寓所本来是临时腾出来的,位置偏僻隐
蔽,而且窗户向北,光线昏暗,视野狭隘,缺乏生气,不利于长期居住。但
他发现"寺之居,于是州为高。西序之西,属当大江之流;江之外,山谷林
麓甚众"⑤,寓所的外部环境非常优美。于是,他在西墙另开了一扇面对
大江和山谷的窗户,克服了居住环境本身的局限。在这里,柳宗元充分
利用了中国古代建筑的木架结构特点,即整个框架不受墙壁的影响,门
窗的开设不会危及房屋的安全。这种结构特点为房屋门窗的改造提供
了很多可能。不仅如此,柳宗元还在窗户外边增修了一个轩。据明代计
成的说法,"轩式类车,取轩轩欲举之意,宜置高敞,以助胜则称"⑥。"助

①《全唐诗》(十),第 3577 页。
②《全唐诗》(十五),第 5893 页。
③《全唐诗》(二十),第 8012 页。
④〔战国〕孟子等:《四书五经》,北京:中华书局 2009 年版,第 56 页。
⑤《柳宗元集》(三),第 751 页。
⑥〔明〕计成原著,陈植注释、杨伯超校订,陈从周校阅:《园冶注释(第二版)》,第 89 页。

胜",就是有助于欣赏周边的风景。因此,柳宗元在西墙开窗,又在窗外建轩,都是为了能够把寺庙西边的江流、山谷、林麓等自然风光纳入居住者的视觉范围,即:"以临群木之杪,无不瞩焉。不徙席,不运几,而得大观。"①这种简单的环境改造,正充分地体现了柳宗元作为环境参与者所具有的俯仰天地、观瞻万物的审美情怀。

第二,人与环境之间的作用是相互的,即当人作用于环境(包括美化、建构和欣赏环境)时,环境也会反过来对人产生影响。美的环境不仅能使人感到舒适愉悦,而且能作为寄托人生理想的精神家园,使人的性情、思想、品行、文章等得到陶冶和升华。因此,人自身价值的实现与环境价值的实现是相辅相成的。这就是柳宗元所说"行宜益高,文宜益峻,道宜益懋,交相赞者也"的意思。在柳宗元看来,人的道德修养和文章水平的提高,不能离开人与环境的"交相赞",或者说不能离开人与天地自然和谐共荣的生存环境。

柳宗元的这种思想,实际上是对中国自古以来注重人与自然相统一的思想的一种发挥。其重点是强调自然对人的感发作用。首先,中国向来就有"钟灵毓秀""人杰地灵"之类的说法,即认为山水秀美与人才俊杰是相互影响、相互依存的。柳宗元提出的"天人交相赞"的理论,也可说是对这类说法的一种更为学理化的诠释。其次,儒家思想家向来认为自然山水含有德性并具有"比德"的功能,如孔子的"仁者乐山,智者乐水"。柳宗元作为一个儒家学者,也直接继承了儒家注重"比德"的山水审美精神。他说:"于以合山水之乐,成君子之心,宜也。"②这里的"山水之乐"即孔子所说的"仁智之乐","君子之心"即他所说的"辅时及物"的济世情怀。再其次,美的自然山水有"畅神"的作用,即有使人的精神解除束缚和获得审美愉悦的作用,这种作用是艺术创造的必要前提和条件。这是古代的一贯说法,也是柳宗元的基本看法。他说:"凡为文,以神志为

---

① 〔唐〕柳宗元:《永州龙兴寺西轩记》,见《柳宗元集》(三),第751页。
② 〔唐〕柳宗元:《序饮》,见《柳宗元集》(二),第647页。

主。"①"神志",指的是一种超越物质欲望和世俗生活的精神状态。它的养成,是基于对各种日常欲望和干扰的涤除。而自然山水,恰恰就具有这种洗涤心灵的作用。柳宗元说戴氏以池为居,"文宜益峻",就是认为自然山水的峻洁,可以通过改变人的精神气质而对人的文章产生同质的影响。最后,美的自然山水还有助人"悟道"的作用,即柳文中所说的"道宜益懋"。在中国古代思想家看来,自然山水本身是道的显现,人在全身心沉浸于自然山水的美的形象时,便可借此领悟自然之道。如南朝山水画家宗炳在《画山水序》中所说:"圣人含道映物,贤者澄怀味象。……夫圣人以神法道而贤者通,山水以形媚道而仁者乐,不亦几乎!"②当然,柳宗元的"道"主要是一种"辅时及物"的尧舜孔孟之道,即他所倡导的"文以明道"的"道"。但在认为自然山水可以通于道这一点上,他的看法又是与宗炳等诸多古代思想家一样的。总之,由柳宗元的论述,特别是关于戴氏堂的论述可知,"天人交相赞"在环境审美中的具体表现和作用就在于:一方面,人的行动参与可以最大限度地开显环境之美;另一方面,环境之美也可以以其具体感性的形式净化人的心灵,并进而提升其道德文章的境界。

第三,在《潭州杨中丞作东池戴氏堂记》一文中,柳宗元实际上还考察了人与环境的相互参与和双向建设问题,揭示了人与环境"交融互成"的审美关系。在这样一种关系下,审美活动不再是单方面的人鉴赏环境,而是人与环境的相互鉴赏。这种相互鉴赏即是和谐共生。因此,柳宗元的"交相赞",也可理解为美学意义上的"天人合一"。这样的"天人合一",既不是单一的、静态的、消极的人合于天,更不是一个充满了冲突、争斗和苦难的对立状态,而是一种人为与自然处于平衡、相互适应、相互协调、双向发展、交融互成的动态过程。

---

① 〔唐〕柳宗元:《与杨京兆凭书》,见《柳宗元集》(三),第 790 页。
② 王伯敏、任道斌主编:《画学集成(六朝—元)》,第 12 页。

二、"美不自美,因人而彰"——环境美的发现

　　基于"天人交相赞"的思想,柳宗元进一步提出了一个著名的命题,即"美不自美,因人而彰"。他在《邕州柳中丞作马退山茅亭记》中说:"夫美不自美,因人而彰。兰亭也,不遭右军,则清湍修竹,芜没于空山矣。是亭也,僻介闽岭,佳境罕到,不书所作,使盛迹郁堙,是贻林涧之愧。"[1]柳宗元认为,兰亭与会稽山的清流修竹聚结为一个具有高度审美价值的环境,但是如果没有王羲之,没有王羲之等人曲水流觞的雅集和游赏,以及王羲之《兰亭集序》对它的赞美传诵,那么,流水自来自去,修竹自生自灭,兰亭和它周围的景色也必将芜没荒山,湮灭无闻。同样的道理,马退山茅亭虽然为胜境,但地处荒僻、游人罕至,如果没有人的居住、赞赏和宣传,也一样会被埋没。

　　柳宗元的《邕州柳中丞作马退山茅亭记》,一方面描绘了马退山茅亭的景色,另一方面也寄寓了自己怀才不遇、不能见用于世的苦闷。但从环境美学的角度来说,这篇游记中提出的"美不自美,因人而彰"的命题,也具有多方面的意义:

　　第一,命题中的"美不自美"一语首先肯定了环境本身具有美的潜质,这是"因人而彰"的前提。在其他一些游记中,比如《游黄溪记》,柳宗元曾对环境之美给予充分的肯定,说:"北之晋,西适豳,东极吴,南至楚越之交,其间名山水而州者以百数,永最善。"[2]柳宗元对晋、越等地的山水进行了比较,然后认为永州的山水最好,这里的评价是存在一定的客观标准的。如柳宗元对桂州裴中丞的訾家洲亭的评价,就体现了他对环境美的评价尺度。他说:"盖非桂山之灵,不足以瑰观;非是洲之旷,不足以极视;非公之鉴,不能以独得。"[3]柳宗元认为,山水的"灵""旷",本身就

---

[1]《柳宗元集》(三),第730页。
[2]《柳宗元集》(三),第759页。
[3]〔唐〕柳宗元:《桂州裴中丞作訾家洲亭记》,见《柳宗元集》(三),第727页。

充分拓展了人在环境审美中的视域（"瑰观""极视"）。不仅如此，柳宗元还提出了"有美不自蔽"的说法。他在《湘岸移木芙蓉植龙兴精舍》中说："有美不自蔽，安能守孤根！盈盈湘西岸，秋至风露繁。丽影别寒水，秾芳委前轩。芰荷谅难杂，反此生高原。"[1]"有美不自蔽"，指的就是木芙蓉本身具有的自然美。柳宗元将木芙蓉从湘江岸边移植到龙兴寺，这说明他对木芙蓉本身的美是认可和肯定的。

第二，命题中的"因人而彰"一语又进一步肯定了人在环境审美活动中的主体地位。在环境审美过程中，环境的美的价值不能自行显现，而有赖于主体的意识。因此，在这里，审美主体与审美客体实际上是互为前提的。"美不自美"中的"美"，不管是指环境美，还是指自然美，它们本身都不能自我指认或彰显。换句话说，它必须由人来揭示或向人生成（即人是作为环境的参与者，而非旁观者）。正如英国学者马尔科姆·安德鲁斯所说："所谓'风景'，无论是刻意雕饰还是野生自然，在成为艺术品主题之前，其实已经是人工制品了。即便仅仅是看看，我们已经开始塑造和解读它了。"[2]因此，不管是王羲之笔下的兰亭还是柳宗元笔下的马退山茅亭，当它们进入观赏者的审美视域之后，就已经不再是与人无关的存在了。它们所代表的环境，实际上已经是一种创造性的整合环境。在这里，作为审美主体的人可以超越环境固有的状态，对环境之美进行再创造。柳宗元移植木芙蓉一事就是明证。他移植木芙蓉的前提是他主动发现了木芙蓉的美，并对之有清醒的意识，其中，"盈盈""丽影"等体现了他对木芙蓉姿态的视觉感受，"秾芳"体现了他对木芙蓉香气的嗅觉感受，"委前轩"体现了他对栽培木芙蓉的空间艺术的独特理解，"反此生高地"则体现了他对木芙蓉与荷花的精确鉴别。可见，如果没有人作为审美主体的确立，木芙蓉的自然美是难以被发现和彰显的。

第三，"美不自美，因人而彰"的命题同时还说明，环境美的发现与彰

---

① 〔唐〕柳宗元：《柳宗元集》（四），第 1232 页。

② ［英］马尔科姆·安德鲁斯著，张翔译：《风景与西方艺术》，上海：上海人民出版社 2014 年版，第 1 页。

显,不仅要靠人的"意识",更重要的是要靠人的"整体参与"。"整体参与",指的是人作为整体的存在,积极地调动全部感官和精神能量投入到环境的感受与体验中去。用马克思的话来说就是:"人以一种全面的方式,就是说,作为一个总体的人,占有自己的全面的本质。"[①]"全面的本质",就是肉体(视、听、嗅、味、触五官)和精神(思维、情感、意志等活动)方面的本质力量和功能。因此,人只有"凭借现实的、感性的对象才能表现自己的生命"[②]。柳宗元对超道人(重巽)的赞美,即明确地表明了这一点。他说:"始枯桐生石上……—夕暴震……震旁之民,稍柴薪之。超道人闻,取以为三琴。琴莫良于桐,桐之良莫良于生石上,石上之枯又加良焉,火之余又加良焉,震之于火为异。是琴也,既良且异,合而为美,天下之不可载焉。微道人,天下之美几丧。"[③]石桐是制作佳琴的良木,但一般老百姓并不懂,所以把它拿来当柴火烧了。而超道人则不一样,他熟悉石桐的特性,知道石桐是制作佳琴的上等良材,所以对它十分珍惜。更难能可贵的是,他还具备制作佳琴的技艺。文中所说的"合而为美",强调的就是超道人对石桐的精制加工,即他能使本来已被充当柴火的石桐,最终成为具有高度审美价值的良琴。所以,柳宗元感叹"微道人,天下之美几丧",这说明人的全面本质的参与,对构建人的审美主体性具有非常重要的意义。这个道理,在柳宗元对自己购买荒丘修筑园林的记述中得到了更为集中的诠释,他说:

> 丘之小不能一亩,可以笼而有之。问其主,曰:"唐氏之弃地,货而不售。"问其价,曰:"止四百。"余怜而售之……即更取器用,铲刈秽草,伐去恶木,烈火而焚之。嘉木立,美竹露,奇石显。由其中以望,则山之高,云之浮,溪之流,鸟兽之遨游,举熙熙然回巧献技,以

---

① [德]马克思著,中共中央马克思恩格斯列宁斯大林著作编译局编译:《1844 年经济学哲学手稿》,北京:人民出版社 2000 年版,第 85 页。
② [德]马克思著,中共中央马克思恩格斯列宁斯大林著作编译局编译:《1844 年经济学哲学手稿》,第 106 页。
③ 〔唐〕柳宗元:《霹雳琴赞引》,见《柳宗元集》(二),第 525 页。

效兹丘之下。枕席而卧,则清泠之状与目谋,瀯瀯之声与耳谋,悠然而虚者与神谋,渊然而静者与心谋。……今弃是州也,农夫渔父过而陋之,贾四百,连岁不能售。而我与深源、克己独喜得之,是其果有遭乎![1]

农夫、渔父与小丘的关系是一种直接的物质资料意义上的利用与被利用关系,他们考虑的只是土丘的功用价值,而没有发现土丘作为人居环境所隐含的审美价值。按照马克思的观点,这主要是因为他们的感官"囿于粗陋的实际需要",所以看不到环境之美的存在。马克思说:"忧心忡忡的、贫穷的人对最美的景色都没有什么感觉;经营矿物的商人只看到矿物的商业价值,而看不到矿物的美和独特性。"[2]马克思这段话虽然针对的是资本主义私有制条件下人的感觉的异化和退化,但对中国古代小农经济下的穷苦百姓也一样适用。柳宗元曾明确说过,老百姓"不胜官租私券之委积,既芟山而更居,愿以潭上田贸财以缓祸"[3]。在《捕蛇者说》中,柳宗元也曾直言痛斥"苛政猛于虎"的政治对百姓生命的戕害。因此,在这样的社会环境下,老百姓的自由生命早已被生活的重担所挤压。他们只能满足于最简单的物质需求,不能摆脱基本物质欲求的束缚,更不能将生命活动升华为一种审美活动。柳宗元则不一样,他是一个具有深厚文化修养和超拔精神境界的士大夫。因此,他能够通过伐除秽草恶木、种植良木嘉竹等劳动将荒丘改造成一个可观可游的山水胜地。对柳宗元而言,铲除秽草、伐砍恶木、焚烧榛莽等劳动,是一种"自由的生命表现,因此是生活的乐趣"[4]。

---

① 〔唐〕柳宗元:《钴鉧潭西小丘记》,见《柳宗元集》(三),第765—766页。
② 〔德〕马克思著,中共中央马克思恩格斯列宁斯大林著作编译局编译:《1844年经济学哲学手稿》,第87页。
③ 〔唐〕柳宗元:《钴鉧潭记》,见《柳宗元集》(三),第764页。
④ 〔德〕马克思著,中共中央马克思恩格斯列宁斯大林著作编译局编译:《1844年经济学哲学手稿》,第184页。

三、"四谋"说——环境审美的层次结构

柳宗元在《邕州柳中丞作马退山茅亭记》中提出的"美不自美,因人而彰",明确地说明了环境之美是由人揭示和向人生成的。在这里,人作为审美主体的确立是环境审美得以发生的直接前提。但是,审美主体的确立有待于人的感性的全面解放。这是前文所讲的"整体参与"的必然要求。因此,柳宗元在"美不自美,因人而彰"这一命题的基础上,继而提出了与环境审美密切相关的"四谋"说,即他在《钴鉧潭西小丘记》中所说的:"枕席而卧,则清泠之状与目谋,瀯瀯之声与耳谋,悠然而虚者与神谋,渊然而静者与心谋。"①

"谋"有计划、策略、咨询、商议等含义。"谋"的过程一般意味着主客双方的参与、对话、沟通或交流。柳宗元将人与山水之间的审美关系理解为"谋",实际上也就是把它理解为一种亲切、友好的对话与交流关系。这种对话与交流关系,在他看来包括多种心理因素的参与,或者更准确地说,涉及主客双方关系的不同层面,即:"与目谋""与耳谋",涉及人的感知层面,并对应于山水的感性特质;"与神谋""与心谋",涉及人的精神层面,并对应于山水的内在意蕴。这种看法,正是"天人交相赞"在环境审美心理学意义上的一种更为深入和具体的表达。

具体来说,"与目谋""与耳谋""与神谋""与心谋",又可以从以下三个方面去理解:

第一,"与目谋""与耳谋"指的是环境审美中外部事物的感性形象给人的视听感受,如柳文中"清泠之状"(清澈流水形象)和"瀯瀯之声"(美妙流水声响)给人的视听感受。这种感受是环境审美的基础。柳宗元曾在《至小丘西小石潭记》一文中特别强调了视听感受在环境审美过程中的作用,他说:"从小丘西行百二十步,隔篁竹,闻水声,如鸣佩环,心乐之。……潭中鱼可百许头,皆若空游无所依。日光下澈,影布石上,怡然

---

① 《柳宗元集》(三),第 766 页。

不动；俶尔远逝，往来翕忽，似与游者相乐。"①即在他听来，隔着竹林传来的水声就像佩环相击，富有节奏和韵律，使人心生愉悦；而在他看来，日光直射下的潭水清澈见底，水中的鱼群仿佛是在空中游戏，无所依傍。更妙的是，柳宗元的目光并没有停留在鱼群的身上，而是投射到了鱼群在水下石头上留下的飘忽不定的影子上。影子时而怡然不动，时而往来倏忽，好像是在"与游者相乐"，即好像是在与游玩的人一起玩耍，逗游玩的人开心。从柳宗元的描述中可以看出，视听感受在环境审美中有着非常重要的作用。而且这种感受，并不是一个简单的、生理意义上的刺激—反应过程，而是环境欣赏者或参与者有意识地调动整个心理活动，对所处环境作出的一种积极的回应。在环境审美过程中，由于环境本身是一个复杂的系统，所以单凭一种感官很难完整把握其内在的审美意蕴，而同时需要不同感官的交互作用。这种不同感官的交互作用，就是感知的联觉或通感。在具体的审美经验中，柳宗元非常重视将人的多种官能结合起来，譬如他在观看流水之时，不仅看到了光线作用下流水的清澈明净，还似乎感觉到了水的澄明给人带来的一种切肤的舒适清凉之感。在这里，人的视觉与触觉已经贯通了。当柳宗元沉浸在各种自然音响之中时，他说："风摇其巅，韵动崖谷。视之既静，其听始远。"②即当微风吹过，山巅的树木摇摆起来，一会儿又平静了，而风吹树木的声音却激荡在山谷中，渐听渐远。在这里，柳宗元将视觉、听觉和触觉全面调动起来，让人产生一种身临其境的感觉。在他看来，对环境的审美充满了无穷的活力和丰富的美感，即便是一泓溪水，也可以同时兼有音乐和绘画的审美性质。

　　第二，"与神谋""与心谋"指的是环境审美中外部事物的内在意蕴给人的精神体验，是环境观赏者或参与者个人精神气质、心性修养与美的环境的内在意蕴发生的共鸣或感应。柳文中的"悠然而虚者"和"渊然而

①《柳宗元集》（三），第767页。
②〔唐〕柳宗元：《石渠记》，见《柳宗元集》（三），第770页。

静者"，都不是某一个具体的感性形象，而是隐藏在感性形象背后的丰富（"悠然"）而深刻（"渊然"）的生命意趣。正是这种内在的生命意趣，成就了事物丰富多彩、活泼生动的感性形象。没有这种内在的生命意趣，外部环境就只不过是一种纯粹的物质性事物的堆积。如果说"清泠之状"和"瀯瀯之声"是外部事物的感性形式的话，那么"悠然而虚者"和"渊然而静者"，则是外部事物的感性形式之所以能动人心神的存在本性。对这种存在本性的洞察是一种超越五官感觉之上的领悟。这种领悟，可以称为"心观"（或古人所称"内视""心觉""会心"等）。在中国古代哲学中，"心"具有极其重要的地位。中国古代哲学所说的"心"不是生理学意义上的肉体之心，而是人的一切心理活动的统称，就其作用而言，略相当于西方哲学中的"意识"；就其结果而言，则略相当于西方哲学中的"我"或"自我"。因此，"心"不仅对人的五官具有统摄作用，而且还是连接人与物、人与天地（宇宙或世界）的中介。在中国哲学家看来，"心"的本质是"静"的，但可以观照、涵摄一切"动"。这种看法对中国美学有着深远的影响，如南朝宗炳《画山水序》中说的"夫以应目会心为理者，类之成巧，则目亦同应，心亦俱会"[1]，或唐代裴孝源《贞观公私画史》中说的绘画"皆心目相授，斯道始兴"[2]等。柳宗元也曾将"心"与"目"联系起来使用，如他说："前指后画，心舒目行……然则人之心目，果有辽绝特殊而不可至者耶？"[3]前面讲的"心舒目行"说的是"心"和"目"的活动与感受，而后面讲的"心目"则具有独特的美学意味，相当于"心观"，它具有无限的审美观照能力。[4]

柳宗元所说的"与神谋"和"与心谋"，其内涵基本上是一致的。区别只在于，"心"是一个总的说法，它包括一切内在的心理活动，而"神"则一

---

① 王伯敏、任道斌主编：《画学集成（六朝—元）》，第 12 页。
② 王伯敏、任道斌主编：《画学集成（六朝—元）》，第 34 页。
③ 〔唐〕柳宗元：《桂州裴中丞作訾家洲亭记》，见《柳宗元集》（三），第 726—727 页。
④ 佛教也讲"心目""心眼""心观"。"心目"指的是心与目，即意识与眼识；"心眼"指的是"观念之心，能照了诸法"；"心观"指的是天台宗的一心三观之法，即"以吾人平常之心念为所观之境"。见丁福保编《佛学大词典》，北京：中国书店 2011 年版，第 702、707、711 页。

般指"心"所具有的一种既高度集中又超然远出的状态,即:一方面,"神"表示人的注意力高度集中的状态;另一方面,它又说明人的"心观"具有神秘莫测、不可思议和远离尘寰的性质。可以说,"心"为"神"之体,"神"为"心"之用。体用一如,心神合一,两者共同构成了人的审美观照。正是在这样的审美观照中,柳宗元领悟到了隐藏在事物感性形象背后的"悠然而虚者"与"渊然而静者",从而达到了"心凝形释,与万化冥合"①的、物我两忘的审美境界。

总之,柳宗元提出的"四谋"说揭示了环境审美心理过程中的层递结构。相对来说,"与耳谋""与目谋"是环境审美中较低的层面,"与心谋""与神谋"则是环境审美中较高的层面。前者是后者的基础和前提,后者是对前者的升华和超越。

第三,根据人的参与程度,环境审美中的物我关系及由此生成的境界,大体上可以归纳为两种普遍的典型,即"无我之境"和"有我之境"。王国维在《人间词话》中说:"有有我之境,有无我之境。……有我之境,以我观物,故物皆着我之色彩。无我之境,以物观物,故不知何者为我,何者为物。"②虽然王国维提出这对美学范畴是为了说明诗词,且其内容与边界都不是很明晰,但王国维指出了"我"的投入对审美境界创造的重要性。在这里,"我"就是自我或意识,因此,"有我之境"就是诗人在写诗或观物时,以强烈的情感和主观的想象投入到对象中去,通过赋予对象以主观的色彩而营造出来的意境;相反,"无我之境"则是诗人在写诗或观物时,尽量排除自身强烈的情感与主观的想象,通过把对象直接呈现在观者面前的方式而营造出来的意境。在环境审美中,"无我之境"意味着人按照环境自身本来的样子来鉴赏环境;"有我之境"则意味着人按照自身的情感和想象来鉴赏环境,使环境染上浓厚的主观色彩。

---

① 〔唐〕柳宗元:《始得西山宴游记》,见《柳宗元集》(三),第763页。
② 王国维:《人间词话》,北京:中国人民大学出版社2009年版,第1—2页。

当然,这种区分并不是绝对的。在环境审美中,人的参与与环境美的价值生成是一个过程的两个方面。譬如柳宗元在《至小丘西小石潭记》中所描述的:"潭中鱼可百许头,皆若空游无所依。日光下澈,影布石上,怡然不动;俶尔远逝,往来翕忽,似与游者相乐。"①这可以说既是"无我之境",也是"有我之境"。文中对游鱼、日影等自然物的描述形象而客观,仿佛呈现的是一种"无我之境",而"似与游者相乐"又毫无疑问注入了观者的感情。在此,自然之情即人之情,人之情即自然之情,似乎难以把这两者分割开来。

在环境审美中,当人完全忘却自我与外物的界限时,"有我之境"与"无我之境"便可得以贯通或消解。这就是柳宗元在《始得西山宴游记》中说的"心凝形释,与万化冥合"的境界。这种"冥合"之境不仅不再强调"我"的存在,甚至也不再关心"物"的存在。这与庄子所说的"坐忘""物化"是一致的。这意味着环境的欣赏者将全部注意力投入到了美的环境之中,而完全忘记了身体的负累和局限,并最终达到了一种物我一体或心物不分的自由境界。

第三节　柳宗元对人居环境功能的诠释

人居环境既是一种客观的、物理的存在,又是一种与人的身心欲求(包括人生态度和审美理想等在内)有关的、具有特定功能和价值的存在,即:"除了'是'(being)什么,它开始'意欲'(mean)着什么;抑或是我们以那些反射行为作用于它以使它开始'意欲'着什么。"②"意欲",在此可理解为人对居住环境的功能要求和价值诉求。

柳宗元在他的诗文中曾反复强调居住环境的重要性,对居住环境所具有的功能和价值有过详细的论述,概括地说,其思想主要涉及四个命题:一、"高明游息之道",这反映了柳宗元修齐治平的儒家信念;二、"以

①《柳宗元集》(三),第 767 页。
② [英]马尔科姆·安德鲁斯著,张翔译:《风景与西方艺术》,第 18 页。

暇以息，如在林壑"，这反映了柳宗元追求自由闲适的隐逸情怀；三、"偶地即安居"，这反映了柳宗元以安身立命为主旨的人生觉悟；四、"乐居夷而忘故土"，这反映了柳宗元视环境为家园的"乐居"思想。当然，这些命题并不是互不相干的，而是相互渗透和贯通的。

一、"高明游息之道"——环境作为修身理政之具

柳宗元本质上是一个儒家思想家，其思想虽然综合了儒道释三家，但总的来说是以儒为主干。他一生执着于"以兴尧、舜、孔子之道，利安元元为务"①的儒家理想，同时在为学、为文上高举"学以明道""文以明道"的旗帜。他在《报崔黯秀才论为文书》中说："圣人之言，期以明道。学者务求诸道而遗其辞。"②又在《答韦中立论师道书》中说："始吾幼且少，为文章，以辞为工。及长，乃知文者以明道，是固不苟为炳炳烺烺，务采色、夸声音而以为能也。"③他所说的"道"，是"以辅时及物为道"④，其核心是儒家的治身（修身）之道与治国之道。

从儒家的思想立场出发，柳宗元认为无论是山水赏会还是园林建筑或人居环境建设，都应当以这种"道"的落实或实现为最终目的。

他认为，美的环境对于君子来说是必需的，而君子之所以喜欢美的环境是因为它可以"观游"，如他所说："乃作栋宇，以为观游。"⑤这种观游不是纯粹无目的的玩耍，而是君子借此修身养性以达到"高明"境界，从而更好地实现"理政"事业的手段。柳宗元把这种观游之道即环境审美活动，称为"高明游息之道"，说：

> 邑之有观游，或者以为非政，是大不然。夫气烦则虑乱，视壅则志滞。君子必有游息之物，高明之具，使之清宁平夷，恒若有余，然

---

① 〔唐〕柳宗元：《寄许京兆孟容书》，见《柳宗元集》（三），第780页。
② 《柳宗元集》（三），第886页。
③ 《柳宗元集》（三），第873页。
④ 〔唐〕柳宗元：《答吴武陵论非国语书》，见《柳宗元集》（三），第824页。
⑤ 〔唐〕柳宗元：《永州韦使君新堂记》，见《柳宗元集》（三），第733页。

后理达而事成。……然而未尝以剧自挠，山水鸟鱼之乐，淡然自若也。……高明游息之道，具于是邑，由薛为首。①

柳宗元认为，人若气息烦躁，则思维会因此变得紊乱；人的视野闭塞，则志向也会因此变得凝滞。作为一个君子，应当拥有一个可游可居、可以陶冶情操的宜人环境。这样的环境，可以调节人的气息，使人心平气和，心情畅快。而只有具备这样的心情，人才能通达事理，成就事业。

柳宗元提出的"高明游息之道"，对后世产生了深远的影响。清代宋荦在《重修沧浪亭记》中说："夫人日处尘坌，困于簿书之徽墨，神烦虑滞，事物杂投于吾前，憧然莫辨，去而休乎清泠之域，寥廓之表，则耳目若益而旷，志气若益而清明，然后事至而能应，物触而不乱。常诵王阳明先生诗曰：'中丞不解了公事，到处看山复寻寺。'先生岂不了公事者，其看山寻寺，所以逸其神明，使不疲于屡照，故能决大疑，定大事，而从容暇豫如无事然。"②在此，宋荦用王阳明在公务之余劳逸结合、游山寻寺的事例，论证了观游具有辅助"决大疑，定大事"的妙用，这可以说是对柳宗元"高明游息之道"的一个生动具体的阐释。

从现代意义上讲，柳宗元的"观游"强调的是休闲和游憩对人的繁忙工作与疲惫身心所具有的调节作用，即它具有一定的游戏性，这种游戏性对人的精神解放具有直接的促进作用。正如德国美学家席勒所说的那样，人在本性上具有一种"游戏冲动"，它能"消除一切强迫，使人在物质方面〔即感性方面——引注〕和精神方面〔即理性方面——引注〕都恢复自由"。③"观游"正是可以唤起并满足人的"游戏冲动"的一个极为重要的途径。柳宗元说："高山在前，流水在下，可以俯仰，可以宴乐。"④这充分说明了人居环境的游戏性或娱乐性对人所具有的重要意义。然而，这种游戏性并不是一种无原则、无根据和无目的的玩耍，而是儒家修齐

---

① 〔唐〕柳宗元：《零陵三亭记》，见《柳宗元集》（三），第737—738页。
② 〔清〕宋荦：《西陂类稿》卷二六，四库全书本。
③ 转引自朱光潜《西方美学史》，北京：人民文学出版社1979年版，第438页。
④ 〔唐〕柳宗元：《鄠县新食堂记》，见《柳宗元集》（二），第699页。

治平的政治理想和文人士大夫怡养性情的处世风格在环境审美活动中的一种反映,柳宗元称之为"合山水之乐,成君子之心"。他在《序饮》中说:"买小丘,一日锄理,二日洗涤,遂置酒溪石上。向之为记所谓牛马之饮者,离坐其背。实觞而流之,接取以饮。……以合山水之乐,成君子之心,宜也。"①从买小丘到锄理、洗涤,再到置酒溪石、流觞取饮,柳宗元与朋友陶醉在曲水流觞的山水之乐中,其目的正是"合山水之乐,成君子之心"。"合山水之乐"在儒家思想中具有崇高的地位,它不仅代表着"仁者乐山,智者乐水"的理想人格,还代表着一种政治清明、人民安乐的理想社会。《论语·先进》中说:"暮春者,春服既成。冠者五六人,童子六七人,浴乎沂,风乎舞雩,咏而归。"②这就是被后世文人称为"曾点之乐"或"曾点气象"的人生境界。当然,柳宗元虽然认为观游具有辅助理政的作用,但又认为游赏者不能沉溺于其中,否则会"玩物丧志",荒于政理,与"辅时及物"的精神背道而驰。所以他又说:"则夫观游者,果为政之具与?……及其弊也,则以玩替政,以荒去理。"③但如何才能把握好观游的边界呢?柳宗元提出了"既乐其人,又乐其身"的准则。他说:"零陵城南,环以群山,延以林麓。其崖谷之委会,则泓然为池,湾然为溪。其上多枫柟竹箭、哀鸣之禽,其下多芡芰蒲蕖、腾波之鱼,韬涵太虚,澹滟里间,诚游观之佳丽者已。崔公既来,其政宽以肆,其风和以廉,既乐其人,又乐其身。"④柳宗元认为理想的观游不仅要具备丰富的审美景象和鲜明的审美层次,更重要的是它还应当把握"既乐其人,又乐其身"的社会标准。这种标准,既体现了人与自然、社会之间的和谐关系,又体现了儒家修齐治平的政治理想。因此,在柳宗元的环境美学思想中,观游不仅是一种怡养情性、调节生活节奏的重要方式,而且承载着儒家修齐治平的政治理想和辅时及物的精神诉求。

---

① 《柳宗元集》(二),第646—647页。
② 〔战国〕孟子等:《四书五经》,第26页。
③ 〔唐〕柳宗元:《零陵三亭记》,见《柳宗元集》(三),第738页。
④ 柳宗元:《陪永州崔使君游宴南池序》,见《柳宗元集》(二),第640页。

二、"以暇以息,如在林壑"——环境作为隐居适志之所

如本书第二章所说,唐代文人常用"壶中天地"来形容园林或人居环境设计的艺术境界。在柳宗元的诗文中,虽然没有出现"壶中天地"一词,但其"如在林壑"一词,实际上也表达了同样的审美旨趣。

柳宗元认为人居环境设计旨在营造一种远离世俗、合乎自然的超然境界。人处在这样的境界中,就与鸟居林壑一样自由自在、无拘无束。他说:"列观以游目,偶亭以展声,弥望极顾,莫究其往。泉池之旧,增浚益植,以暇以息,如在林壑。"①这种"如在林壑"的园林意境,特别强调自然景物带来的快乐在环境设计中的意义,如《世说新语·言语》记载的那样,东晋简文帝去华林园游玩,对左右说:"会心处不必在远,翳然林水,便自有濠濮间想也,觉鸟兽禽鱼自来亲人。"②这种说法表明,山水禽鱼之乐不仅是构建环境之美的重要元素,也是寄寓内心隐逸情怀的重要载体。柳宗元也说:"鱼乐广闲,鸟慕静深。别孕巢穴,沉浮啸萃,不畜而富。"③"广闲"是鱼向往的生存环境,"静深"是鸟向往的生存环境,"广闲"与"静深",更是人向往的生存环境。因此,真正的"林壑之乐"应当是"广闲"之乐与"静深"之乐的结合。柳宗元曾多次提到这种山水鱼鸟之乐:"偶兹遁山水,得以观鱼鸟"④;"鹿鸣验食野,鱼乐知观濠"⑤;"山水鸟鱼之乐,淡然自若也"⑥。"濠梁观鱼乐"原出《庄子·秋水》,是庄子对惠施"子非鱼,安知鱼之乐"的回答,体现的是庄子对自然之美的直观体验。柳宗元说的"淡然自若",其实就是庄子说的"出游从容",体现的是一种自由自在、不受约束的自然本性。

柳宗元曾表示自己的志向并不在于富贵,而在于寄情山水、归耕田

---

① 〔唐〕柳宗元:《岭南节度飨军堂记》,见《柳宗元集》(二),第707页。
② 徐震堮:《世说新语校笺》(上),北京:中华书局1984年版,第67页。
③⑥ 〔唐〕柳宗元:《零陵三亭记》,见《柳宗元集》(三),第738页。
④ 〔唐〕柳宗元:《与崔策登西山》,见《柳宗元集》(四),第1195页。
⑤ 〔唐〕柳宗元:《游南亭夜还叙志七十韵》,见《柳宗元集》(四),第1199页。

亩的田园乐趣。他说："志适不期贵，道存岂偷生。……四支反田亩，释志东皋耕。"①"东皋"本义指东边的水边高地，常用来表示隐士的居住之所。在柳宗元的笔下，隐士常被称为"山林客""山水客""渔翁"等。他说："所赖山水客，扁舟枉长梢。挹流敌清觞，掇野代嘉肴。适道有高言，取乐非弦匏。逍遥屏幽昧，澹薄辞喧哕。"②从这首诗可以看出，柳宗元笔下的"山水客"与孔子说的仁者、智者是不一样的，这是具有隐逸思想的道家人物：驾一叶扁舟，浮游于江河之上，江水清凉胜于美酒，野菜可口堪称佳肴。柳宗元认为与这样的山水客同游交谈，根本不需要弹琴鼓瑟之类的娱乐活动，便可体会天地之道的美妙，远离世俗的热闹与喧嚣。这些都体现了他对昏昧喧闹的世俗的摒弃与对逍遥淡泊的境界的追求。与"山水客"相比，"渔翁"的形象更能凸显出他追求闲适的隐逸情怀。"渔翁"作为隐士，代表着一种随波逐流、自然无为的处世方式，也代表着一种无欲无求的朴素生活和闲适情趣。这两方面在柳宗元的《渔翁》中都得到了体现。此诗云："渔翁夜傍西岩宿，晓汲清湘燃楚竹。烟销日出不见人，欸乃一声山水绿。回看天际下中流，岩上无心云相逐。"③在这首诗中，柳宗元描绘了渔翁一天的朴素生活和闲适情趣：夜宿西岩，晓汲清湘，昼纵长棹，与青山绿水做伴，看流云无心相逐……这一切看起来都是那么美好、简单、自然而悠闲。

　　柳宗元曾多次写到渔翁。但必须指出的是，他笔下的渔翁形象是不一样的。比如《江雪》中刻画的渔翁形象就与《渔翁》中刻画的渔翁形象有很大的差别。在《江雪》中，柳宗元说："千山鸟飞绝，万径人踪灭。孤舟蓑笠翁，独钓寒江雪。"④这里的渔翁形象包含了巨大的张力：他独钓寒

---

① 〔唐〕柳宗元：《游石角过小岭至长乌村》，见《柳宗元集》（四），第 1194 页。
② 〔唐〕柳宗元：《游朝阳岩遂登西亭二十韵》，见《柳宗元集》（四），第 1190 页。按：柳宗元"取乐非弦匏"的说法，源自庄子的"天籁""地籁"之说，与西晋文学家左思《招隐诗二首》之一中的"岩穴无结构，丘中有鸣琴。……非必丝与竹，山水有清音。何事待啸歌？灌木自悲吟"也有一脉相承的关系。左思诗见〔梁〕萧统编，海荣、秦克标校《文选》，第 160 页。
③ 《柳宗元集》（四），第 1252 页。
④ 《柳宗元集》（四），第 1221 页。

江,似乎是一个孤独的老者在与冰天雪地促膝长谈;同时,他又具有一种坚定、勇敢、桀骜不群的勇者气概,似乎在剑拔弩张地对抗风雪的侵蚀。由此,可以看出柳宗元的"隐"具有明显的个人独特性。在中国古代,"隐"实际上是一种有道之士不得仕或不仕的表现。但是,"隐"又意味着个体的精神自由或解放。对本来具有济世情怀、热衷于政治的柳宗元来说,"隐"并不是一种积极选择,而是一种不得已的被动选择。他曾说:"谪弃殊隐沦,登陟非远郊。所怀缓伊郁,讵欲肩夷巢?"①可见,柳宗元并不希望与夷(伯夷)、巢(巢父)一样,做一个遁迹山林的真隐士。他认为儒道两家是殊途同归的,其根本目的都在于"佐世"。他说:"余观老子,亦孔氏之异流也,不得以相抗……然皆有以佐世。"②

因此,一方面,柳宗元身处江湖之远,追求自由闲适的山水之乐;另一方面,他又心居庙堂之高,从未忘记实现他理想中的佐世之道。这才是柳宗元"如在林壑"的环境美学思想所折射出来的特殊的隐逸情怀。

三、"偶地即安居"——环境作为人生觉悟之境

出入佛门、参观寺院是柳宗元谪居永州生涯的重要组成部分。其原因在于:一方面,佛门中人不慕红尘,安于自然,这与柳宗元当时的心情和他作为一个文人的趣味都是非常契合的。柳宗元说:"且凡为其道者,不爱官,不争能,乐山水而嗜闲安者为多。吾病世之逐逐然唯印组为务以相轧也,则舍是其焉从? 吾之好与浮图游以此。"③另一方面,禅门寺院有一种恬淡宁静、赏心悦目的环境氛围,这对参禅悟道、修身养性都具有非常积极且重要的作用。因此,在与释者交游的过程中,柳宗元发展出了一种具有独特禅学意味的环境审美理想,即"偶地即安居"的居住境界。

① 〔唐〕柳宗元:《游朝阳岩遂登西亭二十韵》,见《柳宗元集》(四),第 1890 页。
② 〔唐〕柳宗元:《送元十八山人南游序》,见《柳宗元集》(二),第 662 页。
③ 〔唐〕柳宗元:《送僧浩初序》,见《柳宗元集》(二),第 674 页。

　　"偶地即安居"表达的是一种随遇而安、无所挂碍的居住境界。柳宗元在描绘江华长老的居住环境时，提出了这一想法。他说："室空无侍者，巾屦唯挂壁。一饭不愿余，跏趺便终夕。风窗疏竹响，露井寒松滴。偶地即安居，满庭芳草积。"①居无童仆，食无剩饭，在极简单的生活中参禅悟道，时听疏竹声响，偶见井松滴翠，任庭中芳草滋长……这样一种朴实无华、恬适宁静且趣味盎然的寺院环境，折射出的正是江华长老超脱豁达的心境。"偶"有配合、适应等意，亦假借为"寓"；"偶地"表示人与特定空间的相遇与适应，与"偶时"相对应；"安居"表示人进入建筑之中并安心居住下来。因此，"偶地即安居"指的是人与特定的空间相遇并安居其中。它意味着人与环境建立了一种和谐关系：一方面，人让自然环境的本真特性自行显现出来；另一方面，居住者具有超然物外的豁达情怀。柳宗元认为，人不仅作为居住者依托于大地，还要作为禅悟者超脱大地的束缚，从而进入一种超越时空的宁静空灵之境。佛家所讲的"住"不是"居住"，而是指事物生成后相对稳定的性质；"无住"则表示世界上任何事物都不会凝固于自身的性质不变，而是处在不断的因缘变化之中。因此，人对事物的态度应该是"心无所住"，即心不思量一切物、不执着于一切念。《坛经·定慧品》中说："于诸法上，念念不住，即无缚也。"②禅宗认为，一切环境都只是人明心见性、顿悟真如的机缘。人与环境的理想关系就是没有束缚，就是"于诸境上，心不染"。因此，人居住于大地之上，既不可迷恋市朝，也不可执着于山野，偶遇即安，适可而止。"偶地即安居"体现的正是这样一种随缘任运、心无羁绊的人居关系。柳宗元的这一思想对后世文人产生了深远的影响。如苏轼在《定风波·赞柔奴》中写道："试问岭南应不好，却道，此心安处是吾乡。"③明代陈继儒则说："山栖是胜事，稍一萦恋，则亦市朝"，而"胸中只摆脱一恋字，便十分爽净，十

①〔唐〕柳宗元：《赠江华长老》，见《柳宗元集》（四），第1135页。
② 鸠摩罗什等：《佛教十三经》，第105页。
③〔宋〕苏轼著，傅成、穆俦标点：《苏轼全集》（上），上海：上海古籍出版社2000年版，第603页。

分自在"。① 他们都表现出一种随遇而安、心安境适的居住体验。

"偶地即安居"的居住体验是建立在"悟"的基础之上的。"悟"就是"觉","对于迷而言,即自迷梦中醒觉也"②。禅宗所讲的"悟"不是宗教式的冥想,而是"顿悟""顿见"或"顿觉"。"顿悟"的美学意义在于,它通过特定境遇中所显现的微妙契机(机缘)瞬间直觉到宇宙生命的本质或真相。柳宗元对此有亲身体会。他说:"夫室,向者之室也;席与几,向者之处也。向也昧而今也显,岂异物耶? 因悟夫佛之道,可以转惑见为真智,即群迷为正觉,舍大暗为光明。夫性岂异物耶?"③显然,居室由昏昧转明亮的这一契机,使柳宗元觉悟到了"转惑见为真智"的佛道。"顿悟"是拒绝概念言说与逻辑分析的,正所谓"诸佛妙理,非关文字"。柳宗元说:"遗言冀可冥,缮性何由熟。道人庭宇静,苔色连深竹。日出雾露余,青松如膏沐。澹然离言说,悟悦心自足。"④"遗言""离言"指的就是破除概念系缚与逻辑障碍,正是在此基础上才能达到"悟悦心自足"的目的。然而,禅师们虽然不喜欢直接言说佛理,却喜欢通过大自然的一切生机来领悟佛法妙理。譬如,他们将翠竹视作法身,把黄花比作般若,认为"春来草自青"⑤是佛法大意。柳宗元在描写寺院环境时,特别喜欢描写翠竹、青松、苍苔、芳草等植物景观,体现的正是他对生命智慧的一种"觉醒"。他所说的"偶地即安居,满庭芳草积",不仅是对江华长老参禅悟道环境的生动写照,也是他自己对佛法妙理的深刻解悟。这一点,在他的《巽公院五咏·禅堂》中得到了集中的阐述。柳宗元在这首诗中写道:"发地结菁茆,团团抱虚白。山花落幽户,中有忘机客。涉有本非取,照空不待析。万籁俱缘生,窅然喧中寂。心境本同如,鸟飞无遗迹。"⑥在

---

① 〔明〕陈继儒著,罗立刚校注:《小窗幽记》,上海:上海古籍出版社 2000 年版,第 7、70 页。
② 丁福保编:《佛学大词典》,第 1803 页。
③ 〔唐〕柳宗元:《永州龙兴寺西轩记》,见《柳宗元集》(三),第 751 页。
④ 〔唐〕柳宗元:《晨诣超师院读禅经》,见《柳宗元集》(四),第 1135 页。
⑤ 《五灯会元·云门文偃禅师》记载:"某弟子问云门文偃:'如何是佛法大意?'文偃答:'春来草自青。'"见〔宋〕普济著,苏渊雷点校《五灯会元》(下),第 928 页。
⑥ 《柳宗元集》(四),第 1235—1236 页。

此,柳宗元不仅用诗意的笔法描绘了宁静幽雅的禅堂环境,更重要的是,他还由此洞察出一种"心境本同如,鸟飞无遗迹"的、圆融无碍的精神境界。"境",本义指人所处的地方或外在的疆界,然而佛教所说的"境",则为心之所现所生的精神境域,即"心之所游履攀缘者谓之境"①。佛教认为,人有"六境",即"色、声、香、味、触、法之六法为眼、耳、鼻、舌、身、意六根所对之境界"②,因此,"境"在佛教中是指人的主观心理边界。柳宗元认为"心境本同如",这说明他对佛法智慧有着深刻的认识。"如"的本义是随从,在佛教义理中,"如"常指"法性"或"诸法之实相"③。柳宗元在游赏禅堂的过程中,敏锐地洞察到人所处之环境与人的思想意识在根本上是同一的,即与宇宙的本质真相是融会贯通的。这是柳宗元之所以能提出"偶地即安居"这一环境美学命题的思想基础。可以说,"偶地即安居"既是禅悟的境界,也是居住的境界,更是人与环境和谐共生的境界。

四、"乐居夷而忘故土"——环境作为安身乐居之家

前文提到,柳宗元环境美学思想中最核心的理念是"天人交相赞"。这种理念的实质在于它不仅涉及人如何发现环境之美、感受环境之美的问题,更重要的是,它主张通过人的整体参与去创造一个美的环境,亦即创造一个宜居乐居的家园。柳宗元在相关诗文中提出的"乐居夷而忘故土""甘终为永州民"等命题,就充分地彰显了环境美学意义下人对家园的依恋感。

当然,柳宗元将贬谪之所建设成一个乐居的家园并不是一蹴而就的,而是一个渐进发展的过程。因为"永贞新政"失败,柳宗元被贬到永州,一开始的时候可以说是闷闷不乐,惶惶不可终日。他在《与李翰林建

---

① 丁福保编:《佛学大词典》,第 2489 页。
② 丁福保编:《佛学大词典》,第 658 页。
③ 丁福保说:"如者,如法之各各相也,如法之实相也。如地之坚相,如水之湿相,谓之各各之相是事相之如也。……故如与法性与实际,皆诸法之实相之异名也。又,诸法之理性相同,谓之如……故如者理之异名也。此理真实,故云真如。"见丁福保编《佛学大词典》,第 1083 页。

书》中诉说："永州于楚为最南,状与越相类。仆闷即出游,游复多恐。涉野有蝮虺大蜂,仰空视地,寸步劳倦;近水即畏射工沙虱,含怒窃发,中人形影,动成疮疣。"①宋人邵博曾对此表示困惑："子厚前所记黄溪、西山、钴鉧潭、袁家渴,果可乐乎? 何言之不同也。"②邵博的疑惑是有道理的。柳宗元对环境的态度变化折射出的是他本人的内在情感。从心理学上说,这就是移情或投射。德国美学家利普斯认为,审美快感的特征就是对象受到主体的"生命灌注",因此,审美欣赏的原因就在"我"自己,"我在我的活动里感到欣喜或幸福"。③ 在永州的大部分时候,柳宗元的内心都处在一种不能释怀的状态,其原因在于,亲人与挚友的离世给了他精神上的沉重打击,恶劣的气候环境与生活条件又对他的身体造成了严重的戕害。更重要的是,他多次上书朝廷恳求复归而毫无结果,这与他热心于济世的政治激情产生了尖锐的矛盾。在这种情况下,他的内心深受煎熬,对永州山水很难产生审美的快感。他于元和九年(814 年)写的《囚山赋》,正是对这种困境和心境的写照。明代徐有贞说:"地以人而胜,人以时而乐。是故山水虽佳,而居无能赏之,人过之而弗眄,眄之而弗爱,则地固不得以自胜。人能赏矣,而生无可乐之时,饥寒之切身,忧患之萦心,则登山临水,且悴然有凄怆之情,抑乌得以自乐哉?"④因此,虽说柳宗元是一个涵养极深的文人,但在饥寒切身、忧患萦心的时候,他也是很难寄情山水、逍遥自乐的。此外,永州山水也并非尽善尽美。如柳宗元形容的龙兴寺寓所:"所庇之屋甚隐蔽,其户北向,居昧昧也。"⑤这种种不利因素强烈地激发了柳宗元深切的思乡之情。他在写给丈人的信中就沉重地表达了这种情绪,说:"末以愚蒙剥丧顿悴,无以守宗族复田亩为念,

---

① 《柳宗元集》(三),第 801 页。

② 吴文治编:《柳宗元资料汇编》(上),第 64 页。

③ 北京大学哲学系美学教研室编:《西方美学家论美和美感》,北京:商务印书馆 1980 年版,第273 页。

④ 邵忠、李瑾选编:《苏州历代名园记·苏州园林重修记》,北京:中国林业出版社 2004 年版,第55 页。

⑤ 〔唐〕柳宗元:《永州龙兴寺西轩记》,见《柳宗元集》(三),第 751 页。

忧悯备极。"①不仅如此,柳宗元还对从弟的江陵故宅流露出深深的羡慕之情,说:"有宅一区,环之以桑,有僮指三百,有田五百亩,树之谷,艺之麻,养有牲,出有车,无求于人。"②在宅院的周围种满桑树,并且还有三百僮仆可以呼唤,有五百亩田地可以耕种,能够通过植树种麻、养殖牲口自给自足,而不必求助于他人,这正是中国古代士大夫们追求的理想生活环境,也是柳宗元梦寐以求的生活环境。然而,当还乡变得不切实际时,重建一个宜居乐居的家园便成了柳宗元贬谪生涯中的一个迫切愿望。

柳宗元在《送从弟谋归江陵序》中说:"吾不智,触罪摈越、楚间六年,筑室茨草,为圃乎湘之西,穿池可以渔,种黍可以酒,甘终为永州民。"③茨草建屋、凿池养鱼、种黍酿酒,这是柳宗元对其生活环境的良性改造,也是柳宗元建构环境之美的重要途径。"甘终为永州民"不仅意味着柳宗元愿意成为一名永州人,更表明柳宗元已经把永州的山水变成了自己的精神家园。他在《钴鉧潭记》中说:"孰使予乐居夷而忘故土者,非兹潭也欤?"④在这里,"夷"指相对于"故土"(即柳宗元的出生地长安)而言的谪居之地。"乐居夷"体现了柳宗元对当下生存环境的一种怡然自乐。

那么,什么是柳宗元所说的"乐"呢?北宋哲学家邵雍曾在《伊川击壤集序》中将"乐"分为"人世之乐""名教之乐"与"观物之乐"三种。"人世之乐"指满足世俗物欲的快乐;"名教之乐"指遵循政治伦常的礼乐之乐;"观物之乐"指洞察宇宙万物本性所获得的快乐,也是超越了一切名缰利锁的最高级、最纯粹的快乐。⑤ 从某种意义上说,邵雍的"观物之乐"是一种带有形上意义的"天地之乐",它以洞观宇宙真相为目的。与此不

① 〔唐〕柳宗元:《与杨京兆凭书》,见《柳宗元集》(三),第786页。
② 〔唐〕柳宗元:《送从弟谋归江陵序》,见《柳宗元集》(二),第633页。
③ 《柳宗元集》(二),第634页。
④ 《柳宗元集》(二),第764页。
⑤ 邵雍《伊川击壤集序》:"予自壮岁业于儒术,谓人世之乐何尝有万之一二,而谓名教之乐固有万万焉,况观物之乐复有万万者焉。虽死生荣辱转战于前,曾未入于胸中,则何异四时风花雪月一过乎眼也?诚为能以物观物,而两不相伤者焉,盖其间情累都忘去尔。"见〔宋〕邵雍著,郭彧整理《邵雍集》,北京:中华书局2010年版,第180页。

同的是,柳宗元的"乐"虽然根源于其内心对生命本身的清醒认识和对永州山水的审美欣赏,但他并不寻求洞观宇宙的真相。柳宗元在历经了宦海沉浮,体验到世态炎凉之后,心中需要的是一种回归田园、解放自我的怡然自乐。他说:"但当把锄荷锸,决溪泉为圃以给茹,其隙则浚沟池,艺树木,行歌坐钓,望青天白云,以此为适,亦足老死无戚戚者。时时读书,不忘圣人之道,己不能用,有我信者,则以告之。"①又说:"方筑愚溪东南为室,耕野田,圃堂下,以咏至理,吾有足乐也。"②由此可知,柳宗元所说的"乐居夷而忘故土"中的"乐居",实际上就是"居乐"或"闲居之乐"。他的"闲居之乐"表现为植树造园、行歌坐钓、读书咏理等等。中国古代文人不管是在仕途失意后还是在春风得意时,多多少少都会流露出一种意趣盎然的"闲居之乐",这是对自我存在的一种觉醒。比如邵雍的"安乐窝"、司马光的"独乐园"和朱长文的"乐圃",无一不是以"乐"作为其居所的主题。但这三个人所讲的"乐"也不一样:邵雍的"乐"在于王政安平、五谷丰登。③ 司马光的"乐"则是基于个体的各尽本分与心安理得。他曾在《独乐园记》中把人的快乐分为"王公大人之乐""圣贤之乐"与"迂叟④之乐":"王公大人之乐"是孟子的"独乐乐,不如与人乐乐;与少乐乐,不如与众乐乐";"圣贤之乐"是颜渊的"一箪食,一瓢饮,在陋巷,人不堪其忧,回也不改其乐";"迂叟之乐"则是"各尽其分而安之"。⑤ 与邵雍和司马光不同,朱长文认为"乐"的来源是人的个体自由与王政的安定和谐相一致。他在《乐圃记》中说:"大丈夫用于世,则尧吾君,舜吾民,其膏泽流乎天下,及乎后裔,与稷、契并其名,与周、召偶其功;苟不用于世,则或渔、或筑、或农、或圃,劳乃形,逸乃心,友沮、溺,肩绮、季,追严、郑,蹑陶、

---

① 〔唐〕柳宗元:《与杨诲之第二书》,见《柳宗元集》(三),第 857—858 页。
② 〔唐〕柳宗元:《与杨诲之书》,见《柳宗元集》(三),第 848 页。
③ 邵雍《安乐窝铭》:"安莫安于王正平,乐莫乐于年谷登。王政不平年不登,窝中何由得安宁。"见〔宋〕邵雍著,郭彧整理《邵雍集》,第 384 页。
④ 司马光晚年自号"迂叟"。
⑤ 〔宋〕司马光撰,李之亮笺注:《司马温公集编年笺注》(五),成都:巴蜀书社 2008 年版,第 205 页。

白,穷通虽殊,其乐一也。"①这里说的"其乐一也"的快乐精神,折射出的是中国古代文人士大夫对"用行舍藏"的生存方式的豁达与洒脱。柳宗元将"行歌坐钓,望青天白云"与"时时读书,不忘圣人之道"统一起来,体现的也正是这样一种睿智豁达的处世精神。因此,柳宗元的"乐居夷而忘故土"并不是"乐不思蜀"式的对故乡的遗忘,而是在美学意义上消解了故乡与谪所的空间距离,消解了出世与入世的心理对立,进而重建了人与家园的本真关系。

不过,柳宗元虽然提出了"乐居"的概念,他的居所却不以"乐"来命名。他说:"灌水之阳,有溪焉,东流入于潇水。……入二三里,得其尤绝者家焉。……愚溪之上,买小丘为愚丘。自愚丘东北行六十步,得泉焉,又买居之,为愚泉。愚泉凡六穴,皆出山下平地,盖上出也。合流屈曲而南,为愚沟。遂负土累石,塞其隘为愚池。愚池之东为愚堂。其南为愚亭。池之中为愚岛。嘉木异石错置,皆山水之奇者,以余故,咸以愚辱焉。"②柳宗元将"愚"作为居住(家)的主题,这充分体现了他独特的造园艺术思想。愚溪、愚丘、愚泉、愚沟、愚池、愚堂、愚亭、愚岛等八景虽不是一个完整的园林架构内的组成部分,但柳宗元以"愚"作为园林主题将它们整合贯通起来,实在是巧妙的"点睛之笔"。"愚"的本义是笨拙、无知,与智巧相对。在中国文化语境中,"愚"有着特定的内涵,它常常意味着大智若愚、大巧若拙。柳宗元在参与"永贞改革"失利、遭贬永州之后,常自认为这是自己"以愚触罪"的结果。然而,柳宗元不愿意改变自己的初衷以适应当时的官场生态,他说:"臣有大拙,智所不化,医所不攻,威不能迁,宽不能容。……抱拙终身,以死谁惕。"③由此可知,柳宗元的"愚"并不是真愚,而是对机巧狡诈的摒弃和厌恶,是不愿与蝇营狗苟的权贵同流合污的清高。

从某种意义上说,"乐居夷而忘故土"这一命题所反映的,是柳宗元

---

① 邵忠、李瑾选编:《苏州历代名园记·苏州园林重修记》,第 27 页。
② 〔唐〕柳宗元:《愚溪诗序》,见《柳宗元集》(二),第 642 页。
③ 〔唐〕柳宗元:《乞巧文》,见《柳宗元集》(二),第 488—490 页。

"乐居愚而忘智巧"的本性之善。这种没有功利机心的本性之善,在柳宗元的环境美学思想中发挥着重要的作用。比如在永州时,柳宗元曾严厉抨击那些滥砍树木的行为,并发出"南山栋梁益稀少,爱材养育谁复论"[①]的感慨;在元和十年(815 年)被召回长安的路上,柳宗元看到人们为了采松脂照明,经常砍伐松树的枝条,而喜爱松树的人则用竹子编成藩篱保护它的生长,这深深感动了柳宗元,于是他写下题为《商山临路有孤松,往来斫以为明,好事者怜之,编竹成援,遂其生植,感而赋诗》的诗篇;在担任柳州刺史时,柳宗元积极改造城市环境,将种树当成"惠化"的重要手段,最终留下了"柳州柳刺史,种柳柳江边"[②]的美谈。可以说,柳宗元的诸种植树造林、爱护环境的积极作为,正是其努力建设宜居乐居家园的一种生动写照。

第四节 柳宗元的人居环境设计思想

环境美的本质是环境作为人居住的家园的生成。但这种生成不是自动的,它涉及人如何设计环境的问题。柳宗元在谪居永州和柳州期间,不仅实际主持和参与了一些环境设计的行动,还提出了他自己对环境设计的独特构想,这些构想现在看起来仍然具有非常重要的环境美学意义。

一、旷奥兼宜的景观构成

在不同的自然地理条件下,环境设计会呈现出优美或崇高、简朴或宏丽、令人兴奋或令人安静等不同风格特征。好的环境设计能够使人产生审美愉悦,而不好的环境设计则会令人产生审美疲劳或审美沮丧。柳宗元认为,能够令人身心舒适并产生审美愉悦的景观大体上有"旷景"与

---

① 〔唐〕柳宗元:《行路难三首》,见《柳宗元集》(四),第 1241 页。
② 〔唐〕柳宗元:《种柳戏题》,见《柳宗元集》(四),第 1171 页。

"奥景"两种风格。他说:"游之适,大率有二:旷如也,奥如也,如斯而已。其地之凌阻峭,出幽郁,寥廓悠长,则于旷宜;抵丘垤,伏灌莽,迫遽回合,则于奥宜。因其旷,虽增以崇台延阁,回环日星,临瞰风雨,不可病其敞也;因其奥,虽增以茂树蘡石,穹若洞谷,翁若林麓,不可病其邃也。"①柳宗元认为,旷景与奥景是最适合游玩的,因此应当根据具体的地形来完成旷景与奥景的设计与建设。

柳宗元的"旷景"和"奥景"这两个概念,与他讨论文章时提到的"明"与"奥"是相通的。他在《答韦中立论师道书》中说:"抑之欲其奥,扬之欲其明,疏之欲其通,廉之欲其节,激而发之欲其清,固而存之欲其重,此吾所以羽翼夫道也。"②奥,是含蓄;明,是明快;通,是流畅;节,是节制;清,是清新;重,是厚重。这六者,是柳宗元对文章之美的概括,其中奥和明居于首位。在中国古代,常有一种以作文之法来看待园林设计的看法,如清人钱泳在谈到园林设计时说:"造园如作诗文,必使曲折有法,前后呼应,最忌堆砌,最忌错杂,方称佳构。"③在柳宗元有关园林或环境设计的思想中,也可以看出这种道理上的相通。

（一）旷景

"旷"具有开阔、明朗的意思。旷景的特点是空旷开敞、视野良好。它既没有高山阻挡,也没有林木遮蔽,正所谓"凌阻峭,出幽郁,寥廓悠长"。在这样的基础上,即便是建筑高大的台阁,也不会损害观赏环境的开阔视野和活动空间。柳宗元认为,只有空旷开敞的环境,才能使人对环境的欣赏达到极致。他说:"桂州多灵山,发地峭立,林立四野。……盖非桂山之灵,不足以瑰观;非是洲之旷,不足以极视。"④然而,空旷开敞并不等于一马平川,实际上,它是建立在登高俯瞰、极目远望的基础之上的。据《孔子家语·辩乐解》记载,孔子就曾用"旷如"一词来描述周文王

---

① 〔唐〕柳宗元:《永州龙兴寺东丘记》,见《柳宗元集》(三),第748页。
② 《柳宗元集》(三),第873页。
③ 〔清〕钱泳撰、张伟校点:《履园丛话》,北京:中华书局1979年版,第545页。
④ 〔唐〕柳宗元:《桂州裴中丞作訾家洲亭记》,见《柳宗元集》(三),第726—727页。

远望的样子,说:"近黮而黑,颀然长,旷如望羊,奄有四方。"①可见,"旷"与高、远是密切相关的。因此,旷景的显现与展开,其实是以观者的登高俯瞰和极目远望为前提的。柳宗元说:"登高殿可以望南极,辟大门可以瞰湘流,若是其旷也。"②因此,柳宗元十分重视在山巅营造旷景的视觉效果。他说:"开旷延阳景,回薄攒林梢。西亭构其巅,反宇临呀寥。背瞻星辰兴,下见云雨交。"③在山巅建亭,观赏者可以具备广阔的观景视野:晴天,可以远眺阳光照耀岩口和山巅林梢的景象;雨天,可以俯瞰山下云雨相交的氤氲气象;星夜,可以抬头近距离地观赏星星的乍隐乍现与月亮的渐起渐落。由此,远近、上下的一切景观几乎一齐涌现。除此之外,柳宗元还提到,潇湘(潇水和湘水)在空旷之处汇聚合流的壮观景象也可以彰显旷景的审美效果。他说:"九嶷浚倾奔,临源委萦回。会合属空旷,泓澄停风雷。高馆轩霞表,危楼临山隈。"④宽阔的水面与依山而建的高馆危楼,一同营造出了一种"江流天地外,山色有无中"的壮美景观。

旷景的美属于壮美的范畴,它能够给人一种豁然开朗、豪迈奔放的自由感和满足感,使人在有限的空间里生发出一种"精骛八极,心游万仞"的审美遐想。这正是一种"旷如"的感觉。柳宗元对此深有体会。他说:"余既谪永州,以法华浮图之西临陂池丘陵,大江连山,其高可以上,其远可以望,遂伐木为亭,以临风雨,观物初,而游乎颢气之始。"⑤在这里,"临风雨"是实的风景欣赏,而"观物初"则属于虚的审美联想。在这种虚实融合的审美体验中,观赏者达到了庄子所云"游乎天地之一气"的自由境界。不仅如此,旷景还具有陶冶情操、开阔心胸的作用。这在柳宗元身上也得到了明显的体现。他说:"拘情病幽郁,旷志寄高爽。"⑥可见,正是旷朗高爽的风景,帮助柳宗元从忧郁困顿的情绪中解脱出来,变

① 王肃注:《孔子家语》,上海:上海古籍出版社1990年版,第88页。
② 〔唐〕柳宗元:《永州龙兴寺东丘记》,见《柳宗元集》(三),第748页。
③ 〔唐〕柳宗元:《游朝阳岩遂登西亭二十韵》,见《柳宗元集》(四),第1189页。
④ 〔唐〕柳宗元:《湘口馆潇湘二水所会》,见《柳宗元集》(四),第1191页。
⑤ 〔唐〕柳宗元:《法华寺西亭夜饮赋诗序》,见《柳宗元集》(二),第645页。
⑥ 〔唐〕柳宗元:《法华寺石门精室三十韵》,见《柳宗元集》(四),第1187页。

得开阔豁达起来。

（二）奥景

"奥"字本义指房屋的西南角，可引申为曲折、宛转和幽深。在环境设计中，奥景主要表现为一种曲折萦回的布景方式与静谧幽深的景观意境。前者是奥景的形式表征，是动态的；后者是奥景的精神实质，是静态的。两者动静合一、相辅相成，共同构成了与旷景迥然有别的奥景风格。

柳宗元说，永州龙兴寺的东丘就是奥景的典型："所谓东丘者，奥之宜者也。"因为一方面，它具有"抵丘垤，伏灌莽，迫遽回合"即曲折萦回的特征，设计者可以通过起伏的小山丘和丛生的草木营造出一种虽不宽敞但回合环绕的空间场所，使观赏者在游观的过程中不能一眼望穿、径直走通。柳宗元的诗文中，经常提到"曲""折""回""绕""不可穷"等语，这些都可以说是对奥景所具有的曲折特征的具体描述。柳宗元说："水亭狭室，曲有奥趣。"①在景观设计中，设计者利用流水漾洄的态势建筑亭子、狭廊和房屋，可以将水面分割成若干个有机的单元，从而创造出一种层出不穷的奥景趣味。这在园林设计中称为"隔""隔断"或"分隔"，即如现代著名园林学者陈从周所说："园林与建筑之空间，隔则深，畅则浅，斯理甚明，故假山、廊、桥、花墙、屏、幕、槅扇、书架、博古架等，皆起隔之作用。"②然而，奥景之隔的优点是隔而不塞、分而不断。所以，景观设计者在此基础上"增以茂树蓁石"，也不会损害奥景曲折变化、步移景换的审美趣味。相反，观赏者在游赏奥景的过程中，还会生出一种"道狭不可穷"③的感觉，并在无形中激发出一种寻幽探奇的审美乐趣。

奥景还具有幽静深邃的特征。柳宗元说："丘之幽幽，可以处休。丘之窅窅，可以观妙。"④"幽"即幽静，柳宗元认为幽静的景观可以让人避开外界的喧嚣和干扰，静心休憩；"窅"即深邃，柳宗元认为深邃的景观可以

---

① 〔唐〕柳宗元：《永州龙兴寺东丘记》，见《柳宗元集》（三），第 748 页。

② 陈从周：《梓翁说园》，北京：北京出版社 2003 年版，第 34 页。

③ 〔唐〕柳宗元：《石涧记》，见《柳宗元集》（三），第 772 页。

④ 〔唐〕柳宗元：《永州龙兴寺东丘记》，见《柳宗元集》（三），第 749 页。

让人悠然自得地细细品味天地万物的美妙变化。不仅如此,他还认为,
幽静深邃的景观常常会给人带来一种神秘莫测的感觉。神秘,指的是环
境变化的种种不可预知性。也就是说,观赏者在游赏的过程中,总是会
有意无意地对下一个景点充满好奇和期待。柳宗元本人即非常注重营
建这种幽静深邃的环境意境。他说:"危桥属幽径,缭绕穿疏林。"①危桥、
幽径、疏林等都是营造幽静深邃的环境意境的重要媒介。此外,柳宗元
还善于借用衬景的方式来营造幽静的环境氛围,他说:"园林幽鸟啭,渚
泽新泉清。"②这与王维的"鸟鸣山更幽"有异曲同工之妙。由于幽静深邃
的环境一般具有隐匿、潜藏、恬静的自然特性,因此,它兼具审美与悟道
的双重功能。柳宗元说:"道人庭宇静,苔色连深竹。"③这是对道人居住
环境的典型描述,表现的是修道之人幽隐的生活状态。而实际上,这表
达的也是柳宗元"闲其志而由其道"的人生理想。他说:"夫道独而迹狎
则怨,志远而形羁则泥。幽泉山,山之幽也。闲其志而由其道,以遁而
乐,足以去二患,舍是又何为耶?"④可见,奥景也具有涤除尘虑、使人心灵
得到净化的作用。这与南朝山水画家宗炳说的"澄怀味象"具有同等的
妙用。

总之,在柳宗元看来,奥景与旷景是环境设计中两种最基本的设计
风格和最典型的景观呈现。如果说旷景属于壮美的范畴,意指向外的敞
开、开放与张扬的话;那么奥景则属于优美的范畴,意指向内的曲折、幽
深与含蓄。然而,旷景与奥景既可以彼此独存、互不干扰,也可以彼此相
生、融合为一。清代钱大昕在评价苏州网师园时说:"地只数亩,而有行
回不尽之致;居虽近廛,而有云水相忘之乐。柳子厚所谓'奥如旷如'者,
殆兼得之矣。"⑤因此,"对某一个单一的空间环境而言,可以以旷为其特

---

① 〔唐〕柳宗元:《巽公院五咏·苦竹桥》,见《柳宗元集》(四),第1236页。
② 〔唐〕柳宗元:《首春逢耕者》,见《柳宗元集》(四),第1212页。
③ 〔唐〕柳宗元:《晨诣超师院读禅经》,见《柳宗元集》(四),第1135页。
④ 〔唐〕柳宗元:《送玄举归幽泉寺序》,见《柳宗元集》(二),第683页。
⑤ 邵忠、李瑾选编:《苏州历代名园记·苏州园林重修记》,第195页。

色,或以奥为其特色,但对整个风景区而言,则必然有旷有奥,旷奥兼用"①。然而,在环境设计中,要真正做到旷景与奥景的动态平衡与有机结合,关键是要在因地制宜的基础上,将景观的合理布局、山水的灵活处置、建筑的巧妙营造以及花木的生动栽植等方面统一协调起来。

二、因地合气的设计原则

黑格尔在《美学》中指出:"要使建筑结构适合这种环境,要注意到气候、地位和四周的自然风景,在结合目的来考虑这一切因素之中,创造一个自由的统一的整体,这就是建筑的普遍课题,建筑师的才智就要在这个课题的完满解决上见出。"②按照黑格尔的说法,建筑与环境不可分割,建筑设计必须与环境相适应,或者从本质上说,建筑设计本身就是整个环境设计的一部分。同样,在柳宗元的人居环境设计思想中,我们也可以看到,一个最为基本的原则就是因地(地形)合气(气候)。

(一)因地制宜

在柳宗元的诗文作品中,不存在"因地制宜"这个说法,但他提出了一个与"因地制宜"意思相近的说法,即"逸其人,因其地,全其天"。他在《永州韦使君新堂记》中说:"然而求天作地生之状,咸无得焉。逸其人,因其地,全其天,昔之所难,今于是乎在。"③

"逸其人,因其地,全其天",首先即意味着在环境设计中,必须以顺应环境的自然本性为前提。这种思想,与老子所说"人法地,地法天,天法道,道法自然"的意思是一样的。正如上文所说的郭橐驼种树,因为顺应了树木生长的自然本性,所以那些树木能够一一成活并且长势良好。

在环境设计中,因地制宜的第一步工作是卜宅或相地,也就是勘测地理。在中国古代,凡建筑都必以相地为先。相地虽然带有某些迷信成

---

① 潘谷西主编:《中国建筑史(第六版)》,北京:中国建筑工业出版社 2009 年版,第 218 页。
② [德]黑格尔著,朱光潜译:《美学(第三卷上册)》,北京:商务印书馆 2012 年版,第 63 页。
③《柳宗元集》(三),第 732 页。

分,但也有积极合理的因素,就是顺应自然的形势和道理,以尽量减少对自然生态环境的破坏。上文讨论的如何营造旷景和奥景的问题,其实即体现了相地在环境设计中的重要作用。柳宗元说:"其地之凌阻峭,出幽郁,寥廓悠长,则于旷宜;抵丘垤,伏灌莽,迫遽回合,则于奥宜。"①通过实地考察,柳宗元发现高爽、开阔、悠长的地带最适合营造旷景,局促萦回的地带则更适合营造奥景。在这个基础上,若巧妙地配以建筑物和绿色植物,便可以克服过于开敞或过于幽深的弊端。

此外,柳宗元的"逸其人,因其地,全其天",既包含审美的考虑,也包含非常现实的考虑。柳宗元认为,在人居环境设计过程中,应以"择恶而取美"的原则去看待、整合、改造各种环境因素。② 或者说,相地的目的,首先就是要剔除那些对居住不利或丑陋的环境因素,选取和保留那些对居住有利或美好的环境因素。他还说:"随山之曲直以休人力,顺地之高下以杀湍悍。"③也就是说,还应当充分考虑如何以最少的人力投入构建最优质的环境和最美丽的景观。柳宗元认为,好的人居环境设计必须同时考虑人的生活需要和审美需要的双重实现,或者说要从生活需要出发,以审美的需要为旨归。这就是他说的"高山在前,流水在下,可以俯仰,可以宴乐"④的意思。

(二)因气制宜

人居环境设计不仅要考虑地质地貌的特点,还要考虑气候变化带来的种种影响。气候是与地质地貌密切相关的一种自然环境因素,它可以直接影响人的身体健康和精神状态。柳宗元在很多诗文作品中都对此有明确的阐述。柳宗元多次提到,他刚到柳州任刺史的时候,对当地恶劣的气候非常不适应。这使得他在选择或建筑居所的时候不得不首先

---

① 〔唐〕柳宗元:《永州龙兴寺东丘记》,见《柳宗元集》(三),第748页。
② 参见〔唐〕柳宗元《永州韦使君新堂记》,见《柳宗元集》(三),第733页。
③ 〔唐〕柳宗元:《兴州江运记》,见《柳宗元集》(二),第716页。
④ 〔唐〕柳宗元:《鳌屋县新食堂记》,见《柳宗元集》(二),第699页。

考虑气候和季节变化的影响。其中,柳州东亭的建设就是一个典型的例子。①

　　他在《柳州东亭记》中说:"取馆之北宇,右辟之以为夕室;取传置之东宇,左辟之以为朝室;又北辟之以为阴室;作屋于北牖下以为阳室;作斯亭于中以为中室。朝室以夕居之,夕室以朝居之,中室日中而居之,阴室以违温风焉,阳室以违凄风焉。若无寒暑也,则朝夕复其号。"②柳宗元在此对气候、建筑与居住的关系给予了非常独到的说明:朝室居东、夕室居西、阳室朝南、阴室向北,这种布局的好处是,酷暑季节,晚上可以住朝室以纳凉;寒冬季节,早上可以住夕室以聚暖;阳室朝南是为了抵御风寒、获取充足的光照,适合寒冬居住;阴室向北是为了躲避热风、纳荫乘凉,适合酷暑居住。此外,柳宗元还在院子里建了一个亭子作为中室,便于日中而居,可谓考虑得非常周全。总之,柳宗元通过合理的布局和设计,使得整个居住环境变得非常舒适,其中一个最重要的原因就是考虑到了"气"的变化。从根本上讲,这也与他所主张的"元气"本体论密切相关。按照"元气"本体论,宇宙万物都是气的凝聚,人和建筑也不例外。因此,建筑物的形式必须顺应其所处环境中"气"的流通与变化。在中国古代,风水理论中的"阳宅"设计就最讲究"气",主张乘气、聚气、顺气,忌讳泄气、死气、煞气。《黄帝宅经》中说:"宅者,人之本。……人因宅而立,宅因人得存。人宅相扶,感通天地。"③这里的"感通天地",实质上就是强调"气"的贯通流行。而风水理论中所讲的"气",虽然不能完全等同于气候或天气,但也同样是建立在中国古代以"气"为本根的宇宙论基础之上的,其目的是实现人、建筑与自然三者之间的和谐统一,并继而使人最终实现身心健康、家庭和睦、事业兴旺的生活愿望。从广义上讲,中国古代园林建筑设计和人居环境设计的根本原则,其实就是遵循"气"的运

---

① 唐人所说的"亭",有时并非单指一个亭子,而是指一个带亭子的园林或园林化的居所。柳宗元的东亭即是指整个居所。
②《柳宗元集》(三),第 774 页。
③ 吴龙辉主编:《中华杂经集成》(第二卷),第 630—633 页。

动,强调"气"的贯通流行与盎然生机。在柳宗元看来,"元气"不仅是宇宙万物生成的本原,还是一种充溢于天地之间的、生生不息的生命力和运动能量。

三、借景有因的设计方法

"借景"这个概念,是明代造园理论家计成在《园冶》中提出来的。他在《园冶·借景》中说:"构园无格,借景有因。切要四时,何关八宅。……因借无由,触景即是。夫借景,林园之最要者也。如远借,邻借,仰借,俯借,应时而借。然物情所逗,目寄心期,似意在笔先,庶几描写之尽哉。"[①]在这段话中,计成提出了几个看法:第一,借景在园林设计中占有非常重要的地位,具体可分为远借、邻借和仰借等,这体现了借景的丰富性;第二,借景要有所依据,特别是要切合四时的变化,它与风水学中的"八宅"[②]并没有关系,这体现了借景的客观性;第三,借景无所来由,只要人触景生情,便可瞬间产生,这体现了借景的主观性。

虽然"借景"这个概念是计成提出来的,但作为一种园林设计方法,它在中国其实有着非常悠久的历史。在计成之前,已经有很多人提到或实际运用到借景的方法。柳宗元就是其中的一个代表人物。

(一)以小聚大

柳宗元在《桂州裴中丞作訾家洲亭记》中说:"昔之所大,蓄在亭内。"[③]"蓄"就是储藏、积蓄,也可以说是"保存"和"持有"。此处的"大",泛指整个宇宙或大自然,包括天地、山川、动植物和四时变化。柳宗元认为,一座构筑在高爽开阔之地的小小亭子,就能把无穷的景象聚集、容纳、保存起来。这正是一种"以小聚大"的借景方式,即如计成《园冶·园说》所说:"纳千顷之汪洋,收四时之烂漫。"

---

① 〔明〕计成原著,陈植注释,杨伯超校订,陈从周校阅:《园冶注释(第二版)》,第243—247页。
② 中国风水学中的"八宅派"按照八卦方位将住宅分为东四宅、西四宅,合称"八宅"。
③ 《柳宗元集》(三),第727页。

关于如何灵活运用"以小聚大"的借景方式,柳宗元有过很多论述。首先,他十分注重选址在借景中的作用,认为这是借景得以实现的客观基础和前提。他说:"乃立游亭,以宅厥中。"①在这里,"宅"就是选择的意思。《释名》谓:"宅,择也,择吉处而营之也。"②理想的住所就是自然场址与景观环境的最佳组合。毫无疑问,能够将景物融摄统一的视角,只能是"中"。"中"指的不是某个具体的中点,而是指具体的中心场域,它是环境设计者特意构建出来的秩序。柳宗元说:"丘之小不能一亩,可以笼而有之。……由其中以望,则山之高,云之浮,溪之流,鸟兽之遨游,举熙熙然回巧献技,以效兹丘之下。"③这里的"中",就是柳宗元精心设计出来的秩序中心。这种秩序的展开,直接关系到借景所产生的效果能否得到最大化的实现。秩序的中心其实也就是美感(观赏)的中心,它能够将天地万物聚集在它的周围。正如吴良镛先生所说:"这里,小丘俨然是环境的中心、宇宙的中心了。作者本人就是这样来欣赏的,在此,可以'枕席而卧,则清泠之状与目谋,瀯瀯之声与耳谋,悠然而虚者与神谋,渊然而静者与心谋'。眼耳心神,都沉醉在美的中心了。"④柳宗元认为,中心的确立和秩序的建构,关键在于"考极相方"⑤。"考极相方"指的是考察、穷究处在不同方位上的景物及其相互关系,并在此基础上寻求一种变化的统一,即设计者通过建筑布景,将自然中本来凌乱的景物容纳到一种有秩序的环境系统中,使之铺陈有序、错落有致、散而不乱、和而不同。

其次,柳宗元指出,要使"昔之所大,蓄在亭内",即通过"以小聚大"的借景方式获得最大的效果,还依赖于"触景生情"。这不是一种简单的景物布置,而是一种境界或意境的营造。在某种意义上说,"蓄"是为人而"蓄",即为人所保存和持有。自然环境中的花开花谢、云卷云舒,对于

① 〔唐〕柳宗元:《永州崔中丞万石亭记》,见《柳宗元集》(三),第735页。
② 转引自宗福邦、陈世铙、萧海波主编《故训汇纂》,第559页。
③ 〔唐〕柳宗元:《钴鉧潭西小丘记》,见《柳宗元集》(三),第765—766页。
④ 吴良镛:《城市特色美的探求》,《城乡建设》2002年第1期。
⑤ 柳宗元:《桂州裴中丞作訾家洲亭记》,见《柳宗元集》(三),第727页。

亭子而言,都只是与之无关的、瞬息即逝的现象。对于人而言,这一切却转换成了无比动人的意象并保留在人的记忆当中,成为人的生命体验中的重要组成部分。柳宗元说:"境以道情得,人期幽梦寻。层轩隔炎暑,迥野恣窥临。"[1]在这里,柳宗元描绘了一幅美丽的画境:在北楼上与朋友饮酒聊天,重重轩窗将夏日的炎热隔离在外,远处的山野时隐时现,任楼上的人恣情观赏。这样一种超然物外的情境或境界,仿佛只有在隐约的梦境中才能出现。在这里,"道情"指的是一种超然物外的情操、情感或情理。它是触景生情的主体因素,也是一种无功利的审美观照,或对主客对立、物我相隔的审美超越。在这个意义上说,柳宗元所说的"昔之所大,蓄在亭内"所呈现的景观,实际上也是景观设计与人的情感体验相互交融、共同感应的场域,即:一方面,美妙的景观设计可以激发人独特的情感反应;另一方面,人的情感反应又进一步促使人参与到更加富有意味的景观设计中。这一点,在西方景观设计史上也有体现,如黑格尔说:"园林艺术不仅替精神创造一种环境,一种第二自然,一开始就用完全新的方式来建造,而且还把自然风景纳入建筑的构图设计中,作为建筑物的环境来加以建筑的处理。"[2]这一说法,可以说非常准确地揭示了园林设计中借景艺术的真谛。

(二)远借与仰借

柳宗元在相关论述中,还提到类似计成《园冶》说的主要借景方法——"远借"和"仰借"。

远借即从远处借景。但柳宗元认为,它不是站在平地上向远处看的意思,而是站在一定的高度上远眺。通过这种方法,观赏者可以居高望远,将山原、林麓、江河等尽收眼底。他说:"外之连山高原,林麓之崖,间厕隐显。迩延野绿,远混天碧,咸会于谯门之外。"[3]就是说,韦使君在建

---

① 〔唐〕柳宗元:《奉和杨尚书郴州追和故李中书夏日登北楼十韵之作依本诗韵次用》,见《柳宗元集》(四),第1143页。

② 〔德〕黑格尔著,朱光潜译:《美学(第三卷上册)》,第103页。

③ 〔唐〕柳宗元:《永州韦使君新堂记》,见《柳宗元集》(三),第733页。

造新堂的时候,十分巧妙地将它与外部的环境融合在了一起,近则与绿野相接,远则与碧天相连,由此生出视野宏阔的景观效果。

人们喜欢眺望远方,是因为"远"常常滋生出理想与希望的意味。从哲学上说,"远"是对"近"的超越。"近"通常意味着世俗、遮蔽、有限,"远"则意味着超俗、敞开、无限。在中国哲学中,"远"经常与"玄"联系在一起,称为"玄远",用以形容奥妙无穷、难以言表的"体道"境界。魏晋时期,玄学家崇尚"玄远",不仅喜欢谈论"玄远",而且崇尚对山水景观的"玄远"观照。徐复观说:"以玄对山水,即是以超越于世俗之上的虚静之心对山水;此时的山水,乃能以其纯净之姿,进入于虚静之心的里面,而与人的生命融为一体,因而人与自然相化而相忘;这便在第一自然中呈现出第二自然,而成为美的对象。"①徐复观说的"第二自然",指的是一种超越形体的气韵或神韵,这种气韵或神韵是构成山水之美的最本质的东西。而这也正是中国园林设计中远借的目的和妙用。"玄远"作为一种艺术境界,在中国传统山水画中得到了非常集中的体现。如宋代郭熙在《林泉高致》中提出的"三远"和韩拙在《山水纯全集》中提出的新"三远",②都是对"玄远"艺术境界的具体阐发。在园林景观设计中,远借的目的就是要使园林居住者从世俗的、遮蔽的、有限的日常世界或功利世界中超脱出来,走向超俗的、敞开的、无限的艺术世界或审美境界。

仰借即从高处借景,或者说是站在一个平地或平台上从高处借景。仰借的方法,能够使设计者或观赏者把天空的景象与人居环境贯通"一气"。从建筑史的意义上说,建筑是一种遮蔽和围合的人为空间,它的最初目的是遮挡风雨、防御野兽、保障安全,因此它一开始就把人与周围的自然包括天空隔离开了。然而,人类不可能一直居于封闭的屋宇之下,

---

① 徐复观:《中国艺术精神》,沈阳:春风文艺出版社1987年版,第201页。
② 郭熙《林泉高致·山水训》中说:"山有三远。自山下而仰山巅,谓之高远。自山前而窥山后,谓之深远。自近山而望远山,谓之平远。"在郭熙"三远"的基础上,宋代绘画理论家韩拙又在其《山水纯全集·论山》中提出新的"三远",即"阔远、迷远、幽远"。见王伯敏、任道斌主编《画学集成(六朝—元)》,第298、608页。

而必须与天空打交道。这是因为:第一,人需要在大地上劳作,因而不得不在天空下活动并受到它的影响;第二,人的生存依赖于大地的资源,而大地资源的有无又与天空的变化息息相关,为了劳作有所收获,人必须观察天空、了解天空,而且必须时常仰望天空,把它的变化记录下来;第三,当人不再为满足生存需求而劳作、不再因天空的神秘莫测而恐惧时,也可以用一种审美的、天真的眼光去看天空,并由此得到感官与精神的愉悦,瑰奇壮美的星空、梦幻飘逸的云彩、绚丽多彩的朝霞与夕阳,都足以让人惊叹和赞美,尤其是当众星拱月与流星划破天际的时候,天空之美更是让人浮想联翩、遐想无限。因此,在建筑设计中,人们特意设计了宽敞的庭院、天井、露台或平台,这不仅仅只是为了在限定的空间内获得充足的空气、阳光和雨水,也是为了在限定的空间内获得广阔的天空向人敞开的无限自由感。在中国古代的园林设计中,高明的设计者都善于把天空的景象吸纳到园林中来,以此营造出无穷的意趣与高远的境界。其中,高悬天空的月亮就是最受设计者青睐的一种借景元素。它常常与庭院、天井、平台等组合成一种变幻莫测、动人心魄的景象。柳宗元在一些诗文中也特别强调月亮在营造环境景观中的意义,比如他说:"崇其台,延其槛,行其泉于高者而坠之潭,有声潀然。尤与中秋观月为宜,于以见天之高,气之迥。"[1]在此,高台广槛提供了一个具有一定高度和宽度的平台,因此它可以容纳众人赏月。而众人赏月则产生一种快乐、融洽、团圆的特殊氛围。更有趣的是,柳宗元还特别营造了一个月下听泉的优雅环境。流泉哗然,这是听觉的、动态的美;月色粲然,这是视觉的、静态的美。一方面,宁静的月色映照在流泉上变得活泼灵动了;另一方面,流动的泉水笼罩在粲然的月色中变得更有层次和韵律了。两者相得益彰,共同创造出了一种光随波转的流动意境。除了月亮,天上的流云也是仰借的绝妙题材。但与月亮、星辰等景象不同的是,流云是仰借景观中最变幻多端的。正所谓"白云苍狗",流云能在卷舒中刹那间幻化出各种各

---

[1] 〔唐〕柳宗元:《钴𬭼潭记》,见《柳宗元集》(三),第 764 页。

样的形象,而这也同时增添了仰借的无穷魅力。柳宗元上文中说的"见天之高,气之回",其实就是对云气的观赏。"回",是说云气如流水一般起伏回旋,给人一种曲线运动的美感。柳宗元还说:"以泉池为宅居,以云物为朋徒。"①这个说法与王维所说的"行到水穷处,坐看云起时"在意境上非常相似,它们体现的是一种"去留无意,漫随天外云卷云舒"的超然豁达的心境。

在园林或人居环境设计中,仰借与远借各有不同的审美效果。但必须指出的是,在柳宗元的思想中,仰借与远借并不是截然分开的,而常常是结合在一起的。比如他说:"忽然若漂浮上腾,以临云气,万山面内,重江束隘。联岗含辉,旋视具宜……以为飞舞奔走,与游者偕来。……列星下布,颢气回合,邃然万变,若与安期、羡门〔传说中的仙人——引注〕接于物外。"②在这种相互交融中,欣赏者看到的不是一个个孤立的景象或景物,而是一片"萦青缭白,外与天际,四望如一"③的宏大景观。在此,仰借与远借在本质上是一致的,都是为了打破日常居住环境的局限,创造出超离世俗、天人合一的境界。柳宗元说:"易为堂亭,峭为杠梁。下上徊翔,前出两翼。凭空拒江,江化为湖。众山横环,嶙阔潆湾。当邑居之剧,而忘乎人间,斯亦奇矣。"④"邑居"即聚邑而居,柳宗元认为这样的居住环境拥堵闭塞,容易使人身心疲惫。因此,必须借助远借和仰借,以创造出远离人间俗世的空间形态。只有在这样的空间中,人才可以超越功利对身心的束缚,从而在更高的精神层面上,获得对自然环境的审美享受。

<hr>

① 〔唐〕柳宗元:《潭州杨中丞作东池戴氏堂记》,见《柳宗元集》(三),第724页。
② 〔唐〕柳宗元:《桂州裴中丞作訾家洲亭记》,见《柳宗元集》(三),第726—727页。
③ 〔唐〕柳宗元:《始得西山宴游记》,见《柳宗元集》(三),第762页。
④ 〔唐〕柳宗元:《柳州东亭记》,见《柳宗元集》(三),第774页。

第八章　白居易的环境美学思想

如上一章所说,在整个唐代,对人居环境问题有过深入思考的主要有两个人,一是柳宗元,一是白居易,他们俩人的思想都同园林和园居生活有关。其中,白居易有关园林、园居、家园和人居环境设计的思想,既系统地总结了魏晋以来文人对于此类问题的共同看法,又对宋以后的园林和环境设计以及文人的生活观念有着深远的影响。

与大部分热衷于园林和园居生活的唐代文人一样,白居易不仅实际营造过多处园林或宅园,而且写过大量关于园林及园居生活的诗歌和文章。而且,这些诗歌和文章所表达的思想,并不限于具体的园林设计,还涉及园林的精神功能和价值取向,以及人应该如何选择、建构自己的生活环境和如何通过对环境的审美感受提高生活的质量,因此,他的思想,实际上具有普遍的环境美学意义。

第一节　白居易的"中隐"思想和家园意识

白居易对园林和园居生活的思考基于他的人生哲学,其中最重要的是他的"中隐"思想和他对"家"或"家园"的理解。这两者均涉及人生在世如何自处的问题,同时涉及选择自己的居所或安身立命之所的问题。

一、"不如作中隐,隐在留司官"——白居易的"中隐"思想

隐,是中国文人自先秦以来就向往的一种生活状态,也是在君权专制和知识人的命运与政治休戚相关的社会背景下,文人规避风险的一种生活抉择。隐主要是为了在混乱的社会中保持自我的独立(当然也不排除有保命、逃避或孤芳自赏、沽名钓誉等动机在内)。在先秦时期,隐与仕是对立的,隐就是身处江湖或山林,即完全退出到社会体制之外,比如庄子和《庄子》书中提到的那些隐士。而到汉代尤其是魏晋以后,隐与仕开始走向调和,即一个人可以过着亦仕亦隐或即仕即隐的生活。由于仕、隐之间界限的模糊,出现了"大隐""中隐""小隐"之差别。"大隐""小隐"的概念出现在魏晋南北朝时期,"中隐"的概念不知出于何时,但至少可以肯定是在唐代才开始流行起来的。白居易就是倡导"中隐"最积极有力的一个人。

"中隐"也叫"吏隐",宋之问《蓝田山庄》诗中说:"宦游非吏隐,心事好幽偏。"[1]白居易《江州司马厅记》中也说:"苟有志于吏隐者,舍此官何求焉?"[2]此外,"中隐"也叫"半隐",如中唐宰相王起之弟王龟在长安城南永达里建园林,创书斋,名为"半隐亭"。

白居易的诗文作品中,用得最多的是"中隐"这个概念。他把"中隐"当成是一种比"大隐"和"小隐"更理想的生活方式。他在《中隐》一诗中说:

> 大隐住朝市,小隐入丘樊;丘樊太冷落,朝市太嚣喧。不如作中隐,隐在留司官。似出复似处,非忙亦非闲。不劳心与力,又免饥与寒。终岁无公事,随月有俸钱。君若好登临,城南有秋山。君若爱游荡,城东有春园。君若欲一醉,时出赴宾筵。洛中多君子,可以恣

①《全唐诗》(二),第635页。
② 顾学颉校点:《白居易集》(三),第933页。

欢言。君若欲高卧，但自深掩关。亦无车马客，造次到门前。人生处一世，其道难两全：贱即苦冻馁，贵则多忧患。唯此中隐士，致身吉且安；穷通与丰约，正在四者间。①

在白居易看来，"大隐"隐于朝市，因为位高权重、风险剧增而难免喧嚣（纠葛、争斗），费心劳力而得不偿失；"小隐"隐于山林，又因为远离城市而显得太过冷清（孤独、荒僻），且不免衣食无着、饥寒交迫而无法做到真正的身心安适。相比之下，最好的莫过于"隐在留司官"，可以仕、隐兼顾，处于入世与出世两可之间，既有作为生活保障的朝廷俸禄，又有用于修养身心的闲暇时间。"留司官"，就是有职无权的闲官，如他44岁时担任的江州司马和58岁时担任的太子宾客分司东都。在唐代，司马是一个徒有虚名的、主要用来安置贬谪官员的闲职，归地方州郡的刺史管理，位置在别驾、长史等官员之下；太子宾客虽然官衔不低，名义上位居正三品，但主要任务也不过是上书为太子出出主意、讲讲生活礼仪或注意事项（所谓"规谏"），从工作内容上说，实际相当于为东宫太子专门配备的高级参谋或顾问。这样一类官职，在白居易看来，就是最能平衡身心的工作岗位。

从思想上说，白居易的"中隐"实际上是儒道两家思想的一种折中调和，与儒家的"中庸"和道家的"无为"都能扯上关系。从心理上说，这是一种若即若离、灵活而超然的人生态度。从实际生活上说，它也是一种处在忙与闲之间的生活状态，或处在仕与隐之间的生活策略。它的特点是身心俱安，身心俱适，而又以心安、心适为主。

白居易"中隐"思想的产生和形成，有很多原因：

一是个人仕途的曲折。白居易早年"每与人言，多询时务；每读书史，多求理道。……志在兼善，行在独善"②。与许多受儒家思想影响的传统文人一样，白居易年轻时也有匡扶社稷、救国救民的理想。他十五

---

① 顾学颉校点：《白居易集》（二），第490页。
② 〔唐〕白居易：《与元九书》，见顾学颉校点《白居易集》（三），第962—964页。

六岁发愤读书,26岁参加乡试,29岁考中进士并进入官场。初任秘书省校书郎和盩厔县尉等低级职务,基本上干的是打杂的活。元和二年至五年(807—810年)即35至38岁时改任翰林学士、左拾遗,才有了一展抱负的机会。同时由于可以接触朝廷并受到了唐宪宗的器重,他在这个时期曾屡次上书批评朝政,并创作了大量讽谕诗和具有批判、建设意义的文章,如《策林》75篇。但在元和五年之后,他的仕途开始出现波折。元和五年,白居易由左拾遗改任京兆府参军,完全失去了直接顾问朝政的权力。元和六年(811年),因母亲病故回故乡渭水北岸的紫兰村丁忧,处在一个远离政治的归隐状态。元和九年(814年),在家守孝三年的白居易回到京城任左赞善大夫,这是一个不准顾问朝政、专陪太子读书的闲职。元和十年(815年)也即白居易44岁时,因节度使吴元济、李师道叛乱,勾结宦官刺杀宰相武元衡,击伤御史中丞裴度,他以左赞善大夫的名义上书呼吁打击藩镇和宦官势力,受到一些庸碌无为的官员的中伤而被逐出京城,先后被贬为江州司马、江州刺史、忠州刺史、杭州刺史、苏州刺史等地方官(在十多年的贬谪期间,也曾调回长安担任过半年左右的尚书司门员外郎、主客郎中、中书舍人和调回洛阳担任过几个月的太子左庶子分司东都)。这种仕途上的失意,逐渐让早年意气风发的白居易滋生出人生无常的想法,并开始选择"行在独善"的人生道路。也就是在被贬为江州司马之后,白居易开始萌生"吏隐"的想法,他说:"若有人养志忘名,安于独善者处之,虽终身无闷。官不官,系乎时也;适不适,在乎人也。……刺史,守土臣,不可远观游;群吏,执事官,不敢自暇佚;惟司马绰绰可以从容于山水诗酒间。……苟有志于吏隐者,舍此官何求焉?"[1]在"吏隐"想法的引导下,白居易把贬谪的痛苦转化为纵情诗酒和山水的乐趣,并在庐山营建了自己的庐山草堂。元和十四年(819年),48岁的白居易由江州刺史转迁忠州刺史之后,"中隐"的思想就变得更为强烈,

① 〔唐〕白居易:《江州司马厅记》,见顾学颉校点《白居易集》(三),第933页。

并明确表明自己的处世态度是"无妨隐朝市,不必谢寰宇"①。大和元年
(827 年),56 岁的白居易结束地方官员生活回到京城任秘书监,这也是
一个"尽日后厅无一事,白头老监枕书眠"②的闲职。大和二年(828 年),
转迁刑部侍郎,这本是一个权力不小的实职,但此时朝廷出现朋党之争,
为躲避官场是非,白居易于次年称病退居洛阳履道里,任太子宾客分司。
一直到 75 岁去世,他都未离开洛阳。在此期间,除担任三年的河南尹之
外,他大部分时间都是处在半退休或退休的状态。也就是在这期间,他
不断完善他引以为豪的履道里宅,并写下了最能代表其晚年心态和思想
的《中隐》一诗。

二是日常生活的艰难。白居易晚年担任太子宾客分司东都,做的是
一个闲散的"留司官",但依然是官而不是民,因此他并不是一个传统意
义上的"隐士",也不像他所景仰的陶渊明那样彻底归隐山水、田园之间。
他的"中隐",是以物质生活条件有充分保障为前提的。这种思想的形
成,与他对家庭生活境况的感受有直接的关系。如在 12—16 岁时,为躲
避李希烈叛乱,白居易流落苏杭,寄居亲戚家,生活极其艰苦。其曾在诗
中感叹:"可怜少壮日,适在贫贱时!"③又如在母亲去世时,他辞官回家守
丧。这期间没有官职,日子本来应该过得很悠闲,但他时常为家中生计
发愁,并因为失去俸禄,三次接受好友元稹的金钱资助,说:"怜君为谪
吏,穷薄家贫褊;三寄衣食资,数盈二十万。"④白居易清醒地认识到,人生
在世不免为生计所困,单靠朋友接济并不现实,只有保留一定的官职才
不至于让家人陷入贫困。但过分热衷于仕途或过度沉湎于官场事务,又
违背了个人追求精神自由的意志和意愿,所以,他采取了一个折中的人
生策略,即尽可能担任不太累也没有是非纷争的"留司官"。在这一点

---

① 〔唐〕白居易:《江州赴忠州,至江陵以来,舟中示舍弟五十韵》,见顾学颉校点《白居易集》
  (二),第 375 页。
② 〔唐〕白居易:《秘省后厅》,见顾学颉校点《白居易集》(二),第 559 页。
③ 〔唐〕白居易:《悲哉行》,见顾学颉校点《白居易集》(一),第 17 页。
④ 〔唐〕白居易:《寄元九》,见顾学颉校点《白居易集》(一),第 190 页。

上，他的"中隐"，实际上是理想与现实相妥协和调和的产物，或者说是理想与现实相矛盾和冲突的产物。故陈寅恪说："乐天之思想，一言以蔽之曰'知足'。"①同时，他"在仕与隐之间持'执两用中'的中隐观念，同他在三教之间调和折中一样，反映了他的精神悲剧的一个重要的侧面"②。

三是社会现实的混乱。白居易生活的时代是在中唐。这是唐帝国开始走向衰微和各种社会乱象纷呈的时代。安史之乱之后，唐帝国曾出现短暂的中兴局面，这一时期以白居易为首的文人热衷于改革朝政弊端，以经世报国为己任，渴望恢复大唐盛世的辉煌景象。但不久之后就开始出现皇帝昏庸、宦官专权、党争不断、藩镇叛乱等各种社会问题，那些热衷于改革者，包括白居易，都处在一种提心吊胆、如履薄冰的生活状态之中。白居易说："由来君臣间，宠辱在朝暮。"③"君不见：左纳言，右纳史；朝承恩，暮赐死？ 行路难，不在水，不在山；只在人情反覆间！"④文人的为官之路非常艰难，仕途的穷达、安危和生死系于君王的一念之间。在这个时候，王维所说的那种"身心相离"的"大隐"，已经不再适合白居易了。白居易认为在朝廷担任要职风险太大，所以他晚年选择急流勇退，称病上书请求分司东都，远离政治中心长安。

而且，中唐时期的官场生态中也确实有一种很诡异的现象，即那些敢于"直言"的官员被不断贬谪、迁流，经常过着颠沛流离、提心吊胆的生活。韩愈就是一个很典型的例子。《旧唐书》记载：韩愈"发言真率，无所畏避"，上书数千言论宫市之弊，德宗皇帝"不听，怒贬为连州阳山令"；宪宗当政时，又上疏谏迎佛骨，"宪宗怒甚"，"出疏以示宰臣，将加极法"，宰相裴度等说情，"乃贬为潮州刺史"。⑤ 因此，儒家之学在刚刚有了点"中兴"气象的时候，就开始打退堂鼓了。面对无休无止的藩镇叛乱、朝廷党

① 陈寅恪：《元白诗笺证稿》，北京：生活·读书·新知三联书店 2001 年版，第 337 页。
② 蹇长春：《白居易评传》，南京：南京大学出版社 2002 年版，第 419 页。
③ 〔唐〕白居易：《寄隐者》，见顾学颉校点《白居易集》（一），第 25 页。
④ 〔唐〕白居易：《太行路（借夫妇以讽君臣之不终也）》，见顾学颉校点《白居易集》（一），第 64 页。
⑤ 〔五代〕刘昫等撰，陈焕良、文华点校：《旧唐书》（四），第 2637—2641 页。

争,帝王的昏聩、荒淫(如唐穆宗和唐敬宗)和总的来说让人失望的现实,那些高举儒家思想大旗的学者和文学家也开始显得有些无可奈何和底气不足了。于是,被韩愈极力排斥的佛道两教从窗户跳出去又从大门溜进来了。很多早年慷慨激昂以"直言"自诩、以"道义"自任的文人,如白居易,最后的精神归宿仍然离不开佛陀老子,而弘扬大道、匡扶正义、变移风俗的政治理想,则悄悄换成文人小圈子里的浅吟低唱,或者个人生活里的宁静、闲适与逍遥了。

四是隐逸自适的传统。在中国,文人隐逸始于春秋战国时期。其间隐士辈出,难以尽述。直到唐代,隐逸仍是文人一种借以躲避祸端、修身养性或借以沽名钓誉的常态。大体上说,魏晋六朝以前,隐逸并无大小之分,"隐"多半是指隐遁、隐匿于远离城市或政治中心的偏远之地。汉魏六朝以后,才有"小隐"与"大隐"的名目,如西晋诗人王康琚在《反招隐》诗中说的:"小隐隐林薮,大隐隐朝市。"①王康琚划分"大隐"与"小隐"的依据是一在"朝市"即朝廷或城市,一在"林薮"即山林或乡村。按照这个标准,魏晋六朝以前的隐逸大多属于"小隐"。"小隐"者就是《庄子》中所说的巢父、许由一类人物,他们过的是穷居野处、与世隔绝的生活。而"大隐"则相当于"朝隐",也就是文人士大夫在朝堂之中追求相对独立的主体意识和人格理想的一种隐逸方式。这些文人虽然担任朝廷官职,却心向山林或江湖;虽然与现实政治保持密切联系,却追求远离朝廷和权贵阶层的逍遥自适。如西汉的东方朔说:"如朔等,所谓避世于朝廷间者也。古之人,乃避世于深山中。……陆沉于俗,避世金马门。宫殿中可以避世全身,何必深山之中,蒿庐之下。"②"金马门"是汉代皇城官署即中央政府所在地的正门,代表官场,也可以看作后世所说的"朝市"的代名词。东方朔虽身居朝廷,但常怀遁迹深山的心态,他这种试图调和入世与出世之间矛盾的做法,为后世文人开启了"朝隐"或"吏隐"的先河。这

① 〔梁〕萧统编,海荣、秦克标校:《文选》,第161页。
② 见〔汉〕司马迁著,李全华标点《史记》,第906页。

样的处世态度,即西晋郭象《庄子·逍遥游》注中所说的:"夫圣人虽在庙堂之上,然其心无异于山林之中。"①在郭象看来,只要做到内心超越,则身居庙堂也可以与隐居山林无异。由这种看法可以看出,"小隐"在魏晋南北朝时期已逐渐被文人士大夫抛弃,"大隐"逐渐成为隐逸的主流。

隋唐之世,由于朝廷通过科举考试选拔政府官员,读书人有了进入官场的合法通道。但他们虽然有了步入仕途、一展抱负的机会,却没有之前官僚世袭的保障。在"家天下"的专制体制下,宦海沉浮、穷通显达都充满了各种未知的因素,也意味着各种未知的人生风险。因此,隐逸成了文人心中永远割舍不掉的一种情结。初、盛唐时期,由于经济日趋繁荣且政治相对开明,当时的隐逸多半属于王康琚所说的"大隐"的范畴。如唐中宗时期的韦后胞弟韦嗣立,官至兵部尚书,可谓权倾朝野。但他自称"逍遥公",并在骊山修筑了逍遥谷别墅,经常与当时的一些著名文人往来酬唱,俨然一副隐士的派头。这种仕隐兼得的隐逸方式,曾经是许多唐代文人的生活理想。韦嗣立本人,也成为当时许多文人追慕的士大夫典范。但这种隐逸方式,发展到一定时期,便逐渐失去了追求个体精神自由的内涵,而蜕变为一些投机文人混迹官场或自鸣清高的一种托词甚至表演。而且,"大隐",这样一种生活状态和态度,并不是人人都可以做到的。因此,盛唐以后,文人们对隐逸的看法是更偏重于"适意"或"适性"之类内涵,如王维说:"我则异于是,无可无不可。可者适意,不可者不适意也。君子以布仁施义活国济人为适意,纵其道不行,亦无意为不适意也。苟身心相离,理事俱如,则何往而不适。"②王维认为,士人的"适意",首先在于实现自己布仁施义、活国济人的人生理想,只有这条道路走不通,才会有"纵其道不行,亦无意为不适意也"的想法。在这里,王维仍然主张入世进取,而所谓隐逸,则是一种不得已的自我开解。他认为"大隐"的方法是"身心相离",也就是身居魏阙,心系江湖。

---

① 郭庆藩辑,王孝鱼整理:《庄子集释》(一),北京:中华书局1961年版,第28页。
② 〔唐〕王维:《与魏居士书》,见〔清〕董诰等编《全唐文》(四),第3294页。

但这种方法,只要抱定了布仁施义、活国济人的理想,就难以在现实生活中得到落实。因此,中唐以后,文人们干脆抛弃了"大隐"的概念,而推崇身心一如、身安心适或身心俱适的"中隐"。白居易说:"外顺世间法,内脱区中缘。进不厌朝市,退不恋人寰。"①这种进退自如的灵活态度,在中晚唐时期得到了普遍的赞同和响应,成为许多文人在乱世之中"保身全真"的法宝。

五是道禅思想的影响。在白居易的思想构成中,儒、道、禅三者兼有,而调和三教,也是唐代普遍的思想倾向。这种调和,对于文人来说,主要不是出于宗教信仰的目的,而是出于如何安顿自我的目的。换句话说,他们是调和三者以为己用。但就个体的安身立命来说,道禅思想的比重显然比儒家思想的比重大。白居易的"中隐"思想,就主要以道禅思想为核心。据记载,白居易参过禅,炼过丹,佛教徒称他为居士,道教徒称他为地仙。在他的诗文中,我们也可以看出这种道禅兼融的思想的流露,比如他说:

　　　早栖心释梵,浪迹老庄。(《病中诗十五首并序》)②
　　　行禅与坐忘,同归无异路。(《睡起晏坐》)③
　　　外身宗老氏,齐物学蒙庄。……息乱归禅定,存神入坐亡。(《渭村退居,寄礼部崔侍郎翰林钱舍人诗一百韵》)④
　　　大抵宗庄叟,私心事竺乾。……梵部经十二,玄书字五千。是非都付梦,语默不妨禅。(《新昌新居书事四十韵,因寄元郎中、张博士》)⑤

就道家和道教方面来说,白居易主要吸取的是庄子"坐忘""逍遥""齐物"之类的思想,比如他在《四月池水满》中说:"四月池水满,龟游鱼跃出。吾亦爱吾池,池边开一室。人鱼虽异族,其乐归于一。且与尔为

---

① 〔唐〕白居易:《赠杓直》,见顾学颉校点《白居易集》(一),第 125 页。
② 顾学颉校点:《白居易集》(三),第 787 页。
③ 顾学颉校点:《白居易集》(一),第 132 页。
④ 顾学颉校点:《白居易集》(一),第 298 页。
⑤ 顾学颉校点:《白居易集》(二),第 416 页。

徒,逍遥同过日。尔无羡沧海,蒲藻可委质。吾亦忘青云,衡茅足容膝。况吾与尔辈,本非蛟龙匹。假如云雨来,只是池中物。"①从这首诗可以看出,白居易虽然炼过丹,却对人生有着非常清醒的认识。因此他并不主张并且明确反对求仙,如他在《归田三首》之一中说:"人生何所欲,所欲唯两端。中人爱富贵,高士慕神仙。神仙须有籍,富贵亦在天。莫恋长安道,莫寻方丈山。西京尘浩浩,东海浪漫漫。金门不可入,琪树何由攀。不如归山下,如法种春田。"②又在《题杨颖士西亭》中说:"静得亭上境,远谐尘外踪。……旷然宜真趣,道与心相逢。即此可遗世,何必蓬壶峰。"③

相比之下,白居易受禅宗思想的影响似乎更深一些。白居易自号"香山居士",晚年隐居洛阳龙门山与佛门中人为伍,被后人视为居士研习佛理的榜样。许多禅宗灯录都记载过他的言行,如《五灯会元》就把他作为著名居士列入其中予以宣扬。白居易也自称"外形骸而内忘忧恚……先禅观而后顺医治"④,并在《赠杓直》一诗中自述其思想历程是:"早年以身代,直赴逍遥篇。近岁将心地,回向南宗禅。"⑤

白居易一生的思想,大抵是由儒而道而禅逐次转变。他早年写的《策林》,思想多以儒家为主,兼取黄老和庄子,而对于佛教,他一开始是不相信的。如在《议释教》中,他认为佛教"以禅定为根,以慈忍为本,以报应为枝,以斋戒为叶",确实可以改造人心,有利于"王化"。但这种作用,通过儒家的"忠恕""恻隐""礼乐"和道家的"无为"等也可以达到,故没有必要借重于"区区西方之教"。而且,"大道惟一",把西方佛教引入"王化",反而容易把人心搞乱。更何况,"僧徒日益,佛寺日崇",劳民伤财,影响经济,对于国家的兴盛也没有任何好处。⑥ 但在中年以后,尤其

① 顾学颉校点:《白居易集》(二),第 655—656 页。
② 顾学颉校点:《白居易集》(一),第 114 页。
③ 顾学颉校点:《白居易集》(一),第 102 页。
④ 〔唐〕白居易:《病中诗十五首并序》,见顾学颉校点《白居易集》(三),第 787 页。
⑤ 顾学颉校点:《白居易集》(一),第 125 页。
⑥ 顾学颉校点:《白居易集》(四),第 1367—1368 页。

是在屡遭贬谪而对朝廷失望之余,那种人生无常的幻灭感就逐渐取代了他早年热衷于"美刺"朝廷和时政的忧患意识。他的思想来了一个 180 度的大转弯,转而信奉释氏,而且开始练习他曾经反对的禅定。

白居易偏重的是惠能所创立的南宗禅,而且主要受到马祖道一派的"洪州禅"的影响。白居易生活的时代,正是禅宗中马祖道一派"洪州禅"的兴盛时期。白居易本人就曾同马祖道一的弟子兴善惟宽有过一些交往。马祖道一的禅法,进一步发展了惠能的佛教心性理论,主张"即心即佛"和"平常心是道",强调将修禅与生活打成一片,不加区分。如马祖道一说:"若欲直会其道,平常心是道。何谓平常心?无造作,无是非,无取舍,无断常,无凡无圣。……只如今行住坐卧,应机接物,尽是道。"①马祖道一所说的"平常心是道",是强调修禅和觉悟皆系于不执着于个人欲望和成见的"平常心",不必脱离行住坐卧之类日常生活行为。正如马祖道一的弟子大珠慧海在回答源律师所提出的"和尚修道,还用功否"以及如何用功的问题时所说的,用功处就在"饥来吃饭,困来即眠"的日常生活之中,差别只在于有些人"吃饭时不肯吃饭,百种须索;睡时不肯睡,千般计较"。② 这些人因为欲望和需求太多而遮蔽了人的本性,或失去了本有的佛性,以至于食不甘味,寝不能寐。这种修禅与生活两不误的思想,正好与白居易所向往的"中隐"相契合。他将禅宗尤其是洪州禅法贯彻于自己的日常生活之中,以此作为消除精神焦虑、保持身心俱适的独特法门。如他在诗中写道:"腥血与荤蔬,停来一月余;肌肤虽瘦损,方寸任清虚。体道通宵坐,头慵隔日梳。眼前无俗物,身外即僧居。"③"药销日晏三匙饭,酒渴春深一碗茶。每夜坐禅观水月,有时行醉玩风花。净名事理人难解,身不出家心出家。"④坐卧、梳头、吃饭、喝茶,这些本来都是非

---

① 邢东风辑校:《马祖语录》,郑州:中州古籍出版社 2008 年版,第 93 页。按:马祖此语原载《景德传灯录》卷二八。

② 〔宋〕普济著,苏渊雷点校:《五灯会元》(上),第 157 页。

③ 〔唐〕白居易:《仲夏斋居,偶题八韵,寄微之及崔湖州》,见顾学颉校点《白居易集》(二),第 545 页。

④ 〔唐〕白居易:《早服云母散》,见顾学颉校点《白居易集》(二),第 712 页。

常平凡的事情,但在白居易看来,只要以清静或虚静的心态去做这些事情,就可以达到"眼前无俗物"的超然境界。

白居易的"中隐"思想,由于有了禅宗思想的渗入而变得更加圆融,并反过来影响到他的生活观念,包括他的园林和园居生活思想。对于白居易来说,园林"就是他所标榜的中隐思想'物化'的结果,园居乃是他日常生活不可或缺的组成部分"①。同时,他将"中隐"思想融入私家宅园的设计和品鉴当中,也进一步丰富和发展了萌芽于汉末魏晋之际的文人园林美学思想。

二、"我身本无乡,心安是归处"——白居易的家园意识

美学意义上的"环境"是一种与人的居住和生活相关联的存在物,而美的环境的最高理想或境界,则是家园感的体现。

家、家园、家乡、故土、故园、故乡等,都是中国古代文化中非常突出的情感意象。在唐代,特别是在安史之乱之后,受到战乱、征戍、谪迁等的影响,文人有关家或家园的意识也变得非常强烈。这在唐代留存下来的大量送别诗、别离诗、行旅诗中都有非常明显的体现,如:

> 寂寞天宝后,园庐但蒿藜。我里百余家,世乱各东西。存者无消息,死者为尘泥。贱子因阵败,归来寻旧蹊。人行见空巷,日瘦气惨凄。……人生无家别,何以为烝黎。(杜甫《无家别》)②
>
> 一封朝奏九重天,夕贬潮州路八千。欲为圣朝除弊事,肯将衰朽惜残年! 云横秦岭家何在? 雪拥蓝关马不前。知汝远来应有意,好收吾骨瘴江边。(韩愈《左迁至蓝关示侄孙湘》)③

杜甫诗中写的是战乱导致的无家可归,韩愈诗中写的是贬谪导致的有家难回,但两者所表达的对家园的眷念是一样的。

---

① 周维权:《中国古典园林史(第二版)》,北京:清华大学出版社 1999 年版,第 169 页。
② 《全唐诗》(七),第 2284 页。
③ 《全唐诗》(十),第 3860 页。

同样,白居易的诗文中,也经常提到"家"的概念。白居易在青少年时期曾因战乱而四处漂泊,中年时期又因直言获罪而屡遭贬谪,这种居无定所和前途未卜的人生经历,使得他对家有着特别深切的感受。但是白居易对家的理解并不限于一个家庭或一所房子那么简单,也不仅仅限于通常说的"家乡"或"故乡"。

白居易所理解的家,虽然也包含具体的家园(如赖以居住和生活于其中的宅园)的意思,但就其实质而言主要指的是一种以内心的安宁为主要特征的精神家园或精神归宿,用他自己的话说就是"心安即是家"或"心安是归处",如:"无论海角与天涯,大抵心安即是家"①;"我生本无乡,心安是归处"②;"身心安处为吾土,岂限长安与洛阳? 水竹花前谋活计,琴诗酒里到家乡。……不用将金买庄宅,城东无主是春光"③。

白居易这种追求"心安"并视"心安"为家的看法,一方面与他的生活经历和人生观念有关,另一方面则与他所崇尚的庄子和禅宗的生活理想有关。

在白居易的生活经历中,有三件事情直接影响到他对人生的看法:一是早年的异乡漂泊,二是中年的仕途曲折,三是青少年时期落下的身体疾患。白居易在 58 岁定居洛阳之前,个人生活基本上处在一个充满变数和动荡不安的状态。他还经常提到,自己的身体状况一直不好,因为"家贫多故"和早年过于刻苦的学习使得身体受到严重的损伤,并留下了终身难以痊愈的眼疾。如在《与元九书》中,他说:"十五六,始知有进士,苦节读书,二十岁以来,昼课赋,夜课书,间学课诗,不遑寝息矣。以至于口舌成疮,手肘成胝,既壮而肤革不丰盈,未老而齿发早衰白,瞥瞥然如飞蝇垂珠在眸子中也,动以万数。"④

生活的不安和身体的病痛,加上社会的动荡和官场的黑暗,这些都

---

① 〔唐〕白居易:《种桃杏》,见顾学颉校点《白居易集》(二),第 381 页。
② 〔唐〕白居易:《初出城留别》,见顾学颉校点《白居易集》(一),第 149 页。
③ 〔唐〕白居易:《吾土》,见顾学颉校点《白居易集》(二),第 642 页。
④ 顾学颉校点:《白居易集》(三),第 962—963 页。

让白居易对人生充满了悲观的想法。生命短暂、人生如寄、世事皆苦、穷达难料和富贵如浮云之类人生主题，在他的诗作中有大量表现，如：

> 人生讵几何？在世犹如寄；虽有七十期，十人无一二。(《感时》)①
>
> 人生百岁期，七十有几人？浮荣及虚位，皆是身之宾。(《初除户曹，喜而言志》)②
>
> 人生无几何，如寄天地间。心有千载忧，身无一日闲。(《秋山》)③
>
> 岁时春日少，世界苦人多。(《晚春登大云寺南楼赠常禅师》)④
>
> 人生大块间，如鸿毛在风：或飘青云上，或落泥涂中。(《闻庾七左降因咏所怀》)⑤

在白居易看来，人的一生非常短暂，而且充满苦难。要解决这个问题，获得现世的幸福和快乐，既不能寄希望于修道成仙，也不能寄希望于荣华富贵。因为修道成仙非常渺茫，荣华富贵不能长久，这两条路都走不通，也没有让身心得到安顿的终极意义。唯一的办法是"心安"，最好能够做到"身心俱安"。"安"在白居易的诗文作品中，也叫"舒""适""闲""泰然""自若"等。如他说："散贱无忧患，心安体亦舒。……朝营暮算计，昼夜不安居"⑥；"老来虑渐息，年来病初愈；忽喜身与心，泰然两无苦"⑦；"世役不我牵，身心常自若"⑧。

　　从思想源头上看，白居易的这些看法主要来源于庄子和禅宗。具体到他对以"心安"为主要特点的园居生活的构想，也受到了陶渊明的影响。白居易多次说，他早年喜欢老庄，特别是庄子。他的一些有关人生和"家""乡"的说法，也明显带有庄子思想的痕迹，如：

---

① 顾学颉校点：《白居易集》(一)，第 92 页。
② 顾学颉校点：《白居易集》(一)，第 99 页。
③ 顾学颉校点：《白居易集》(一)，第 102 页。
④ 顾学颉校点：《白居易集》(二)，第 329 页。
⑤ 顾学颉校点：《白居易集》(一)，第 113 页。
⑥ 〔唐〕白居易：《效陶潜体诗十六首并序》，见顾学颉校点《白居易集》(一)，第 107 页。
⑦ 〔唐〕白居易：《首夏病间》，见顾学颉校点《白居易集》(一)，第 112 页。
⑧ 〔唐〕白居易：《观稼》，见顾学颉校点《白居易集》(一)，第 117 页。

> 身虽世界住,心与虚无游(《永崇里观居》)①
>
> 不学坐忘心,寂寞安可过?(《冬夜》)②
>
> 身心无一系,浩浩如虚舟。(《咏意》)③
>
> 去国辞家谪异方,中心自怪少忧伤。为寻庄子知归处,认得无
> 何是本乡。(《读庄子》)④

上述诗句中的"游""坐忘""虚舟""无何(无何有之乡)"等,均出自《庄子》一书。这些概念与禅宗的思想也是相通的。禅宗主张自性是佛,不假外求,如《坛经》认为:"佛法在世间,不离世间觉;离世觅菩提,恰如求兔角。""若欲修行,在家亦得,不由在寺。在家能行,如东方人心善;在寺不修,如西方人心恶。但心清净,即是自性西方。"⑤禅宗的核心思想是以心性修养即"禅"作为通向佛教真理和境界的唯一法门,落实到人生或日常生活的层面上看,就是以获得内心的觉悟和安宁作为达到人生幸福的根本手段。这种思想,正是白居易"心安即是家"或"心安是归处"的最主要思想来源。同时,这种思想,与他所追求的"中隐"在本质上是一致的。这两者,即"中隐"和白居易对家或家园的理解,为他进一步解决在现实世界中如何建构人的生活环境或家园的问题,提供了最基本的理论依据。

第二节 白居易对唐代人居环境的批判

唐代经济的发展曾经带来城市的繁荣,城市中的宫殿、佛寺、道观、住宅和园林等都曾盛极一时。这些东西一方面可以看作唐代兴旺发达的见证,另一方面也可以看作社会风气日趋奢靡、腐化的象征。正如吕

---

① 顾学颉校点:《白居易集》(一),第 93 页。
② 顾学颉校点:《白居易集》(一),第 120 页。
③ 顾学颉校点:《白居易集》(一),第 135 页。
④ 顾学颉校点:《白居易集》(一),第 318 页。
⑤ 鸠摩罗什等:《佛教十三经》,第 102、104 页。

思勉所说:"隋、唐、五代,为风俗侈靡之世。""唐初虽失之侈,尚非不可挽救,流连忘返,实始高宗,至武后而大纵,玄宗初,颇有志惩革,后乃变本加厉……其时权戚,为太平公主、李林甫、杨国忠等无论矣。即下于此者,亦复毫无轨范。……至于武人,则尤不可说。郭子仪,元勋也,史称其侈穷人欲而君子不之罪。《传》述其事曰:'岁入官俸二十万贯,私利不在焉。其宅在亲仁里,居其里四分之一。中通永巷。家人三千,相出入者不知其居。前后赐良田、美器、名园、甲馆。声色珍玩,堆积羡溢,不可胜纪。'"①唐代的城市建设在武则天至唐玄宗时期达到顶峰,在极度繁荣的同时也明显地表现出过度奢华的倾向。其不切实际的建设规模,穷奢极欲的建筑装饰和陈设,以及大肆铺张的园林营造,不仅加重了底层民众的负担,造成了严重的资源浪费,而且激化了社会矛盾,加速了大唐帝国由盛转衰的历史进程。特别是在安史之乱以后,在社会经济和人口都急剧衰退的情况下,某些帝王和权贵仍然热衷于修筑豪华的宫室、府第和园林,就对唐帝国日渐脆弱的经济社会环境造成了更为严重的伤害。

这种情况也引起了白居易的注意。白居易早年关心社会现实,热衷于救国救民,在诗歌创作方面曾提出过著名的"美刺"说,而且写过很多具有强烈社会批判精神的讽谕诗。他的讽谕诗中,就有相当一部分涉及对当时城市建设或城市环境建设中奢靡、浪费之风的批判。这种批判,既是基于他一贯坚持的儒家政治伦理观念,也与他中年以后逐渐形成的以道禅为骨干的人生哲学——包括他的"中隐"思想和家园意识——有关。

一、"人凶非宅凶"——反奢靡,崇简约

中唐以后,受安史之乱、藩镇割据和不断爆发的战争的影响,唐代社会形势日益动荡。同时,由于奢靡之风的延续、社会经济的衰退和城市人口的减少,城市中出现了大量荒废、破败的建筑和园林,使原本热闹繁

---

① 吕思勉:《隋唐五代史》(下),第721、723—724页。

华的城市呈现出一派荒凉、萧条的景象。这些荒废、破败的建筑和园林，因为长期无人居住，被称为"坏屋"或"凶宅"。

坏屋或凶宅在中晚唐诗歌中经常被提到，如诗人王建在《坏屋》中说："官家有坏屋，居者愿离得。苟或幸其迁，回循任倾侧。"[①]这种坏屋不仅破败，而且没有人愿意居住，所以也叫凶宅。凶宅即在当时的人看来不吉利或不宜居住的住宅。对这种现象的产生，白居易给出了他自己的解释。他在《凶宅》一诗中说：

> 长安多大宅，列在街西东。往往朱门内，房廊相对空。枭鸣松桂枝，狐藏兰菊丛；苍苔黄叶地，日暮多旋风。前主为将相，得罪窜巴庸；后主为公卿，寝疾殁其中。连延四五主，殃祸继相钟。自从十年来，不利主人翁。风雨坏檐隙，蛇鼠穿墙墉。人疑不敢买，日毁土木功。嗟嗟俗人心，甚矣其愚蒙！但恐灾将至，不思祸所从。我今题此诗，欲悟迷者胸。凡为大官人，年禄多高崇。权重持难久，位高势易穷。骄者物之盈，老者数之终。四者如寇盗，日夜来相攻。假使居吉土，孰能保其躬？因小以明大，借家可喻邦。周秦宅殽函，其宅非不同；一兴八百年，一死望夷宫。寄语家与国，人凶非宅凶！[②]

在这首诗的前半段，白居易首先对"凶宅"和它的历史进行了详尽的描述。根据他的描述可知，这座枭、狐、蛇、鼠出没的破败不堪的"大宅"，原本是一座规模庞大、建筑奢华、热闹非凡的大宅院。这里的主人曾几经变换，且都为身居将相公卿之位的"大官人"。这些人虽一时显达，但最后都不得善终。因为屋主人的不得善终，加上种种破败的景象，所以这里被一些愚昧的人误认为是一座"凶宅"。在诗的后半段，白居易提出了一个解释，认为"凶宅"之"凶"跟住宅本身没有任何关系，它的"凶"是"人凶"而非"宅凶"。"人凶"，就是屋主人因为贪得无厌、骄横跋扈而自取其祸。白居易认为，一座宅院的兴废，同一个国家的兴废是

---

①《全唐诗》（九），第 3370 页。
② 顾学颉校点：《白居易集》（一），第 3 页。

310

一样的,都是出于人祸而非天灾。或者说,宅院的兴亡,其实也是国家兴亡的一种象征。

在《伤宅》一诗中,白居易更进一步分析了"凶宅"之"凶"的真正原因,他说:

> 谁家起甲第,朱门大道边;丰屋中栉比,高墙外回环;累累六七堂,栋宇相连延。一堂费百万,郁郁起青烟。……主人此中坐,十载为大官。厨有臭败肉,库有贯朽钱。①

他指出"凶宅"之"凶"的根源其实是当权者的奢侈和浪费,是社会上巨大的贫富差距,是像杜甫说的"朱门酒肉臭,路有冻死骨"②那样的极端的不平等,或者说是当权者贪得无厌、挥霍无度最后家破人亡的结果。

在一系列讽谕诗当中,白居易不仅对"凶宅"这一现象进行了批判,也对帝王宫殿、贵族府第和宗教建筑中普遍存在的奢靡之风进行了批判。比如他在《骊宫高》一诗中说:

> 高高骊山上有宫,朱楼紫殿三四重。迟迟兮春日,玉甃暖兮温泉溢。袅袅兮秋风,山蝉鸣兮宫树红。翠华不来岁月久,墙有衣兮瓦有松。吾君在位已五载,何不一幸乎其中? 西去都门几多地? 吾君不游有深意。一人出兮不容易,六宫从兮百司备。八十一车千万骑,朝有宴饫暮有赐;中人之产数百家,未足充君一日费。吾君修己人不知,不自逸兮不自嬉。吾君爱人人不识,不伤财兮不伤力。骊宫高兮高入云,君之来兮为一身;君之不来兮为万人。③

这首诗创作于元和年间,表面上看是称赞唐宪宗爱惜人力物力,当政五年都没有去过骊山离宫——华清宫一次,但实际上也是批评唐代骊山宫殿的奢侈浪费和皇帝出游的劳民伤财。

---

① 顾学颉校点:《白居易集》(一),第31—32页。
② 〔唐〕杜甫:《自京赴奉先县咏怀五百字》,见《全唐诗》(七),第2265页。
③ 顾学颉校点:《白居易集》(一),第73页。

此外，在《两朱阁》一诗中，白居易还对当时的宗教建筑展开了批判，他说：

> 两朱阁，南北相对起。借问何人家？贞元双帝子。帝子吹箫双得仙，五云飘摇飞上天；第宅亭台不将去，化为佛寺在人间。妆阁妓楼何寂静，柳似舞腰池似镜。花落黄昏悄悄时，不闻歌吹闻钟磬。寺门敕榜金字书，尼院佛庭宽有余。青苔明月多闲地，比屋疲人无处居。忆昨平阳宅初置，吞并平人几家地？仙去双双作梵宫，渐恐人间尽为寺！①

诗中的"两朱阁"本为德宗皇帝两位公主的府第，公主死后舍为佛寺。从诗中的描述可以看出，这两座府第或佛寺是通过兼并周围的民宅土地建起来的，建筑规模和面积很大，里面有亭台楼阁和水池等园林景观。白居易在这首诗中，既对当时贵族肆意掠夺百姓土地兴建府第的现象进行了批判，也间接地批判了当时宗教建筑如佛寺过于铺张浪费的倾向。

白居易的上述批判，基本上是站在国家兴亡的政治角度，总的来说是反对奢靡、提倡简约，但从"权重持难久，位高势易穷。骄者物之盈，老者数之终""仙去双双作梵宫，渐恐人间尽为寺"这些话来看，也包括对人生有限、人生无常之类生命意义的拷问。

二、"不知谁是主人翁？"——轻外物，重内心

白居易在讽谕诗和园林诗中，还经常提到一种"有园无主"的现象，这种现象同上面说的凶宅一样，都是当时城市环境衰败、恶化的一种表现。比如他曾在《雪后过集贤裴令公旧宅》《过裴令公宅二绝句》《奉和裴令公新成午桥庄绿野堂记事》等诗中多次提到"裴令公"即宰相裴度在洛阳的两处宅园——集贤里宅和午桥山庄。这两处宅园在当时非常有名，曾是许多文人集会宴饮的场所，但在裴度去世后，就破落了。白居易在

---

① 顾学颉校点：《白居易集》（一），第 75 页。

诗中说:"梁王捐馆后,枚叟过门时:有泪人还泣,无情雪不知。台亭留尽在,宾客散何之? 唯有萧条雁,时来下故池。"①梁王,即西汉梁孝王刘武,他曾建筑了一座面积巨大的园林,叫作"梁园"。"捐馆",是说刘武死后园林归属他人。枚叟即西汉文学家枚乘,曾为刘武门客,著有《梁王菟园赋》。由于刘武喜欢结交文人,他的梁园曾经是西汉著名的文人集会饮宴之所,后来也成为历代文人不断凭吊、歌咏的一处历史遗迹。白居易在诗中用"梁王捐馆"指代裴度之死,用"枚叟"指代自己,诗中描写的是裴度死后,其宅园的荒废景象。同样,白居易的好友、诗人元稹在洛阳履信里的履信池馆也遇到类似的命运。元稹去世后,池馆已是物是人非:"鸡犬丧家分散后,林园失主寂寥时。落花不语空辞树,流水无情自入池。风荡宴船初破漏,雨淋歌阁欲倾欹。前庭后院伤心事,唯是春风秋月知。"②元稹的履信池馆也曾热闹一时,但一旦失去主人,便变得非常萧条、"寂寥"。

　　唐代园林中的有园无主现象可以"分成两类:实实在在的有园无主和审美意义上的无主"③。裴度和元稹死后的园林就属于第一类。但在白居易看来,更为主要也更为普遍的是第二类,即"审美意义上的无主"。

　　白居易在诗作中曾多次提到后一类"无主"现象,如:"使君何在在江东,池柳初黄杏欲红。有兴即来闲便宿,不知谁是主人翁?"④窦使君即窦庠,其园林在洛阳。由于窦庠远在江东任职,其家中园林形同虚设,等于"无主"。白居易经常到其中游玩,反而觉得自己更像是园林的主人。在这首诗中,白居易提出了一个问题:究竟谁才是真正的园林主人? 这里所说的"主人",是园林的审美欣赏者,而非园林的实际占有者。在其他一些诗作中,白居易也提出过类似的问题或看法,如《题王侍御池亭》:

---

① 〔唐〕白居易:《雪后过集贤裴令公旧宅》,见顾学颉校点《白居易集》(三),第791页。

② 〔唐〕白居易:《过元家履信宅》,见顾学颉校点《白居易集》(二),第625页。

③ 〔美〕杨晓山著,文韬译:《私人领域的变形:唐宋诗歌中的园林与玩好》,南京:江苏人民出版社2009年版,第26页。

④ 〔唐〕白居易:《宿窦使君庄水亭》,见顾学颉校点《白居易集》(二),第567页。

"朱门深锁春池满,岸落蔷薇水浸莎。毕竟林塘谁是主? 主人来少客来多。"①《题李十一东亭》:"相思夕上松台立,蛩思蝉声满耳秋。惆怅东亭风月好,主人今夜在鄜州。"②

总的来说,有园无主现象的出现,有两个原因:一是人生有限和人生无常,园林不可能永保。如《伤宅》中说的"如何奉一身,直欲保千年"③或《杏为梁》中说的"素泥朱板光未灭,今岁官收别赐人。开府之堂将军宅,造未成时头已白"④。二是园林主人热衷于功名利禄,为俗事、俗物所累,根本没有心情和时间去欣赏园林的美景。白居易说:"试问池台主,多为将相官;终身不曾到,唯展宅图看。"⑤他认为,那些达官贵人虽然耗费巨资、苦心经营修建了豪华的园林,但一心扑在功名利禄上,可能一辈子都不曾看上一眼,只能把园林设计图纸拿出来看看,权当一种炫耀或心理满足。因此,他们完全违背了修筑园林的初衷,表面上好像拥有一座园林,实际上却等于什么也没有。

在对有园无主现象的批判中,白居易提出了一个与其人生哲学相关的看法,即轻外物、重内心。他说:"中怀苟有主,外物安能萦?"⑥又说:"逆旅重居逆旅中,心是主人身是客。"⑦白居易认为,人的生命有限,而且人生无常,即充满了各种无法预知的偶然性。从生命有限和人生无常的角度上看,一切对外物的追逐都没有意义。人生的幸福和快乐只能来自内心而非外物。因此,真正的园林主人其实是安宁、闲适的心灵。或者说,只有内心安定、闲适、不受外物束缚的人,才能成为真正的园林主人,才能做到对园林的真正拥有。从环境美学的角度来说,这个看法似乎也可以说是,人居环境的建设必须考虑人的精神需求,而不能一味地追求

---

① 顾学颉校点:《白居易集》(一),第307页。
② 顾学颉校点:《白居易集》(一),第270页。
③ 顾学颉校点:《白居易集》(一),第31—32页。
④ 顾学颉校点:《白居易集》(一),第84页。
⑤ 〔唐〕白居易:《题洛中第宅》,见顾学颉校点《白居易集》(二),第568页。
⑥ 〔唐〕白居易:《和〈思归乐〉》,见顾学颉校点《白居易集》(一),第41页。
⑦ 〔唐〕白居易:《杏为梁》,见顾学颉校点《白居易集》(一),第84页。

奢华,只有从精神上产生对美好环境的拥有感,才能发挥环境的审美作用。如果人居环境建设只是为着别的外在的目的,那么再好、再美的环境都形同虚设,没有意义。

第三节　白居易的环境审美经验理论

由以上论述可知,无论是白居易的"中隐"思想和他对家或家园的理解,还是他对唐代人居环境建设中种种不正常现象的批判,实际上都指向一个总的思想倾向,即在心与物的关系上,更注重心的作用,或更注重内心的感受和体验;在人与环境的关系上,更注重人相对于环境的主体地位、优先地位,或人对环境的审美经验。

一、"地有胜境,得人而后发"——环境美的发现

在《白蘋洲五亭记》中,白居易提出了一个与柳宗元"美不自美,因人而彰"类似的命题,即"地有胜境,得人而后发"。这个看法,从客观的方面说,是指环境美的发生;而从主观的方面说,也可以说是环境美的发现。他说:

> 湖州城东南二百步,抵霅溪,溪连汀洲,洲一名白蘋。梁吴兴守柳恽于此赋诗云:"汀洲采白蘋。"因以为名也。前不知几十万年,后又数百载,有名无亭,鞠为荒泽。至大历十一年,颜鲁公真卿为刺史,始剪榛导流,作八角亭以游息焉。旋属灾潦荐至,沼堙台圮。后又数十载,委无隙地。至开成三年,弘农杨君为刺史,乃疏四渠,浚二池,树三园,构五亭,卉木荷竹,舟桥廊室,泊游宴息宿之具,靡不备焉。观其架大溪,跨长汀者,谓之白蘋亭。介二园、阅百卉者,谓之集芳亭。面广池、目列岫者,谓之山光亭。玩晨曦者,谓之朝霞亭。狎清涟者,谓之碧波亭。五亭间开,万象迭入,向背俯仰,胜无遁形。每至汀风春,溪月秋,花繁鸟啼之旦,莲开水香之夕,宾友集,歌吹作,舟棹徐动,觞咏半酣,飘然恍然。游者相顾,咸曰:此不知方外

也？人间也？又不知蓬瀛昆阆，复何如哉？时予守官在洛，杨君缄
书赍图，请予为记。予按图握笔，心存目想，觇缕梗概，十不得其二
三。大凡地有胜境，得人而后发；人有心匠，得物而后开：境心相遇，
固有时耶？盖是境也，实柳守滥觞之，颜公椎轮之，杨君绘素之：三
贤始终，能事毕矣。①

在这篇文章中，白居易描述了白蘋洲五亭的建设过程和白蘋洲由一片荒
洲逐渐转变成美景的历史，他认为这种转变实际上是一个自然的人化或
文化过程，与南朝梁代太守柳恽对此地的描绘、唐代刺史颜真卿和杨君
即杨汉公对此地的改造或经营、建设密切相关。在这个过程中，柳恽是
最初的发现者，颜真卿和杨汉公是继起的经营、建设者。而从审美的意
义上说，则也可以说，白蘋洲由一片荒洲向美的游憩环境的生成，是柳
恽、颜真卿、杨汉公这样一些具有审美心胸的文人共同发现和创造的结
果。如果没有他们的发现和创造，那白蘋洲只不过是一片无人问津的
荒洲。

在这些论述中，白居易提出了一个在环境美学上具有重要价值的看
法，即美的环境并不是纯粹自然的或客观的物质实体，而是人的发现和
创造的结果。在美的环境的生成过程中，人的作用是第一位的。这个
"人"，不是随便的什么人，而是像柳恽、颜真卿、杨汉公这样具有美的眼
光和心胸的人。因此也可以说，美的环境的生成，关键不在于环境本身，
而在于人在环境面前所具有的审美的眼光与心胸，这是环境美得以生成
的首要前提。正如 19 世纪法国著名雕塑家罗丹所说："我们的眼睛，不
是缺少美，而是缺少发现。"②

在中国古代思想史上，关于环境美、自然美或一般来说的美的生成，
一般都强调人或"心"的优先地位和主导作用。这种看法的出现，与先秦

---

① 顾学颉校点：《白居易集》（四），第 1494 页。
② ［法］罗丹口述、葛赛尔记，沈琪译，吴作人校：《罗丹艺术论》，北京：人民美术出版社 1978 年
版，第 62 页。

以来的心性理论和唐以后的禅宗思想都有密切的关系。先秦心性理论中虽然没有"一切唯心"之说，但无一例外地强调"心"在人类价值体系构建中的主宰作用。换句话说，外部事物的价值是因人"心"的作用（包括"心""物"之间的交感互动）而产生的，因此，要从外部事物中发现其对于人的价值，就必须首先从"心"的修治、陶冶即心灵的内在修养工夫做起。禅宗也非常重视"心"的作用，把"自性"或内心的觉悟看作成佛的充分必要条件。这些看法落实到美学上，就是肯定"心"（具有发现和创造美的心灵）在审美价值生成中的主宰地位。

白居易的"大凡地有胜境，得人而后发"，可以说是继承了先秦以来注重"心"的主宰与创造作用的思想传统，同时，这种看法又与他一直强调的"作主人"的思想相通。如上一节所说，在园林的设计、建设和欣赏方面，白居易自始至终都强调"主人"的重要性，反对对园林的纯粹物质意义上的占有，而主张从精神上拥有、享有园林对人来说所具有的审美价值。比如他在题赞裴度的园林时说："南院今秋游宴少，西坊近日往来频。假如宰相池亭好，作客何如作主人？"[1]在《游云居寺赠穆三十六地主》中说："胜地本来无定主，大都山属爱山人。"[2]

"胜地本来无定主，大都山属爱山人"，这是白居易提出的对后世文人山水审美观、园林审美观或环境审美观有深远影响的理论命题。比如苏轼在给范子丰的一封尺牍（《临皋闲题》）中说："临皋亭下不十数步，便是大江，其半是峨眉雪水，吾饮食沐浴皆取焉，何必归乡哉！江山风月，本无常主，闲者便是主人。"[3]苏轼的这个看法就是直接来自白居易。在苏轼看来，自然的山水本身是客观的存在，而它的意义则有赖于人的发现。这发现的基本前提就是"闲"，也就是超越功利的，即不以功利性的占有为目的的审美态度。在《夜游承天寺》这篇短文中，苏轼进一步发挥

---

[1] 〔唐〕白居易：《代林园戏赠，裴侍中新修集贤宅成，池馆甚盛，数往游宴，醉归自戏耳》，见顾学颉校点《白居易集》（二），第721页。

[2] 顾学颉校点：《白居易集》（一），第256页。

[3] 〔宋〕苏轼著，傅成、穆俦标点：《苏轼全集》（下），第1676页。

了以"闲心"对待客观景物的思想,说:"元丰六年十月十二日,夜,解衣欲睡。月色入户,欣然起行。念无与为乐者,遂至承天寺寻张怀民。怀民亦未寝,相与步于中庭。庭下如积水空明,水中藻、荇交横,盖竹柏影也。何夜无月? 何处无竹柏? 但少闲人如吾两人者耳。"①苏轼所说的"闲人",即有"闲心"或具有审美态度和发现美的眼光的人,也就是白居易所说的"主人"。

二、"外适内和"——环境美的体验

环境美学中所说的"环境",指的是围绕人而存在并与人的生活和行为发生关联的一个特定的时空范围内。或者说,它是在一个与人相关的特定时空范围内,由各种不同事物聚合而成的、不断变化的整体。正如现象学美学家杜夫海纳在谈到自然的审美经验时说:"这个对象没有被严格地规定界限……风景的空间仍然是刺激身体的一个真实空间,一种希望或挑战,一个风和小鸟通过的、带有道路引人去旅游的空间。……在自然景象面前,我们受它影响,被纳入世界的自然变化之中。……存在于自然对象之中,就像存在于世界上;我们被拉向自然对象,然而又受自然对象的包围和牵连。"②环境美学中所说的"环境",便是这样一种真实的空间和景象。而且,它比杜夫海纳所说的作为"风景"的自然,与人的实际生活有着更为密切的关联,即它直接关系到人的生存和生活质量,并直接与人的生活经验发生关系。因此,对环境的感知,不是简单的观看、倾听或触摸,而是把整个身心融入其中的一种体验。

对这种体验,白居易在他的诗作中进行了大量描述。这些描述主要集中在"安""闲""静""适""舒""逸""和""真(养真)""乐(为乐)"等概念的阐发上。同时,这些概念通常又与"居"的概念结合在一起,如"闲居"

---

① 〔宋〕苏轼著,傅成、穆俦标点:《苏轼全集》(下),第 2225 页。
② 〔法〕米盖尔·杜夫海纳著,孙非译,陈荣生校:《美学与哲学》,北京:中国社会科学出版社 1985 年版,第 34—36 页。

"安居"等。因此,也可以说,白居易的"安""闲""静""适""舒""逸""和"
"真(养真)""乐(为乐)"等概念,是对环境或人居环境审美经验的一种
描述。

就这些概念之间的关系来说,"安""闲""静"是环境审美的主观前
提,"适""舒""逸"是环境审美的心理体验,"和""真""乐"是环境审美的
最终目的。其中,相对来说,白居易提到最多的是"安""闲""适"三个概
念,这在他的闲适诗和园林诗中可以找到大量例证。如:

> 身闲无所为,心闲无所思。(《秋池二首之一》)[1]
>
> 出府归吾庐,静然安且逸……身闲自为贵,何必居荣秩? 心足
> 即非贫,岂唯金满室?(《咏兴五首》之二)[2]
>
> 身闲心无事,白日为我长。(咏兴五首之三)[3]
>
> 身适忘四支,心适忘是非;既适又忘适,不知吾是谁?(《隐几》)[4]
>
> 人心不过适,适外复何求?(《适意二首》之一)[5]
>
> 便得心中适,尽忘身外事。……散贱无忧患,心安体亦舒。
> (《效陶潜体诗十六首》)[6]

白居易所说的"安""闲""适",均涉及身心两个方面,即身安与心安、
身闲与心闲、身适与心适。就身的方面来说,要做到"安""闲""适",必须
具备三个条件:一是身体健康,没有病痛;二是没有太过繁忙和繁重的工
作;三是要有基本的生活保障。身体健康,没有病痛,这一点无须多说,
白居易在他近 30 篇以"病"或"病中"为题目开头的诗文作品中,曾多次
提到他患有眼疾,并多次因病告假在家休息。但他的病似乎不太严重,
而且因为生病,他对人生也有了更为深切的感悟。同时由于长期担任闲
职,所以他在时间上有安定、闲适的保障。他认为,在三个条件中,生活

---

① 顾学颉校点:《白居易集》(二),第 489 页。
②③ 顾学颉校点:《白居易集》(二),第 655 页。
④ 顾学颉校点:《白居易集》(一),第 110 页。
⑤ 顾学颉校点:《白居易集》(一),第 111 页。
⑥ 顾学颉校点:《白居易集》(一),第 105、107 页。

上的保障是最基本的东西:"人生未死间,不能忘其身。所须者衣食,不过饱与温。蔬食足充饥,何必膏粱珍?缯絮足御寒,何必锦绣文?"①人生在世,首先得有起码的衣食住行。"豪华肥壮虽无分,饱暖安闲即有余"②,如果连温饱都解决不了,又哪来的"安""闲""适"呢?在这里,白居易又表现出一种非常实际的生活态度。但是,他对于生活条件的要求,也是以适度为原则的,因为他认为过度的生活欲望会有损心灵的安定与闲适。因此,在心的方面,白居易又极力排斥外物的干扰。他所说的"心安""心闲""心适",从负面的意义上说,是要尽可能减少对物质生活的欲望,或者尽可能减少对现实生活的思虑营为与利害算计,如:"莫讶家居窄,无嫌活计贫。只缘无长物,始得作闲人。"③"自我心存道,外物少能逼。常排伤心事,不为长叹息。"④而从正面的意义上说,则还必须有所寄托,即让"心"有个安放处,如:"葛衣御时暑,蔬饭疗朝饥。持此聊自足,心力少营为。亭上独吟罢,眼前无事时。数峰太白雪,一卷陶潜诗。"⑤"帝都名利场,鸡鸣无安居。……谁能雠校闲,解带卧吾庐。窗前有竹玩,门外有酒沽。何以待君子?数竿对一壶。"⑥"才小分易足,心宽体长舒。充肠皆美食,容膝即安居。况此松斋下,一琴数帙书。"⑦白居易一方面认为过度的欲望无益于内心的安定,另一方面又主张要有丰富、充实的精神生活。这种身心平衡的状态,就是白居易所说的"真""和""乐"的境界,同时也是他所向往的理想人居环境应给予人的最基本的美感享受。

---

① 〔唐〕白居易:《赠内》,见顾学颉校点《白居易集》(一),第 15 页。
② 〔唐〕白居易:《履道西门二首》之一,见顾学颉校点《白居易集》(三),第 831 页。
③ 〔唐〕白居易:《无长物》,见顾学颉校点《白居易集》(二),第 745 页。
④ 〔唐〕白居易:《伤唐衢二首》之一,见顾学颉校点《白居易集》(一),第 16 页。
⑤ 〔唐〕白居易:《官舍小亭闲望》,见顾学颉校点《白居易集》(一),第 95 页。
⑥ 〔唐〕白居易:《常乐里闲居偶题十六韵兼寄刘十五公舆、王十一起、吕二炅、吕四颖、崔十八玄亮、元九稹、刘三十二敦质、张十五仲方,时为校书郎》,见顾学颉校点《白居易集》(一),第 91 页。
⑦ 〔唐〕白居易:《松斋自题》,见顾学颉校点《白居易集》(一),第 96 页。

第四节　白居易的人居环境设计思想

白居易一生钟爱园林,自称"平生无所好,见此心依然"[1],并一直致力于营造带有园林景观的居住环境。据白居易自己的相关诗文描述,他亲自主持设计和营建的私家园林有四处,即长安新昌里宅园、洛阳履道里宅园、庐山草堂和渭水别墅。此外,在他短暂寓居的官署,也有经他之手营造的园林景观,如《春葺新居》一诗提到,他在任江州司马、江州刺史时,曾在官宅的前庭种柳,后院栽松,他说:"彼皆非吾土,栽种尚忘疲。"[2]

在很多诗文作品中,白居易都强调拥有一处园林对安顿身心的重要性。他说:"常羡蜗牛犹有舍,不如硕鼠解藏身。"[3]当然,所谓对园林的拥有,在白居易看来,并不仅仅只是在形式上据为己有,而是要在精神上真正拥有,也即能够长期生活、逗留于其中,通过自身的经验与实证,真正发挥园林的生活功能和精神功能。用他自己的话说,就是"但斗为主人,一坐十余载"[4]。这是白居易园居生活和人居环境设计思想中最核心、最根本的观点。

一、"何必山中居""无妨喧处寂"——环境选择

白居易倡导"心安即是家",但这个"家"对于他来讲,并不是一种纯粹的主观臆想,而是一个可以生活和游憩于其中的真实空间,一个相对独立于社会活动空间之外的私人领地,一个有一定边界并由多种景物构成的人居环境。

在中国古代,文人对于"居"这件事非常看重,因为它牵涉到文人在纷繁复杂的现实世界中如何自处的问题。对于文人来说,"居"代表的既

---

[1] 〔唐〕白居易:《香炉峰下新置草堂,即事咏怀,题于石上》,见顾学颉校点《白居易集》(一),第137页。

[2] 顾学颉校点:《白居易集》(一),第165页。

[3] 〔唐〕白居易:《卜居》,见顾学颉校点《白居易集》(二),第407页。

[4] 〔唐〕白居易:《自题小园》,见顾学颉校点《白居易集》(三),第818页。

是一个实际的空间场所，也是一种如何安身立命的立场和态度。在古代文献中，我们可以找到大量与"居"有关的概念，如"山居""水居""田居""林居""岩居""溪居""湖居""仙居""禅居""闲居""安居"等。这些概念代表了古代文人对于个人居住环境的各种想象，也代表了古人对于理想人居环境的一般要求。

除上述概念之外，还有一个概念也是经常被提到的，就是"卜居"。"卜居"最初是《楚辞》中的一个篇名，内容是屈原被放逐之后向太卜郑詹尹请教去向。它原本与居住无关，但自秦汉以后，就有了卜问居址或寻找适宜的居住环境的意义。如《史记·秦本纪》中说："德公元年，初居雍城大郑宫。以牺三百牢祠鄜畤。卜居雍。"①在《史记》中，"卜居"是指通过占卜的方法确定建设国都的地方。大约从东汉以后，随着私家园林的兴起，加上这个词与屈原因被放逐而流落江湖有关联，因此它也被赋予了退居、隐逸或远离纷争、回归自然等含义，从而受到文人雅士的喜爱（包括与这个词意思相近的"卜筑"），如欧阳询《艺文类聚》卷六四引南朝萧子良《行宅》诗说："访宇北山阿，卜居西野外。"②

在唐代，"卜居""卜筑"之类词汇也大量出现在各种诗文作品中，而且多半带有选择隐居之地的意思。如孟浩然《冬至后过吴、张二子檀溪别业》："卜筑因自然，檀溪不更穿。园庐二友接，水竹数家连。直与南山对，非关选地偏。草堂时偃曝，兰枻日周旋。"③杜甫《寄题江外草堂》："我生性放诞，雅欲逃自然。嗜酒爱风竹，卜居必林泉。"④《卜居》："浣花流水水西头，主人为卜林塘幽。已知出郭少尘事，更有澄江销客愁。"⑤白居易也写过多首与"卜居""卜筑"有关的诗，如《卜居》《蓝田山卜居》《洛下卜居》等。

---

① 〔汉〕司马迁著，李全华标点：《史记》，第39页。
② 〔唐〕欧阳询撰，汪绍楹校：《艺文类聚》（下），上海：上海古籍出版社1999年版，第1144页。
③ 《全唐诗》（五），第1663—1664页。
④ 《全唐诗》（七），第2321页。
⑤ 《全唐诗》（七），第2431页。

　　白居易诗中的"卜居"一词，同样有选择个人居所的意思。但文人们所说的"卜居"，多半与占卜和风水没有关系，而更多出于文人自己的人生态度和审美考虑（当然，这其中也有一些是请风水师一同对地形和环境进行勘察的）。从白居易诗中的叙述可以看出，他曾多次在长安和洛阳两地为自己寻找修建住所的地方，并且对于选择什么样的地方也有他自己的一套标准和想法。

　　据《卜居》一诗来看，白居易对构建自己的住所一事颇为重视。他说："游宦京都二十春，贫中无处可安贫。长羡蜗牛犹有舍，不如硕鼠解藏身。且求容立锥头地，免似漂流木偶人。但道'吾庐'心便足，敢辞湫隘与嚣尘？"①这首诗写的是他在京城长安卜居的事。但早在此之前，他就曾在庐山修筑了一处别墅，即庐山草堂。这个草堂建在庐山北边香炉峰和遗爱寺之间，周围环境得天独厚，兼有自然和人文之胜。这个草堂只是一个临时的住所，虽然环境很好，但毕竟远离京城和自己的家乡。因此在返回长安和洛阳任职之后，白居易又四处寻找自己晚年可以安居的地方。如其《游蓝田山卜居》一诗说："脱置腰下组，摆落心中尘；行歌望山去，意似归乡人。朝踏玉峰下，暮寻蓝水滨；拟求幽僻地，安置疏慵身。本性便山寺，应须旁悟真。"②从这首诗可知，他曾与当时很多文人一样，希望在长安南边的蓝田山下找到一块理想的、构筑私人宅院的地方。但他最后放弃了这个计划，而选择在洛阳城内定居。在洛阳，他似乎也经过了多次踏勘，反复比较后最终选择在洛阳城东南的履道里（履道坊）购置房产和营建宅园。在《池上篇》的序文中，他对这个地方的大致方位进行了说明，他说："都城风土水木之胜，在东南偏。东南之胜，在履道里。里之胜，在西北隅。西闬北垣第一第，即白氏叟乐天退老之地。"③在《洛下卜居》一诗中，他又对这个地方的环境和景观情况进行了具体的描述，说："遂就无尘坊，仍求有水宅。东南得幽境，树老寒泉碧；池畔多竹

---

① 顾学颉校点：《白居易集》（二），第407页。
② 顾学颉校点：《白居易集》（一），第116页。
③ 顾学颉校点：《白居易集》（四），第1450页。

阴,门前少人迹。"①

从白居易的这些诗歌和文章可以看出,他对居住环境的选择有两个特点:第一,他非常注重环境中的自然和人文条件。已建成的庐山草堂和未建成的蓝田山别墅,均背靠大山,近依寺庙。背靠大山可以将周围的自然景观纳入进来,以建立建筑空间与自然背景之间的直接关联;近依寺庙,则与白居易"本性便山寺"的个人思想倾向有关,同时也可以使整个居住环境多一些由佛教寺庙带来的人文气息和清净氛围。白居易晚年定居的履道里宅位于洛阳城内,与庐山和蓝田山的大自然环境不一样,但履道里的西侧和北侧有与伊水相通的水渠经过,水渠流经的区域水源充足,植被丰茂,为构筑园林提供了良好的自然条件。履道里的西对岸是集贤里、北对岸是履信里,这两个里坊当时也有很多著名园林,如集贤里的裴度宅和履信里的元稹宅,可以想见,在洛阳城的西南即伊水渠流经的区域,不但有良好的自然条件,而且有非常浓厚的文化氛围。这是白居易选择在此建园的主要动机。第二,白居易总的来说是倾向于在城市中的僻静处选择自己的居所,以满足其"中隐"的需求。他曾写过一首题目很长的诗,叫作《李、卢二中丞各创下山居,俱夸胜绝,然去城稍远,来往颇劳。弊居新泉,实在宇下,偶题十五韵,聊戏二君》,从这首诗的题目就可以见出,他对李、卢二中丞的山居是不赞成的。李、卢两位中丞的别墅分别坐落在洛阳城外的龙门山和湢涧之中,有山有水,风景很美,但"各在一山隅,迢迢几十里。……爱而不得见,亦与无相似。闻君每来去,矻矻事行李;脂辖复裹粮,心力颇劳止",因为路途遥远,交通不便,往返一次费时费力,一年到头难得见上一次,有等于没有,反而变成了一种负担,失去了建造园林以供居住、生活和游憩的本意。白居易认为,他们的城外别墅不如自己的城内宅园(即履道里宅),对他们说:"未如吾舍下,石与泉甚迩;凿凿复溅溅,昼夜流不已。洛石千万拳,衬波铺锦绮。海珉一两片,激濑含宫徵……君若趁归程,请君先到此。愿以潺

---

① 顾学颉校点:《白居易集》(一),第163页。

渡声,洗君尘土耳。"①在白居易看来,园林是用来安顿身心的,而不是用来扰乱身心的。因此,它的选址应该首先满足便利的要求。

这种想法,与他所倡导的"中隐"、他对家或家园的理解、对身心安闲舒适的追求是一致的。他曾多次提到,人不必远离城市(不必选择山居),如:"门严九重静,窗幽一室闲;好是修心处,何必在深山?"②"鸡栖篱落晚,雪映林木疏。幽独已云极,何必山中居?"③虽然,在很多诗作中,他也提到"幽""远""偏""僻""静"这些概念,但他所说的"幽""远""偏""僻""静"等,并不是指远离城市或世俗,而是指内心的安宁与闲适。他所追求的实际上是一种闹中取静或喧中处寂的精神境界,与物理意义上的远近没有关系,如他所说的"心静无妨喧处寂,机忘兼觉梦中闲"④"常闻陶潜语:心远地自偏"⑤"官曹称心静,居处随迹幽"⑥等。

总的来说,白居易对人居环境的选择,是以有良好的自然和人文条件,便于居住和生活且有利于身心自由为原则。

二、"何须广居处""有意不在大"——空间营造

白居易曾亲自主持过多处园林设计,称得上是一个具有很高艺术水平的造园家。对于园林营造中的空间布置和景物组织,他都有非常清晰的思路和方案。比如他的庐山草堂,虽然可能没有具体的设计图纸,但整个布局,包括室内外的环境设计都十分清楚,有条不紊。他在《草堂记》中说:

> 匡庐奇秀,甲天下山。山北峰曰香炉,峰北寺曰遗爱寺,介峰寺间,其境胜绝,又甲庐山。元和十一年秋,太原人白乐天见而爱之,

---

① 顾学颉校点:《白居易集》(三),第822页。
② 〔唐〕白居易:《禁中》,见顾学颉校点《白居易集》(一),第98页。
③ 〔唐〕白居易:《闲居》,见顾学颉校点《白居易集》(一),第144页。
④ 〔唐〕白居易:《闲居》,见顾学颉校点《白居易集》(三),第853页。
⑤ 〔唐〕白居易:《酬吴七见寄》,见顾学颉校点《白居易集》(一),第124页。
⑥ 〔唐〕白居易:《赠吴丹》,见顾学颉校点《白居易集》(一),第98页。

若远行客过故乡,恋恋不能去。因面峰腋寺作为草堂。明年春,草堂成。三间两柱,二室四牖,广袤丰杀,一称心力。洞北户,来阴风,防徂暑也。敞南甍,纳阳日,虞祁寒也。木斫而已,不加丹;墙圬而已,不加白。墄阶用石,幂窗用纸,竹帘纻帏,率称是焉。堂中设木榻四,素屏二,漆琴一张,儒、道、佛书各两三卷。乐天既来为主,仰观山,俯听泉,旁睨竹树云石,自辰及酉,应接不暇。俄而物诱气随,外适内和,一宿体宁,再宿心恬,三宿后颓然嗒然,不知其然而然。自问其故,答曰:是居也,前有平地,轮广十丈;中有平台,半平地;台南有方池,倍平台。环池多山竹野卉,池中生白莲、白鱼。又南抵石涧,夹涧有古松、老杉,大仅十人围,高不知几百尺。修柯戛云,低枝拂潭,如幢竖,如盖张,如龙蛇走。松下多灌丛,萝茑叶蔓,骈织承翳,日月光不到地,盛夏风气如八九月时。下铺白石,为出入道。堂北五步,据层崖积石,嵌空垤块,杂木异草,盖覆其上。绿阴蒙蒙,朱实离离,不识其名,四时一色。又有飞泉植茗,就以烹燀。好事者见,可以销永日。堂东有瀑布,水悬三尺,泻阶隅,落石渠,昏晓如练色,夜中如环佩琴筑声。堂西倚北崖右趾,以剖竹架空,引崖上泉,脉分线悬,自檐注砌,累累如贯珠,霏微如雨露,滴沥飘洒,随风远去。其四傍耳目杖屦可及者,春有锦绣谷花,夏有石门涧云,秋有虎溪月,冬有炉峰雪:阴晴显晦,昏旦含吐,千变万状,不可殚纪,觏缕而言,故云甲庐山者。①

在文章的前半部分,白居易首先对草堂的建筑形式、室内陈设和周围的自然环境进行了描述:草堂建在风景秀丽的香炉峰下,与遗爱寺比邻。草堂内的主体建筑为三开间,立面两柱,两间居室(中间是堂屋),四扇窗户。北面开门,是因为可以引入北风消除酷暑;南面开敞,是因为阳光充足,可以抵御严寒。木材不施丹漆,只进行简单加工;墙壁不施白灰,只用泥浆抹面。台阶用石材砌成,窗户上糊的是纸,门上的竹帘和苎

---

① 顾学颉校点:《白居易集》(三),第 933—934 页。

麻做的帷幕,用的都是材料的本色。堂屋内摆放有四个木榻,两扇素屏,一张漆琴,两三卷儒、道、佛书籍。草堂之外,抬头可以看到庐山的风景,低头可以听到流水的声音,放眼望去,则有目不暇接、云雾缭绕的森林和奇石,住在这里,让人身体舒坦,内心平和,仿佛忘记了世间一切烦恼。

在文章的后半部分,白居易进一步描述了草堂的内部空间布局和内外环境设计。在草堂房屋的南面,有一块十丈见方的平地,其中一半是平台。平台南面开挖了一个面积为两个平台大小的方形水池。水池周边布满山竹和野花,池中种了一些白莲,养了一些白鱼。再往南是山涧,涧边有高达数百尺、十人以上才能合抱的古松和老杉,遮天蔽日,非常凉爽。松下有灌木和藤萝,并用白石子铺了一条出入草堂的小路。草堂北面五步就是层层叠叠的悬崖峭壁,崖壁上长满了不知名的草木和结着红色果实的绿色植物。另外还有飞泉,飞泉旁边有种植的茶树,可以就着泉水烹茶以消磨时光。草堂东面有瀑布,水落三尺,层层叠叠落入石缝,早晚时的样子看起来像白色的丝带,一到夜深人静的时候,它发出来的声音就像环佩和琴筑发出来的声音那样悦耳。草堂西面是北面悬崖的延续,用剖开的竹子架空引来崖壁上的山泉,分为几支水流从屋檐流到阶前,然后像珍珠和雨雾那样滴沥飘洒,随风远去。草堂四面,能够观赏和接触到的景观非常丰富,春天有锦绣谷的山花,夏天有石门涧的云雾,秋天有虎溪的月色,冬天有香炉峰的雪景。早、晚、阴、晴千变万化,难以尽述。

从白居易这篇文章的描述可以看出,整个庐山草堂的设计是以自然景物为主,人工建筑比较少,而且非常简朴。这种以自然为主的设计思路和简朴的设计风格,在他后来的履道里宅园设计中也得到了延续。虽然履道里宅是一个城市宅园,外部环境远不如庐山草堂,但其中的环境空间营造,仍然遵循着以自然为主的原则。他在《池上篇并序》中,对这个宅园的内部空间和环境设计进行了非常详细的描述,说:

地方十七亩,屋室三之一,水五之一,竹九之一,而岛树桥道间之。初，乐天既为主，喜且曰：虽有台，无粟不能守也，乃作池东粟廪。又曰：虽有子弟，无书不能训也，乃作池北书库。又曰：虽有宾朋，无琴酒不能娱也，乃作池西琴亭，加石樽焉。乐天罢杭州刺史时，得天竺石一，华亭鹤一二以归；始作西平桥，开环池路。罢苏州刺史时，得太湖石、白莲、折腰菱、青板舫以归；又作中高桥，通三岛径。罢刑部侍郎时，有粟千斛，书一车，泊臧获之习筦、磬、弦歌者指百以归。先是颍川陈孝山与酿法酒，味甚佳。博陵崔晦叔与琴，韵甚清。蜀客姜发授《秋思》，声甚淡。弘农杨贞一与青石三，方长平滑，可以坐卧。太和三年夏，乐天始得请为太子宾客，分秩于洛下，息躬于池上。凡三任所得，四人所与，泊吾不才身，今率为池中物矣。每至池风春，池月秋，水香莲开之旦，露清鹤唳之夕：拂杨石，举陈酒，援崔琴，弹姜《秋思》，颓然自适，不知其他。酒酣琴罢，又命乐童登中岛亭，合奏《霓裳·散序》，声随风飘，或凝或散，悠扬于竹烟波月之际者久之。曲未竟，而乐天陶然已醉，睡于石上矣。睡起偶咏，非诗非赋。阿龟握笔，因题石间。……

十亩之宅，五亩之园：有水一池，有竹千竿。勿谓土狭，勿谓地偏；足以容膝，足以息肩。有堂有亭，有桥有船；有书有酒，有歌有弦。有叟在中，白须飘然；识分知足，外无求焉。如鸟择木，姑务巢安；如龟居坎，不知海宽。灵鹤怪石，紫菱白莲：皆吾所好，尽吾前。时引［疑为"饮"——引注］一杯，或吟一篇。妻孥熙熙，鸡犬闲闲。优哉游哉！吾将终老乎其间。[①]

由序文和诗的描述可知，履道里宅占地 17 亩（合今约 13.4 亩），其中房屋占三分之一，水面占五分之一，以竹为主的植物占九分之一。住宅之外有一个平台，一个五六亩的水池和三个岛屿，有西平桥、中高桥等桥梁，有环池路和连通三岛的道路，有琴亭（在池西）、中岛亭（在中间的岛上）等亭子，有书库（在池北）、粮仓（在池东）等附属建筑，有天竺石、太湖

---

① 顾学颉校点：《白居易集》（四），第 1450—1451 页。

石、青石舫、游船、竹林、白莲、菱角、白鹤等陈设或景物。在整个宅园的设计中,平台、三岛、粮仓的布置带有唐和唐以前园林设计的特点,而其他的景物布置则与宋以后至明清时期的园林设计基本一致。

白居易履道里宅的空间和环境设计,总的来说是以自然为主,虽然风格简朴但景观相当丰富,故其《醉吟先生传》也说:"所居有池五六亩,竹数千竿,乔木数十株,台榭舟桥,具体而微。"①这种设计方法既代表了当时文人园的审美理想,也对后世私家园林的环境设计产生了深远的影响。

除了强调以自然为主,白居易园林空间和环境设计的另一个原则是"小中见大"。"小中见大"是后世园林空间和环境设计的一个通则,但它起源于魏晋南北朝时期,成熟于唐宋之际。其中,白居易有着非常突出的贡献。

白居易在其园林诗中经常提到"小"的概念。从《小宅》《小池》《小台》《小舫》《小桥柳》《小院酒醒》《小阁闲作》《小庭亦有月》《卧小斋》等诗题可以看出,他对小园、小院及其附属的各种景物有一种特别的爱好。从其他的一些诗作中也可以知道,他一贯主张在园林的"小"空间中领会无穷的意趣。如他说:"闲意不在远,小亭方丈间。西檐竹梢上,坐见太白山。"②"尽日方寸中,澹然无所欲。何须广居处?不用多积蓄;丈室可容身,斗储可充腹。"③"君住安邑里,左右车徒喧;竹药闭深院,琴樽开小轩。谁知市南地,转作壶中天。"④

这些诗中所表达的观点,很显然是白居易的"中隐"思想和家园意识在园林中的具体体现。他所说的"小",与贵族和权臣园林的"大",形成了明显的对照。同时,这个"小"又与他注重内心体验和倡导身心闲适的生活美学密切相关,带有明确的精神指向。他在诗中所说的"壶中天"或

① 顾学颉校点:《白居易集》(四),第 1485 页。
② 〔唐〕白居易:《病假中南亭闲望》,见顾学颉校点《白居易集》(一),第 95 页。
③ 〔唐〕白居易:《秋居书怀》,见顾学颉校点《白居易集》(一),第 99 页。
④ 〔唐〕白居易:《酬吴七见寄》,见顾学颉校点《白居易集》(一),第 124 页。

"壶中天地",是当时文人对园林审美意境的一种概括。"壶中天地"意指在狭小的园林空间中容纳和表现出天地万物生长变化的无穷意趣。这种被称为"壶中天地"的园林设计意趣,在魏晋时期已经萌芽,但直到中唐以后才蔚为大观,并成为文人园林的一种普遍的、自觉的艺术追求,影响和范导着宋以后文人园林的审美走向,甚至发展成为"芥子纳须弥"的更为精致、细腻的园林艺术设计观念。在这里,"壶中"指的是园林实际面积和空间的狭小,以及各种人工景观体量的小巧,是一种物理尺度;"天"或"天地"则是一种心理尺度,指向的是整个宇宙和文人的整个精神世界。

白居易自称自己的园林是"小园",这有实指的一面。他的履道里宅虽然号称占地17亩,但在当时的城市私家园林中并不算大。从他对裴度、元稹等人的园林的描述来看,他的园林可能比裴度和元稹等文人的园林要小很多。而比诸某些贵族和权臣的园林来说,则更是小巫见大巫。如洛阳的长宁公主宅园,占地一坊,达300亩之多。

但从白居易的很多诗歌和散文作品来看,他并不觉得自己的园"小"有什么遗憾,相反,他还非常自豪。他感到自豪的,一是他能够朝夕与之相处,有一种精神上的拥有感和满足感;二是园虽小,景物却不单一或单调。在这个小园中,可以见出无限广阔的天地。如他说:"帘下开小池,盈盈水方积;中底铺白沙,四隅甃青石。勿言不深广,但取幽人适。……岂无大江水,波浪连天白?未如床席前,方丈深盈尺。清浅可狎弄,昏烦聊漱涤。"[1]他认为,在房前开凿一方水池,在水底铺上白沙,在四周砌上青石,虽然不能与大自然中真实的大江大湖相比,但若以审美的心态细加体察,就能发现其中有既深且广的意趣和波浪滔天的景象。

园林中的"小中见大"是一种空间营造方法。其中涉及许多具体的要素和技法,如置石、叠山、理水、借景等。宗白华说:"建筑和园林的艺

---

[1]〔唐〕白居易:《官舍内新凿小池》,见顾学颉校点《白居易集》(一),第130页。

术处理,是处理空间的艺术。"①处理空间,最根本的目的是打破物理空间的局限,同时赋予空间以精神的内涵。其中,借景具有非常突出的意义和作用。如上一章所述,"借景"的概念出自明代造园家计成,但其实在计成之前,直接或间接讨论过借景的人就很多,虽然他们没有明确使用过"借景"一词。从更远的源头上说,借景的思想实质上是来源于中国古代的哲学宇宙观和天人关系理论。因此,计成并非园林借景理论的首倡者,而是其总结者或集大成者。

在白居易的诗中,有很多地方提到借景的方法,比如:"西檐竹梢上,坐见太白山"②,这是远借,即将远处的太白山景色纳入视觉范围,与南亭西檐和园中竹林构成一个有纵深感的画面;"丹凤楼当后,青龙寺在前"③,这是邻借,因为有了丹凤楼和青龙寺的前后掩映,整个宅园更显出一种"市街尘不到"的幽深氛围;"窗里风清夜,檐间月好时"④,这是仰借,即在草堂之内,静夜之时,可以透过窗户和屋檐仰望明月当空的景象;"云映嵩峰当户牖,月和伊水入池台"⑤,前一句是远借和仰借,后一句是俯借,引伊水为池,池中倒映明月,造成月华如水、水中映月的美丽景象。由于有这些借景的存在,整个园林顿觉有天地空阔的意趣,原本狭小的园林也一下子变"大"了。

此外,对于借景的内容,白居易也有细致的描绘。一是借形,即利用门窗等手段把园林内外的亭、台、山、林、江、湖等人工或自然的有形之物纳入观赏范围,以增加园林的层次或景深,打破园林物理空间的局限。如他在诗中说:"东窗对华山,三峰碧参差;南檐当渭水,卧见云帆飞。"⑥

① 宗白华等:《中国园林艺术概观》,南京:江苏人民出版社1987年版,第5页。
② 〔唐〕白居易:《病假中南亭闲望》,见顾学颉校点《白居易集》(一),第95页。
③ 〔唐〕白居易:《新昌新居书事四十韵,因寄元郎中、张博士》,见顾学颉校点《白居易集》(二),第415页。
④ 〔唐〕白居易:《自题小草堂》,见顾学颉校点《白居易集》(二),第937页。
⑤ 〔唐〕白居易:《以诗代书,寄户部杨侍郎,劝买东邻王家宅》,见顾学颉校点《白居易集》(二),第746页。
⑥ 〔唐〕白居易:《新构亭台,示诸弟侄》,见顾学颉校点《白居易集》(一),第117—118页。

在这里,窗户仿佛是一个取景框,窗框之内的虚空,将华山的东、西、南三峰收入眼帘。亭台南边的屋檐下即有渭水流过,坐卧之中也可以看见水面千帆竞飞的景象。善于利用门窗来借景,这是白居易惯用的方法,比如:"平台高数尺,台上结茅茨。东西疏二牖,南北开两扉;芦帘前后卷,竹簟当中施。"①从这几句诗可以看出,白居易的住所非常简单,但由于有四面开豁的门窗,就可以把周围的景色容纳进来,成为自己朝夕欣赏的对象。同时又由于欣赏的介入,周围的景色也就仿佛成为园林的一个实际的组成部分。二是借声,即利用自然界或人工制造的各种音响,增强对园林幽深、渺远、空阔的感受。如前引其有关庐山草堂的描绘:"堂东有瀑布,水悬三尺,泻阶隅,落石渠,昏晓如练色,夜中如环珮琴筑声。堂西倚北崖右趾,以剖竹架空,引崖上泉,脉分线悬,自檐注砌,累累如贯珠,霏微如雨露,滴沥飘洒,随风远去。"②在这里,瀑布流泻发出来的声音如环佩一般叮当作响,像琴筑那样激越悠扬,给人以宁静、悠远的感觉,在不知不觉中将欣赏主体的想象牵引到远方,从而在主观上或心理上突破了园林本身空间的局限。三是借色,即利用因四时、昼夜、明晦的不同而产生的光线、色彩变化以活跃园林的环境氛围,包括春色、秋色、月色、雪色、云色、雾色、水色等的"借用"。"色"的借用,在园林之中并没有实际地增加什么,只是由于有了光线和色彩的变换,园林中的整个环境便在这光色的笼罩下呈现出了不同的情调和意趣。如:"移花夹暖室,洗竹覆寒池。池水变绿色,池芳动清辉。"③翠竹掩映清池,池水变成绿色,再加上不同花卉的颜色,便衍生出变幻莫测的光色变化。又如:"遗爱寺钟欹枕听,香炉峰雪拨帘看。"④在庐山草堂,香炉峰的雪色卷帘即见,山色也因白雪的覆盖显得空明宁静,犹如一幅天然的雪景图。四是借影,也叫影射,指的是通过水中的倒影来扩大园林的视觉空间。如:"朱槛低墙

① 〔唐〕白居易:《新构亭台,示诸弟侄》,见顾学颉校点《白居易集》(一),第117页。
② 〔唐〕白居易:《草堂记》,见顾学颉校点《白居易集》(三),第934页。
③ 〔唐〕白居易:《春葺新居》,见顾学颉校点《白居易集》(一),第165页。
④ 〔唐〕白居易:《重题》,见顾学颉校点《白居易集》(二),第343页。

上,清流小阁前。雇人栽菡萏,买石造潺湲。影落江心月,声移谷口泉。"①其中的"影落江心月",便是借影。

在园林的环境设计中,园林内的具体景物是实境,被"借"的形、声、色、影等则是虚境。在一个完整的园林环境设计中,实境和虚境都应该在设计的考虑范围之内。而且,由于有了虚境的加入,才能发生"虚实相生"的作用,园林的物理空间也因此而被突破,转变成为一种具有精神意义和观赏、体验价值的心理空间。

白居易经常形容自己的住宅或园林为"小园""蜗舍""小宅",尤其是他在长安新昌里的宅园,面积相当小,而且紧邻密集的住宅区。但是他一方面通过对内部空间和环境的改造,另一方面通过心理的诱导,使它变成宜居的家园。他说:"小宅里闾接,疏篱鸡犬通。"②"宅小人烦闷,泥深马钝顽。街东闲处住,日午热时还。院窄难栽竹,墙高不见山。唯应方寸内,此地觅宽闲。"③"集贤池馆纵他盛,履道林亭勿自轻。往往归来嫌窄小,年年为主莫无情。"④在白居易看来,住宅或园林的大小并不能完全由自己决定,"莫羡升平元八宅,自思买用几多钱"⑤,"冠盖闲居少,箪瓢陋巷深。称家开户牖,量力置园林。俭薄身都惯,营为力不任"⑥,住宅或园林的大小首先是同个人财力的大小相关的。但白居易又认为,如果从个人身心安适的角度考虑,尤其是从内心的安宁和闲适角度考虑,则"小"比"大"更好。他说:"小水低亭自可亲,大池高馆不关身。"⑦过分地追求"大"是一种浪费,同时也劳心费力,有悖于造园的本意。

总的来说,在园林环境空间设计上,白居易并不看重物理意义上的

① 〔唐〕白居易:《西街渠中种莲叠石颇有幽致,偶题小楼》,见顾学颉校点《白居易集》(二),第711 页。
② 〔唐〕白居易:《小宅》,见顾学颉校点《白居易集》(二),第 731 页。
③ 〔唐〕白居易:《题新昌所居》,见顾学颉校点《白居易集》(二),第 408 页。
④ 〔唐〕白居易:《重戏赠》,见顾学颉校点《白居易集》(二),第 722 页。
⑤ 〔唐〕白居易:《题新居,寄元八》,见顾学颉校点《白居易集》(二),第 407 页。
⑥ 〔唐〕白居易:《闲居贫活计》,见顾学颉校点《白居易集》(三),第 852 页。
⑦ 〔唐〕白居易:《重戏答》,见顾学颉校点《白居易集》(二),第 722 页。

"大小",而是看重心理意义上的"大小"。从环境美学的意义上说,白居易实际上是强调人居环境的生活功能,包括它的精神功能,或者说,他是主张人与环境的统一而非分离,注重环境带来的亲切感、家园感和幸福感,而反对把人居环境作为一个外在于人的身心健康和身心愉悦的、异化了的物质存在。

三、"种竹不依行""旷然宜真趣"——意境生成

白居易对园林、住宅或人居环境的看法,最根本的一点是他把园林、住宅或人居环境看作人生在世的一种寄托。因此,园林、住宅或人居环境并不完全是一种物质的存在,而同时是一种精神的存在。从上述白居易有关园林的论述可以看出,他更看重的其实是园林的精神功能。在实际的园林设计中,他固然一方面注重山石、池台、亭榭、林木等的经营,但另一方面,他更重视园林意境和意趣的表现。而这一点,也正是古代文人园林的基本特点。文人园有时也叫"写意园","写意园"的基本特点就是强调把精神性的内涵包括人生态度、人生理想、审美趣味、审美理想等渗透到园林中一切具体的景物设计中去,使它成为一个可以居住、生活和畅游的场所。

文人园林的最高境界或最高理想,总的来说就是"自然",即明代计成所说的"虽由人造,宛自天开""自成天然之趣,不烦人事之工"①。

"自然"在中国哲学和美学中既有"必然"的含义,又有"自由"的含义。在中国文学艺术中,"自然"常常被看作一种没有人工痕迹或感觉不到人工痕迹的审美境界。在唐代,由于道家、道教和禅宗思想的盛行,"自然"或"真"成为一个使用频率相当高的美学概念。作为老庄、禅宗的信徒,白居易也经常在其诗文作品中提到"自然"或"真"的概念,同时在具体的园林设计中一直遵循着"自然"或"真"的原则。如他所说的"引水

---

① 〔明〕计成原著,陈植注释,杨伯超校订,陈从周校阅:《园冶注释(第二版)》,第51、58页。

多随势,栽松不趁行"①"旷然宜真趣,道与心相逢"②,就是明证。

白居易所说的"自然"或"真",在园林设计中有多种表现:一是结合自然的环境进行总体规划,二是以自然的景物作为园林景观的主要构成要素,三是采用自然的材料作为建筑物或构筑物的主要材料,四是按照自然的规律进行园林中的景物布置。

在园林营造中,自然与人工始终是一对矛盾。在处理这对矛盾时,白居易秉持的是以"自然"为主、以"人工"为辅的原则。如他在谈到长安新昌里的宅园时说:"今春二月初,卜居在新昌。未暇作厩库,且先营一堂。开窗不糊纸,种竹不依行。意取北檐下,窗与竹相当。"③"开窗不糊纸,种竹不依行",就是为了表现出自然的意趣或他所说的"真趣"。但这不等于说他完全排斥人工的因素。为了获得更自然的效果,他有时也主张对自然的景物进行必要的改造,如他在《截树》中说:"种树当前轩,树高柯叶繁;惜哉远山色,隐此蒙笼间。"当树木的枝叶过于茂密以致遮挡了远方的山色时,白居易认为应当对它进行修剪,说:"一朝持斧斤,手自截其端。万叶落头上,千峰来面前。忽似决云雾,豁达睹青天。"但他这样做其实还是为了"自然"的目的,即删除不必要的枝叶,以期能看见远方的山峰和青天。因为有了这一番简单的改造,园林的内外空间便得以自然地沟通、融合在一起:"始有清风至,稍见飞鸟还。开怀东南望,目远心辽然。……岂不爱柔条? 不如见青山。"④在这里,不但园林的内外空间连接在了一起,而且外在的自然与心中的自然(自由)也打成了一片。又比如他说:"结构池西廊,疏理池东树。此意人不知,欲为待月处。持刀间密竹,竹少风来多。此意人不会,欲令池有波。"⑤这首诗所讲的道理与上一首诗是一样的。前一首题为《截树》,讲的是他在长安的新昌里

---

① 〔唐〕白居易:《奉和裴令公〈新成午桥庄,绿野堂记事〉》,见顾学颉校点《白居易集》(二),第736页。

② 〔唐〕白居易:《题杨颍士西亭》,见顾学颉校点《白居易集》(一),第102页。

③ 〔唐〕白居易:《竹窗》,见顾学颉校点《白居易集》(一),第222—223页。

④ 顾学颉校点:《白居易集》(一),第140页。

⑤ 顾学颉校点:《白居易集》(一),第165页。

宅;这一首题为《池畔》,讲的是他在洛阳的履道里宅。在《池畔》一诗中,他所表达的意思是:架构池西的廊道,梳理池边的树木,是为了能够站在廊庑之下观赏明月升起的景象;砍伐太过茂密的竹林,则是要凉风吹进来,让池水泛起层层波涛。他的这些做法,总的来说是为了营造更加自然、更让人回味无穷的园林意境。

"意境"理论是唐代美学对中国美学的独特贡献。虽然这一理论在唐代以前已经萌芽,但到唐代才走向成熟。"意境"的本质是"意",这个"意",是心物交感的产物,它既是主体之"意",也是客体之"意",即既是审美主体的意图、情感和想象,也是审美对象表现出来的意蕴和意味。就意境的构成来说,它是主观与客观的统一,也是想象与真实的统一。

在园林营造中,意境的总体特征是经由审美的想象所达到的"自然"或"真"(包括白居易所说的"真趣")。而要达到这种"自然"或"真",又有许多具体的方法。比如上面所谈到的"借景"和"开窗不糊纸,种竹不依行",都是营造园林意境的基本方法。除此之外,白居易还谈到一些具体的方法,也对园林环境的营造具有画龙点睛的作用。

其一是以山石写意。山石是园林设计中的必备之物,对山石的处理、安置可以见出园林主人的审美意趣。在文人园林中,体积庞大的自然山体被摒弃,小山小石成为一种更具象征意味的点缀。白居易的园林诗中经常提到山石,尤其是石头,如"一片瑟瑟石,数竿青青竹"[1],"石虽不能语,许我为三友"[2]。在白居易的笔下,石头被赋予了灵性和感情,同时具有以小见大的巨大艺术表现能力,正所谓:"撮要而言,则三山五岳、百洞千壑,覼缕簇缩,尽在其中。百仞一拳,千里一瞬,坐而得之。"[3]在一方小小的石头上,可以见出广大无限的天地境界。

其二是以水写意。引水为池,是古代园林的一般做法。水的灵动与静谧,以及水中的倒影、水中的植物、水中的游鱼和水上的光影变化等,

---

① 〔唐〕白居易:《北窗竹石》,见顾学颉校点《白居易集》(三),第 822 页。
② 〔唐〕白居易:《双石》,见顾学颉校点《白居易集》(二),第 462 页。
③ 〔唐〕白居易:《太湖石记》,见顾学颉校点《白居易集》(四),第 1544 页。

都对园林意境的营造有非常重要的意义。而如何利用有限的水体面积营造出自然水体的丰富效果，表达文人雅士的江湖之志，也成为文人园林营造中一个需要考虑的重要问题。在白居易的园林中，尤其是其晚年所居的履道里宅中，水体占有非常重要的位置。据他自己的描述，履道里宅有水池、水溪和浅滩，在水池中可以看到时时泛起的波涛，在溪流和浅滩中可以听到流水的声音，让人想到野外的江湖和深山中的涧水或泉瀑。这种以小面积的人工水体模仿大面积的自然水体的做法，就是以水写意的基本方法。

其三是以亭写意。亭在白居易的园林和诗文作品中都具有突出的地位。正所谓"闲意不在远，小亭方丈间"①，白居易所要表达的意趣和意境，通常可以在"小亭"的意象中见出。由他的描述可知，他的履道里宅有琴亭、中岛亭、南亭等亭子，这些亭子是他纳凉、休息、养病的所在，也是他与朋友聚会或独自观赏园林景物的所在。他还经常写到别处的亭子，对亭子的审美作用进行了详细的描述，如他在《冷泉亭记》中说，杭州灵隐寺的西南角有一个冷泉亭，亭的后面是山，周围是水，"高不倍寻，广不累丈；而撮奇得要，地搜胜概，物无遁形"。在白居易看来，这个规模不大的亭子，因为所处地理位置绝佳，故能收纳四时和周围的美景：春日"草薰薰，木欣欣"，让人血气平和，身心舒展；夏夜"泉渟渟，风泠泠"，让人烦躁尽除，心情畅快。又因为亭以"山树为盖，岩石为屏"，加上周围是水，整个环境云飞水绕，恍如仙境一般。置身其间，便顿有远离尘嚣之感，"若俗士，若道人，眼耳之尘，心舌之垢，不待盥涤，见辄除去"。②

总的来说，白居易对其居住、生活环境的设想，大体上是以安顿身心为主旨的。无论是他对自己的居住环境的设计，还是他对其他的居住、生活或游憩环境的描写和赞赏，都是围绕这个主题展开的。与唐代的许多文人抑或是历史上的许多文人一样，他关注的重点是人居环境的精神

① 〔唐〕白居易：《病假中南亭闲望》，见顾学颉校点《白居易集》（一），第95页。
② 顾学颉校点：《白居易集》（三），第944页。

意蕴与审美价值。从环境美学的角度来看,他实际上强调的不是环境的物质构成,而是环境与生活的关联,以及环境最终能向人呈现出何种意义。这一点,也可以说是白居易环境美学思想对当代人居环境设计与建设的一个最重要的启示。

参考文献

〔战国〕孟子等:《四书五经》,北京:中华书局 2009 年版。

鸠摩罗什等:《佛教十三经》,北京:中华书局 2010 年版。

《道藏》(全三十六册),上海:上海书店 1988 年版。

吴毓江撰,孙启治点校:《墨子校注》(全二册),北京:中华书局 1993 年版。

严北溟、严捷译注:《列子译注》,上海:上海古籍出版社 1986 年版。

杨坚点校:《淮南子》,长沙:岳麓书社 1988 年版。

〔汉〕董仲舒撰,袁长江等校注:《董仲舒集》,北京:学苑出版社 2003 年版。

〔汉〕司马迁著,李全华标点:《史记》,长沙:岳麓书社 1988 年版。

〔汉〕王充著,陈蒲清点校:《论衡》,长沙:岳麓书社 1991 年版。

〔晋〕葛洪撰,胡守为校释:《神仙传校释》,北京:中华书局 2010 年版。

王明:《抱朴子内篇校释(增订本)》,北京:中华书局 1985 年版。

〔宋〕范晔、〔晋〕司马彪撰,陈焕良、李传书标点:《后汉书》(全二册),长沙:岳麓书社 1994 年版。

〔南朝宋〕谢灵运著,曹明纲标点:《谢灵运集》,上海:上海古籍出版社 1998 年版。

〔梁〕沈约:《宋书》(全八册),北京:中华书局 1974 年版。

〔梁〕萧统编,海荣、秦克标校:《文选》,上海:上海古籍出版社 1998 年版。

何清谷:《三辅黄图校释》,北京:中华书局 2005 年版。

〔北魏〕杨衒之著,周振甫译注:《〈洛阳伽蓝记〉译注》,南京:江苏教育出版社 2006 年版。

丁福保撰,星月点校:《阿弥陀经笺注》,上海:华东师范大学出版社 2014 年版。

王良范、张建建等注译:《华严经今译》,北京:中国社会科学出版社 1994 年版。

〔唐〕魏徵、令狐德棻:《隋书》,北京:中华书局 1973 年版。

〔唐〕房玄龄注,〔明〕刘绩补注,刘晓艺校点:《管子》,上海:上海古籍出版社 2015 年版。

〔唐〕道宣撰,郭绍林点校:《续高僧传》(全三册),北京:中华书局 2014 年版。

〔唐〕卢照邻著,李云逸校注:《卢照邻集校注》,北京:中华书局 1998 年版。

《李卫公会昌一品集·别集·外集·补遗》(全四册),丛书集成初编本,北京:中华书局 1985 年版。

〔唐〕陈子昂撰,徐鹏校点:《陈子昂集(修订本)》,上海:上海古籍出版社 2013 年版。

吴受琚辑释:《司马承祯集》,北京:社会科学文献出版社 2013 年版。

〔唐〕徐坚等:《初学记》(全二册),北京:中华书局 1962 年版。

〔唐〕吴兢编著,王贵标点:《贞观政要》,长沙:岳麓书社 1994 年版。

〔唐〕张九龄撰,熊飞校注:《张九龄集校注》(全三册),北京:中华书局 2008 年版。

杨曾文编校:《神会和尚禅话录》,北京:中华书局 1996 年版。

〔唐〕韦述撰,辛德勇辑校:《两京新记辑校》;〔唐〕杜宝撰,辛德勇辑校:《大业杂记辑校》,西安:三秦出版社 2006 年版。

〔唐〕刘餗撰,程毅中点校:《隋唐嘉话》;〔唐〕张鷟撰,赵守俨点校:《朝野佥载》,北京:中华书局 1979 年版。

〔唐〕王昌龄、〔唐〕高适、〔唐〕岑参著,曾亚兰编校:《王昌龄集·高适集·岑参集》,长沙:岳麓书社 2000 年版。

〔唐〕王维著,曹中孚标点:《王维全集》,上海:上海古籍出版社 1997 年版。

〔唐〕李白撰,杨镰校点:《李太白集》(全二册),沈阳:辽宁教育出版社 1997 年版。

〔唐〕吴筠:《宗玄集》,四库唐人文集丛刊影印本,上海:上海古籍出版社 1992 年版。

〔唐〕杜甫撰,王学泰校点:《杜工部集》(全二册),沈阳:辽宁教育出版社 1997 年版。

邢东风辑校:《马祖语录》,郑州:中州古籍出版社 2008 年版。

〔唐〕封演撰,李成甲校点:《封氏闻见记》,沈阳:辽宁教育出版社 1998 年版。

孙望编著:《韦应物诗集系年校笺》,北京:中华书局 2002 年版。

〔唐〕姚汝能撰,曾贻芬点校:《安禄山事迹》,北京:中华书局 2006 年版。

〔唐〕张籍撰,徐礼节、余恕诚校注:《张籍集系年校注》(全三册),北京:中华书局 2011 年版。

〔唐〕司空曙著,文航生校注:《司空曙诗集校注》,北京:人民文学出版社 2011 版。

〔唐〕韩愈著,钱仲联、马茂元校点:《韩愈全集》,上海:上海古籍出版社 1997 年版。

〔唐〕元稹撰,冀勤点校:《元稹集》(全二册),北京:中华书局 1982 年版。

顾学颉校点:《白居易集》(全四册),北京:中华书局 1979 年版。

《柳宗元集》(全四册),北京:中华书局 1979 年版。

〔唐〕刘禹锡撰,卞孝萱校订:《刘禹锡集》(全二册),北京:中华书局 1990 年版。

〔唐〕李肇、〔唐〕赵璘撰:《唐国史补·因话录》,上海:上海古籍出版社 1957 年版。

〔唐〕刘肃撰,许德楠、李鼎霞点校:《大唐新语》,北京:中华书局 1984 年版。

〔唐〕郑处诲撰,田廷柱点校:《明皇杂录》;〔唐〕裴庭裕撰,田廷柱点校:《东观奏记》,北京:中华书局 1994 年版。

〔唐〕杜牧著,陈允吉校点:《樊川文集》,上海:上海古籍出版社 2007 年版。

〔唐〕段成式:《寺塔记》,北京:人民美术出版社 1964 年版。

〔唐〕张彦远著,秦仲文、黄苗子点校:《历代名画记》,北京:人民美术出版社 1963 年版。

〔唐〕司空图著,祖保泉、陶礼天笺校:《司空表圣诗文集笺校》,合肥:安徽大学出版社 2002 年版。

〔唐〕杜光庭撰,董恩林点校:《广成集》,北京:中华书局 2011 年版。

〔唐〕杜光庭撰,罗争鸣辑校:《杜光庭记传十种辑校》(全二册),北京:中华书局 2013 年版。

〔五代〕王定保撰,阳羡生校点:《唐摭言》,上海:上海古籍出版社 2012 年版。

〔五代〕王仁裕撰,曾贻芬点校:《开元天宝遗事》,北京:中华书局 2006 年版。

〔五代〕刘昫等撰,陈焕良、文华点校:《旧唐书》(全四册),长沙:岳麓书社 1997 年版。

〔宋〕欧阳修、宋祁撰,陈焕良、文华点校:《新唐书》(全四册),长沙:岳麓书社 1997 年版。

〔宋〕欧阳修撰,〔宋〕徐元党注:《新五代史》,北京:中华书局 1974 年版。

〔宋〕王溥撰,牛继清校证:《唐会要校证》,西安:三秦出版社 2010 年版。

〔宋〕钱易撰,尚成校点:《南部新书》,上海:上海古籍出版社 2012 年版。

〔宋〕邵雍著,郭彧整理:《邵雍集》,北京:中华书局 2010 年版。

〔宋〕宋敏求撰,尚成校点:《春明退朝录》,上海:上海古籍出版社 2012 年版。

〔宋〕宋敏求、〔元〕李好文撰,辛德勇、郎洁点校:《长安志·长安志图》,西安:三秦出版社 2013 年版。

〔宋〕司马光编著:《资治通鉴》(全四册),北京:中华书局 2007 年版。

〔宋〕苏轼著,傅成、穆俦标点:《苏轼全集》(全三册),上海:上海古籍出版社 2000 年版。

〔宋〕李格非:《洛阳名园记》,见傅璇琮等主编:《全宋笔记(第三编 一)》,郑州:大象出版社2008年版。

〔宋〕王谠撰,周勋初校证:《唐语林校证》(全二册),北京:中华书局1987年版。

〔宋〕计有功辑撰:《唐诗纪事》(全二册),上海:上海古籍出版社2013年版。

〔宋〕程大昌撰,黄永年点校:《雍录》,北京:中华书局2002年版。

〔宋〕普济著,苏渊雷点校:《五灯会元》(全三册),北京:中华书局1984年版。

〔宋〕罗大经撰,王瑞来点校:《鹤林玉露》,北京:中华书局1983年版。

〔宋〕周密撰,王根林校点:《癸辛杂识》,上海:上海古籍出版社2012年版。

〔宋〕赜藏主编汇,萧萐父、吕有祥、蔡兆华点校:《古尊宿语录》(全二册),北京:中华书局1994年版。

〔元〕骆天骧撰,黄永年点校:《类编长安志》,西安:三秦出版社2006年版。

〔元〕辛文房:《唐才子传》,上海:古典文学出版社1957年版。

〔元〕陶宗仪著,武克忠、尹贵友校点:《南村辍耕录》,济南:齐鲁书社2007年版。

〔明〕陈继儒著,罗立刚校注:《小窗幽记》,上海:上海古籍出版社2000年版。

〔明〕胡震亨:《唐音癸签》,上海:上海古籍出版社1981年版。

〔明〕计成原著,陈植注释,杨伯超校订,陈从周校阅:《园冶注释(第二版)》,北京:中国建筑工业出版社1988年版。

〔明〕文震亨撰,陈剑点校:《长物志》,杭州:浙江人民美术出版社2011年版。

〔清〕顾炎武:《历代宅京记》,北京:中华书局1984年版。

〔清〕顾炎武著,黄汝成集释,栾保群、吕宗力校点:《日知录集释》(全二册),上海:上海古籍出版社2014年版。

《全唐诗》(全二十五册),北京:中华书局1960年版。

〔清〕黄图珌著,袁啸波校注:《看山阁闲笔》,上海:上海古籍出版社2013年版。

〔清〕董诰等编:《全唐文》(全十二册),北京:中华书局1983年版。

〔清〕陈鸿墀:《全唐文纪事》(全三册),北京:中华书局1959年版。

〔清〕钱泳撰,张伟校点:《履园丛话》(全二册),北京:中华书局1979年版。

〔清〕严可均辑,陈延嘉等校点:《全上古三代秦汉三国六朝文(全十册)》,石家庄:河北教育出版社1997年版。

〔清〕阮元校刻:《十三经注疏》(全二册),北京:中华书局1980年影印版。

〔清〕徐松撰,李健超增订:《增订唐两京城坊考(修订版)》,西安:三秦出版社2006年版。

〔清〕徐松辑,高敏点校:《河南志》,北京:中华书局1994年版。

〔清〕陈立撰,吴则虞点校:《白虎通疏证》(全二册),北京:中华书局1994年版。

〔清〕郭庆藩撰,王孝鱼点校:《庄子集释》(全三册),北京:中华书局1961年版。

许地山:《道教史》,上海:华东师范大学出版社1996年版。

闻一多:《唐诗杂论》,上海:上海古籍出版社1998年版。

丁福保编:《佛学大词典》,北京:中国书店 2011 年版。

吕思勉:《隋唐五代史》(全二册),上海:上海古籍出版社 2005 年版。

吕思勉:《中国通史》,南昌:江西人民出版社 2011 年版。

岑仲勉:《隋唐史》,石家庄:河北教育出版社 2000 版。

陈寅恪:《唐代政治史述论稿》,上海:上海古籍出版社 1997 年版。

陈寅恪:《元白诗笺证稿》,北京:生活·读书·新知三联书店 2001 年版。

汤用彤:《隋唐佛教史稿》,南京:江苏教育出版社 2007 年版。

范文澜:《中国通史简编(修订本)》,北京:商务印书馆 2010 年版。

俞剑华编著:《中国古代画论类编(修订本)》(全二册),北京:人民美术出版社 2014 年版。

冯友兰:《中国哲学简史》,北京:北京大学出版社 1996 年版。

吕澂:《中国佛教源流略讲》,北京:中华书局 1979 年版。

周绍良主编、赵超副主编:《唐代墓志汇编》(全二册),上海:上海古籍出版社 1992 年版。

任继愈:《汉唐佛教思想论集》,北京:人民出版社 1998 年版。

陈从周:《梓翁说园》,北京:北京出版社 2003 年版。

吴文治编:《柳宗元资料汇编》,北京:中华书局 1964 年版。

周维权:《中国古典园林史(第二版)》,北京:清华大学出版社 1999 年版。

潘谷西主编:《中国建筑史(第六版)》,北京:中国建筑工业出版社 2009 年版。

王伯敏、任道斌主编:《画学集成(六朝—元)》,石家庄:河北美术出版社 2002 年版。

汤一介主编:《道学精华》(全三册),北京:北京出版社 1996 年版。

卿希泰、唐大潮:《道教史》,南京:江苏人民出版社 2006 年版。

王明居:《唐代美学》,合肥:安徽大学出版社 2005 年版。

萧默:《隋唐建筑艺术》,西安:西北大学出版社 1996 年版。

杨鸿年:《隋唐两京里坊谱》,上海:上海古籍出版社 1999 年版。

李斌城等:《隋唐五代社会生活史》,北京:中国社会科学出版社 1998 年版。

徐连达:《唐朝文化史》,上海:复旦大学出版社 2003 年版。

孙昌武:《柳宗元评传》,南京:南京大学出版社 1998 年版。

孙昌武:《道教与唐代文学》,北京:人民出版社 2001 年版。

褰长春:《白居易评传》,南京:南京大学出版社 2002 年版。

陶敏主编:《全唐五代笔记》(全四册),西安:三秦出版社 2012 年版。

宗福邦、陈世铙、萧海波主编:《故训汇纂》,北京:商务印书馆 2003 年版。

杜继文、魏道儒:《中国禅宗通史》,南京:江苏人民出版社 2007 年版。

袁行霈:《陶渊明集笺注》,北京:中华书局 2011 年版。

张成权:《道家与中国哲学·隋唐五代卷》,北京:人民出版社 2004 年版。

赖永海：《中国佛教文化论》，北京：中国人民大学出版社 2009 年版。

刘安琴：《长安地志》，西安：西安出版社 2007 年版。

尚永亮：《唐代诗歌的多元观照》，武汉：湖北人民出版社 2005 年版。

王国璎：《中国山水诗研究》，北京：中华书局 2007 年版。

辛德勇：《隋唐两京丛考》，西安：三秦出版社 2006 年版。

王永平主编：《中国文化通史·隋唐五代卷》，北京：北京师范大学出版社 2009 年版。

周秀荣：《唐代田园诗研究》，北京：中国社会科学出版社 2013 年版。

徐志华：《唐代园林诗述略》，北京：中国社会出版社 2011 年版。

邵忠、李瑾选编：《苏州历代名园记·苏州园林重修记》，北京：中国林业出版社 2004 年版。

［日］圆仁：《入唐求法巡礼行记》，桂林：广西师范大学出版社 2007 年版。

［日］冈大路著，瀛生译：《中国宫苑园林史考》，北京：学苑出版社 2008 年版。

［日］砺波护著，韩昇编，韩昇、刘建英译：《隋唐佛教文化》，上海：上海古籍出版社 2004 年版。

［英］崔瑞德编，中国社会科学院历史研究所西方汉学研究课题组译：《剑桥中国隋唐史：589—906 年》，北京：中国社会科学出版社 1990 年版。

［美］杨晓山著，文韬译：《私人领域的变形：唐宋诗歌中的园林与玩好》，南京：江苏人民出版社 2009 年版。

［美］马立博著，关永强、高丽洁译：《中国环境史：从史前到现代》，北京：中国人民大学出版社 2015 年版。